整生论美学

袁鼎生 著

2013 年·北京

图书在版编目(CIP)数据

整生论美学/袁鼎生著.—北京:商务印书馆,2013
ISBN 978-7-100-10436-4

Ⅰ.①整… Ⅱ.①袁… Ⅲ.①生态学-美学-研究 Ⅳ.①Q14-05

中国版本图书馆 CIP 数据核字(2013)第 275379 号

所有权利保留。
未经许可,不得以任何方式使用。

整生论美学

袁鼎生 著

商 务 印 书 馆 出 版
(北京王府井大街36号 邮政编码100710)
商 务 印 书 馆 发 行
三河市尚艺印装有限公司印刷
ISBN 978-7-100-10436-4

2013年12月第1版 开本 710×1000 1/16
2013年12月北京第1次印刷 印张 27 3/4

定价:80.00元

序

陆贵山

1994年冬天，袁鼎生在周来祥教授门下提前完成了学业，我应邀前去山东大学主持他的博士学位论文答辩。当时的印象是，他很朴实，然思维开阔，能够较好地运用马克思主义的辩证思维方法研究西方古代美学史。18年后，他给我发来了《整生论美学》的书稿，请我作序。读后，我觉得他在导师那里学来的优点得到了发扬，特别是在方法论方面下足了功夫，且形成了相应的理论构造，有了递进性的生态美学收获。

一、理论系统的整生性

这本书的理论形态，有着绵远的来路，呈现出整一性的格局。正如作者所说，整生论美学不是一蹴而就的，而是系统生发的。现代三种整体论美学，联通了生态美学的进路。西方的生态批评学与中国的生态文艺学的耦合，共生了生态美学。生态美学走进审美文化，融合生态文明，拓展了质域和疆界，成长为整生论美学。他进而指出，整生论美学还是历史的结晶。从审美生态的角度看，古代的依生论美学，经由近代的竞生论美学，穿越现代的共生论美学，走向了当代的整生论美学。整生论美学也就从总体上有了逻辑与历史统一的系生成性，凸显了学科的本质规定性。凭此，这门学问有了得以成立的基础。

　　作者认为，整生论美学的学术范式，是网络生态辩证法，有着整生的本质。它以深层生态学的生态整体主义为起点，形成了系统生成、系统生存、系统生长的整生规程，形成了以万生一、以一生万、万万一生、一一旋生的整生图式，形成了四维网络化超循环的整生格局，成为整生论美学的研究大法。网络生态辩证法，是对宇宙生发模式的抽象，是生态系统运行规律的表征，是生态公理的反映，对应和包蕴了世界的整生规律，能够导引和规约整生论美学的研究。这一方法论的提出与论述，有前沿性，对应了生态文明建设的时代需求，体现了作者的探索意识与创新素质。

　　作者对网络生态辩证法的掌握，也有一个历史的过程。早年，他用系统方法研究山水美学，关联了辩证法。做西方古代美学史的博士论文时，较好地运用了从抽象上升到具体，历史与逻辑统一的马克思主义的辩证思维方法。现在做生态美学研究，他用马克思主义辩证法，融合生态方法和系统方法，形成了网络化超循环的生态辩证法，显得逐级递进，系统生成，水到渠成。

　　一个学者能够做出自己的学问，形成独特的理论系统，除了学术范式的科学、深刻、新颖外，还应熔铸创造性的元范畴，以形成理论总纲，统领逻辑结构。袁鼎生在这本书里，提出了"美生场"的元范畴，符合元范畴的三个基本要求。一是首创性。这是他最先提出并首次论证的生态美学范畴，有"元"的意味。二是系统生成性。作者的元范畴有一个发展的序列，他接连出版的几本著作《审美场论》、《审美生态学》、《生态视域中的比较美学》，均以审美场为元范畴；其后的著作《生态艺术哲学》，以审美场的发展形态——生态审美场——为元范畴，这本《整生论美学》，以生态审美场的转换形态——美生场——为元范畴。这就见出，美生场是他的美学研究特别是生态美学研究的系列化成果的结晶，是审美场经由生态审美场转型而出的概念，包含了审美场特别是生态审美场的基本精神。三是以一含万性。美生场所凝聚的全书基本理论，所表征的全书主要逻辑，是一个高度集约的有待展开的理论系统，有可能生发出一个独特的丰实的学术结构。

　　这本书的学术范式与元范畴，交集了作者方法研究与生态美学研究的成果，尽努力地汇聚了美学学科特别是生态美学学科历史发展的经验，追求了整生。有了历史的支撑,有了系统生成的经历,袁鼎生在学术范式与元范畴方面的创新,才有真实性和可靠性,才有规范性和科学性,从而符合自主创新的规律。

学术范式和元范畴的同步创新,有促进理论系统的意义。学术范式的变更,带来的是学术平台的提升,实现的是学术境界的革新,形成的是"科学革命的结构"(库恩语);元范畴是浓缩的理论体系,是与学术范式对应提升的新平台的理论蓝图;双方可形成良性互动。袁鼎生的学术范式,在创新中吸纳了以往学术平台和学术境界的成果,理论蕴含较为深厚;他提出的美生场的元范畴,也是系统生成的,有着整生化的潜质;双方在对生中实现了动态平衡。凭借学术范式和元范畴的耦合并进,这本著作有了系统生发的逻辑网络,形成了由美生场分生的范畴结构与概念体系,呈现出独特的新颖的整生论美学图景。

二、方法与逻辑的同一性

袁鼎生的这本书,其学术范式不仅规约理论平台和理论境界的形成,还内在于理论结构,达成了方法与逻辑的同一性。美生场的形成与运动,即美生文明圈的旋升,构成了本书的逻辑构架。网络生态辩证法的超循环图式,内化为美生文明环态运进的轨迹:世界整生—绿色阅读—生态批评—美生研究—生态写作—自然美生。在袁鼎生看来,美生内在于整生,智慧生命出现以前,宇宙自发的整生,呈现出自发的自然美生,智慧生命形成后,其创造的美生文明展开上述超循环运动,不断地臻于自觉的自然美生,螺旋地回到世界整生的上方,形成了整生论美学周走圈进的逻辑态势与理论格局,达成了方法与逻辑整体一致的运行。

超循环的网络生态辩证法,还融入了该书逻辑结构的局部性运行,实现了方法生态与逻辑生态较为广泛的同一。像在美生研究这一章里,诸如整生律、绿色美生律、审美旋升律和艺术天生律,均呈超循环的态势展开,与网络生态辩证法的运生一致。又如"形式美"一节,形式美从结构生态的有序,经由结构生态的无序,最后走向结构生态的非线性有序,也是一种圈进旋升的格局,内化了网络生态辩证法的精神。

作者还努力使这种方法与逻辑的同一运行，耦合研究对象的运行，进而耦合研究对象的环境生态与背景生态的运行，趋向五位一体的圈进旋升，更加合乎四维旋升的网络生态辩证法的本质要求，深化了方法与逻辑的动态同构性和同生性。

三、递进性的学术追求

十余年来，袁鼎生的生态美学研究，显现出一种整一性。前期研究为中期研究和近期研究提供基础，中期研究为近期研究提供平台，努力实现了学术探求的"接着做"。1995年，他向学术界捧出了专著《审美场论》，初步形成了核心范畴。2002年，他在《审美生态学》一书里，论证了审美场在生态化的历程中，成为生态审美场；2005年，他在《生态视域中的比较美学》一书中，论述了审美场在历史化的过程中，走向生态审美场；这两本书，关联地揭示了生态审美场系统生成的逻辑规程与历史规程。2007年，他出版了《生态艺术哲学》，承接了上述二书的逻辑终点，展开了生态审美场的三大逻辑层次：艺术审美生态化；艺术生态化与生态艺术化的耦合并进；艺术审美天态化。这本《整生论美学》，在生态审美场的转型中，形成了美生场，并以美生场的超循环运行，生发逻辑系统。袁鼎生的这些探索，几乎是一环套一环地向前推进，一步一个脚印地踏向未知之境，构成了不断超越自身的创新创造轨迹，呈现了持续生长的理论系统，颇有生态意味。

有了理论与方法的系统建构后，他若旋回至理论具体与事实具体的统一，多结合一些个案研究，更加紧密地联系生态文明建设的具体实践，一定会拓展学术境界，当能使研究成果更好地转换为生态文明的现实。

是为序。

2012年12月
于中国人民大学

前言

学术三旋与我的生态美学之路

　　学术人生的轨迹，大体可以划分为三个阶段。年轻时节，初步路上学术之道，常常选择一种理论与方法，回环往复地展开某个领域的应用研究。进入中年，往往综合几种理论与方法，研究学科历史螺旋发展的规律。到了壮年，可以创造或者创新一种理论与方法，对学科系统进行圈进旋升的研究。这三者依次生发，也就形成了学术三旋，显示出学术人生的超循环规律。

　　回顾我的学术行程，也大体有这三个时期。前两个时期，还可以看做是生态美学研究的专门性准备，后一个时期，主要是生态美学的系统性探索。这样，我的生态美学的研究路径，也就内在于学术三旋之中了。

　　在这三个时期之前，我有两个集中学习美学的机会。1981年3月至7月，我在教育部委托西北大学举办的文学概论青年教师进修班学习，接受了一场美学的大洗礼和大陶冶。蔡仪、蒋孔阳、李泽厚、周来祥等美学大师，轮番前来讲学，西北大学的刘建军老师，也为我们系统地讲授了美学原理。那段时间，学术泰斗们拎着我们的耳朵，将美学知识一股脑儿地往脑海里灌，我们的理论思维也因之受到了规范的导引。短短的半年培训，大有胜读几年书的感觉。之后，我又分别听了黄海澄教授给高年级本科生和文艺学硕士研究生开设的"系统论信息论控制论美学原理"的课程，并相应地读了一些美学著述。几年下来,也就有了一些美学研究的基础,特别是初具了系统方法与和谐美学的修为,领到了美学研究的"入场券"。

一、选用系统方法与和谐理论环回地研究桂林山水的形、域、性、质

从1987年起,我开始美学的研究,选择的对象是桂林山水。我尝试用系统方法与和谐理论,探索桂林山水的美。遵循由浅入深、由简到复杂、由具体到抽象的认知规程,我首先进行的是桂林山水的形态研究。桂林的每一座名山,每一处胜景,我都数次登临,观其春夏秋冬、阴晴雨雪、晨昏昼夜之殊貌、之异韵,然后写成一篇篇对具体景点的审美观赏、审美体验、审美感悟、审美分析、审美升华的文章,在报刊上发表,后结集为《天下第一美山水》,由漓江出版社出版。

有了具体景点的研究基础,我进而做了桂林山水的域态研究。我领着几位年轻的学者,跑遍了桂林周边的十个县,进行了区域性的山水景观考察。如资源县的景观,由宝鼎瀑布景区、资江景区、八角寨景区构成。我们撰写的《天地有大美》,就分别描写、分析、探究了这三大景区的整体之美和具体之美。这就在典范性个别性风景探究的前提下,展开了山水景观的类型性和类别性研究,学术平台有所提升。这项工作,我们做了三年,出版了《珠环贝绕大桂林》(桂林市外围景区)、《百里玉带缀灵珠》(桂林灵川县景区)、《美在都庞越城间》(桂林全州县景区)、《一条流美的河》(漓江景区)等多部著作。

我还做了桂林山水的性态研究。在长期观察、体验、感悟、分析、提炼的基础上,我把握了桂林山水的整体审美特征与审美价值以及各类审美特征与审美价值,分别写成论文。收集在《簪山带水美相依》一书中的文章,有论及桂林山水整体俊秀特征的,有分析桂林山水和谐美的,有凸显桂林风骨美的,有探究灵渠科学美的,有研讨桂林建筑美的。总而言之,桂林山水美学特质与美学意义的方方面面,我都尽力做了分类,进而分别归纳概括、分析阐述、论证阐发,希望形成桂林山水的审美特性系列与审美价值结构。

借《簪山带水美相依》一书的再版之机,我增写了《后记》,提出了建构"地域性山水美学"的设想,开始从原理上思考桂林山水美学,力求阐发桂林

山水美学的规律。进而运用这些规律，提升对桂林山水的形态、域态和性态研究，有了螺旋发展的意味。

我用了8年多的时间，做桂林山水美学的应用研究。系统方法与和谐理论一直贯穿于桂林山水的形态研究、域态研究、性态研究与质态研究中，质态研究的成果即桂林山水美学的规律，又渗透于形态、域态、性态研究中，这就有了较为完整的应用研究的第一旋。

回头一看，用这么长的时间，专注于一个具体对象的应用研究，多维地形成了学术根基，我认为是非常值得的。首先，它使我形成了比较稳定的美学研究的学术田野，有了坚实的学术"根据地"。几十年来，我的一些美学理论与美学规律的体悟，诸如动态平衡、非线性有序、超循环结构等等，大都直接来自桂林山水关系与景观结构的启迪。其次，它提升了我的从具体走向抽象的理论思维能力，为其后的从抽象走向具体的辩证思维能力的生发奠定了基础。再有，它生发了我的诗性思维能力。多年以后，我体悟出一个道理：学人应该生发三种思维能力。一种是诗性思维能力，另一种是理性思维能力，再一种是艺术哲性的思维能力。诗性思维除先天条件外，主要在大自然的陶冶和艺术的熏染中生发，桂林如诗如画如歌如舞的山水意态，能很好地培植、保持与发展身处其中者的诗性思维能力。诗性思维能力与理性思维能力长期相生互发，耦合并进，也就可以自然而然地形成艺术哲性的思维能力。后一种能力，是前两种思维能力的中和生发，它能够通过直觉、顿悟、灵感，形成公理，形成元范畴，形成学术范式，以臻于理想的学术境界。我在其后的生态美学研究中，提出了生态审美场的元范畴以及整生范式、网络生态辩证法图式等等，跟桂林山水这块诗化的学术田野的养育无不相关。还有，它养成了我实事求是的学风，这令我一辈子受用不穷。应用研究的特点，是直接从具体事实中，从具体事实的相互联系中，从具体事实与生境、环境、背景的关联中，探索事物的具体规律和特殊规律，探索具体规律和特殊规律形成的机理、机制与根由、原委，探索具体规律和特殊规律关联的类型规律、普遍规律。长期从事这种植根事实的科学研究，也就形成了一切从事实出发的科学习性与科学天性，养成了言之有据、持之有故的科学风格，生成了实事求是的科学精神。我曾把学风概括为三种，第一种是哲学层次的学风，属于原理形态的，即坚守实事求是的理念；第二种是科学层次的学风，属于原则形态的，即坚持发现发明和创新创造的追求；第三种是技术层次的学风，属于制式和方式形态的，即遵守学术规范、学术规则和学术制式，使学术规程严谨而有序。哲学层次的学风是形成科学层次学风和技术层次学风的基础，规约了后两者的生发，以形成优良的学风系统。

  从上可见，应用研究为学者其后的研究奠定了各方面的基础，使学术人生的可持续发展有了可能。对我来说，运用和谐理论与系统方法，螺旋地研究桂林山水的形、域、性、质，为我多年后从事生态美学的研究准备了条件。以桂林山水为学术田野的研究，形成了我的生态美学研究的自然审美的进路。与其他生态美学研究者不同的是，我在学术人生之初，就形成了与生态美学的潜在性联系，就养成了生态美学研究的潜质和潜能。仔细想想，我走向生态美学研究，有多条进路，其中最早最长的一条进路，就是从自然山水的审美研究，抵达生态审美的研究。或者说，在我对桂林山水的审美研究里，种下了生态审美研究的因子。这个因子，有三个方面的生态美学的潜在属性。其一是自然生发性的研究对象，其二是自然和谐性的理论品质，其三是山水系统论的研究方法。这个因子，虽潜伏多年，未经发育，然当其他条件出现，形成生态美学的中和性生境，它也就自然而然地萌发了，参与了对生态美学的系统生成。

二、综合地运用系统辩证方法研究螺旋发展的美学历史

  从应用研究到历史研究，是学术发展的逻辑使然。我从桂林山水的探索到美学历史的发掘，还有一段趣闻。1992年，我投入周来祥先生门下，系统地学习了辩证思维方法，修读了美学体系与美学历史等课程。做博士论文时，我准备承接此前的桂林山水研究，选择了一个自然美学的题目。开题时，老师们也认为有意义，跟当时的国际美学的走向有一致性，并觉得我有前期积累，也能做出文章来。当天晚上陪周先生散步时，他鼓励说，从开题报告中可以看出，你可以做博士论文了。他接着话锋一转：我还是建议你暂时放下这个题目，改做美学史的研究，写出一篇历史空间和逻辑空间更为博大、学术含量与文化含量更为深邃的博士论文。现在回过头来看，我非常庆幸当时听从了导师的教诲，适时地从应用研究转向了历史研究。有了这个转向，我才有可能顺理

成章地进入其后的逻辑研究,特别是生态美学的系统研究。

在周先生的指导下,我决定探索西方古代美学史,明确了博士论文的研究对象。进而,我以和谐美学为主,吸纳与融和各种美学观点,形成了理论基座。再而以抽象上升到具体、历史与逻辑统一为核心方法,广泛汇通系统方法、比较方法等等,形成了系统辩证方法的基点。这就形成了研究对象、基本理论、研究方法的对应性与统一性,从而顺利地写出了《西方古代美学主潮》。这篇论文,参照中国古代的和谐理论,揭示了和谐美学与和谐艺术以及和谐文化、和谐哲学四位一体地在古希腊、古罗马、中世纪螺旋发展的大势,以及对近代和现代西方美学的意义,显现了美学逻辑和美学历史、美学生境史、美学环境史四维耦合发展的规律,个中包蕴了系统辩证法。

我觉得集中精力做一段历史研究,有着多方面的意义。首先,在学术实践中体悟和参透马克思主义辩证思维的精髓,于日后的学术提升至关重要。其次,可接受众多大师的合塑,形成可持续发展的学养。一部西方古代美学史,实际上是一部西方古代美学的经典史,是由西方古代各时期里程碑式的美学大师及其巨著形成的。我的研究过程,是一个聆听他们讲述各自的理论方法、理论逻辑、思维理路的过程,是一个观赏他们在学术接力中,共创学术系统的过程。这样,我不仅获得了系统发展的经典学养,而且在研究方法与学术思维方面,得到了大师们的不同传授与共同培养。再有,可从美学历史的行走里,把握方法、逻辑、历史三位一体的运生。美学史的核心是美学逻辑史,是由一个大师接一个大师的美学逻辑、一个时代接一个时代的美学体系构成的美学思想史,是一个美学意识形态耦合艺术意识形态、文化意识形态、哲学意识形态,走向系统生成、系统生长、系统变化、系统转换的历史。有了这种多维耦合所达成的立体旋进,经典的辩证方法才会上升为系统辩证方法,并内化为学术历史的逻辑,实现方法、理论与历史的同一。再有,可自然地从历史走向现实。当下的美学逻辑、美学体系是以往美学历史的发展与结晶,把握了美学历史,也就顺理成章地把握了美学现实、美学前沿,进而可以把握美学未来,对当前美学的研究,也就自然而然地有了自觉性、科学性与前瞻性。我体会到:研究历史,可使学术探索水到渠成地走向厚重、走向正宗,进而在古今贯通中,融入当下时代的学术主潮。

1994年12月，我从山东大学提前毕业，回到广西师范大学中文系工作。我用了一年的时间接着学习与研究人类古代以后的美学历史，并形成了两个方面的明确追求。一是美学意识形态的普遍性追求，二是美学方法的时代性追求。写博士论文时，在周先生指导下，我理解了人类主潮性的美学意识形态，从古代和谐经由近代崇高，走向现代的辩证和谐。我进一步思考，人类普遍性的美学意识形态，又是怎样生发、嬗变与转换的呢？在研究美学历史时，我也理解了周先生关于方法与理论同一的观点，发现此前各个时代的美学与方法是对应的，有着耦合生发性，那当代美学的方法是什么呢？当时，生态文明的曙光已在全球初露，不少学者预测：21世纪将是生态学的时代，我也就萌发了从生态角度研究美学的想法。这两种思考一经融合，并化入美学历史，使我形成了人类美学的发展范式，这就是从古代的依生之美，经由近代的竞生之美，走向现当代的整生之美。正是这三大范式的内在规约，人类形成了依生自然的古代客体美学，与自然竞生的近代主体美学，与自然共生和整生的现当代生态美学。

对美学历史的清理，我得出了一个看法，生态美学在当代初现，是人类美学历史发展的必然；它表征了美学发展的历史趋势，必定会成为当代特别是其后世界美学的主潮，我应该自觉地参与研究。

回顾学术经历，我的生态美学进路，大致有三条，一条是自然之路，起于年轻时的桂林山水景观的美学研究；另一条是历史之路，起于我对西方古代美学史特别是人类审美发展史的探索；再一条是现实之路，起于对当代生态文明的感应。对美学历史规律的认识，是我研究生态美学的主要诱因；对自然美学的应用研究，是我探索生态美学的早期准备；响应生态文明的召唤，是我研究生态美学的时代使命。这三条进路，历史之路是主途。正是因为有了历史的进路，我一开始就把生态美学当做当代美学主潮来探索，而不是仅仅作为边缘学科与交叉学科来对待，理论视野未局限于自然美学的范围、环境美学的范围、生态危机的范围。这也合乎马克思主义从历史走向逻辑的方法论要求。

我曾经多次叩问自己：如果不在周先生的要求与指导下，系统地研究一段美学历史，我能够自觉地内化马克思主义的辩证思维吗？我能够自觉地走向生态美学研究吗？我庆幸自己当年没有坚持要做自然美学的博士论文。如果我固执己见，不改初衷，以周先生的博大与宽和，是会同意我去写一篇承接桂林山水研究的学位论文的。然直线的发展远不及非线性发展有后劲，有前景，如果真的跳过了历史研究，我能否发现生态美学在当代形成的历史必然性，能否自觉地去做生态美学研究，能否做出现在的生态美学成果，也就不得而知了。再从方法的生发规程看，有了美学历史研究的实践，我的系统方法才会相应地发展为系统辩证法，进而跃升为网络生态辩证法，以耦合生态美学的研究。要是缺失历史研究的环节，我不会实现系统辩证法的内化，网络生态辩证法的生发也就没有前提，生态美学的研究将陷入盲目的境地。于我来说，自然山水的美学研究、美学历史研究、生态美学研究是逐级递进的；内化其中的系统方法、系统辩证法、网络生态辩证法是环环相扣的；理论与方法是在对应耦合中并进旋升的。

三、运用网络生态辩证法系统圈进地研究生态美学

在对美学历史的研究中，我还有一个发现：凡是大家特别是大师，都有三个方面的共同性。其一是创造或创新了一种对应时代学术趋向与前景的学术范式；其二是形成了元范畴；其三是学术范式与元范畴贯穿于他的学术人生，建构了自己的理论系统。我生性愚钝，难以达到他们的学术境界，然"取法其上，仅得其中，取法其中，仅得其下"，既然走上了学术之路，也就应该努力效法前贤，形成法"上"得"中"的效应，争取法众"上"而趋"上"的可能性，极力迈向自身所能进入的学术高地。1995年，我出版了《审美场论》，在反思中，我觉得可以把审美场发展为生态审美场，使其从主客一体的审美境界，提升为人类生态审美现象、生态审美活动、生态审美关系、生态审美价值、生态审美规律的总汇，成为生态美学的元范畴。也是在这一年，我给广西师范大学中文系1992级的本科生开出了中西比较美学的选修课，第一次讲述了人类从依生之美经由竞生之美走向整生之美的历程，并明确了用整生范式作为自己美学方法的核心，贯穿生态美学的研究，力求形成系统性的成果。

我运用整生范式，探求了生态美学元范畴的系统生成。2002年在中国大百科全书出版社出版的《审美生态学》中，我论述了一般审美场在生态化中走

向生态审美场的逻辑行程。2005年在人民出版社出版的《生态视域中的比较美学》中，我在中西审美生态的比较中，探求了人类古代的天态审美场，经由近代的人态审美场，走向现当代的生态审美场的历史行程。这两种美学行程的终端，都系统地生成了生态审美场。这两本书的宗旨，是确证生态审美场这一生态美学的元范畴，是人类美学逻辑发展和历史发展的结晶。也就是说，生态审美场的形成，完全合乎生态美学元范畴系统生发的本质要求，完全具备生态美学元范畴包蕴一切审美生态的内涵规定。

2007年，我在商务印书馆出版了《生态艺术哲学》。这本书承接前二书的逻辑终点，以生态审美场为元范畴，分三个层次展开了它的理论发展。第一个层次是阐述艺术审美生态化的规律，即展示艺术审美跳出独立的特定的审美空间，在人类一切生态活动领域逐步展开，使人类全部的生态活动与生态场域实现审美化，形成审美性生态场。这是艺术同化生态的竞生过程，形成了竞生审美场，这当是生态审美场的第一个理论形态。第二个层次是论证艺术审美生态化与生态审美艺术化耦合并进的规律，即展示艺术场域的生态化和生态场域的艺术化同步展开，在对生并进中重合，形成生态艺术审美场的过程。生态艺术审美场在艺术和生态的平等对生中形成，实际上是一个共生审美场。它是竞生审美场的发展，是生态审美场的第二个理论形态。第三个层次是揭示艺术审美天化的规律，即展示艺术的质域和量域与生态的质域和量域同步走向极致，达到天态统合，形成天生审美场的过程。天生审美场实现了艺术与生态的自然化同一，达成了艺术质与量的最高整生和生态质与量的最高整生的同一化，成为整生审美场。这是生态审美场的第三个理论形态。生态审美场从艺术同化生态的竞生审美场，经由艺术与生态对生并进重合的共生审美场，抵达艺术与生态同步天化的整生审美场，形成了历史与逻辑统一的运动，生发了活态的理论系统，形成了一个独特的生态美学建构。

2010年，我在科学出版社出版了《超循环：生态方法论》，论述了学术方法、学术体系、学术对象、学术生境、学术环境、学术背景在对生耦合中，达成立体圈进旋升，实现四维网络化超循环的理论生态，形成了网络生态辩证法立体圈进旋升的图式。显而易见，网络生态辩证法是对系统辩证法的包容、提升与拓展。四维网络化超循环贯穿于学术人生的提升中，学科生态的圈进中，学术活动的旋升中，呈现了方法的系统整生。这本书对网络生态辩证法的系统论证，既总结了我以往生态美学的研究经历，又提高了我其后生态美学研究的自觉性。网络生态辩证法内在于理论系统，可实现宏大叙事与具体论证的统一，可达成统观研究、宏观研究、中观研究、微观研究的一体化。

2011年初，我开始写作《整生论美学》，主要有两个方面的追求。一是承接与转换以往的生态美学研究，二是实践四维网络化超循环的生态辩证法。这本书的承接点是《生态艺术哲学》的逻辑终点：整生审美场。从整生审美场转换而出的美生场，包含、提升与拓展了审美场、生态审美场特别是整生审美场的内涵，成为整生论美学的元范畴。四维网络化超循环的方法，内在于整生论美学的逻辑构架，共同显现为美活生态、愉生氛围、整生范式对生耦合的四维网络化旋升环长的美生文明圈。美生文明圈四维网络化超循环的图式是这样的：世界整生—绿色阅读—生态批评—美生研究—生态写作—自然美生，自然美生是向世界整生的螺旋复归，是美生文明圈四维网络化超循环运生的目标，是整生论美学的逻辑极点，以及继起的更高形态的生态美学的逻辑拐点。

生态审美场的生成、展开与转换，显示了我的生态美学研究的规程；审美场向生态审美场的运动，进而向美生场的转换，标志了我的生态美学元范畴的生发轨迹；生态方法集约为审美生态观，熔铸为整生范式，升华为四维网络化超循环的图式，显示了我的网络生态辩证法的形成格局；上述三者的耦合旋进，组成了我的学术三旋中的第三旋，即创造或创新一种理论与方法，达成对生态美学的系统圈升化研究。这种系统圈升化研究，从性态看，表现为审美场、生态审美场、美生场的递进性的体系化探索；从形态看，表现为应用的、历史的、逻辑的、比较的、元学科的生态美学的旋回性研究；从质态看，表现为基础生态美学、基础生态美学四大子学科、生态哲学的圈进性研究。这三种系统研究，有着交叉性，其中前两种系统研究我已基本走了一轮，后一种系统研究也在进行中。待《整生论美学》交付出版社后，我拟和同事们编一本生态美学教材，和已经博士毕业的学生们协作，共同完成美生人类学、景观生态学、生态美育学、生态批评学的写作，建构起基础生态美学的基本子学科，以支撑与完善基础生态美学的理论构架。之后，我拟探索整生论哲学，为基础生态美学寻求更高深、更系统的理论基座，进而导引生态美学的学科系统在更高的平台上圈进旋升。

　　学术三旋是一气贯通的。就我来说，对桂林山水的应用研究，对人类美学的历史研究，开通了生态美学研究宏阔悠远的进路，奠定了生态美学研究较为厚实的基础，孕育了生态美学的独特潜质，规约了生态美学体系的鲜明个性。若做更具体的分析，我的研究方法，是从系统方法，经由系统辩证法，走向网络生态辩证法的。显而易见，处于顶端的生态方法，不是一蹴而就的，而是在递进发展中，历史地逻辑地形成的。在当下的生态方法里，有着以往系统方法和辩证方法的生长因。我的美学理论，也有相应的走向。1985年，我开始给本科生讲授美学课时，采纳的是主体论美学，我研究桂林山水和美学历史时，贯穿的是和谐论美学。1995年出版《审美场论》，我论证了审美场是"主客体相吸相引、相聚相和、相融相会、同构同化的最佳审美境界"。1999年，我发表了题为《美是主客体潜能对应性自由实现》的论文。这两项成果的取得，说明我已离开了主体论美学，在师承和谐论美学中，做了一些创新的探索，初步形成了和谐共生论美学，逐渐有了属于自己的美学观点。进入21世纪后，我从和谐共生论美学，逐步走向了系统整生论美学，有了自己建构的美学理论体系。从上述方法与理论的对应并进中，可以看出，我的生态美学特别是整生论美学的生态辩证法研究，是从自然山水的系统研究和美学历史的辩证研究中生长出来的，学术研究理论与方法的前两旋，既成就了第三旋，推进了第三旋，又内在于第三旋。

　　我庆幸，自己生活在民族地区，工作在民族院校，从民族文化原始遗存的田野中，遥见了依生论美学的踪迹；我庆幸，自己成长在文明转型的时代，亲历了主体竞生论美学的鼎盛，参与了整体共生论美学的研究，投身了系统整生论美学的探索，憧憬了自然天生论美学的远景；这就在生态美学的境域中，有了持续性的自我超越，有了整生化的学术增长。

目录

第一章 整生论美学的生发 1
第一节 走向整生论美学 2
第二节 生态美学的整生图式 21
第三节 整生方法 34

第二章 美生场 59
第一节 美生场的生成 59
第二节 美生场是整生论美学的本质结构 72
第三节 美生场是环长旋升的美生文明圈 82
第四节 美生场的圈增旋升 99

第三章 世界整生 107
第一节 世界整生的图式 107
第二节 美是整生 112
第三节 美的形式是结构力的整生 134
第四节 艺术是意象的整生 152

第四章 绿色阅读 181
第一节 绿色阅读的机理 181

第二节　生态审美规程 …… 196
　　第三节　悦生美感 …… 207

第五章　生态批评 …… 229
　　第一节　西方生态批评共生范式的生发 …… 230
　　第二节　中国生态批评绿色审美范式的拓进 …… 243
　　第三节　生态批评的整生范式 …… 254

第六章　美生研究 …… 273
　　第一节　整生律 …… 274
　　第二节　美生律 …… 280
　　第三节　审美旋生律 …… 284
　　第四节　艺术天生律 …… 289

第七章　生态写作 …… 315
　　第一节　生态写作原则 …… 315
　　第二节　生态美育 …… 322
　　第三节　诗意栖居 …… 335
　　第四节　生态写作范型 …… 351

第八章　自然美生 …… 367
　　第一节　美生价值的圈增环长 …… 368
　　第二节　地球美生 …… 389
　　第三节　宇宙美生 …… 403

主要参考文献 …… 415

后　记 …… 419

第一章
整生论美学的生发

生态美学如何生发？它又是怎样走向整生论美学，形成系统美生的本质，进而与当代基础美学同一？其转型升级的节点与机理何在？弄清了这些问题，也就把握了美学的历史进程和未来趋势，可在大自然的演进中，框架生态美学的质域，凝聚生态美学的本质，可在宇宙的绵延中，认清生态美学的来路与去途，彰显生态美学的整生性与普适性。

简言之，整体论美学的生态化，形成生态美学；生态美学的整生化，发展出整生论美学。

罗尔斯顿说："当美学开始发现自然史、并以之作为理论建构的基础时，当人们找到自己在这些景观中的恰当位置时，美学就可以成为环境伦理学的基础。"[1] 我认为，以自然史为理论视域的美学，应是生态美学，特别是整生论美学。仅仅局限在人类社会领域内，而不鸟瞰自然史，美学不可能有整生的疆域，整生的意义，整生的价值，整生的本质。整生论美学的生发，以宇宙运生

---

[1] 〔加〕艾伦·卡尔松著，刘心恬译，程相占校：《当代环境美学与环境保护论的要求》，参见曾繁仁、〔美〕阿诺德·伯林特主编：《全球视野中的生态美学与环境美学》，长春出版社2011年版，第47页。

为背景，方能如庄子所说："蹈乎大方",[①] 耦合大千，包蕴天地。

第一节 走向整生论美学

生态美学从整体美学走来，走进审美文化和生态文明，趋向基础美学，发生了从边缘学科到核心学科再至主流和主导学科的位移，标志了现代美学向当代美学的转型，关联了工业文明向生态文明的变迁，展示了美学演化的大格局，呈现了美学运进的大趋势。

一、生态美学的起点：整体美学

整体美学是现代的主流美学，它的三种形态，均有生态审美性，共同成为生态美学的起点，从不同的方位标志了生态美学的进路，从不同的坡面攀登上生态美学的高地。

第一种形态是主张主体整体性系统性审美生存的美学。这主要有：新实践美学、生命美学、审美人类学、文学人类学、艺术人类学等等，尤以新实践美学为主。

新实践美学是主体美学的逻辑总结，凝聚了主体美学历史发展和逻辑进步的成果，和间性主体论美学一起，成为整体主体论美学的代表，成为近代美学的历史结晶，成为近代美学向现代美学转型后的重要形态。主体美学是近代美学的主潮。在文艺复兴时期，主体走向感性与理性、灵魂与肉体统一的觉醒与解放，初成整体性主体论美学。之后，持续生发了理性主体论美学、感性主体论美学、个体主体论美学，最后形成间性主体论美学。间性主体论美学主张人类个体之间，互为主体，生态平等，在相容、互尊、共通中，走向共进，这就螺旋地回归了整体性主体论美学，有了人际之间审美共生的意义，显示了生态美学的端倪。顺应主体论美学的超循环进程，中国的实践论美学，由理性主体

[①] 《庄子·山木》，北京出版社2006年版，第298页。

对象化的审美生发,走向感性与理性统一的审美生存论,同样在时代的转型中,螺旋地回归了整体性主体论美学,并以生命整体的生态化和审美化统一的实践,走向生态美学。

新实践美学的主要代表之一的蒋孔阳先生,在其《美学新论》一书中,张扬了整体主体的生命性特征:"人是一个有生命的有机整体,所以人的本质力量不是抽象的概念,而是生生不已活泼泼的生命力量。"① 正是对人的整体生命性的强调,显示了新实践美学的生态美学基点与向性。

张玉能教授主张:在实践唯物主义的基础上,"建立起实践美学的生态美学,或者叫做实践论生态美学。"② 季芳作为张玉能教授的学生,于2011年在人民出版社出版了博士论文《从生态实践到生态审美——实践美学的生态维度研究》,探索了从实践论美学走向生态美学的路径,确立了实践的生态性与审美的生态性统合的生态美学本质规定。饶有兴味的是:从蒋孔阳先生提出主体生命的实践性,到张玉能教授主张实践论生态美学,至季芳博士在"自然的人化"和"人的自然化"的统一中,"人本中心"与"生态中心"的中和里,经由"主客体生态审美实践"的"共同'自然化'",生发了生态美学③,形成了一门三代学术接力的景观,环节分明地显现了从新实践美学走向生态美学的图式。

生命美学与新实践美学在生命起点方面有着同一性,然更明确地显示了整体生命的生态性与审美性一致的趋向。封孝伦教授有关美是生命的界说,确立了人类生命的审美本体性,阐述了人的自然生命、精神生命、社会生命的整体关联性,凸显了人类生命系统的整体审美性。④ 黎启全教授也指出了自由生命的审美统一性与审美中和性:"美是人的生命活力的自由表现","人的生命活力"为"自然属性与社会属性、生理与心理、外在肉体与内在精神、感性与理性、情感与理智、理想与现实、个体生命与群体生命、客观规律性与实践目的

---

① 蒋孔阳:《美学新论》,人民文学出版社1993年版,第171页。
② 张玉能:《关于生态美学的思考》,《中国美学年鉴(2004)》,河南人民出版社2007年版,第17页。
③ 季芳:《从生态实践到生态审美——实践美学的生态维度研究》,人民出版社2011年版,第188页。
④ 封孝伦:《人类生命系统中的美学》,安徽教育出版社1999年版,第89页。

性等因素的辩证统一体。"① 黎启全教授的看法,显现了审美生命的生态结构性,封孝伦教授的观点,揭示了审美生命的生态系统性,均包含了生命与生态相互生成的机理与关系。

生态和生命虽然互为因果,然从发生学的角度看,最原始的生命不是由生命产生的,而是由综合的生态条件整生的。综合的生态条件形成生境,最原始的生命在其中孕生。达尔文在1871年写的一封信中,把原始生境描述成一个"池塘":"最初的生命体有可能是在一个温暖的池塘中出现的,这个池塘中可能同时具有各种化学物质(如氨水、含磷的盐等)和闪电、光亮、热量一类的东西。经过一系列复杂的化学反应后,蛋白质合成物出现了,它们开始经历若干更复杂的变化。"② 生命在生境中产生后,成为生态系统的构成和生态关系的生发以及生态历程展开的起点,成为生态结构纵横发展网络分布的主干、网结点和骨架。生态既是生命的生发前提、生发条件、生发形态,更是组成、生发、关联生命的生境、环境、背景系统,因而是包蕴生命又超越生命的。正是上述生态和生命的关系,使生态美学和生命美学有了不解之缘,它们在相互生发中,愈发显示出前者对后者的包容性。凭此,生命美学也就和新实践美学一起,成了中国现代的整体美学走向生态美学的主要形态。

对文学、艺术、审美的人类学研究,构成了人类学的美学研究的学科系列。它们从民族、族群、人类的文化和文明的角度,研究审美生发的规律,可以看做是比较文学和比较美学平行研究和系统研究范式的迁移与拓展。将文学、艺术、审美与民族的族群的人类的科学、文化、文明比较,探求它们相生互发的规律,有平行研究的意味;将文学、艺术、审美置于民族的族群的人类的科学、文化、文明的进程之中,以大观小,探索高层、深层、整体、系统规律所规约的审美规律,显示了系统研究的范式。这起码有了两个方面的生态美学向性。在我看来,生态完整的定义虽然是:生命生发的条件、状态、结构、关系与过程,然其基础的经典的解释是生命体与环境的关系。上述学科相应的文学关系研究、艺术关系研究、审美关系的研究,在内外之间、局部与整体之

---

① 黎启全:《关于"美的概念"》,《贵州民族学院学报》(社会科学版)1990年第2期。
② 方陵生编译:《探索地球生命起源奥秘》,《大自然探索》2011年第5期。

间、本体与生境及环境之间，双向往复地展开，显示了文学生态学、艺术生态学、审美生态学方面的研究方法和研究内涵的追求。在上述多维对生关系的研究中，其中由内而外、由局部到整体、由本体到生境与环境的乃至背景的研究，体现了审美生态化的趋向，形成文学、艺术、审美的空间向科学空间、文化空间和文明空间拓展的趋势，进而促成民族、族群、人类的审美化生存。这就显示了生态美学的要义，符合生态审美的精神，体现了生态审美的规律，形成了生态美学的趋向。

整体主体的审美化生存，成为上述诸种整体美学形态走向生态美学的共性。以感性与理性统一的个体化整体生命的审美生存为基础，形成社会的、民族的、族群的、人类的群体化整体生命的审美生存，强化了整体美学走向生态美学的阵势，显示了近代美学走进现代美学后再向当代美学转型的大格局和大趋向。

第二种形态是主张世界审美化涌现的客体整体美学，以景观生态学和环境美学为代表。景观生态学是一门关于大地设计和大地规划的科学，它以地理学、地质学、生态学为基础，偏于自然科学性，特别是偏于生态科学性。由于景观固有的艺术性、审美性和人文性蕴含，它也就逐步地实现了自然科学性与人文科学性的统一，生态规范性与审美规律性的结合，或如龚丽娟所说，显示了科技与人文由分到和的趋势[1]。这就既强化了美学形态的整体性，又凸显了促使大地生态化与审美化统合生发的学科宗旨。景观生态学的发展，一旦抵达生态性与审美性合理匹配的境地，就有走进生态美学，成为生态美学基本子学科的态势。

环境美学立足于自然的审美价值的生发，显示了客体整体美化的主旨。它缘起于对艺术美学霸主地位的挑战，意在张扬自然独立存在的审美价值。加拿大环境美学家艾伦·卡尔松从生态整体主义的立场，主张："自然全美"[2]，彰

---

[1] 参见龚丽娟：《科技与人文的分合——景观生态学生发论》，《广西民族大学学报》2009年第6期。

[2] 〔加〕艾伦·卡尔松著，杨平译：《环境美学——关于自然、艺术与建筑的鉴赏》，四川人民出版社2005年版，第109页。

显了客体整体美学。中国美学家彭锋提出的"自然全美"①，立足于所有自然个体，均因平等的独立的不可替代的本性而美，形成了自然所有个体各美其美的观点，是自然所有的独立化个体共同呈现的客体"整体"美学。

像主体整体美学中的人类生存的审美化，离不开世界的美化一样，作为客体整体美学的环境美学以及景观生态学，是为人的，属人的，是关联于并服务于人的审美化生存的。阿诺德·伯林特写了《环境美学》，直接提出了"参与美学"②，明确地显示了主体进入客体的整体美学主张。陈望衡的《环境美学》，以主客体统一的"景观"为学科本体，视环境为家园，也有着人与环境对应生发的整体美学潜质与趋向。主、客整体美学互为前提、彼此包含的辩证关系，促成了双方耦合的整体美学。

第三种形态是以上两种整体美学的中和，即主体审美化生存与世界审美化生发耦合的整体美学。主体的审美化生存，是以世界的审美化生发为条件的，世界的审美化生发，适应主体审美化生存的需求，均有着对应耦合性。凭借这种对应性，前两种形态的整体美学有着相互生成性，第三种形态的整体美学有着系统生成性。大众文化主张日常生活审美化和审美日常生活化，在日常生活领域里，达成人的审美化生存和现实的审美化涌现的统一，形成主客合一的整体美学。

大众文化的整体美学性是自觉的，也达成了较为平衡的主客体统一性，也一定程度地实现了日常生存性与艺术性的统一，也显示了生态存在性与生态审美性结合的向性，成为特定领域里较为完备的整体美学，成为跟生态美学的质域最近的整体美学，是一只脚已经踏进了生态美学门槛的整体美学。但它的日常生活的绿色性不够充分，日常生活的艺术性也不够高级（艺术制式的标准化与程式化，消减了自然态生活艺术的个性化与多样化），主客体统一的生态领域也不够宽广。这样，它还没有完全生长为生态美学。

上述三种形态的整体美学，在主客体生存审美化的对应、联系乃至统一中，成为人与自然趋向耦合的整体美学，成为生态性的整体美学，成为生态美

---

① 彭锋：《自然全美：一个古老而全新的观念》，《南通师范学院学报（哲学社会科学版）》2002年第2期。

② 〔美〕阿诺德·伯林特著，张敏、周雨译：《环境美学》，湖南科学技术出版社2006年版，第11页。

学的萌芽。或者说，它们形成了生态美学的起点，显现了趋往生态美学的向性，展示了通往生态美学的进路，迈开了登上生态美学高地的步伐。由于现代整体美学是古代客体美学和近代主体美学的历史中和，生态美学的出现，也就有了整个人类美学历史发展的根由与向性，也就有了自然审美生发的背景与趋势，也就有了更为悠长婉曲的天际来路与去脉。可以说，生态美学的出现，是历史必然性与时代需要性和未来召唤性共同导致的，它听从的不仅仅是生态文明的呼唤，也应和着美学历史非线性前进的脚步声。

二、生态美学的形成

整体美学中，主客体各自的、统一的生存审美性，已初步显示了生态性与审美性结合的生态美学本质规定。在此基础上，进一步达成绿色生态性与艺术审美性的统一，绿色生态域和艺术审美域的重合，也就意味着一种新的美学形态的形成，也就意味着近代的主体美学经由现代生态性整体美学的中介，实现了向当代生态美学的转型。

生态批评可视作初成的西方生态美学形态。它追求绿色生态性与自然审美性的统一。生态批评倡导"绿色阅读"[1]，创建"生态诗学"[2]，有着生态审美意识。它以主体间性的理论为哲学基础，在人与自然共生的框架中，主张物种之间、性别之间、人种之间的生态平等，互为主体，旨在批判人对自然的"夺绿"和"损绿"，旨在心灵、社会、自然的"复绿"与"增绿"。这就实现了生态性与审美性的绿色统一，达成了生态规律与目的和审美规律与目的之间的绿色共生。也就是说，它在共生的层次上，显现了生态美学的一般本质，成为不以生态美学命名的初级阶段的生态美学。

生态文艺学可看做中国生态美学的雏形。2000年，鲁枢元出版的《生态文艺学》，探索了"自然的法则、人的法则、艺术的法则三位一体"的生态文

---

[1] Buell Lawrence, *The Environmental Imagination: Thoreau, Nature Writing, and the Formation of American Culture*, Cambridge, Ma: Harvard University Press. 2001, p. 1.

[2] 转引自王诺：《欧美生态批评》，学林出版社2008年版，第12页。

艺学原理①。在这三位一体中,自然、人、艺术的规律与目的,走向了生态性与审美性的同一,达成了耦合发展的共生,显现了生态美学的内在规定性。曾永成的《文艺的绿色之思——文艺生态学引论》②,从人本生态观出发,所形成的理论体系有生态人文主义的意味,超越了人类中心主义和生态中心主义的对立,力求实现两者的中和。他通过论证自然—社会—文化—人性的节律感应,所达成的多层次生态系统的关联与共生,揭示了审美性与生态性同构统一的生态美学奥秘,发现了生态审美的机制与规律。

生态美学有了整体美学的多种进路,有了生态批评和生态文艺学的中西合璧,其理论化的生成,也就顺理成章了。徐恒醇的《生态美学》,也于2000年推出,该书确立了生态美学的研究对象:人的生态和生态系统的审美价值。进而对人的生命活动、生存环境、生存状况,展开了关联性的审美研究,用他的话来说,"生态美学对人类生态系统的考察,是以人的生命存在为前提的,以各种生命系统的相互关联和运动为出发点"③,这就统合了人与环境的生态审美研究。他明确指出:生态美是"人与自然生态关系和谐的产物","是人与大自然的生命和弦,而并非自然的独奏曲"④。徐恒醇的研究,中和了新实践美学、生命美学与环境美学的生存审美性,包蕴了生态批评与生态文艺学的绿色审美精神,形成了以人与自然和谐共生为精义的理论系统,建构了共生平台的生态美学。

生态美学首先由中国学者在1991年提出,至2000年形成了体系性建构,达成了跟以往美学的本质性区别,标志了美学的时代转型,显示了美学形态与社会文明形态的耦合并进。纵观历史,农业文明,产生了古代的客体美学;工业文明,产生了近代的主体美学;生态文明,促成了现代生态性初具的整体美学,向当代生态美学的进发,最终使生态美学得以问世。生态美学的形成,是人类文明的进步使然。

---

① 鲁枢元:《生态文艺学》,陕西人民教育出版社2000版,第73页。
② 曾永成:《文艺的绿色之思——文艺生态学引论》,人民文学出版社2000年版。
③ 徐恒醇:《生态美学》,陕西人民教育出版社2000版,第14页。
④ 同上书,第119页。

三、生态美学的展开

中国生态美学形成后，十余年来，从共生平台出发，有了整生性展开。这主要表现在三个方面：一是元生态美学充分而持久的讨论，为生态美学的前进导航；二是生态美学学科多维协同的发展，形成系统的建构；三是生态美学走进审美文化和生态文明，拓展了生态审美的场域和学科疆界，生发了整生性质域。

（一）元生态美学的展开

一门学科的自觉建构，依赖于元学科的发展。元学科探索所属学科的必要性与必然性，以及它的学科定位与学科关系，哲学基础与理论来源，研究对象与研究方法，逻辑起点与逻辑终结，基本命题与核心范畴，理论体系和话语系统，生发历程与未来走向等等，可以看做是所属学科的总体论证、系统设计和发展预构。有了上述内涵，元学科也就成了学科学。学科学形态的元学科隶属于科学学，是科学学的外延形态与应用学科。

中国生态美学的理论建构，是在元生态美学未经展开的情况下生发的。1991年初，中国台北学者杨英风在《建筑学报》上发表了《从中国生态美学瞻望中国的未来》，涉及了生态美学的价值与作用。1994年，李欣复的《论生态美学》（《南京社会科学》1994年第12期）、陈清硕的《生态美学的意义与作用》（《潜科学》1994年第6期）、余正荣的《关于生态美的哲学思考》（《自然辩证法》1994年第8期），探索了生态美学的本质与功能，形成了元生态美学的重要内涵。1995年前后，鲁枢元教授在有关学术会议上，大声疾呼，从生态学角度研究文艺学和美学。诸如此类的研究与倡导，实为难能可贵，但在当时主体论美学势头正盛的语境中，未成山呼海应之势，让其托举一门新学科，似乎勉为其难。2000年，理论形态的生态美学呱呱坠地后，学界转向了对元生态美学充分、深入、持久的研究，为理论生态美学以及生态美学学科整体的发展，营造了氛围，构建了环境，探求了路径，提供了方案，准备了蓝图。2001、2003、2004、2007年，分别在西安、贵阳、南宁、武汉召开的全国生态美学讨论会，以及2005、2009年，山东大学在青岛、济南举行的世界环境美学与生态美学的讨论会,对元生态美学的诸多本质侧面,有了集约性的研究。比如,关于生态美学的进路,刘成纪提出了从实践到生命至生态的规程①;关于生态美学的哲学基础,杨春时认为是"主体间性哲学"②,张玉能认为是"实践唯物主义"③,刘恒健主张是"大道形而上学"④,曾繁仁倡导"生态存在论"⑤,聂振斌提出了"本体存在论"⑥,盖光认为是"生态哲学"⑦。面对生态美学的风生水起,一些学者的冷静反思尤显警醒:罗卫平认为生态美学"并不是一门可以独立的学科","仅仅是一种理论形态"⑧;朱立元认为生态美学最终可以建立起来,"然仓促拼凑新学科体系,显然是不明智的"⑨;刘成纪认为生态美学"理论上已疲态渐显,并呈现出落潮迹象",学者纷纷转向景观美学和环境美学方面的研究。⑩ 诸如此类的争辩,使生态美学的生发,有了更为深刻、全面与系统的理论规约与方法导引。此外,它还浓郁了时代的生态审美氛围,形成了时代的生态审美精神,生发了时代的生态审美语境,促成了时代的生态审美场。还有,它进而促进了时代的生态文化场和生态文明场,生态美学的发展也就有了良好的生境和友好的环境。

在元生态美学的研究中,需要特别推举的是山东大学的曾繁仁先生。他持续发表的有关生态美学生发根由与意义的系列论文,特别是相继出版的《生态存在论美学论稿》(吉林人民出版社2003年版,2008年修订再版)和《生态美学导论》(商务印书馆2010年版),立足生态存在的理论基点,形成了系统

---

① 刘成纪:《从实践、生命走向生态——新时期中国美学的理论进程》,《陕西师范大学学报》2001年第2期。
② 杨春时:《主体间性是生态美学的基础》,《中国美学年鉴(2004)》,河南人民出版社2007年版,第10页。
③ 张玉能:《关于生态美学的思考》,《中国美学年鉴(2004)》,河南人民出版社2007年版,第17页。
④ 刘恒健:《论生态美学的本源性——生态美学:一种新视域》,《陕西师范大学学报》2001年第2期。
⑤ 曾繁仁:《生态美学:后现代语境下崭新的生态存在论美学观》,《陕西师范大学学报》2002年第3期。
⑥ 聂振斌:《关于生态美学的思考》,《贵州师范大学学报》2004年第1期。
⑦ 盖光:《生态审美的生态哲学基础》,《陕西师范大学学报》2011年第2期。
⑧ 罗卫平:《国内生态美学研究中存在的几个问题》,《湘潭大学学报》2005年第2期。
⑨ 朱立元:《我们为什么需要生态文艺学》,《社会观察》2002年增刊。
⑩ 刘成纪:《生态美学的理论危机与再造途径》,《陕西师范大学学报》2011年第2期。

的元生态美学成果。他为生态美学做了学科前沿的定位：由传统认识论过渡到唯物实践存在论，由人类中心主义过渡到生态整体主义，实现了美学的哲学基础的突破；对艺术中心主义的美学研究对象的突破；对自然审美方面的"人化自然"观的突破；对"静观"的审美方式的突破；在与西方环境美学、生态批评的对话与交流中，对以往中西方学术不平等地位的突破[①]。这就更为具体与全面地深化了生态美学的价值与意义。他多维地揭示了生态美学生发的经济社会背景、哲学与文化背景、文学艺术背景，以及中西方思想资源，进而系统地设计了生态美学的理论蕴含，探求了生态美学的中国化之路。他标划的生态美学的蓝图，一旦全面地付诸实施，关联地形成逻辑研究、历史研究、应用研究、比较研究的体系性成果，显现学科的整生性特征，应当能够系统地形成中国生态美学的一个重要学派。他的这些看法，被不少年轻学者接受，其元生态美学研究于学科整体进步的基础性意义，也由此可见一斑。

（二）生态美学学科多维协同地发展

2000 年以来，在元生态美学的推动下，中国美学界出现了生态美学的理论探索、生态文艺学的体系建构、生态审美历史的追溯、生态审美的比较、生态批评的实践等诸多方面的关联、互动与共建，初步构成了生态美学学科各层次间的协同发展。

一般来说，学科由三维构成基本框架，由五维形成完整系统。三维为应用、历史、逻辑研究，五维则增加了比较研究与元学科研究。就总体而言，中国生态美学的五维研究，主要由众多美学家共成。党圣元的《新世纪中国生态批评与生态美学的发展》（《中国社会科学院研究生院学报》2010 年第 3 期），逻辑地梳理了中国生态批评特别是生态美学的发展规程，形成了中国生态美学的历史研究；王诺的《生态批评：发展与渊源》（《文艺研究》2002 年第 2 期），也有着悠远的从历史到现实的长视角；田皓的《20 世纪 80 年代以来中国生态诗歌发展论》（《湘潭大学学报》2007 年第 2 期），分三个阶段论述了中国生态诗歌的历史进程；曾繁仁的《论我国新时期生态美学的产生与发展》（《陕西师范大学学报》2009 年第 2 期），回顾了生态美学的历程，展望了它的

---

① 曾繁仁：《生态美学导论·代序》，商务印书馆 2010 年版，第 1—4 页。

发展前景，彰显了其历史规律；鲁枢元的《走进生态学领域的文学艺术》(《文艺研究》2000年第5期)，展开了文艺学和生态科学的比较；张皓的《生态批评与文化生态》(《江汉大学学报》2003年第2期)，揭示了生态批评的文化生态动因，均形成了平行研究的生态比较；徐治平的《生态危机时代的生态散文：中西生态散文管窥》(《南方文坛》2006年第4期)，显示了平行研究和影响研究交融的生态文学比较。与历史研究和比较研究相对应，生态美学的应用研究呈多向度展开：具体文本的生态批评层出不穷，生态美育的研究见解纷呈，生态艺术设计愈发走俏。这种历史、比较、应用关联的三维研究，会同前述的原理研究、元学科研究，组成了生态美学学科五维环进的整生格局，形成了该学科的系统发展。这种学科整生的态势，虽是众人拾柴的结果，然久而久之，可以凝聚为理论家的个体追求，进而形成学术研究的整生平台。

在生态美学的整生性发展格局中，一些代表性人物，自觉地展开多维贯通的研究，推进了学科的体系性发展。曾繁仁将自己的元生态美学成果，特别是生态存在论美学观，融入了应用研究。他选择古今中外的一些文学经典，进行了生态批评；他在20世纪卓有成效的美育研究，显示了生态美育的趋向。这就多向地实践了他自身的理论主张，形成了整一性的生态存在论美学成果。在生态文艺学领域，鲁枢元、曾永成，有元学科的主张，有系统的理论建树，有生态批评的实践，集约地一以贯之地拓展了生态美学之生态文艺学研究。在生态批评方面，王诺也一一展开了元学科探索，理论建构，历史梳理，中西比较，批评实践，形成了生态美学所属生态批评层次的系统研究，更为具体地拓展了生态美学的整生质。

地处南国的广西民族大学文学院，被誉为生态美学研究的"重镇"。其生态美学的建设，以审美生态观为基点，有了学科化展开的努力。其中的民族生态美学研究，在黄秉生教授的带领下，也自觉地进行了学科五维关联的系统性建构，且特色鲜明，优势显著，可望形成核心竞争力。他关于少数民族审美化生存是生态美学重要来源的论述[①]，是独具特色的元学科研究，他主编的《民

[①] 黄秉生：《生态美学与民族文化》，《中国美学年鉴（2004）》，河南人民出版社2007年版，第33页。

族生态审美学》是对少数民族审美文化的逻辑研究,他发表的系列论文:壮族文化三大根系的审美探求,是饱含生态意味的历史研究;龚丽娟的论文《民族艺术自由理想的典范生发——影片〈刘三姐〉与〈阿诗玛〉的生态批评》(广西民族大学学报 2009 年第 3 期),以及她的博士论文《民族艺术经典的生发——以〈刘三姐〉和〈阿诗玛〉为例》,黄晓娟等著的《多元文化背景下的边缘书写——东南亚女性文学与中国少数民族女性文学的比较研究》(民族出版社 2009 年版),均是灌注生态精神的比较研究;黄秉生的《壮族文化生态美》(广西师范大学出版社 2011 年版),朱慧珍、张泽忠等著的《诗意的生存——侗族生态文化审美论纲》(民族出版社 2005 年版),以及翟鹏玉关于壮族花婆神话的生态审美研究的系列论文和龚丽娟关于壮族经典《刘三姐》的生态批评的系列论文,在彼此呼应中构成了丰厚的应用研究。五维贯通的系统化研究,必然产生民族生态美学的整生质,进而向生态美学的整生质汇聚融通升华。

上述种种多维相生特别是五维互进的学科化探索,使得生态批评、民族生态美学等丰富多彩的具体化研究,支撑了生态美学的整生化建构,参与了生态美学整生质的生发,从而使整生论美学的出现,在学科分化与综合的辩证发展中,成为一种必然。

(三) 生态美学学科与所属生境和环境对生

生态美学学科的生境是审美文化。审美文化由三大层次构成:形象意识形态的文学艺术和抽象意识形态的艺术哲学等,器物形态的工艺品、建筑物等,制度形态的仪式、节庆、机构、典章等。生态美学学科在与其对生中,走进了审美文化,同化了审美文化,使其增长了生态性与审美性统一的特质,成为生态审美文化,成为生态美学的拓展部分。

生态美学的环境是生态文明。社会的上层建筑和经济基础以及与文化相互作用的自然,是人类创造的文明总汇。它们在对生中趋向生态性与文明性融和,形成了划时代的生态文明特质。生态美学走进生态文明,实现生态性、文明性、审美性的三位一体,也就形成了审美化的生态文明。

生态美学通过与生境和环境的对生,将生态性与审美性统一的特质,注入后者,同化后者,逐步拓展了量的整生。

人类通过自己的文化与文明，关联自然，沟通自然，进入自然，与自然成为整生系统。当生态美学生发的生态审美文化和生态审美文明，关联、贯通、进入自然后，也就逐步地形成了社会与自然整生的审美场，实现了生态审美疆域的自然化整生。

生态审美疆域的整生，为生态美学质的整生，准备了条件。生态美学从共生的平台，走向整生的平台，形成整生论美学，须以量的整生为前提。因为整生质存在于整生量中，整生质的中和性决定于整生量的丰富性与多样性，整生论美学的本质规定性，也就来自生态审美文化、生态审美文明和生态审美世界等整生场域的递进性发展。

四、生态美学的提升

生态美学从审美共生的理论平台走向审美整生的理论平台，从交叉性、分支性的美学形态，走向主流性、主导性的美学形态，其理论生态美学，当可同时成为时代的基础美学。凡此种种，形成全方位耦合的提升，在万山捧峰中，汇聚成整生论美学。整生论美学，是研究人类融入自然达成系统美生的科学。

（一）整生论美学

整生论美学的出现，是生态美学发展的历史趋势和逻辑必然；是生态哲学的发展所致；是生态文明发展的必须，也是其高端的美生文明发展的结果。

——从生态整体主义走向整生论。曾经有多人问及，你创建的整生范畴，和深层生态学提出的生态整体主义有何不同。我认为：生态整体观是整生论的出发点。生态整体观认为：生态系统是一个不可分割的整体。[①] 整体质是系统的最高规律，是各部分的关系共生的，整体价值是系统的最高目的，是各部分的价值共成的。整体中的各部分是平等的，相生互发的，并共同趋向与服从整体规范的。显而易见，生态整体观，是一种系统共生观，深生态学是由共生的规律与目的组成的理论系统。共生的规律与目的，中和了依生与竞生的规律与

---

① 美国学者奥尔多·利奥波德在其代表作《沙乡年鉴》（吉林人民出版社1997年版）中，提出大地是有生命的整体性存在，成为现代生态整体观的重要来源之一。

目的，形成系统共成共存共长的理论模型。整生的规律与目的，中和了依生、竞生、共生的规律与目的，形成了系统超循环生发的理论模型。这一模型，有系统生成、系统生存、系统生长的三大整生环节，有以万生一、以一生万、万万一生、一一旋生的整生规程，显现了生态系统网络化圈进旋升的机理与图景。以万生一，形成系统元点；以一生万，元点展开为谱系化的整体；两者关联，是谓完整的系统生成。万万一生，指个体与个体纵横对生，均成网络化生存；个体与总体对生，个体获系统质，总体长整生质；个体随系统环生，均成整生化存在；系统周行，成就了诸种万万一生，成为系统生存的形式。一一旋生，指系统圈走不息，在一个周行单元的系统生存仰接一个周行单元的系统生存中，构成持续螺旋发展的系统生长，显示系统整生的全过程。

从上可见，整生论哲学观建立在生态整体主义之上，是其逻辑的发展和理论的拓进，更有统观的生成论、生存论和生长论的意味。统观由纵横的整观生成，网络化超循环，显现统观视域，形成统观的整生图景。这种统观图景，包含了生态整体主义的整体生存论的规律与目的，但又不局限于此，有着系统生发的生生不息整生的运动感。

——整生论美学构架。整生论美学构架，是一个美生文明网络化超循环的理论模型，有别于共生论美学中人与自然对生耦合并进的理论模型。它以生态审美场特别是整生审美场的转换与提升形态——美生场为元范畴，以美生场逻辑生态的超循环为线索，形成美生文明周走圈进的理论结构。超循环整生贯穿于所有理论层次、理论侧面、理论环节的发展中，并耦合相应的生境、环境、背景的圈行，形成四维网络化的环进。其主要理论内容，由逻辑干线美生文明的旋升构成：

走向整生——从共生论美学到整生论美学；整生论美学得以生发的网络生态辩证法机制。

美生场——整生论美学的对象与元范畴。

世界整生——美及形式在世界整生中生发；艺术的意象整生以及天态整生高路。

绿色阅读——美活趣味实现为整生审美，形成悦生感受。

生态批评——从共生批评到绿色审美批评，抵达整生批评。

美生研究——整生律分形出审美整生律，进而分形出绿色美生律、审美旋生律、艺术天生律，构成绿色诗律体系，形成美生规范系统。

生态写作——以美生场的创造为生态写作的目标，在生态美育和诗意栖居中塑造美生人类和美生世界，推动生态自由的写作范型向生态文明的写作范型转换。

自然美生——在美生文明的圈增环长中，形成地球美生和天宇美生，实现宇宙美生的终期目的。

整生论美学的逻辑，是美生文明的圈进旋升，即从世界整生始，经由绿色阅读、生态批评、美生研究、生态写作，形成世界整生的更高境界——自然整生。如此回环往复，美生场终成自然美生场，终成宇宙形态的大自然美生场。大自然美生场，是美生场质域和量域的顶端重合，是整生论美学的逻辑向性与最终目标。仅凭这一点，整生论美学有了广阔深邃的学术空间和绵长高远的逻辑进程，有了与名称一致的本质规定性，显现了自身生发的必然性与必要性以及必须性。

——整生论美学的可能。从审美生态观的角度看美学史，古代的客体美学是依生论美学，近代的主体美学是竞生论美学，现代的整体美学，是共生论美学，当代的生态美学，是从共生论美学，走向整生论的美学。整生论美学的出现，有着美学发展历史的必然性。从现实的情形看，生态美学学科中的比较研究和应用研究，走进了人类文化全域，特别是审美文化和生态文化的全域，走进了人类文明全境，特别是审美文明和生态文明的全境。也就是说，生态审美文化和生态审美文明已呈现出整生化的趋向，研究这两种整生化的背景与走向、规律与目的，形成整生论美学，转而引领其自觉发展，自在必然之势。从研究对象看，人类审美生态是生态美学的重要对象，但不是整体对象，包括人类审美生态在内的大自然审美生态系统才是生态美学的完整对象。研究对象的整生化，规约了学科内涵的整生性，整生论美学的生发也就顺理成章了。

我自身的研究生态，也应当呈现这种发展趋势。《生态艺术哲学》的元范畴：生态审美场，生发了三个理论平台。第一个平台在艺术审美生态化中生发，即艺术审美走进生态域，覆盖与同化后者，构成竞生性审美场；第二个平台在生态审美艺术化与艺术审美生态化的耦合中生发，形成生态与艺术并进的共生性审美场;第三个平台在艺术审美天态化中展开,形成生态的质与量和艺术的质与量四维耦合同趋极致俱成天态的整生审美场。整生论美学本可直接以生态审美场的制高点——整生审美场为元范畴,形成相应的理论结构,然遵循生态辩证法盛极而转(事物不一定都是和都要盛极而衰的,在其臻于盛极而未显衰落之际转型,展开新的发展空间,不失为一种生态策略和生态必然)的教训,我找到了一个从审美场特别是生态审美场发展极点转换而成的范畴——美生场,作为逻辑蓝图,构建整生论美学,努力实现对本人以往研究的持续承接与转型发展,敞显新的学术视域,呈示新的理论生态。这应该符合审美生态辩证发展的逻辑。

美生场的形成,是审美生态发展的结果。随着生态文明时代的到来,审美生态发展出了生态审美的样式,形成了审美人生与审美世界耦合并进的格局。当他们同臻整生的平台,生态审美转换为美活生态,成为更高层次的审美生态,美生场有了相应的基座,也就自然生发了。这也见出,以美生场为元范畴,生发整生论美学,更能贯彻审美生态观的主张。

(二) 整生论美学的定位

生态美学从整体美学中走出,最初以交叉学科和分支学科的身份面世,处于边缘学科的地位。经过十余年的发展,它现已成为显学,进入了美学核心圈,和艺术美学、文化美学三足鼎立。这和当下美国的美学格局有异曲同工之妙:原本边缘的环境美学,和艺术美学、日常生活美学势均力敌。

刘勰说:"文变染乎世情,兴废系乎时序"。[1] 学术发展与时代趋势有着一致性。目前,世界正在形成与发展生态文明,引发了生存与审美的深刻变革。在这样的时代背景下,生态美学的生发更趋合理,更显必然,更能获得学术主导的地位。当上述三种美学的平衡格局一旦打破,从共生论走向整生论的生态美学,凭借对生的机制,将艺术美学和文化美学整生化,使之成为自身的有机部分,它也就顺理成章地变为当代美学的主流形态和主潮形态。与此相应,整生论美学,也就不仅仅是生态美学学科中的基础美学,同时也成了一般美学学科中的基础美学。

---

[1] 周振甫译注:《文心雕龙选译》,中华书局1980年版,第280页。

（三）审美生态观的导引

一门学科的自觉形成与持续发展，需要相应的哲学观与学科观的导引。整生论美学的生发，以整生哲学观与审美生态观为理论基础。审美生态观作为生态美学的学科观，是整生哲学观的具体化，能对生态美学的形成、发展与提升，形成更直接的规约。

党圣元教授指出，目前的生态美学研究，形成了三种代表性的生态美学观。一种是曾繁仁先生的"生态存在论美学观"，另一种是曾永成先生的"人本生态观"，再一种是我的"审美生态观"。[①] 我形成审美生态意识已经有年，并持续地贯穿于研究实践。1997年，在桂林召开的第二届中国古典美学讨论会上，我提出：每个时代都有特定的审美范式。在古代是依生之美，到近代转换为竞生之美，到现当代嬗变为整生之美。[②] 这可以看做是我的审美生态观的初显。其实，这一观念，我在1995年已萌发，并在课堂上向本科生和研究生讲述了；2006年在宜州召开的广西美学学会的年会上，结合民族美学的背景，也做了阐发。17年来它一直贯穿于我的生态美学的研究与教学之中，并逐步由审美共生观发展为审美整生观。2004年，在南宁召开的全国第三次生态美学大会上，我做了一个主题发言，提出了生态美学学科三维环升的图式：应用生态美学经由历史生态美学，走向理论生态美学，理论生态美学依次范生应用、历史生态美学。尔后，我将其拓展为五维旋升的图式，即在理论生态美学后面，增加了比较生态美学和元生态美学。元生态美学成为学科结构运生的始点、终点、旋升点，在五位一体中，规约生态美学学科整体超循环。这就从审美生态观拓展出了学科生态观，说得更具体一些，应该是形成了生态美学的学科整生观。我遵循审美生态观与学科整生观，尝试具体地生发生态美学学科系统。2002年，我在中国大百科全书出版社出版了《审美生态学》，在审美生态观的导引下，显现了整体论美学走向生态美学的行程，标志了主客整体审美场走向生态审美场的图景，在现代至当代的审美生态的发展中，揭示了生态美学

---

① 党圣元：《新世纪中国生态批评与生态美学的发展》，《中国社会科学院研究生院学报》2010年第3期。

② 参见杨维富、李启军：《第二届中国古典美学研讨会综述》，《文艺研究》1997年第6期。

的逻辑生成路径。2005年，我在人民出版社出版了《生态视域中的比较美学》，通过中西比较，凸显了人类古代的客体美学，经由近代的主体美学和现代的整体美学，走向当代和未来的生态美学的规程，展现了人类古代的天态审美场，经由近代人态审美场和现代的整态审美场，走向当代和未来的生态审美场的图景。这就在审美生态观的历史展现中，彰显了生态美学的历史生成规程。2007年，我在商务印书馆出版了《生态艺术哲学》，以前述二书揭示的人类审美生态的逻辑高点和历史高点——生态审美场——为元范畴，展示它从本质初成的审美性生态场出发，经由生态艺术审美场，走向天生审美场的结构生态，并相应地形成了由艺术审美生态化的竞生，穿越艺术审美生态化与生态审美艺术化耦合并进的共生，抵达艺术审美天态化之整生的逻辑生态，构建了生态美学的活态体系。这就在生态美学逻辑架构的系统生成中，贯穿了历史与逻辑耦合旋进的审美生态观。也就是说，这种审美生态观有着整生性：生态审美场的最高层次天生审美场，是对人类古代天态审美场的最初层次——天成审美场——的创造性回归，有了超循环的整生态。2010年，我在科学出版社出版了《超循环：生态方法论》，这是一部元生态美学的著作，其中的审美生态观，有了更自觉的超循环整生的意义。这样，第次发展的整生性、整生态、整生论审美生态观，有如一根逐渐明晰的红线，贯穿了应用维度的景观生态研究和生态批评探索，贯穿了隶属历史研究和比较研究的《生态视域中的比较美学》，隶属逻辑研究的《审美生态学》和《生态艺术哲学》，贯穿了隶属元学科研究的《超循环：生态方法论》。审美生态观与生态美学研究实践的互动，达成了共进，汇成了审美整生观与整生论美学耦合生发的趋势。

审美生态观，是一种将审美"活态"化、生命化、生态系统化、超循环运生化的观点与方法。它主要有如下四个方面的理论层次。一是将审美看成是一种生态，把审美活动看成是一种生态活动，把审美系统看成是一种生态系统，相应地形成审美生态、审美生态活动、审美生态系统等范畴，构成美学研究的生态视角、生态视野与生态方法。二是主张审美与生态结合，审美活动与生态活动统一，在审美生态化与生态审美化的重合里，形成审美生态的系统化格局——生态审美场，形成生态美学的逻辑生发方式与理论构建范式。三是在审美与生态的同一中，形成美生；在审美活动与生态活动的同一中，形成美生活动；在审美系统与生态系统的同一中，形成美生系统，形成审美生态系统的高级形态——美生场，实现了审美的生态方式向审美的生态本体转换。四是以审美生态系统——生态审美场——为元范畴，生发出历史生态与逻辑生态复合的超循环，构成生态美学的活态体系；进而以审美生态系统的高端形态，即审美整生系统——美生场——为元范畴，生发出美生文明的超循环，形成整生论美学的逻辑生态与理论体系。

审美生态观内在于生态美学特别是整生论美学的逻辑路线中，成为整生论美学的理论构造方式和逻辑生发图式，规约了整生论美学学术系统的生发。审美生态观的发展，促使审美生态的系统形态：审美场，经由生态审美场特别是整生审美场，走向美生场，形成整生论美学。毫无疑问，审美生态观的进步，牵引出整生论美学；审美生态观从审美依生观始，经由审美竞生观、审美共生观，走向审美整生观，是整生论美学的生发机理，是古代的依生论美学，穿越近代的竞生论美学、现代的共生论美学，走向当代与未来的整生论美学的内在根由。可以说，审美生态观是生态美学的灵魂，审美整生观是整生论美学的神明，审美生态观的进步，是生态美学的形成和进而走向整生论美学的机理。

阿诺德·伯林特教授于2009年来中国济南参加生态美学与环境美学的国际会议，也谈及了审美生态。他是在人与环境达成"审美融合"中，论述审美生态的："环境欣赏同样需要欣赏者的积极参与"，以形成"知觉融合"，"知觉融合从根本上说是审美的，所以，它可以被描述为审美融合"，"事实上，我们可以把审美融合当做审美生态。"[1] 伯林特倡导的审美融合，揭示了审美知觉的主客体共生规律，是一种中和的审美生态。他还说："审美生态意指一个具有明确知觉特征、结为一体的区域：音响、气味、肌理、运动、韵律、颜色；与活动着的身体相关的体积宏大的块体；光线、阴影和黑暗、温度。等等。所有这一切融会在一起。"[2] 伯林特认定的审美生态，是一个各种审美要素在知觉中走向融合的审美空间。伯林特从主客体审美融合的角度论述的审美生态，

---

[1]〔美〕阿诺德·伯林特著，程相占译：《都市生活美学》，见曾繁仁、〔美〕阿诺德·伯林特主编：《全球视野中的生态美学与环境美学》，长春出版社2011年版，第17页。

[2] 同上书，第22页。

可以成为审美生态观的有机成分与理论颗粒,可以从审美共生观的层次,升华至审美整生观的境界,以充实和丰盈生态美学的研究。

审美生态观是开放的,它在各种生态美学观的以万生一中丰富,它在自身的历史发展与逻辑进步中提升,持续地增长整生性,方能导引整体美学走向生态美学,导引生态美学走向整生论美学,实现高端的生态美学与时代的基础美学合一。

第二节 生态美学的整生图式

在论述生态美学的走向时,我们标志了形成整生论美学的基本路径。在此基础上,将各种跟生态美学相关的学科、文化、文明生态结构化,构建大系统,以形成生态美学在期间整生的图式,以阐述它走向整生论美学的完整态势、具体环节与深刻机理。

一、生态美学的同源性学科

当代基础美学,不应一枝独秀,仅有一种,而是百花齐放,异彩纷呈的。形成当代基础美学的进路,也当是百川归海式的。每一个美学流派都可以在学科前沿,以己为主,会泽百家,形成当代性、普适性和系统创新性兼具的原理性著作,显示出各自创建基础美学的努力。生态美学走向自身前端,成为整生论美学的过程,也是一个海纳百川的过程。当整生论美学出现后,生态美学就同步完成了双重任务:自身的高端发展和基础美学的建构。在走向整生论美学的过程中,生态美学首先与诸多同源性学科相生互发,耦合并进,特别是与生命美学以及环境美学对生互补,联动共行。之所以如此,乃因为生态美学与这两个学科的互含性和共生性最强,同源性显著。再有,以生命美学和环境美学为中介,生态美学可一边关联主张人类审美化生存的学科群,另一边关联世界审美化涌现的学科群,概括它们的生态审美质,对应地丰盈与发展自身的审美整生性,多维聚焦地增长出整生论美学的本质规定性。

与生态美学同源的学科,其学科本体均源于生境,它们的元之源是一致的,也就有了本根上的同一性与亲和性,能够在同生共长中,相互包含与相互生发。

(一) 生命美学

生态美学和生命美学分别以生态与生命为元点,认为美和审美或出于生态,或出于生命。两门学科在元点上形成了互含性,只不过使用的范畴有区别,侧重点各有不同罢了。生态,一般被认为是生命体与环境的关系,这可以看出,生态将生命包含其中,作为自身的组成部分,并以其为核心,为生发基点,为生发主干。生命支撑、成就和展开生态。离开生命,生态显示不出质点,形成不了质线,生发不出关系,产生不了结构,生长不出系统,形成不了运动。生命对生态的这些意义,在我对生态的解释中,显得更加明确与充分。我认为:生态是活态,是生命的孕育和生发状态,是生命生发中与生境、环境、背景的关系状态,以及由此形成的组织结构状态和系统运生状态。这样,生态不仅有了一般的意义:活态;而且有了三层递进的具体意义:生命的孕育和生发,生命与生境以及环境关系的生发,生命与生境以及环境还有背景的组织性、结构性和系统性生发。生态的上述意义,离开生命是无法形成的。生态的意义,主要是由生命的活动与价值构成的。

在有关生态的本质界定中,形成了一系列的范畴:生境、生命、生态关系、生态系统、生态环境、生态背景、生态运动。生命的生发,串起了这些范畴,显示了生态展开的环节与图景。生命和生态是互为因果,互利互惠,并相互制衡的。生境是生态的元点性范畴,孕育了生命,尔后养育了生命;生命是生态的核心范畴,它由生境产生后,成为生态发展的基点与基线;生态关系、生态系统、生态环境、生态运行,既是生命存在与发展的条件,也是生命运动所形成的生态样式。离开生命的运动,生态无法生发。离开生态,生命无由形成,无处存在,难以繁衍。双方形成了多重的辩证生发关系,多维度地展示了同源的生命美学与生态美学的共生共荣性,彼此倚重性。

生命和生态均以生境为源,尔后同生共发,生态美学与生命美学也就有了相互包含性和相互支撑性,以及相互生发性。在此,我试以封孝伦教授的生命美学研究和我的生态美学思考为例,探索这两个同源学科的共生性关系。在孝伦教授那里，生命美学以人类生命为学科本体，为学科元点，进而在人的三重生命的展开与关联中，形成生命系统审美化生长的理论体系。我以生态为生态美学的学科本体，以审美生态为学科的本质规定，以审美生态的运动所形成的生态审美场及其整生审美场特别是美生场为学科的元范畴，以元范畴的超循环整生为学科的基本生发方式，形成审美文化、审美文明、美生文明圈走旋升的理论系统。生态在生命的生发中形成，生态审美场特别是整生审美场和美生场在生态的整生化中生发。人类生命是超循环整生的，生物生命的进化，优化精神生命，提升社会生命。社会生命反哺与回馈精神生命与生物生命，是一种超循环整生；生物生命在承载精神生命和社会生命中，实现三维耦合环进，是一种复合的超循环整生。正是在这两种整生中，生命伸展出了生态关系，形成了生态结构，关联了生态环境，涉及了生态背景，推进了生态圈的复合式运动，促发了生态的整生。生态的整生化，同时也是一种审美化。或者说，生态的整生化，形成了生态的审美化，其整生化的程度和审美化的程度成正比。这样，生命的生发与生态的生发、生命的整生化与生态的整生化、生命和生态的整生化与生命和生态的审美化、生命和生态的审美整生化与整生审美场特别是美生场的生发，有了递进性的互为因果的关系，实现了多阶梯耦合的环升。也就是说，从生态走向生态审美场，进而走向整生审美场，再而转型为美生场，生命的整生化，特别是人类生命系统的整生化，是一种重要的内在机制与机理。或者说，没有人类生命系统的整生化，难以实现高端生态多维耦合的整生化，特别是难以形成高端生态系统的整生化，难以完整地形成生态审美场，难以系统地提升出整生审美场，难以理想地转换出美生场。这就见出：生态美学和生命美学有着同步生发的内在需要，共生互进的关系十分密切。

（二）环境美学

生态美学的审美生态质点和生态审美场、整生审美场、美生场的元范畴，主要有两条对应生发的进路：一条是人类生命系统的整生化，另一条是人类生境与环境的整生化。生态美学的基点与元范畴，就是在这两条进路的耦合中形成的。这就注定了它与环境美学，有了类似于跟生命美学一样的同源并进性关系。

环境美学可成就生态美学疆域的整生化。如果说，生境是生命的元之源，生态环境则是生命的家。生命，是生态的元点；环境，是生态的发展点，是生态系统的形成条件。环境，成了审美生发的关系与场所。它也就进一步成了审美生态的生发空间。生态审美场、整生审美场、美生场，均可称为审美生态系统，全都是以生态环境为生发时空的。国外的环境美学，以自然全美为目标，国内的环境美学，以环境的景观化为宗旨，两者均追求环境的生态性与审美性的耦合发展。照我看来，环境美学，应是研究生命的环境，特别是人的社会环境与自然环境生态审美化的科学，和生态美学有着同构性，可以进入生态美学的质域，以利其疆界的扩大与整生。

环境美学与生命美学形成了支撑生态美学整生化发展的合力。从生命体与环境的关系这一生态的经典界定来看，生命与环境，构成了生态的两大基本要素。其中，环境还包含了关系的意义。与此相应，生命美学与环境美学对应地生发与支撑了生态美学。或者说：从生命美学出发，可以形成生态审美化的人生；从环境美学出发，可以形成绿色审美化的世界；两者耦合对生，可以形成完整的生态审美运动，可以形成生态审美场，可以形成整生审美场，可以转换出美生场，构成生态美学元范畴。当然，在学科的对生关系中，生态美学对生命美学和环境美学产生了整体化的生态审美性影响，促进双方开放，增加互含，这就强化了同源性学科的共生性关系与协同性发展。

生命美学和环境美学对生出生态美学，并促其整生。生态美学居其中，左挽右携这两个学科，形成三维耦合并进的格局，促进生态审美文化和生态审美文明的系统性生发。

（三）日常生活美学

日常生活美学与大众文化有着同一性，在一定的语境下可以互换。日常生活美学的元范畴是审美化生活，也以生境为源。审美日常生活化和日常生活审美化，是这一范畴的两大本质侧面。这两大侧面的中和，形成了日常审美生存的核心范畴。日常审美生存是审美生态的重要组成部分，两者间有着共生关系。

日常生活美学在一个特定的领域里，实现生命与景观的耦合、审美人生和审美世界的对生，构成局部性的生态审美场。从逻辑关系着眼，我们可以把它看做是生命美学和环境美学局部性对生耦合的结果，可以看做是生态美学的局部结构和初级阶段。它的质域和疆界虽然没有生命美学和环境美学宽广,但通过对它们的本质中和,形成了生态美学的一个生发点,形成了生态美学疆域的一个区间。

日常生活美学在审美人生和审美世界的同构方面,为生态美学提供了一个可以拓展、完善、提升的审美整生化范式,生态美学则为日常生活美学树立了一个生态性和审美性对应拓展与提升的参照。在生态审美范式的规约下,日常生活美学可以发展为生态美学的应用学科。

(四)生态美育

生态美育既是生态美学的应用性学科,也是它的生发机制。传统的美育,是一门培养审美者的学科,曾繁仁先生将其提升为培养群众艺术家的学科。我认为生态美育是对应地培育绿色审美人生与生态审美世界的科学,是整体培育美生场的学科。正因为这样,它才和日常生活美学一样,分有了生态美学的系统质,堂而皇之地进入了生态美学的行列。

承续和发展传统的美育学,生态美育学形成了培育生态审美者的本质侧面。生态美育学关联起探求人类审美化生存的学科系列,形成了培育生态审美人生的合力,实现了传统美育学的转型。当代风生水起的生命美学、新实践美学、审美人类学、文学人类学、艺术人类学,均有一个共性,即主张实现人类的审美化生存。人类生存的审美化,需要一门学科来培育、来导引,生态美育学也就应运而生了。上述生命美学等学科,各自彰显了人类审美化生存的精神、规律、制度、方式、途径,生态美育学将其中和与提升,成为自身的本质规定的一个方面,承担起培植人类生态审美化的历史重任。

在生态美学质域中生发的生态美育,其本质规定是辩证整生的,自然也就相应地具备了培育生态审美世界的功能。它整合起研究生态系统审美化涌现的学科系列,系统地生发了培植美生世界的价值功能。环境美学、景观生态学、园林学,其共同的主旨是促成世界的生态性美化。生态美育学概括与提升这些学科绿态地美化世界的规律、路线、模式、机理、机制,形成了传统美育学所没有的培植世界的绿色之美的功能。

生态美育学的上述两个本质侧面,对应生发,形成了培植绿色美生的系统本质与整体功能。这种本质与功能,集中地指向生态审美场的培育,指向美生场的培育。或者说，生态美育学是通过对应地培育绿色审美人生和生态审美世界，来实现培植审美生态的系统功能，来实现培育生态审美场和美生场的整体价值目标。这样，生态美育学既在生态美学的语境中发展本质规定性，又成了生态审美场和美生场的生发机制，成了生态美学的生发缘由，有了互为因果的关系。

生态美育有生态审美教育的内涵，但已不局限于此。它与教育学交叉，然已不全是教育学的子学科，不全是审美教育学的当代形态。准确地说，生态美育学应是审美生态培育学。它的学科元点是美生的培育，同样以生境为源，以生态为根，以审美生态的培植为质，以美生场的培植为宗旨，与生态美学同源共本，相生互发的特性十分突出。

（五）生态批评

生态批评在环境美学的境域中生发，首先生成的是促进世界绿色审美化的本质规定。生态批评建立在对环境的生态性与审美性耦合生发的要求上，旨在强化生态环境、生态关系的共生，旨在恢复与发展世界的生态审美性。

生态批评从文学的生态批评，逐步地走向文化的生态批评和文明的生态批评，它的质域也就超出了广义文本的绿色批评，形成了相应广义的读者和作者的绿色批评，构成了绿色审美人生和生态审美世界耦合并进的总体价值追求和价值导向，显现了规约生态审美场、整生审美场、美生场生发的本质与功能，自然地进入了生态美学的场域，与生态美育学一起，成为生态美学整生化发展的自组织自控制自调节机制。

生态批评的学科元点是生态关系，力求提升世界与人类对应的绿化与美化，同样是以生境为源的学科。生境，既是生态的源点性范畴，也是生态的发展性范畴。生命的生态足迹所达的时空是生境，其生态足迹未达的周绕时空为环境，影响环境的时空为背景。随着生态足迹的拓展，之前的环境甚或背景也就相应地可以成为生境。生境的这种辩证性生发，使得生态美学与各种同源性学科，有了持续发展的同生并进的关系。

生境是生态的源点性范畴，于生态的各种范畴有着基元性意义。有鉴于此，各种生态范畴之间有着互为因果的关系。这就决定了上述各种学科的元范畴，均源自生境，均有着共生性的基点，均有着整生性的基元与趋向。凭此，生态美学在统合上述学科中走向整生论美学，也就有了很好的先决条件。

在对生并进的整体关系中，生态美学与各种同源性学科还生发了同中有异的关系。凭借这种多样化统一的关系，各种同源性学科形成了促进生态美学整生化的合力。具体说来，生命美学和环境美学对生，所产生的整生性合力，成就了完备的审美生态，生发了生态审美场和生态美学，推进了生态审美场的整生化和生态美学的整生化，并促使整生审美场转换出美生场，以对应地形成整生论美学。日常生活美学，成为生态美学的有机部分，其局部性的审美生态整生化，有助于生态美学总体性的审美生态整生化。生态美育学，既培养了绿色审美人生，又培育了生态审美世界，更培育了生态审美场和美生场，成为生态美学整生化的动力机制和生发机制。生态批评，把文本和读者导向生态审美世界和绿色审美人生，把审美场导向生态审美场、整生审美场和美生场，成为生态美学整生化的组织机制和调控机制。正是这种种合力，推动了生态美学的整生化进步，综合地显示了生态美学整生化的动因、机理、机制以及范式与进程。

更具体地看，整生论美学逻辑坏链上的六个生态位，即世界整生—绿色阅读—生态批评—整生研究—生态写作—自然美生，有的直接来源于上述同源性学科，像绿色阅读和生态批评就出自生态批评学，只不过理论意义更加普适化而已，有的是概括升华各同源性学科共同的审美精神而成，更有众生相。整生论美学确实是在广采博纳深融精铸的整生化中形成的，是真真正正的整生化的美学。

二、生态美学在学科生境圈中整生

上述源于生境的学科，按照生态逻辑，依次形成生态位，并关联成圈。这可以称之为生态美学的学科生境圈。

（一）学科生境圈审美整生化运进效应

生态美学与圈中各学科，依次相生互发，形成双向超循环运动，产生了集约化的增殖，系统地提升了整生性。这就凸显了生态美学整生化的图式与路径，强化了生态美学整生化的效能与效应。

具体说来，在这一圈态结构中，生态美学处于顶端，日常生活美学处于底端。两端之一侧，依次排列着生命美学、审美人类学、生态美育学。两端之另一侧，依次排列着环境美学、景观生态学、生态批评。生态美学的整体质是审美生态，含审美人生和审美世界两个对应的侧面质。其审美人生质经由生命美学、审美人类学、生态美育，与日常生活美学的生存审美质融通后，进而与它的审美生存质对生，再而与生态批评、景观生态学、环境美学依次对生，最后带着序列化对生的成果——审美生态的整生质，回至生态美学这一顶端生态位。其审美世界质则经由环境美学、景观生态学、生态批评，穿越日常生活美学的中介，依次与生态美育、审美人类学、生命美学对生，最后也带着审美生态的整生质，回至生态美学。这就完成了双向周期性的审美生态的整生化运动。

在这种双向超循环中，生态美学从所在的学科生境里，持续地吸纳了丰富多样的审美人生质和审美世界质，不断地增长与提升了这两大本质侧面，不断地实现了这两大本质侧面的双回路对生与整体融会，达成了整体性的审美生态质的不断生成、生长与提升，系统整生化程度有了持续的提高。

生态美学的学科生境圈，构成了审美生态整生圈，其双向超循环运动，强化了圈中相应学科的审美人生的整生质和审美生境的整生质，更强化了由这两大整生质对生而成的审美生态整生质。由于生态美学处在圈态结构的顶端，是双向超循环运动的起点与回旋点，也就集结了双向超循环生发的审美生态整生化的成果，显示出走向整生论美学的具体图景。

审美生态整生圈双向旋升的机理，是以一生万和以万生一的整生化对生规律。生态美学的审美生态质，是整生化的"一"，它双向分生于圈中各学科，促其审美生态的整生化，实现了以一生万；各学科将整生化的审美生态质，系统地回馈于生态美学，形成了以万生一。以一生万和以万生一的持续对生，也就实现了审美生态整生圈持续的双向旋升，保障了圈中各学科特别是生态美学审美生态的整生化。

审美生态整生圈避免了原地循环，走向了双向旋升，还在于它形成了自生长和自调控机制。生态美育学是生态美学及其学科生境圈的自生长机制，它持续地培植了圈中各学科特别是生态美学整生化的美生质，使其具备了强大的自生发、自提升能力。生态批评规约了导引了圈中各学科特别是生态美学审美生态的整生化，为其提供了更高的目标，更好的路径，更合规律与目的之方式，并为其校正方向，显示航标，消除震荡，去除干扰，纠正偏差，助其更好更快地趋向目的。自组织、自生长、自调控，这是整生化系统的标志，生态美学的学科生境圈有此设置，也就有了超循环整生的内设动因。它还有下面就要论述的外设动因，其超循环整生的机理也更为完备。

正是在这种双向旋升中，学科生境圈中的各个学科不同程度地增长了整生性，特别是生态美育和生态批评，审美人生质和审美生境质的耦合增长与交集融通尤为明显，和生态美学的审美整生质更为匹配，从而和大众文化一起，对生态美学的整生化，产生了更为集约、全面、系统的推动力。

（二）学科生境圈的美生化运进效应

借助学科生境圈的超循环，生态美学与圈中各学科，生态关系更为亲和，审美生态质不断走向集约。这种亲和化与集约化运动，除持续增长生态美学和圈中各学科的审美整生质外，还产生了另外两个方面的效应：审美整生质的美生化；生态美学基本子学科的生成。凡此种种，形成了一个综合效应，促使生态美学走向整生论美学。

美生化是在整生化中生发的。学科生境圈的超循环，产生了审美整生质的分合运动。分，是生态美学审美整生质的两大本质侧面，向位居学科生态圈两侧的学科分生。合，有两种情况：一是侧面质在环回中，经由了审美人生态的学科系列和审美世界态的学科系列，达成了这两种质的合一，即合成了审美整生质；二是分两路环回而合成的审美整生质，在顶端相交时，再次合一，提升了整生化。分，指向合，增加合，丰富合，提高合，深化合，和化合，亲化合，最后从合一，走向和一，再而走向融一，最后成为同一。审美整生质的同一化，进而消融了生存与审美的差异，使之走向同形同构同质，成为美生。学科生境圈超循环的分合，消除了审美人生和审美世界的距离，使两者走向了同一，形成了生态系统的美生。

在生境圈的超循环中，生态美学形成了四大基本的子学科，并在相互作用中，推进了生态系统的美生。四大基本子学科为：美生人类学、景观生态学、生态美育学、生态批评学。美生人类学，是学科中和的结果：从文化生态学经生态人类学到环境人类学,形成了人类学的生态研究系列;从文学人类学经艺术人类学到审美人类学,形成了人类学的美学研究系列。这两大系列以及新实践美学、生命美学等形成的相关系列走向中和,生发了美生人类学,形成了探求生命特别是人类美生的学科宗旨。景观生态学,中和环境美学、大地艺术、环境设计、园林等学科,形成了世界美生的追求。生态美育学形成了对应地培育人类美生和世界美生以形成美生场的目标,生态批评生发了倡导人类美生和自然美生耦合生发美生场的自觉。这四大子学科分有了生态美学的美生规律,深化了美生的机理和机制,推进了美生场的理论中和与现实建构,推进了整生论美学更为系统化的生发。

(三) 学科生境圈整生化和美生化运进的指向

学科生境圈审美生态质的整生化运进,分别指向的是审美人生的整生化和审美世界的整生化,集中指向的是两者的合一,即生态系统的审美化,或曰审美系统的生态化。当生态美学以生态系统的审美化,作为目标与本质后,它就形成了整生审美场的研究对象,形成了整生论美学的发展向性。

学科生境圈的美生化运进,是在整生化运进中呈现的。它使生态美学形成生命的特别是人类的美生目标,相应地形成世界的美生追求,最后在两种美生的耦合与同一中,形成生态系统的美生宗旨,进而显现大自然美生的向性。这样,美生场从整生审美场中脱颖而出,成为更为系统的研究对象,也就初成了整生论美学的构架。

三、生态美学在学科环境圈中整生

生态美学进而在学科环境圈中运进,拓展了审美系统的生态化,拓展了审美与生态合一进而同一的疆域,提高了审美系统的整生化与美生化境界,踏响了向整生论美学持续迈进的足音。

生态美学学科生境中的各学科,还有一个共同性,即生态审美文化性。在双向超循环中,这些学科,融结出生态审美文化的系统质,形成了生态审美文化学科群。由于处于顶端生态位的关系,生态美学在双向超循环的整生化运动中,成为生态审美文化系统质的集大成者,成为生态审美文化学科群的当然代表。

　　生态美学代表生态审美文化，进入生态文化圈，参与双向超循环运动，继续拓展与提升审美生态的整生性，增长生态系统的美生性，进一步趋向整生论美学。生态文化学科群含生态科学、生态伦理学、生态政治学、生态社会学、生态人类学、生态宗教学、生态工程学、生态旅游学、生态哲学、生态美学等等。这些学科依次生发，双向环回，成为生态美学的学科环境圈。圈中诸学科，依次生发着生态真、生态善、生态益、生态宜、生态智、生态美的意义与价值，在双向超循环中，增长了相生互含性。在这个双向旋升的圈中，生态真，是生态文化的生发起点，是其他形态的生态文化得以形成的前提；生态善遵循生态真形成，因而包含了生态真；生态益在遵循生态真和趋向生态善中生发，也就隐汇了生态真和生态善；生态宜在生态真、生态善、生态益的兼备里形成；生态智，是生态真、生态善、生态益、生态宜的规律与价值的概括与提升；生态美则是生态真、生态善、生态益、生态宜、生态智的中和，这种中和，是一个质的融会与美化同时进行的过程，因而是一个审美生态质走向整生化的过程，同时也是一个生态与审美从合一走向同一的美生化的过程。

　　顶端的生态美学，其审美生态质的整生化，其审美与生态同一的美生化，是圈中的生态文化诸学科通力促成的，它把整生与美生的成果，依次反哺回馈诸学科，形成反向的超循环整生运动。在这一运动中，生态哲学、生态旅游学、生态工程学、生态人类学、生态宗教学、生态社会学、生态政治学、生态伦理学、生态科学，均包含了整生化的审美生态质，包含了审美与生态同一的美生质。这样，上述生态文化的学科领域，也就成了生态美学的疆域，成了各种具体的美生场域；生态美学的学科环境圈，也就成了生态美学的整生性与美生性质域。

　　经由学科环境圈的双向超循环，生态美学实现了审美生态质、审美生态量和审美生态域的整生化统合，实现了所统合的审美整生化场域的美生化。也就是说，生态美学吸纳、中和并内化了所有的生态文化质，丰富了审美生态的整生化内涵，提升了审美与生态同一的美生化本质。具体说来：其绿色审美人生，成了集生态化的真善益宜智美于一体的审美人生，进而转换成了相应的人类美生；其生态审美世界，也对应地成了集绿色的真善益宜智美于一体的审美世界，进而转换成了相应的美生世界；其生态审美场也自然地成了含审美生态之大和的整生审美场，进而转换成了相应的美生场。生态美学也把这种中和与提升了的审美生态质以及美生质，赋予了所有的生态文化，使自己的学科环境圈，变成了自身走向整生论美学的一种形态，一个环节，一种标志，一种机制。凭此，学科环境圈，作为生态美学整生化的外设动因，也转换成了内设的动因。这是因为生态美学的整生化，已在学科环境圈中得到了系统性实现，学科环境圈成了生态美学整生化的表征。

生态美学的整生化，伴随着质的美生化。它的审美整生场域拓展到那里，其生态与审美同一的美生质就分布到那里。它的审美整生化的质度越高，疆界越广，其美生质越优，美生域越大。它们成正比增长。整生化是美生化的背景、条件、基础、前提、机制、机理。

四、生态美学在学科背景圈中整生

以在学科环境圈中的审美整生化运进为中介，生态美学进而旋入学科背景圈，使审美与生态有了更大范围更大意义的合一与同一，再度实现质域和量域的整生化与美生化，完成了走向整生论美学的进程。

在学科环境圈的双向超循环中，生态美学处在以万生一的终点，丰富与提升了审美生态的整生质，它同时又处在以一生万的起点，自然地将这种整生质流布至学科环境圈的各个生态位。这种审美生态的质增量长，使生态美学进而成为生态审美文明的典型。生态美学从生态审美文化的代表，升格为生态审美文明的标杆，其审美生态的整生化内涵，呈平台式跃升与旋进。

生态文明是人类文明的当代形态，它作为社会与自然生态发展的成果，主要由生态精神文明、生态制度文明、生态物质文明、生态环境文明、生态生存文明和生态审美文明的依次生发，形成圈进旋升的结构。生态美学以生态文明圈为学科背景圈，并作为生态审美文明的代表，参与其双向超循环的运动。在顺向的超循环中，生态大智、生态大真、生态大善、生态大益、生态大宜逐步叠加，最后中和为生态大美。这就进一步丰盈与提升了审美生态的整生质，凭此，生态美学走向了更高平台的质态整生。在逆向的超循环中，集人类生态文明审美化之大成的审美整生质，流布到所有的生态文明形态中，流布到生态美学的学科环境圈中，这就使生态美学的质域和疆界拓展至生态文明全境，实现了审美生态的整生量和整生质的跨越式耦合发展。生态美学在学科背景圈中整生，进而使学科背景圈成为自身整生化的形态，成为发展了的本身，成为外化了的"大我"，其走向整生论美学的脚步声越来越近。

生态美学作为生态文明审美化整生的表征，进入人类文明这一更大的背景圈中，与采集狩猎文明、农耕文明、工业文明双向对生，融结与中和了人类各种文明的本质与特性、价值与效能，形成了人类文明的审美整生质，极大地丰富与提升了自身的本质规定性。这一整生质，反馈到人类各种文明形态中，实现了审美生态在人类文明圈中的量态整生和域态整生，形成了系统化的美生文明，达成了生态美学高端形态的整生化。至此，生态美学的审美生态质，以及相应生发的美生质，臻于整生化的高点，整生论美学的出现，也就水到渠成了，整生论美学的天态发展，也就有了完备的起点。

与上述整生图式相关，生态美学还有一种多维耦合圈升的整生图式。生态美学生态圈的旋升，是其复合整生的基点。应用生态美学、历史生态美学、理论生态美学、比较生态美学、元生态美学依次生发，进而环回圈升，构成了生态美学生态圈的超循环，初步显示了生态美学整生化的态势与机理。生态美学生态圈，依次耦合生态审美文化生境圈、生态文化环境圈、生态文明以及人类文明背景圈，实现了立体网态的超循环整生。在这种大整生运行中，生态美学中和并内化了各圈的整生质，将自身的整生域依次拓展至各圈中，实现了审美生态质、域、量递进性的整生化，达成了相应的美生化，整生论美学递次生焉与长焉。

从上可见，生态美学走向整生论美学的过程，呈现了一条梯次超循环的轨迹。它首先在学科五维的超循环中发展，进而与四大子学科超循环运生，再而顺序旋入生境、环境、背景的超循环，有了持续圈进旋升的整生化和美生化发展。随着超循环的梯次拓展与提升，生态美学在审美与生态的合一与同一方面，进而在审美系统的生态化和生态系统的审美化的合一与同一方面，量越来越多，域越来越广，质越来越高，整生化与美生化相应攀升，整生论美学也就呼之而出了。

这里可以明确几点：生态美学自身的、与子学科以及学科生境环境背景的超循环，是其成为整生论美学的路径；在超循环中，审美与生态合一进而同一的增长，整生化与美生化的相应提升，是生态美学成为整生论美学的机理；审美整生化，促使审美与生态从局部合一，走向全面合一，进而走向全面同一，整生审美场由此转换为美生场，是生态美学成为整生论美学的机制。这三个方面的关联与洽合，显示了生态美学完备的整生图式和整生逻辑，整生论美学得以形成，得以成立，得以成为生态美学的高端形态与当代美学的基础形态的统一体。

生态美学的复合式超循环整生，呼唤着四维网络化旋升的生态辩证法与其同行。或者说，整生论美学的形成，还有着网络生态辩证法的导引性机制。

第三节　整生方法

方法与理论同一，是辩证法对各种方法特别是对自身的学理化要求，是辩证法对学术进步的方法论要素的强调，是辩证法对学术变革的方法论前提的彰显，是辩证法对方法与学术耦合发展规律的揭示。周来祥先生以自己的著作为例说明方法与理论同一的规律："《文艺美学》的方法论与其理论体系是一个硬币的两面，它运用以辩证思维为统帅的多元综合一体化的方法，构筑了一个纵横结合的网络式圆圈形的逻辑框架。《文艺美学》以马克思、黑格尔的辩证逻辑思维为根基，以抽象上升到具体、历史与逻辑相统一为主线，展开了一个从艺术的萌芽（亦即其本质的抽象规定）开始，经古代美的古典主义、近代对立崇高的浪漫主义与现实主义、丑的现代主义，荒诞的后现代主义，向现代新型辩证和谐美的社会主义艺术发展的历史画卷。"[①] 周先生辩证思维的方法，内在于他的《文艺美学》的逻辑构架。抽象上升到具体，历史与逻辑统一，化成了《文艺美学》的理路。

随着生态美学走向整生论美学，生态方法也相应地提升为整生方法，更准确地说，应是生态方法的进步，牵引了生态美学的发展，双方达成了动态同构。

---

① 周来祥：《和谐论〈文艺美学〉的理论特征和逻辑构架》，《文史哲》2004年第3期。

我写的一本书，第一部分讲学术人生，第二部分讲学科生发，第三部分讲学术活动，均谈及学术生态，也就取名为《超循环：学术生态论》。后来想，从学术生态中概括出学术方法，形成两者的耦合并进，更能体现学术方法生态内涵的萌发，更能体现生态方法的本质生成，也就改成《超循环：生态方法论》了。对照这两个书名，可以看出方法与生态的同一，是方法本质变化与发展的根由，是生态方法形成的关键。

什么是方法？《现代汉语词典》释其为"解决思想、说话、行为等问题的门路、程序等"。我认为，它是行与思的逻辑。这种逻辑，是在跟世界之道与理的同一中获得的，并接受后者的检验与校正。凭此，它成了含真蕴善的实践指南与思维规约，以利人类发现与发展世界。

方法是怎样形成的？人们力求行与思的逻辑，与世界的道与理一致，在两者的耦合中形成基准、规程、范型与范式，方法生焉。行与思和道与理同一，既是方法的本质规定性，也是它生发功能的机制，即是它之所以能够成为实践指南与思维规约的奥秘。生态方法具有超越性，关键在于它是跟生态同一的实践指南与思维规约。生态是含真蕴善显益成宜焕绿生美的规律系统和价值结构，含宇宙大道与世界公理。生态方法在与它的一致中，形成整生范式，凝聚系统超循环范型，展开环环一化规程，生发网络中和基准，其内涵跟宇宙的奥秘与价值相接，自然圆通而高迈。

一、生态美学方法

生态是多质多层次的，行与思的逻辑在与它的结构性同一中，超循环耦合里，生态方法走向了系统生成。具体说来，行与思的逻辑发展与平台提升，对应了递进的生态规律和生态目的，实现了双方多维的耦合并进，旋生环升，达成了生态方法的本质生长。

生态方法从一般方法发展而来，两者的生态有着承传性和同一性，彰显谱系性。

（一）方法三层次的对生模式

方法系统的生成，表现在三个方面：一是方法层次由低到高发展，形成序列；二是高位方法规约中、低位方法，形成系统；三是方法平台依次提高，生成谱系。

方法系统由技术方法、科学方法、哲学方法构成。基础层次的技术方法，通常指的是实践与思维的工具、桥梁、媒介与手段，是人类功能的延长、增长与放大。技术方法的特点在于应用性和实践性。它对应与包含了特殊层次的科学规律，关联着上位层次的规律，并有着向最高层次规律发展的向性。技术方法的本质，与实践对象的特殊规律、思维对象的特殊逻辑，有着同一性。这就初步地显示了方法的本质与功能：指导人们对实践对象之规律和思维对象之逻辑的把握与应用，使行与思合规律合目的。这一定位，使方法有了由外在的实践指南向内在的思维规约发展的趋势，有了与学术的逻辑体系理论结构走向同一的态势。可以说，方法越向高端发展，向思维结构与逻辑体系的内化越深入，与理论系统越发对应。

打个比方，技术方法是船舵与船桨，是航船前行的机制与样式；那科学方法就是航标与航路，是航船正确前行的保证与规程。技术方法基于特殊规律，形成思维与实践的模式与模型，那科学方法，基于类型规律，形成思维与实践的方针与路线，形成思维逻辑与实践理路的原则性。像系统科学的方法，所形成的整体性原则、多质多层次原则等等，就有着横断学科的共适性，能够规约所有学科的研究路线和研究方针，能够规约所有形态的实践途径与图式。它与实践的理路和学科的逻辑同一，内化的层次较为深邃。

哲学方法是航理与航图，是航船正确前行的依据与目的，是普遍意义的方法。它对应的是世界的整体规律，形成的是思维与实践的范式与基准。如果说，技术方法对应行与思的逻辑格式，科学方法对应行与思的逻辑原则，哲学方法则对应行与思的逻辑原理，与逻辑的同构最为深邃，与逻辑的同一最为整一，与逻辑的耦合最为系统。也就是说：哲学方法成为思维结构与框图，进而和理论的体系与质域同一，走向了整体的内化，并可实现整体外化，发挥出规约行与思的系统功能。

高位方法从低、中位方法走来，又向中、低位方法走去，在持续对生中，使不断提升的范式与基准，持续分形，生发方法系统的整体精神。如此，每种方法有了明确的质域，有了既定的生态位，方法谱系得以延展，见出系统生长性。

（二）生态方法的生成

生态方法在逻辑生成与历史生成的统一中，走向了辩证生成，有了网络生态辩证法的基因，有了纵横捭阖的网络化生长基础。

1. 生态方法的环生

行与思的逻辑与生态规律、生态目的走向结构性同一的生态方法，既是技术方法，也是科学方法，更是哲学方法，这就形成了新颖的生态方法结构。在基础层面，它形成了诸如仿生、再生（干细胞的培育移植与生长）、更生（转基因大豆）的生态技术方法；在中间层面，它形成了诸如生态整体性原则、生态多样性原则、生态适应性原则、生态制衡性原则、生态分形性原则、生态循环性原则等诸多共生性原则，生发了生态科学的方法；在最高层面，它形成了超循环的生态范型和生态中和的基准，生发了整生原理，形成了生态哲学的方法。这就形成了独特的方法系统。

高位的生态哲学方法形成后，依次向中位的生态科学方法和低位的生态技术方法回生，构成了生态圈，显示了生生不息的环升格局与态势。这种环生，把一般方法的三个层次持续对生的机理化入其中，进而标划出生态系统圈进行的图式，更显生态规律与生态目的，更有生态方法系统生成的特征与个性。

在与生态同一中，生态方法形成了环向的开放性。生态技术方法与特殊层次的生态规律对生耦合，生态科学方法与普遍层次的生态规律对生耦合，生态哲学方法与整生层次的生态规律对生耦合。这样，生态方法的环生，耦合了生态规律的环生，生态规律的环生，成了生态方法良性环生的机制。特别是在最高的层面上，生态哲学方法的超循环整生范型，不仅实现了与整生的思维结构的同一，与整生的理论系统的同一，还进而实现了与整生的生态系统的同一，与整生的宇宙系统的同一，形成了多重耦合的大整生模态。这就带动了低、中位层次乃至整体的同式运行，实现了生态方法多维耦合的复杂性环生。

2. 生态方法的根脉

方法的结构性生发，既体现在从技术方法经科学方法向哲学方法的递进，更体现在不同方法的序态涌现和位格推移，所形成的历史的逻辑的谱系。方法系统有着自下而上的整体生成性，继而有着自上而下的系统生成性。每一种方法系统的区别,主要是顶端层次的哲学方法的区别。哲学方法不同,方法系统也就各异。基于底层方法向高层方法提升的向性,哲学方法的精神在技术方法中就有了萌芽,随着哲学方法的形成,其基本精神依次分形为中层与底层方法的精神。这就在超循环中,形成了每个方法系统的整一性。前后两个方法系统,既有如库恩所说的范式质变的革命性,也有库恩忽视的双质耦合的过度性,即后一方法系统,往往萌芽于前一方法系统,有着基因的遗传性,有着此前方法的根脉性,从而形成方法谱系。生态方法直承的马克思主义方法,是认识论方法和实践论方法的结合,是本体论方法和价值论方法的统一,是以往方法论的创造性整合与辩证性结晶。它形成了世界统一于物质运动的哲学原理,形成了诸如实事求是和对立统一的科学原则,形成了诸如调查与分析结合、试验与观测统一的技术方式,形成了辩证的方法系统。其哲学方法,含螺旋发展的历史运动和肯定—否定—肯定的逻辑运动,显示了辩证运动的范型。这一范型,成为生态方法超循环范型的根基与命脉。这就说明:生态方法,是人类方法的集大成,是以往方法经由马克思主义辩证法的系统生成,是马克思主义辩证法的当代形态。凭此,生态方法,可以称为生态辩证法,并能发展成为网络生态辩证法。

(三) 生态方法的生长

从方法与技术手段同一,发展到方法与思维路线同一,再到方法与理论结构同一,越来越显示出方法与逻辑的一致性。生态方法遵循一般方法的生发规律,将方法与逻辑一致的本质,发展到方法与生态同一,从逻辑的活态性、规律的系统性与整生性方面深化了方法的本质规定,实现了对以往方法的发展与提升。

1. 生态方法谱系

基于方法与生态同一,生态的界定,也就关系到生态方法质域的确立。生态的内涵深刻系统,生态方法的意义自然水涨船高。生态,最早有"家"、"隐蔽所"和"居住地"的意思,经典的生态学说它是生命体与环境的关系。[①] 我

[①] 参见郑师章等编著:《普通生态学——原理、方法和应用》,复旦大学出版社1994年版,第1页。

认为，生态是事物的活态，即活的形态、域态、性态、质态。这种活态，从事物的组织结构中、生成生存生长中、内外关系中显示出来，成为真善益宜绿智美中和的规律系统和价值结构。生态的眼光，作为活态的眼光，有全息性，可看待生命和生态系统，也可看待非生命和非生态系统，生态方法也因此而走向普适化。

方法与生态同一，也就是思与行的逻辑与生态规律同一，它构成了一般的生态方法，形成了一般生态方法的普遍性本质规定。一般生态方法初成之时，本质规定比较宽泛含混与概略，当它一边分形一边聚形各种具体的生态方法，本质系统也就走向了集约、明确与具体。

生态规律是有层次之别的，思与行与其同一，形成了不同位格的生态方法，组成了一般生态方法所分形所统摄的依生方法、竞生方法、共生方法、整生方法结构。这四种生态方法，从各自的侧面拓展了方法与生态同一的共同本质，从各自的平台深化了思与行的逻辑与生态规律同一的整体内涵，一般的生态方法也就有了动态发展的质域。

2. 共生方法在依生方法和竞生方法的辩证中和里形成

思与行与共生规律同一，形成了层次较高的共生方法。共生规律辩证地统一了依生规律和竞生规律，共生方法也就成了依生方法与竞生方法的中和形态。

附属事物或寄生事物依存主体事物与寄主，显示了依生的现象与规律。哲学上的依生，指的是衍生物依从、依存、依同本体和本源体，所形成的生态关系与生态规律。行与思的逻辑跟依生规律同一，也就形成了依生方法。在生态世界中，寄生物与寄主、衍生体与本源体，还存在着回馈与反哺的关系与规律，并与前述的依生关系与规律一起，形成了共生的关系与规律。这说明，依生关系与规律生发了初步形态的共生关系与规律，依生方法潜含着共生方法，有着走向共生方法的向性。依生方法凝聚了古代的生态智慧和生存原则，成为当时的本体性方法和普遍性方法。以天合天的生存方法，模仿自然的艺术方法，均根于依生方法。

完备的共生不可能仅在依生中和依生后形成，还需有竞生的参与。事物在相互矛盾中争取和争夺生态主位，力求主导生态结构，成为生态目的之过程，构成竞生。在对立对抗的诸方中，一方强大了自身，主宰和同化了他者与整体，形成了竞生的关系与规律。思与行的逻辑与其同一，也就形成了竞生方法。竞生方法是近代生态方法的普遍形态和主要形态，诸如人化自然的实践方法，人的本质力量对象化的美学方法，人的生命与情感投射于他物的艺术移情方法和艺术表现方法，都表征与分形了竞生方法。依生的关系与规律和竞生的关系与规律，在生态结构中相互作用，相互制约，走向辩证的中和，形成了共生的关系与规律，共生方法也就应运而生了。

在生态结构中，各种事物相互平等，互为主体，既相互生发又相互制约，既相互依存又相互竞争，在对生耦合里达成动态平衡的生态关系与生态规律，叫做共生关系和共生规律。思与行的逻辑，与其对应，也就形成了共生方法。共生方法成为现代方法的主潮形态和本源形态。再现与表现统一的整体艺术方法，革命现实主义和革命浪漫主义统一的"两结合"文学创作方法，坚持主体间性的生态批评方法，和平共处的外交方法，互利共赢的贸易方法，社会稳定、人与自然协调的和谐方法，均是共生方法的具体形态。

3. 集大成的整生方法

世界和万物，凭借生态关系的中和，形成整一质，规约整体和各部分系统生发，显示出整生规律。行与思的逻辑与其一致，形成整生方法。

整生方法是共生方法的发展。共生方法对应的生态规律，有三个方面：一是事物各部分的相生互发；二是各部分耦合对生并进；三是各部分在相生互发耦合并进中共生新质。其中第三个方面的共生规律，已显整生质，是亦共生亦整生的规律。行与思与这样的生态规律对应，所形成的生态方法，已是共生方法向整生方法过渡的中介形态了。这说明，生态方法的链圈，既是复杂性关联的，又是环环相扣的，有了超循环的品质。

整生规律往往以循环生态特别是超循环生态为基础、载体、形式。生态的三大部分，即事物的组织结构生态、生成生存生长的生态、内外关系生态，都以依生、竞生、共生、整生规律为内涵，而依生、竞生、共生、整生的结构，又均在生态圈中，呈超循环的态势运行。这样，超循环也就成了各种生态的整生样式，成了各种生态规律的生发模态。特别是那些系统发展的超循环生态，更加包蕴、融会、中和了多质多层次的生态规律，成为世界生态的表征，成为整生的关系形态和整生的规律系统。思与行的逻辑与系统超循环的整生关系整生规律同一，也就更为具体地生发了整生方法。

在方法与生态同一的框架里，在行与思的逻辑跟生态规律一致的质域中，形成了行与思的逻辑与依生、竞生、共生、整生规律的递进性同一，相应地构成了依生方法、竞生方法、共生方法、整生方法，形成了生态方法谱系。生态方法概括谱系的共同质，本质规定性走向了具体，显示出方法与和谐生态同一的清晰疆界，构成了行与思的逻辑与生态和谐规律一致的明确质域。生态方法谱系还有着对生性，低位方法依次生发高位方法，高位方法依次反哺与回馈低位方法。这样，整生方法的生态中和质，也就走向了整体及各局部。生态方法的本质进一步提升为：行与思的逻辑跟生态中和的规律同一。

随着生态方法的初成与分形，它的本质规定，从行与思与生态同一，走向行与思的逻辑与生态规律同一，再而走向行与思的逻辑跟生态和谐的规律同一，进而走向行与思的逻辑跟生态中和的规律同一，显得越来越具体、越来越明确，越来越集约，越来越深邃。生态方法的分形还远远没有结束，其高端的整生方法，显示出从系统整生走向网络整生的态势。网络生态辩证法也就成了生态方法更为高端的形态，生态方法的本质也就有了相应的提升。

二、当代网络生态辩证法

在方法与生态对生中走来的网络生态辩证法，是中国古代素朴的系统辩证法与马克思主义的唯物辩证法相结合，整体地走向现代化的结果。它是生态方法的高级形态、典范形态和当代形态。它是生态美学研究的基本方法，是生态美学研究形成新体系的先导，是生态美学研究更有中国性、世界性、时代性的机制。它在整生范式、系统超循环的范型、环环一化的质程以及网络中和基准的次第形成与实现中生发。上述四大质点的展开，同时逐位构成与生态的对生，由此可见，这一方法的生成生长，是一种网络化的辩证运动。

（一）整生范式

基于思与行的逻辑和世界道与理同一的方法本质，思与行的逻辑和世界的大道与公理同一，构成了方法的顶层本质：范式。一生，是世界整一生发的规律,是大道与公理形态的生态规律。行与思的逻辑与它同一,形成了生态方法的一生范式。

范式在抽象与具体辩证对生耦合并进中形成。技术方法是模式形态的,显得具体,科学方法是原则形态的,较为抽象,哲学方法是原理形态的,最为抽象。最高的理论抽象,也可走向最高的理论具体。以马克思主义辩证法为基点,网络生态方法的整生范式,概括诸多整一性的生态规律、生态逻辑、生态目的,凝成世界系统生发的图式,实现了具象性与抽象性的统一,既简洁明确,又集约系统,更形神俱备,还真美共存。

一生或整生,是有关世界起源与构成的看法,是世界观和宇宙观的体现。艺术、宗教、科学、哲学都涉及它,均力求做出自己的解释,构成不同的学理。像新物理学认为:世界起源于大爆炸,宇宙形成于大爆炸后的膨胀。网络生态辩证法的整生范式,基于这一看法。世界观和宇宙观是方法的核心,一生与整生,也就分别成了生态方法和网络生态辩证法的范式。这两个相关的范式,首先指基点性或元点性的事物,有着本体本源性,在持续拓展中,达成世界性的生发和宇宙性的长成。其次指各局部各个体,是世界和宇宙整体生发的成果,带有世界和宇宙整体生发的成果与特性,为世界和宇宙所一生或整生。像每一个人,既为父母所共生,又带有人类进化、自然历史的特征,实为人类历史和宇宙历史所生成。再有指局部或个体,处在世界和宇宙的普遍联系中,处在世界和宇宙的网络结构中,成为世界化和宇宙化的存在物。在生态方法特别是网络生态辩证法看来,一生或整生,是存在的普遍本质与特性,不仅仅局限于生命体和生态系统。

整生范式在一生范式的发展中形成。古代形成客体生态场,神与道是生态本体和生态本源,它们生发一切,同化一切,整个世界成了客体一生的模态。从"道生一,一生二,二生三,三生万物"(《老子·四十二章》),到"人法地,地法天,天法道,道法自然"(《老子·二十五章》),形成了道的一生。"圣三位一体",在上帝宇宙化和宇宙上帝化的贯通中,显现了神的一生。思与行跟道与神的一生同一,形成了生态方法客体一生的古代范式,也可称为依生范式。近代形成主体生态场,人成了"宇宙的精华,万物的灵长",成了世界的主宰与目的,在人化自然中,世界转换成了主体一生的格局。思与行的逻辑与这样的生态同一,形成了生态方法主体一生的近代范式,或曰竞生范式。现代出现整体生态场,人与自然互为主体,生态平等,在耦合并进中,世界呈现整体一生的态势。思与行和其同一,生态方法有了现代整体一生的范式,即共生范式。当代和未来,将成大自然生态场,包括人类社会在内的大自然,在系统生成、系统生存、系统生长中,构成大自然一生的风貌,显现真善益宜智美价值整生的格局。思与行与其同一,生态方法初成当代大自然一生的范式。大自然一生,从客体一生、主体一生、整体一生中走来,积淀了、结晶了、中和了它们的一生质,成为最高形态的一生,即整生。大自然一生范式,也就成了整生范式,成了网络生态辩证法的范式。

范式是方法的内核,是这一方法与另一方法的本质区别。范式的变化被视为科学的革命。托马斯·库恩在《科学革命的结构》中提出并阐述的范式:是科学的理论基础与实践规范,是科学家群体的世界观和行为方式,是他们认可的理论模型或模式,是他们赞同的假说、理论、准则、方法的总和。他明确指出:"范式既是科学家观察自然的向导,也是他们从事研究的依据。范式是一个成熟的科学共同体在某段时间内所接纳的研究方法、问题领域和解题标准的源头活水。"[①] 生态方法,概括世界自古至今各种各样整一化生发的本质,形成一生范式,发展出网络生态辩证法的整生范式,为从生态的视角行与思,提供了最高的准则,将引发行与思、科学与文化的深刻变革。

(二) 系统超循环范型

范型是范式的具体化。生态方法的范型,将范式的一生,具体化为超循环的模态与样式,特别是网络生态辩证法的范型,将范式的整生,具体化为系统超循环的模态与样式,也就更显一生和整生的灵动风貌和灵逸神韵,形成更真更美的生态。同时,这种具象化了的模型,也更便于化入行与思的逻辑,成为相应的学术结构和理论体系。

什么是超循环呢?该范畴的创立者艾根说:"一个催化的超循环,是一个

[①] 〔美〕托马斯·库恩著,金吾伦、胡新和译:《科学革命的结构》,北京大学出版社2003年版,第94—95页。

其中的自催化或自复制单元通过循环联接而联系起来的系统。"① 在他看来，超循环是多个循环关联、耦合、重叠的系统整体。同一个意思，老子说得更简洁更明确："大曰逝，逝曰远，远曰反。"② 恩格斯则说得更有整体性："整个自然界被证明是永恒的流动和循环中运动着。"③ 我认为，事物特别是生态系统周行圈进旋升的整体生命历程，显示超循环。与超循环构成参照的有循环。循环，是事物运动的终点向起点的复归。它含静态循环和动态循环两大类型。静态循环，是事物按一定的比例、尺度、节奏重复运动规则圈行构成。动态循环又有顺循环和逆循环两种。顺循环或曰良性循环，是事物运动的终点向起点的提高性复归。逆循环或曰恶性循环，是事物在周回中圈降，趋向原点的下方，与其重合。静态循环和动态循环以及顺循环和逆循环，作为生态规律和生态现象，是包含在超循环的大整一结构中的，是超循环的组成部分。没有它们的加入，事物特别是生态系统的发展，将是一种线性有序运动，而非是一种非线性有序的运动。只有非线性有序的运动，才可能是超循环的运动，才会呈现出生态运动的历史全貌和逻辑全程，才会包含和显示世界和万事万物的大整一生态和整生规律。同时，各种循环，也有着一定的独立性，从而成为超循环的参照与映衬，凸显超循环的本质。

　　超循环的基础是顺循环。顺循环把静态循环和逆循环的因素融会其中，形成一种不规则的圈行，复杂性的圈行。它是有序跟无序的统一，最后达到的是非线性有序；它是平衡与非平衡的结合，最后形成的是动态平衡；它是稳定性与变化性的一致，最后形成的是动态稳定性。这种显示生态辩证法的圈行，成了超循环的前提，成了超循环的基本单位，成了超循环的主体要素。

　　周期性的变化，是超循环的表征。生态结构的每一次圈走，各生态位和整体较之前一次圈行，是"似又不似"的。"似"，显示出循环性；"不似"，显出超越性；"似又不似"，生发超循环性。"似又不似"是超循环结构周期性变化的特性。

---

① 〔德〕艾根著，曾国屏等译：《超循环论》，上海译文出版社1990年版，第16页。
② 饶尚宽译注：《老子》，中华书局2006年版，第63页。
③ 恩格斯：《自然辩证法·导言》，《马克思恩格斯选集》第三卷，人民出版社1972年版，第454页。

周期性变化的适度性，反映了生态系统持续走向超循环的机理。"似又不似"是这种适度性的反映。它排除了"太不似"和"太似"，取中和值，有适当比例，成为超循环的本质要求。生态系统前后周期的运行，如"太似"，过于稳定，趋向循环，未能实现发展的目的；"太不似"，过于变化，离开发展的轨道，改变本质规定性，成了异化物，背离了系统目的。只有"似又不似"，才是辩证中和的发展，才适应超循环的需要。

超循环范型，有着历史的生长性。历史第次形成了客体、主体、整体、系统的超循环——生的"活态"，生态方法的超循环范型相应有了平台递进的非线性生发，直至当代网络生态辩证法系统超循环范型的生成。

古代形成了依生格局。原生态的客体，衍生了主体，并使之回归自身，形成了客体超循环的整一性活态结构与客体化的结构基准与制式。近代发展了竞生格局。本体化的主体，人化了客体，使之同于自身，形成了主体超循环的整一性活态结构和主体化的结构基准与制式。现代初成共生格局，主客体在互为主体中耦合、并进、共生，形成了整体超循环的整一性活态结构和主体间性的结构基准与制式。当代和未来将成整生格局。整个大自然在系统生成、系统生存、系统生长与提升中，或曰以万生一、以一生万、万万一生、一一旋生中，形成了系统超循环整生的活态结构与网络中和的结构基准及制式。从客体超循环的整一生态，经由主体超循环的整一生态和整体超循环的整一生态，走向系统超循环的整生活态，显示了多平台圈接周进旋升的超循环。方法规程与生态运行一经实现这种超循环耦合，其本质规定性的范型层次，也就走向了系统生发，形成了由依生方法的范型、竞生方法的范型、共生方法的范型、整生方法的范型组成的生态方法范型谱系。系统整生方法，或曰网络生态辩证法，中和了以往生态方法超循环范型的逻辑，生成系统超循环范型。

在历史走向现实的时空里，在方法与生态同一的框架中，网络生态辩证法的系统超循环范型，达成逻辑的结构性生发。各种具体层次的生态规律，散成星罗棋布之网点；各种特殊层次的生态规律串连网点形成网线；网线在纵横交织中，形成类型层次的生态规律的网面；众多这样的网面，在关联交合中，形成普遍层次的生态规律的网体；诸多这种网体，在耦合贯通中，形成了整体层次的生态规律的网络；这一网络在立体圈进旋升中，形成整生层次的生态规律网络系统；网络生态辩证法与其层层对应，步步耦合，也就水到渠成地生发了系统超循环范型。

在历史与逻辑的时空中，生态系统的整一性生态，走向横向、纵向、环向统合的网络生发，生成了网络生态辩证法的系统超循环范型。生态系统的整一生态大体有三种：一种是横向的，如真善益宜绿智美中和的价值整一；另一种是纵向的，如从依生、竞生、共生走向整生的历史整一；再一种是环向的，如生态系统良性循环的结构整一。横向、纵向、环向整一生态的统合，达成了立体中和的圈进旋升，构成了系统超循环的整生。思与行与其耦合，网络生态辩证法的系统超循环范型生焉。

网络生态辩证法系统超循环的范型，结晶客体、主体、整体超循环的大整一生态，耦合点线面体的网络旋升的整生活态，中和横向、纵向、环向的多维整一生态，达成系统生成。这一范型，凸显了辩证整生性和网络整生性，一经规约人类的思与行，就可相应地成为精神活动与物质活动及其成果的模态。

（三）环环一化质程

一化，是世界发展整生质的过程与方式。系统超循环范型生成后，其逻辑运动，有聚形、分形、整形、长形四个阶段，形成了以万生一、以一生万、万万一生、一一旋生的环环一化质程，耦合了多维整生性，提升了网络中和性，拓展了大时空旋升性，显示出经纬宇宙和框架天人的聚力与张力，以及生生不息绵绵不绝的盎然活气与沛然活性，增长了网络整生的本质与功能。

1. 以万生一的聚形

范型以万生一的聚形过程，是其整生性增长的过程。多维耦合是范式聚形的机制。超循环的学术方法，与超循环的学术体系同一，进而与超循环的学术对象同一，再而与超循环的学术生境同一，旋而与超循环的学术环境同一，最后与超循环的宇宙背景同一。"深浅聚散，万取一收"（司空图《二十四诗品·含蓄》），方法之道，也就聚合了学术之道、社会之道、自然之道，在聚万为一中，成了大整生规律网络。这种大规律多规律概括的抽象性，和系统超循环范型的具体性，走向一体两面的耦合，发展了网络生态辩证法。

方法概括和结晶了规律、逻辑与目的，生态方法概括和结晶了生态规律、生态逻辑与生态目的。方法的聚形，也就与它反映的规律、逻辑、目的构成了正比。网络生态辩证法，不仅表征了学术生态，还表征了自然生态、社会生态、宇宙生态，在"拢天地于形内"中，成了生态规律系统、生态逻辑系统和生态目的系统本身。这就在以万生一中，达成高度哲学抽象和高度理论具体耦合并进的整生性聚形。这种聚形，是耦合生态规律网络系统，促进超循环的大整生范型的过程，是发展网络生态辩证法的过程。

2. 以一生万的分形

这种分形，是超循环的大整生范型，向思维系统的内化，向学术系统的内化。在这种内化中，超循环的方法范型，成了学术生态的格局，成了学术结构的逻辑，成了学术体系的网络。

范型的网络化分形耦合了学术生态的分形，使学术生态的超循环，以一生万，具体化为学术人生的超循环，学科生态的超循环，学术活动的超循环。

先看学术生态的超循环，分形为学人生态的超循环。从学者经由专家、大家走向大师，其学术人生的轨迹，不是线性的，而是多平台圈进的，超循环的。我曾经在《超循环：生态方法论》一书中说过：学者在通识性学养、经典性学养、前沿性学养、方法性学养圈中环升；专家在专业的形态研究、域态研究、性态研究、质态研究中螺旋；大家在学科的应用研究、历史研究、逻辑研究中圈进；大师的学术范式环走圈升于元学科研究、应用研究、历史研究、逻辑研究、比较研究间。学者生态圈依次仰接专家、大家、大师生态圈，构成了多重环生圈升；并和学说生态圈、生境生态圈、环境生态圈同构共运，形成了多重耦合并进的超循环生发格局。这就实现了对超循环的学术生态的系统分形。

再看学术生态的超循环分形为学科生态的超循环。学科先呈三维的超循环发展，即从应用学科走向历史学科，抵达逻辑学科，再旋升至应用学科，构成下一轮圈进。学科三维超循环，生长成五维超循环，即从应用研究出发，经由历史研究、逻辑研究、比较研究，抵达元学科研究，进而在元学科研究的规约下，展开下一轮的发展，显出超循环。学科超循环，耦合学科对象、学科生境、学科环境的超循环，同样实现了对学术生态的系统分形。

然后看学术生态的超循环分形为学术活动生态的超循环。学术活动从研究性学习始，依次走向再造性欣赏、生态性批评、系统性写作，圈进环升至研究性学习。同样，这种超循环，耦合着相关生境与环境的超循环，和所分形的学术生态一样，是一种立体网态的超循环。

范式以一生万的分形，规约学术生态做相应的分形，使学人生态网状的超循环，旋接学科生态、学术活动生态网状的超循环，形成了多圈环回旋升的学术生态网络结构。

以万生一长范型，以一生万长结构。生长了的范型，在规约行与思中，与网络化超循环的学术生态同生共长，并内化其中，成为不断拓展的大结构。这就像《西游记》中的孙悟空一样，扯一把汗毛嚼碎，一口气吹去，化成了千千万万个孙悟空。

3. 万万一生的整形

万万一生的整形，指各局部形成系统中和质和系统整生质。在超循环大整生范型的聚形与分形的辩证运动中，以万生一和以一生万对生，从而使前者之万和后者之万，即所有的局部，都处在整生结构中，都处在整生联系中，都获得了整生质，都整生化了，都一生化了。这样，万万也就在整生化和一生化的整形中，成了系统化的一一，也就是系统化的局部。

万万一生，使系统超循环的范型结构进一步实现了从局部到整体再从整体到局部的中和化和整生化生长。这样的范型结构，所范生的学术结构，各部分各安其位，各得其所，形成了独一无二的不可替代的生态位。它不可缺位，也不可加位，还不可换位，有了一生或曰整生的规约，有了一生或曰整生的布局。

一化中的各生态位，种类、数量、比例、尺度及相互关系，都符合整生的要求，像宋玉《登徒子好色赋》中的东家处子，增之一分则太长，减之一分则太短，施粉则太白，施朱则太赤，各种因素恰好处在最为适度的一生点上、整生点上，能达成整体的非线性有序，能促进系统的动态平衡和良性循环。这就见出，在万万一生中，范型结构和学术结构同步增长了中和性和整生性，并在中和性和整生性的融会中，趋向了网络中和的整生性。

万万一生的整形，还奠定了一一旋生的基础，促成了范型的长形。

4. 一一旋生的长形

从以万生一的聚形走向以一生万的分形，再到万万一生的整形，方法与生态的同一，显示出对应整生的活态过程，有着环节分明的生命节律性。这种生命节律性，关联着方法生态与学术生态对应的谱系性演进，显示出网络生态辩证法生成与展现的有机整一性。具体言之，超循环大整生的范型，长形为生态谱系，规约学术的逻辑与历史相应生长，形成活态的理论网络，显出生生不息的活性。具体言之，与方法同构的理论元点，历史地逻辑地生长出一个又一个理论生态位，升华出一个接一个的逻辑平台，形成活态旋升的网络结构。审美场是一个圈进结构，元点形态的审美场，第次生发出审美场谱系，显现了一一旋生。像生态美学的理论元点，是远古的依存自然的天成审美场。在远古自然中，那些天然生成的美，经由人类的审美选择与欣赏，生发了天成审美场，形成了依生审美场的第一个位格。它作为人类的审美基元，首先生发了存乎劳动、魔法、图腾崇拜的生存审美场，以及源于神、道的衍生审美场，形成了依生审美场的完整结构；继而生发了人化自然的竞生审美场；再而生发了人与自然耦合并进的共生审美场；进而生发了大自然立体网进旋升的整生审美场。从整体结构看，天人整生审美场的最高层次，即天生审美场，是对天成审美场的发展性复归。这就形成了理论系统的大尺度超循环，显示了源远流长的生态谱系性。这样，生态审美场的理论结构，在一一旋生中，构成了一个超循环生长的谱系。这就确证了内化其中的网络生态辩证法的系统超循环范型，有了多平台周进圈升的或曰一一旋生的大时空整生的品格。

系统超循环范型——旋生的长形，使方法生态与理论生态同构的谱系性衍生，走向了具体，形成即宏阔又缜密的理论网络。像前述竞生审美场，在人化自然中形成，本质上是主体生态审美场。它的第一个生态位格，是整体主体生态审美场；第二个位格，是理性主体生态审美场；第三个位格是感性主体生态审美场；第四个位格是个体主体生态审美场；第五个位格是间性主体生态审美场。间性主体生态审美场，是对整体主体生态审美场的螺旋回归，同时又成为主客共生审美场的发端。理论结构的各个层次，也在一一旋生中长成，这说明与其同一的超循环范型结构，一一旋生的各生态位，同样由一一旋生的生态格有序长成。一一旋生，是系统超循环范型整生结构及其各层次的生长图式，并使学术体系和理论结构的整体与局部，在协和中同式生长。

生态方法的网络化分形，包含谱系性长形，它的谱系性长形，结合着网络化分形。分形，偏于系统超循环范型向理论研究的内化；长形，偏于向历史研究的内化。聚形与整形，均促进了整体质构以及分形与长形的网络整生性。四者辩证关联，构成了网络生态辩证法系统超循环范型生长、拓展的过程与规律。

以万生一聚网纲，以一生万张网目；万万一生系网结，一一旋生长网络。在质程的环环一化中，系统超循环范型发展了纵横双向的整生性与辩证中和的整生性特别是网络中和的整生性，成为网络超循环范型。这就深化了网络生态辩证法的本质，使所规约的思与行及其成果有了相应的提升。

(四) 网络中和的基准

网络生态辩证法本质结构的四大质点，是互为因果的。整生范式、系统超循环范型和环环一化质程在次第生发中，全面提升了辩证整生性，纵横拓展了网络整生性，成就了网络中和，网络中和又成为它们的生发基准，进而还成为网络生态辩证法的制式。正是这种对生，成就了网络生态辩证法的完整本质，推动了其本质特性结构与价值功能结构的耦合互进。网络中和基准的形成，更离不开生态的发展，更离不开与生态持续相生互发的对生。上述辩证对生运动，均是在方法与生态同一的大框架下进行的，隶属于方法与生态对生互进的基本运动与规律。

1. 网络中和从中和走来

网络中和以中和为历史的逻辑的元点。中和，是各种矛盾因素的协和与统一。中国儒家哲学和美学推崇"中庸之道"，倡导五味之"和"与五声之"和"，主张"一气，二体，三类，四物，五声，六律，七音，八风，九歌，以相成也；清浊，小大，短长，疾徐，哀乐，刚柔，迟速，高下，出入，周疏，以相剂也"。[①] 并认为它是世界万物生成与发展的缘由与机理："和实生物，同则不继"。[②] 董仲舒也说："起之不至于和之所不能生，养长之不至于和之所不能成。""中者，天下之终始也；而和者，天地之所生成也。"[③] 周来祥先生确

---

① 《左传·昭公二十年》，《十三经注疏》，中华书局 1980 年影印本，第 2093—2094 页。
② 《国语·郑语》，上海古籍出版社 1998 年版，第 515 页。
③ 苏舆：《春秋繁露义证》，中华书局 1992 年版，第 444 页。

定了和谐的世界本体性："可以说没有和谐，就没有宇宙；没有和谐，就没有地球；没有和谐，就没有万物；没有和谐，就没有世界；没有和谐，就没有人类社会；没有和谐，就没有美。在这一意义上，可以说和谐是宇宙的本体。"[①] 董仲舒的生成论中和说，特别是周先生讲的生发一切的本体论和谐说，已经有了鲜活的生态性与中和性相统一的意味，生态中和可以从中呼之欲出了。生态中和，是生态系统的动态稳定、动态平衡和动态统一，是世界生成与发展的保证。网络中和，是大自然纵横生发立体旋升的非线性平衡、稳定与统一，是世界可持续生成与发展的根本。思与行的逻辑与其同一，也就构成了网络生态辩证法的基准，并可使理论结构和逻辑体系相应生成。

三种中和是递进的。网络中和基于中和，成于生态中和更为系统的、更为复杂的、更为辩证的非线性发展。中和，凭借辩证统一质，成了根本的普遍的规律。生态中和，承接和发展了中和的辩证性，增长了整体活性和系统"一"性，成了整一性的生态规律结构。网络中和的矛盾统一质、动态平衡质、非线性有序质、复杂性耦合质、稳态发展质、持续生长质走向了高端统合，和性、活性、辩证性极度发展，三位一体，成为生态大和，成为大自然辩证整生的规律系统。网络生态辩证法耦合了这样的规律系统，实现了中国传统的中和辩证思维与马克思主义唯物辩证法的融合与现代化，网络中和的质点得以水到渠成地生发，人类学术的理论结构和逻辑体系也就有了更为明确更为集约的规范性。

2. 网络中和成于生态发展

网络中和是大自然纵横并进的中和性和复杂的辩证中和性的统一，是网络生态辩证法的最高质点。行与思的逻辑与生态规律在同构中耦合并进，一步又一步地走向这一质点。生态规律的提升，促成方法逻辑的深化，生态规律的完整，促进方法逻辑的系统。方法逻辑的生态中和性，取决于它耦合的生态规律的生态中和性。归根到底，生态方法本质特性结构，是由它耦合的生态规律结构决定的。生态的本质结构是中和的，生态的耦合状是立体中和的，整生态特别是超循环的大整生态是立体网态中和的，与它们耦合同一的生态方法的本质

[①] 周来祥：《超越二元对立　创建辩证和谐》，《东岳论丛》2005 年第 10 期。

特性结构，也就自然而然地走向了中和，走向了生态中和，最后走向了网络中和。

在生态本质的拓展中，其规律结构走向了生态中和化，使生态方法有了形成网络中和质点的基础。生态，不仅仅是生命体与环境的关系，而是一个三维结构的本质系统。它是包括生命体在内的所有事物活的组织结构状态，反映了事物整体构造和内部联系的有机性与有序性，形成了逻辑性与规律性；它是事物生成、生存、生长、转换的活态，构成了历史的逻辑与规律；它是事物与生境、环境的关系，包含了系统间性的规律。这三个方面的统一，构成了中和整生的规律结构。方法与生态同一，也就是方法与生态的中和整生规律同一，这就使方法的本质规定有了生态中和的特性，并有了网络中和的向性。

生态的复杂性耦合，使方法在与生态的同一中，纵横拓展与提升了生态中和的本质规定性，促其生成网络中和质。方法首先与学科的整生逻辑同一，实现了双方的整生性耦合。以此为基础，方法进而与学科对象的整生规律同一，实现了三者的整生性耦合；再而与学科对象生境的整生性规律同一，实现了四者的整生性耦合；然后与学科对象环境的整生性规律同一，达成了五者的整生性耦合；最后与社会与自然的整生性规律同一，达成六者的整生性耦合。正是在这六者的整生性耦合中，生态方法成了纵横并进的网态中和的规律系统本身，形成了相应的质点。

生态方法在与超循环整生态的同一中，丰富了辩证中和性，增长了网络中和质。超循环，表征了万事万物、生态系统乃至宇宙的整生运动，是生态中和的最高形态：生态大和。超循环，整合了耦合并进、动态平衡、非线性统一诸多整生性规律，成为大整生规律，形成复杂性生态中和。超循环，是循环的稳定性和变化的超越性的统一。耦合、平衡、中和，形成结构循环的稳定性；并进性、动态性、非线性形成结构超越的变化性；两者结合，也就构成了超循环圈行周进旋升的本质规定性。凭此，超循环有了多维的非线性中和的特质，符合网络中和的复杂性辩证质要求。

超循环稳定性与超越性统一的机制，聚焦了辩证中和，成就了网络中和。诸如依生、竞生、共生的规律，在整生的规约下，有了辩证生态性。它们共成了超循环，进而共成了超循环网络态的辩证中和性。在整生的框架里，依生，形成平衡，生发循环，形成超循环的基础，显示出臻于辩证生态的潜能与向性。在整生的规约下，竞生以依生为前提展开，形成整生的向性，形成辩证生态性。这种竞生，它的相离相弃，结合着依生的相聚相合；它的相克相抑，关联着依生的相生相长；它的相争相斗，潜含着相辅相成；这就生发了动态平衡，有了辩证的生态中和性。在整生的规约下，共生结合了依生与竞生，它的耦合并进，是依生的相互生发性与竞生的相互制约性的统一，是依生的平衡性与竞生的相进相胜性的统一，是依生的稳定性与竞生的相赢相超性的统一，这就发展了非线性中和的整生性。超循环的规律，既然是各种辩证化了的生态规律的整生性生成，也就充满了网络中和性，使对应它的网络生态辩证法，形成了相应的质点。

凭借上述基础与机制的综合作用，多维耦合的系统超循环，实现了纵横并进的中和性和复杂的辩证中和性的统一，成为生态发展的最高形态。网络生态辩证法在与它的同一中，顺理成章地生发了网络中和的质点。这一质点，作为网络生态辩证法的基准，一旦成了人类思与行的准则，当引发全球绿色文化和绿色文明的结构性质变。这当可以确证，方法与生态在对生中相互成就、相互提升、耦合共进的辩证关系与规律。

3. 网络中和生发网络生态辩证法

网络中和作为行与思的基准，既是网络生态辩证法本质结构的一个环节，同时也是这一方法的自组织、自控制、自调节机制，是这一方法的生发基因。

网络中和成就了一生与整生，成为网络生态辩证法范式与范型的生发机制。客体一生范式的生成和客体超循环范型的生发，缘于客体化的基准与制式。与此相应，主体化成了主体一生范式的基准和主体超循环范型的制式；主体间性的基准，形成了整体的一生和整体的超循环。那整生范式和系统超循环范型的生发根由是什么？不容置疑，就是网络中和。

整生范式和系统超循环范型对应的宇宙大道和天下公理，是各种生态规律特别是各种超循环整生规律耦合形成的网络中和规律。这样，作为方法逻辑的基准，网络中和从大整生的内涵上，规约了网络生态辩证法的范式与范型。

"大道无形，八方开合"。网络中和提升一生，发展整生，成就了网络生态辩证法的范式与范型。首先，生态方法的范式，从客体、主体、整体的一生，走向大自然的一生，是在网络中和里形成整生质的；生态方法的范型，从客体、主体、整体的超循环，走向大自然的超循环，同样是在网络中和里集聚系统质的；网络生态辩证法范式与范型，是在网络中和里生发的，是按照网络中和的基准与制式生成的。再有，纵向、横向、环向的一生，也是经由网络中和，走向整生，走向系统超循环的，这就在三位一体的即网络中和的一生中，显示了高于其他生态方法的基准与制式。还有，在网络中和里，生态规律呈点、线、面、体、网络的规程生发，走向整生，走向系统的超循环，形成了网络生态辩证法独有的整生制式与整生基准。这就见出，在走向整生和系统超循环的多种途径中，均显现出网络中和基准与制式的作用。可以说，离开网络中和的基准与制式，整生的质构和系统超循环的质型，无由生焉。

网络中和还规约整生范式和系统超循环范型，成以万生一的方式聚形，成以一生万的方式分形，成万万一生的方式整形，成一一旋生的方式长形，保障了各环节乃至全质程的动态稳定和动态平衡，提升了各一化环节和一化全程的整生质。在持续提升网络生态辩证法的范式、范型与规程的整生质中，网络中和成了这一方法整体生长的机制，成了这一方法辩证和谐发展与非线性有序提升的根由。

网络中和，使网络生态辩证法范式、范型、质程的内涵走向集约，推进了它们的整生。同时，它也凝聚了上述诸者的整生，提高了、丰富了自身的整生。这样，他不仅成为网络生态辩证法的生成基因与发展机制，而且成了这一方法的核心本质与典范模态，成了这一方法本质结构的集大成环节。

简言之，网络中和，是思与行的基点与准绳；系统超循环，是思与行的范型与规程；整生，是行与思的范式；它们在相互生发中，构成了网络生态辩证法的精魂。至此，我们可以对网络生态辩证法做出更为明确、具体、完整的本质界定：思与行的范式、范型、质程、基准，与整生、系统超循环、环环一化、网络中和的生态规律同一。这样的方法，对人类精神活动与物质活动的规约，是精当而又系统的，是自由自觉自然的，是合大自然的整生规律与整生目的的，是可以让整个世界"逍遥游"的，永生的。

网络生态辩证法本质结构的四个质点，贯穿了整生的质线，显示了整生的网络化形成、展开与提升的图式。大自然的一生格局，是整生的范式；系统超循环，是整生的范型；环环一化，是整生的规程；网络中和，是整生的基准；网络生态辩证法的质构，成了整生持续具体化、深刻化、辩证化、网络化耦合并进的图景。据此，对它的本质，可以形成更为精要的界说：行与思与网络整生同一。

这一方法，既是生态方法系统生发的结晶，也是生态方法整体提升的机制。行与思和生态同一，形成一般的生态方法。它分形出：行与思和客体一生同一的依生方法，行与思和主体一生同一的竞生方法，行与思和整体一生同一的共生方法；最后升华出行与思和大自然一生同一的整生方法。这一整生方法又发展出高端层面，即行与思与网络整生同一的网络生态辩证法，或曰网络整生方法。网络整生方法带着谱系发展的成果，实现了对依生方法的螺旋回归。这就见出网络生态辩证法，是生态方法系统生发的积淀。没有生态方法的谱系性生发，当无法在百川归海中，形成网络生态辩证法。网络生态辩证法系统生成后，回馈反哺整体及其各局部，使自身质拓展为整体质和各局部质。生态方法的本质，也就从原初的行与思与生态同一，经由多个环节，走向了行与思与网络整生同一，达成了最高的具体、明确、集约与深刻。这也见出：生态方法是通过高端层次特别是顶端层次的本质发展，来带动整体本质的持续发展的。

网络生态辩证法，规约人类之思，提升生态文化；规约人类之行，发展生态文明；规约生态美学研究，使之形成与当代生态审美文化和生态审美文明发展趋势一致的理论结构。总而言之，它使世界在生态化中，走向生态和谐、生态中和、网络中和，系统地实现了自身的价值。

三、整生方法的价值实现

网络中和，既然是网络生态辩证法的核心本质与质构基准，也就进而成了这一方法的核心价值与价值结构基准，进而规约了生态方法价值结构的系统生发与实现以及最高价值形态的集中生发与实现。

（一）整生方法价值结构的实现

方法与生态同一，承传与发展了方法逻辑与客观规律同一的内核，还进一步拓展了方法逻辑与人文规范同一的内涵，方法的本质规定性与价值功能性进一步走向辩证化的中和实现。

以往的方法，是技术的方式，经由科学的逻辑，抵达哲学的范式而系统生成的。生态方法，则是生态技术的方式，经由生态科学的逻辑和生态人文的规范，抵达生态哲学的范式而实现整体构建的。其中间层次的共生原则，不管是生态平衡，还是生态循环，抑或生态和谐，既有着生态规律的科学性，又有着生态平等的人文性，达成了真与善的统一。其最高层次的超循环范式，更是人类、自然、宇宙整生规律与整生目的的聚形，是生态必然性与生态意志性、生态理想性的一致，是生态真理性与生态伦理性的高端集合。这样，生态范式的大真大善性，规约了生态原则的真善同构性，再而规约了生态技法的真善相生性，全面地拓展与实现了生态方法辩证中和的功能与效应。

哲学导引世界，科学造福世界，技术是把双刃剑，既可造福世界也可危害世界。生态方法各层次的对生运动，形成了系统的自组织、自控制、自调节功能，形成了整体的真善统一的辩证性，可规约科学家真善结合的思维与实践，实现技术的真善相生，消解与避免潜在的负面效应。

方法与生态同一，归根到底是与系统超循环的生态规律同一。系统超循环的生态规律，包括它统摄的整生性、共生性、竞生性、依生性规律结构，首先具备了科学之真的价值特性，有着认知的意义；其次具备了伦理之善的价值特性，有着规约生态关系的意义；另外具备功利之益的价值特性，有着维生的意义；此外具备生存适宜的价值特性，有着乐生的意义；还有具备生存愉悦的价值特性，具有美生的意义。这就形成了真善益宜美中和的生态规律系统和价值规律系统，确证了与之相应的生态方法的深广内涵与系统功能。"致中和，天地位焉，万物育焉"[①]，有了网络中和基准的网络生态辩证法导引人类的思与行，当可发现和发展世界的生态和谐、生态中和、网络中和。

（二）整生方法导引人类发现和发展世界的美生

规约思与行的方法，通过范式和范型的更变，更变思与行，更变了对世界的认识与态度，也就更变了文化，更变了文明，更变了人类，更变了社会，更变了社会与自然的关系，最后更变了世界。这样，方法也就无可置疑地成了发

---

① 《礼记·中庸》，《十三经注疏》，中华书局1980年影印本，第1625页。

现与发展世界的机制。

　　生态方法在走向高端的发展中，为人类的思与行，提供了整生范式、系统超循环范型和网络中和的基准，对世界的发现与发展，将是划时代的。生态方法特别是网络生态辩证法，规约的人类之思，形成的生态文化，将是以生态中和为共同本质的，以网络中和为最高本质的；生态方法特别是网络生态辩证法，规约的人类之行，形成的生态文明，也将是以生态中和为普遍基准的，以网络中和为最高基准的。有了这样的生态文化和生态文明，世界将呈现出良性循环特别是网络超循环的生态发展格局。世界一旦回到这样的运行格局，一旦按这样的运行格局发展与提升，生态损坏将会恢复，生态隐患将会消除，生态灾难将会避免，生态和谐将会重现，生态中和特别是网络中和将会发展，真善益宜绿智美融通的生态大和将会生长。这样，生态有序特别是生态中和与网络中和，也就从自发的阶段跃升到自觉的阶段，抵达自然美生的理想境界。

　　生态方法特别是网络生态辩证法发现和发展世界的生态中和与网络中和，促进自然美生，主要是通过两种超循环的模式来实现的。第一种模式是以世界为进出端口的超循环：世界——生态方法——生态文化——生态文明——美生世界。具体言之，世界的生态规律，成就了生态方法特别是网络生态辩证法，生态方法特别是网络生态辩证法构建了生态文化，生态文化推进了生态文明，生态文明发展了世界的生态中和与网络中和，促进了美生世界。发展了生态中和与网络中和的美生世界，提升了生态方法特别是网络生态辩证法，展开了下一轮的圈进旋升。这种旨在持续提升世界生态中和与网络中和，提升自然美生的超循环，是以生态方法特别是网络生态辩证法为动力机制和运行规范的，其核心价值也就得到了凸显。

　　第二种模式是以生态方法特别是网络生态辩证法为内核为中介的耦合自然与社会的超循环。自然和社会超循环整生的网络中和规律，生发了同质的生态方法特别是网络生态辩证法。这样的方法，生发了相应的生态文化和生态文明，耦合了它们的生态运行，进而耦合了自然与社会的生态运行。这就在相生互发中，以生态方法特别是网络生态辩证法为中介，耦合了生态文化、生态文明、生态社会、生态自然，实现了五位一体的超循环。这种立体超循环，以生态方法特别是网络生态辩证法为自组织、自控制、自调节机制，也就可以保证整体的运行，趋向持续发展的生态中和世界与网络中和世界，递进地增长自然美生。

生态方法特别是网络生态辩证法有这样巨大的价值功能，关键在于后者的整生范式、系统超循环范型、环环一化质程和网络中和基准，不仅是生态规律系统的聚形，还是生态宇宙观、世界观、价值观的结晶，达成生态技术、生态科学、生态伦理学、生态哲学的四位一体，自当可以表征和牵引生态文明，成为生态文明的潮头，成为自然美生的机制。

方法与生态同一，方法与生态对生互长，同步成就了网络生态辩证法和生态文明世界，进而洞开了网络生态辩证法与网络中和的生态世界耦合旋升的无尽时空，彰显了自然美生的深刻机理。

（三）整生方法内化为整生论美学的逻辑结构

在方法与生态对生互长的背景下，强化整生方法对整生论美学的逻辑导引功能，使整生方法内化为整生论美学的理路，实现网络生态辩证法、生态世界、整生论美学的耦合并进，可系统地辩证地拓展整生方法的功能与价值。

生态方法特别是它的高级形态网络生态辩证法，从两个方面化入了整生论美学，成其为逻辑生态。一是内化为美生场的逻辑运生格局。美活生态、愉生氛围、整生范式对生，形成美生文明圈的旋进，这一美生场的逻辑运生大势，完全是按照系统超循环范型、环环一化质程和网络中和基准展开的，显现的是网络生态辩证法的完整图式。二是进而内化为美生文明圈的旋进态势。美生文明圈从世界整生始，经由相关环节的运行，抵达自然美生，提升了世界整生，构成了整生论美学逻辑骨架的旋进。显而易见，它是系统超循环的，且环环一化的，并网络中和的。如果没有整生方法的规约与导引，没有网络生态辩证法基本精神的内化，整生论美学是不能形成上述理论系统的，是不能生发上述逻辑运生图式的，或者说，是不能形成相应的本质规定的，将是名不副实的。

"半亩方塘一鉴开，天光云影共徘徊，问渠那得清如许，为有源头活水来。"朱熹《观书有感》的境界，可为整生论美学立照。有了方法的逻辑进路，有了整生世界的事理来源，有了这两者的融合式涌进，整生论美学的学术境界自当如朱熹所言的"方塘"，有着整生的格局和美生的风景。

第二章
美生场

一门严谨而又有活力的学科，其逻辑结构是从元范畴生长出来的。元范畴，是学科对象的质汇，是学科逻辑的潜构；其内涵，与学科的理论生发力和逻辑建构力成正比。元范畴，一方面源出于学科系统化的对象，另一方面是所属学科内涵历史发展的结晶，再一方面还是它当下和未来质域与质程的概括跟预计，如此"驱万途而归一"，方才具有系统的整生性。整生论美学，既是高端生态美学，也是当代基础美学，是两者合一的形态。其元范畴，即美生场，须有这两种美学之对象的质源，须是这两种美学历史、现实、未来质域和质程的集大成，有着不断增长的最大时空的整生性，方能趋向无限性的建构，方能形成无特例相违的普适性。

审美活动、审美氛围、审美范式的对生耦合旋升，形成审美场；审美场的生态化与历史化运进，形成生态审美场；在审美场特别是生态审美场的发展中，审美生态的本体化、价值化与目的化运动，生长出美生场。

第一节 美生场的生成

任何学科，都应从自己的研究对象中，找到理论本源与本体，进而从这两者中生发出元范畴。生态美学的本源是生态，大自然的生态运动发展到一定阶段，出现了审美生态，生成了生态美学的本体。审美生态的运动，自然而然地形成生态审美场，生态美学也就有了元范畴。生态审美场在运动中抵达顶端形态，出现整生审美场，形成了逻辑转换的趋向。整生论美学以审美场特别是生态审美场集大成发展后的转换形态——美生场为元范畴，在承前启后中，有了理论生发的基点和逻辑生态的预构。

一、大自然的生态运动形成审美生态进而结晶美生

美生，在审美与生态的同一中形成，是生命的生态性与审美性的耦合性生成、生存与生长，是一种全程全域地绿态显美、生美、审美、造美的生命与生态。更简要地说，它是绿色性与艺术性并进的生命与生态。美生，源出于生命的自然化生发，后走向生命的审美化生发，再而走向生命的生态化与审美化的耦合性生发，最后走向生命的绿色性、艺术性、科学性、文化性、文明性整生，以形成完备的本质规定性。美生，是世界生成、存在与发展的理想生态，是审美生态的高端中和样式。

审美生态是美生的直接前提。它的生发，有两条相关的路径。审美从出于生态，成为生态的一种，即审美生态。审美生态与其他生态对生，形成了自身的序列发展，并逐步从特殊的生态，走向普遍的生态，遂成审美整生，这是第一条路径。第二条路径与第一条路径相关。审美从生态而出，也就有了生命的意义。生命形态的审美，展开生态关系，形成生态环境，构成生态系统，生发生态运动，遂成审美生态，终为审美整生。这两条路径，有一个共同点，即审美在出于跟合于生态中，成为审美生态，发展审美生态，提升为审美整生，审美整生成就了美生。这就形成了一个简要的美生图示：生态—审美生态—审美整生—美生。

美生，形成美生活动，发展为美生场。美生，成了美生场的基因。大自然的生态运动，形成审美生态，发展出美生。美生、美生活动、美生场均以大自然的生态运动为根由，均以审美生态的发展为契机，走向第次生发。

大自然的生态运动，可以大致区分为两个阶段：一是生命出现之前的宇宙

生发运动；二是生命出现之后的宇宙进化运动。第一阶段，起于大爆炸。大爆炸的瞬间，构成了宇宙时空的奇点。大爆炸之后，宇宙不断膨胀，形成了张力与聚力统一的生态运动。张力，使宇宙时空持续拓展；聚力，使宇宙物质聚合，形成星球，团成星系；张力与聚力协调的生态运动，以及物质与暗物质、能量与暗能量的对生运动，构成了宇宙动态平衡的力场，推进了宇宙结构的发展性稳定，实现了宇宙中各星系的适度分布与中和布局。在宇宙辩证整生的背景下，各星系内行星绕恒星的超循环运动，构成了星系的生态统和之美。这就从整体中和与局部统和两个维度，形成了宇宙大美和宇宙全美。至此，我们可以十分宽泛与概略地界说：美在大自然的生态运动中产生，是大自然辩证有序化运动的结果。或者说，大自然的生发，显现了生态辩证法，美以整生的状貌，长在其中。

宇宙是一个生命体，它的整生，成就了自身的美，显现了自身的美生。这是具体的生物生命形成之前的宇宙整体美生，它生发具体生命的美生，进而在各类生命的网络化整生中，形成大自然生态系统的美生，成为美生之基。

大自然的生态运动，抵达一定阶段，形成了孕育生命的背景、环境与生境：其背景，是大爆炸后宇宙空间膨胀与物质收缩统一的辩证整生运动；其环境，是星系内行星绕恒星的生态节律化运动；其生境，是星系的有序化生态运动，使某一星球形成的蕴发生命的总体条件。这就说明，跟宇宙空间之美一样，宇宙中的生命也是在大自然的有序化生态运动中形成的，是宇宙这个整体生命生就的。

包括地球生命在内的宇宙生命形成后（我认定有地外生命），大自然出现了由生命活动构成的生态运动。这种运动汇入宇宙生发的总体生态运动之中，成为总体生态运动走向新阶段的表征。如果说，生命出现之前的大自然生态运动，造就了宇宙空间的美生形态，造就了生命出现的背景性、环境性、生境性系统条件。那生命出现之后的生态运动，则在一定的时期，对应地造就了景观生态和审美生命，形成了由这两者对生而出的审美生态。

从生态中出现的审美生态，不仅仅为生态美学提供了本体，确证了生态美学的生态本源，还顺理成章地回答了审美起源的难题。审美，起源于大自然的生态运动，基于大自然生态进化走向更高阶段的规律与目的，是大自然生态发展的需要，是大自然生态发展的机制，是大自然生态运动的必须性和必然性的反映。也就是说，大自然的生态运动，形成了审美的背景、前提、条件、意义，生发了审美的可能性与必要性。审美的起源，审美生态的形成，美生的涌现，是大自然生态运动的结果，有着自然而然性，水到渠成性。

大自然—生态—审美生态—美生的谱系性生发，显示出生态、审美生态、美生依次成了大自然进化的规律与目的。特别是美生处于生态谱系的后端生态位，有了悠长的来路和厚实的底蕴，成为大自然整生的结晶。

美生，是大自然的宠儿，是最佳的生态。我的一首《生态曲》是这样描绘它所处的高端生态位的：

生，
乾坤媾精；
衍生，
大道返，万物进；
维生，
耕风播雨，纺月织星；
健生，
物我双调适，身心两平衡；
乐生，
友于花鸟虫鱼，亲及天地神人；
荣生，
肖像高悬凌烟阁，清誉牢铸万古名；
美生，
韵回真善益宜情智，绿环山水草木烟云。

人类生态从生开始，随着生态的发展，社会的进步，文明的提升，递进地走向衍生、维生、健生、乐生、荣生，最后抵达最高形态的美生。在社会由低到高的发展中，人类生态走过了两个阶段：第一个阶段是生存，主要由生、衍生、维生构成；第二个阶段是生活，主要由健生与乐生构成。第三个阶段是生发,现正步入第三个阶段的高级层次,即从荣生走向美生。当人类解决了自身的生产与物质的生产问题,去掉了个体的物种的生存之虞,也就必然地走向富足地健康地快乐地生活阶段,进而趋向自我实现的荣生和审美化创造的美生阶段。美生,也就成了人类生态发展的必然。美生,成为整生性的人类生态,并未取代诸如生、衍生、维生、健生、乐生、荣生等生态,而是美化了提升了这些生态,使其一边保持与发展原有的生态本质,一边成为自身的形式。只有这样,美生才会承接与提升人类生态发展的全部成果,才会具备丰富多彩的形式和形成多样统一的本质,才会成为覆盖人们生命全程和生态全域的普遍性整生性的生态。

处在生态发展顶端位格的美生,中和了升华了各种位格生态的精神与精华,实现了审美意蕴和各种生态意蕴的同一,实现了审美整生。这样,它在成为最佳生态的同时,进而成了最好的审美生态。审美生态也有一个历史的进程,即从审美依生经由审美竞生和审美共生,走向审美整生。这些审美生态,因不同程度地实现了审美与生态的同一,均有着不同含量与品位的美生性。审美生态的历史进步,显示了美生性的相应发展。当审美生态走向审美整生阶段,审美与生态走向了系统性同一,出现了审美性与生态性全域全程耦合的生命,美生也就有了完整性的实现。这也见出,美生是审美生态历史发展的成果,与审美整生同构。

美生是美生场的基础,它为大自然的历史生发,为审美生态的历史发展所熔铸,为审美整生所成就,形成了美生场的高起点,显示了美生场的深广来源。

二、审美生态的圈行与旋升生发美生活动

审美生态在逻辑与历史统一的圈行与旋升中,趋向整生运行状态,形成美生活动。美生活动,是美生的发展,它构成美活生态,成为美生场系统结构的基础层次。

审美生态观,既是审美观,也是方法论。它在生态观的基础上形成。生态观,把一切事物的生发,包括有生命的事物和非生命事物的生发,都看成是生

态运动，可形成生态谱系，可构成生态规程，可产生生态位的有序环移与生态圈的持续旋升。审美生态观，把审美活动，看成是生态运动，看成是审美生态的运动，看成是审美规律与目的和生态规律与目的耦合其中的运动，是一种审美化的生态运动。这样，审美理性与生态理性的统一，审美价值和生态价值的一体，审美活动与生态活动的结合，审美规程与生态规程的同步，形成了审美生态的基本构造。

  审美生态的历史发展，成旋升格局。审美生态结构的性质，主要由审美与生态的关系决定，并随着这种关系的有序变化，形成有机的审美生态位的推移，形成审美生态圈的旋升，显示审美生发的规律。原初的审美生态，凭借依生性的关系形成，即生命的审美性，基于性与食的生理和心理，形成了最早的依生性审美生态位。动植物的审美生态如此，原初的人类审美生态也如此。随着审美的独立，审美活动不再依附性与食的生理性与功利性生态活动，也不再依附宗教魔法、图腾崇拜等文化性与文明性生态活动，形成了纯粹的审美生态。这种纯粹的审美生态，脱离对其他精神性与物质性生态以及自然性和社会性生态的依附，本身就是一种在竞生中获得的审美解放与审美自觉。其后，它又与所脱离的各种生态，争夺人类活动的时空，这就形成了更为明晰的竞生性审美生态位。竞生性审美生态，是一种无直接功利追求的生态，需要排斥其他功利性生态，独占人的生态活动时空。然这种独占的生态时空，既窄小短暂，又不稳定，时常受到功利性生态的挤占与抢夺，这就形成了审美距离的局限、审美时空的局限和审美疲劳的局限。为了解决竞生性审美生态的这三大难题，出现了共生性审美生态位。共生性审美生态虽也主要是艺术性审美活动与功利性生态活动的结合，然改变了以往的生态关系。双方的地位是平等的，各自独立的，互不依附的，相互促进的，共同发展的，耦合共生的。在共生性审美生态位的基础上，推进的整生性审美生态位，消融了审美性与生态性的并立，消除了审美性与生态性的分别，形成了一体性和整生性的审美生态质。所有时空，均生态化，所有生态，均审美化，这是整生化审美生态的外在标志；所有审美生态，均形成了真、善、益、宜、绿、智、美统合的同形共体的整生性价值结构与本质系统，这是整生化审美生态的本质规定。整生化审美生态的最高形态是天生态，依生性审美生态的最初形态，也是自然形成的，是一种天成态，两者有着似又不似性。这样，审美生态的运动，也就显示出了良性循环的轨迹，即从天成形态的依生性审美生态位始，经由竞生性审美生态位，走向共生性审美生态位，抵达天生形态的整生化审美生态位，实现了向最初审美生态位的螺旋式回归，形成了超循环的审美生态行程，显示了非线性整生的审美生态运动。

审美生态的运动，显示了不同发展形态的美生性，最后在审美整生中，形成了完备的美生本质。这就在审美与生态的结合中，在审美生态化和生态审美化的统一里，达成了审美整生，形成了审美与生态同一的美生本质规定。美在整生中，美生在整生中，美生就是整生，美生与整生同一。在世界整生的背景下，在系统整生的框架里，在审美整生的前提中，美生等同平常生态，美生等同一切生态。审美与生态同一的本质规定，意味着所有生态均成美生化，所有美生均为生态化，两者不存在界限，不存在差异，美生与生态的这种大同，表征了美生的整生性特质，表征了美生来源于整生化进而实现整生化的特质。此外，美生还形成了自然化的特质。美生从特殊生态，成为一切生态本身，成为生命存在、活动、变化的本身，不是刻意为之的，不是悉心装点的，也就自自在在，平平常常，自自然然，一派天态。美生的整生化和自然化，意味着它从审美生态化和生态审美化的生态审美，变成了生态本身，完成了转型与升级。凭借这种转型，美生场从生态审美场特别是整生审美场中破茧而出，也就有了前提性条件。

审美生态除了上述圈升结构与超循环规程外，还有另一种对生圈走结构和逐位环升规程，那就是由读者与文本对生旋进的审美生态圈。前者偏于显态的历史结构与行程，逻辑结构和行程隐汇其中，成为逻辑化的历史结构；后者偏于显态的逻辑结构与行程，历史结构与行程隐汇其中，成为历史化的逻辑结构。两者统一运行，生发了审美场的谱系，特别是生态审美场的谱系，共同托举出整生审美场，最后转换为美生场。

在读者与文本对生旋进的审美生态圈中，"读者"与"文本"及其共成的"阅读"都是广义的，动态关联的，多位一体的，可以对应地展开序态旋升的生态环。首位的读者与文本，分别是欣赏者与作品，他们对生出阅读活动；次位上的读者，是以欣赏者为基点的评价者，文本则是集作品、阅读、创造等等于一体的评价对象，他们对生出以阅读为前提的批评活动；继位上的读者，是集欣赏者、批评者于一身的研究者，文本乃是集作品、阅读、批评、创造于一体的研究对象，他们对生出包含阅读与批评在内的研究活动；末位上的读者，是集欣赏者、批评者、研究者于一身的创作者，文本为阅读、批评、研究、创造整生而出的新作品，他们对生出集结了阅读、批评、研究活动的创造活动。这整生而成的新作品和欣赏者对生，所形成的阅读活动，旋至始端生态位的上方，开始了新周期的圈升。显而易见，审美生态圈上的生态位，有着递进性与叠加性，有着历史和逻辑的第次积淀性与结晶性，这就形成了审美生态圈超循环运行的内在机制。审美生态的圈升结构，由读者生发的审美人生系列和由作品生发的审美文本系列以及由阅读生发的审美活动系列，逐级对生耦合回旋而成。

审美生态圈是由读者系列和文本系列以及活动系列对生耦合而成的，因对生关系不同，可形成不一样的审美生态结构。古代，文本成为结构主位，形成了读者系列在对生中依生文本系列的结构关系，形成了依生性审美活动，同组了依生性审美生态圈；近代，读者成为结构主位，形成了两大系列在对生中竞生的结构关系，形成了读者系列同化文本系列的格局，生发了竞生性审美活动，同组了竞生性审美生态圈；现代，读者与文本生态平等，形成了两大系列在对生中并进共成的结构关系，生发了共生性审美活动，同组了共生性审美生态圈；当代，读者与文本分别为整生化的绿色审美人生和整生化的绿色审美世界，形成了整生化的对生关系，生发了整生化的审美活动，同组了整生化的审美生态圈。

在整生化的审美生态圈里，读者与文本都走向了审美整生，它们在生态与审美的同一中，转换成了美生者，即绿色审美人生和绿色审美世界，或曰审美生命与景观生态，它们的对生与耦合，形成的美生活动，实际上是一种美活生态，组成的是美活生态圈。

在审美生态圈运行到整生化阶段，读者、文本、活动，同步发生了美生化转换，形成了美生活动圈，或曰美活生态圈，构成了美生场的基础层次。由审美活动圈，转型为美活生态圈，是生态审美场转换为美生场的机理。沿着生态审美活动圈发展，形成的是生态审美场，直至整生审美场，沿着美活生态圈进发,生发出的是美生场,直至大自然美生场。审美生态整生化的圈行,是形成这种分野的机制。这就具体展现了整生—美生—美活生态圈—美生场的历史进程与逻辑图景,再次确证了整生成就美生,进而成就美生场的真谛。

三、审美场的圈进与旋升生发美生场

审美生态圈的对生旋升活动,生发审美场;审美场的历史发展,形成整生审美场;整生审美场转换出美生场;这就显示了审美场孕发美生场的规律,显示了美生场的生发机制与深厚积淀。

(一)审美生态圈的对生旋升生发审美场

审美生态圈是一个多层的结构,前面论及的审美生态圈,实际上是其底座性的层次,即读者与文本逐位对生而出的审美活动生态圈;在其上,形成了审美氛围生态圈;再其上,升华出审美范式生态圈。审美范式生态圈依次范生中位和下位的审美生态圈,实现三圈对生复合,这就形成了立体旋升的审美文化生态圈,构成了审美场。立体旋升的审美文化生态圈,或曰审美场,是系统整一的审美生态。所有具体的审美生态,全都包含在立体旋升的审美文化生态圈中,即全都包含在审美场中,都是审美场的有机部分。一切样式的审美生态,都以审美场为指归,都向审美场系统生成。由此可见,审美生态的集大成运动,即审美活动生态圈、审美氛围生态圈、审美范式生态圈的耦合旋升,显示了审美文化生态圈的超循环永进,形成与发展了审美场。

审美文化生态圈的立体旋升,充满了对生的辩证法。首先,审美活动圈这一底座层次的审美生态圈,奠定了审美场性质的基础。也就是说,审美氛围圈和审美范式圈,是由审美活动圈逐一生发的,底层生态决定了中层和高层生态。这样,历时性展开的依生性、竞生性、共生性、整生性审美活动生态圈,也就生发了相应的审美氛围生态圈和审美范式生态圈,构成了相应的审美文化生态圈,第次形成了古代依生审美场、近代竞生审美场、现代共生审美场、当代整生审美场,构成了生态审美场谱系。

其次,审美文化生态圈形成后,高层的审美范式生态圈,成了整体运行的机制,成了整体变化的机理,规约了中下层次特别是整体结构的发展,凸显了

审美场的系统质，凸显了不同时代审美场的分野，凸显了不同时代审美场依次变化的根由，更集中地包含了审美生态自觉运行的规律。

"春江水暖鸭先知"，审美场的运行，抵达时代转型的关口，臻于历史变迁的拐点，往往是底层的审美活动潜生暗长了新的生态关系，初露了新时代审美场的丝丝曙光，引发了审美场的渐变。底层的渐变，引发中、高层的渐变，逐步形成审美范式的新自觉，最后形成由上而下的审美场的系统化质变，新时代的审美场凭此成焉。像明中叶后的中国，形成了张扬主体个性的审美活动，在欣赏与创作领域，出现了诸如《牡丹亭》的情感本体追求，《金瓶梅》的情欲本体追求，《红楼梦》的情意本体追求；在批评与研究领域，形成了相应的主体化和个性化的艺术态度。新的艺术观第次而出，李贽有"童心"说，公安派有"性灵"说，均主张书写主体真实而自然的精神生态。个别化和个体化批评相应生发，毛宗岗说："《三国》一书，有同树异枝、同枝异叶、同叶异花、同花异果之妙。"① 金圣叹说："《水浒》所叙，叙一百八人，人有其性情，人有其气质，人有其形状，人有其声口。"② 这些审美活动中的主体个性化趋势，促使客体化审美场向主体化审美场的悄然演变。至清末，王国维在总结"无我之境"的基础上，提出了"有我之境"的主体竞生的审美范式，③ 推动了古代依生审美场向近代竞生审美场的全面转型。近代审美场向现当代审美场的转换也如此。在后现代的语境下，人类形成了绿色阅读和生态写作的审美思潮，有了生态批评和生态诗学的审美意识，汇成生态审美活动的新潮，冲击着主体化的竞生审美场，催生着整体化的共生审美场和系统化的整生审美场。至主体间性的审美理式形成和生态超循环审美理式的提升，相应的审美范式有了结构性的运生及对中下位审美生态圈的范生，共生审美场乃至整生审美场也就走向了自觉的建构与系统的生发。

这就见出：审美生态历史与逻辑统一的超循环运动，整合为审美场的系统

---

① （明）罗贯中著，（清）毛宗岗批评：《毛宗岗批评本三国演义》，岳麓书社2006年点校本，第4页。

② 金圣叹：《〈水浒传〉序三》，《水浒传》前言，中华书局2005年版，前言第2页。

③ 王国维《人间词话》说诗"有有我之境，有无我之境"。见郭绍虞主编：《中国历代文论选》第4册，上海古籍出版社1980年版，第371页。

性自觉性递增的生态运动,在这种系统化审美生态的数度变化中,终于生发出了当代整生审美场。

(二)整生审美场是审美场发展的最高成果

审美场的生态运动,是审美生态的总体运动,处于审美场发展高端的整生审美场,就成了这一总体运动历时空生发与数度转换的系统成果。基于此,当代整生审美场的生发,也就汇聚和升华了一切审美规律,特别是汇聚和升华了所有生态审美规律,形成了审美整生规律。这种审美整生规律,是审美依生规律、审美竞生规律、审美共生规律第次提升而成的,是审美生态的总体运动规律。这样,整生审美场及其审美整生规律,也就成了历史必然性和现实必要性的统一。

可以说,整生审美场及其审美整生规律,是古今未来的审美生态和中外地外(地球内外)的审美生态纵横对生而成的,它蕴发于这两种对生的十字形交汇点上,实现了全景式的统观态的以万生一。有了这种"笼天地于形内"的以万生一的底蕴,它就可以以一生万,形成生态美学的质构。

(三)整生审美场转换出美生场

发这么一些笔墨,谈整生审美场的生成,其目的是为了进一步弄清美生场的生发基础、生发起点、生发条件、生发机理、生发参照系。这是因为美生场吸纳了转换了提升了整生审美场的全部成果,整生审美场是它的母体,它从中脱胎而出。审美场特别是整生审美场为美生场提供了三圈对生一体旋进的模式,并因这种运生模式,强化了提升了底座层次审美活动的整生性,为美生场的转换性生发,提供了十分优厚的条件和非常便利的契机。也就是说,积淀了世界审美发展成果的整生审美场,其基座审美活动圈,有着很高的整生性,其读者、文本、活动实则达到了生态性与审美性的同一,转换其身份,使之美生化,简直就是水到渠成和顺理成章的事情。整生审美场的审美活动圈,一旦转型为美活生态圈,就意味着美生场已经基因生就,雏形初现了,其后的完形,自然不在话下了。

按照审美场特别是整生审美场给出的运生模型,美活生态圈生发出愉生氛围圈,升华出整生范式圈,并在对生中复合,形成美生文明圈的超循环,这就形成了美生场。与整生审美场不同的是，美生场还进而给出了美生文明圈的超循环规程，生发了整生论美学更集约的逻辑结构与理论系统。

美生之所以从生态审美转型而出，美生场之所以从整生审美场脱胎而成，是基于审美与生态同一的趋势。生态审美是"读者"存在与活动的方式，偏于手段，偏于形态，偏于审美与生态结合；美生，是生命、生存、生态本身，是生命、生存、生态的规律与目的本身，偏于本体，偏于生态与审美同形同构同质。从审美与生态的合形合构合质，到审美与生态的同形同构同质，形成了审美的生态方式论，与审美的生态本体论之间的巨大差别，形成了审美手段与审美目的之间的巨大差别。合一是同一的前提，手段指向目的，审美的生态方式趋于审美的生态本体，美生和美生场也就表征了美学的未来，特别是生态美学的未来。

从整生审美场中脱胎出美生场，是审美生态整生化的必然，构成了整生论美学高远的价值理想。当审美场和生态审美场，走到整生审美场后，摇身一变，成为美生场，审美生态也就趋向了更高的整生化。到那时，生态场与美生场同一，美生成了整生本身，一切生命形式，一切生态过程，一切生态联系，一切生态环境，一切生态背景，都是美生的分形，都是美生的具体形态，但又包含了美生的全部意义。而美生的意义，又是全部生态规律生态价值乃至大自然规律和大自然价值的整生化。美生，凭此成了大自然发展的终极目的，成了大自然发展的终极形态，成了宇宙的大同形态，可谓趋向了美生价值整生化实现的极致。这种宇宙美生的价值境界，只有美生场与大自然同构才可能实现。这样，从审美场和生态审美场发展而来的整生审美场，转型为美生场，是一种审美战略的转移。这种转移，实则是听从了未来的美生文明的呼唤，实则是听从了未来宇宙美生理想的呼唤，实则是听从了实现自然美生的美学宗旨的呼唤。凭此，整生论美学的美生目的论，高于以往一切美学之目的，有了超越性的价值理想追求，有了当代甚或未来基础美学的资质。

从整生审美场转换为美生场，其概念的运动，显示了审美范式的变革，形成了美生本体论的美学构架。生态美学问世后，首先生发了审美方式的变化，相应地有了与一切生态活动结合的大时空审美方式，全时空审美方式，形成了生态审美的方式论。审美生态化的审美方式变革，进而带来了生态审美化的审美本位变革，审美生态相应地成为普遍的生态，走向了审美整生。审美整生成了审美本位，其他的审美生态，是对它的分形。这就从生态审美的方式论，发展出了审美生态的本位论。我写的《生态艺术哲学》，由三个逻辑平台关联，形成审美生态的本位结构。艺术审美生态化，形成审美性生态场，在审美域覆盖生态域中，形成审美竞生；艺术审美生态化与生态审美艺术化的耦合并进，形成生态艺术审美场，发展出审美共生；生态艺术的天化，实现生态质与量和艺术质与量的自然化整生，形成天生审美场，提升出审美整生。这就形成了由审美竞生经由审美共生走向审美整生的逻辑结构，构建了各种审美生态统一于审美整生的理论系统。显而易见，这三种审美生态的有序生发，构成的是审美生态的本位论结构。审美生态化与生态审美化走向极致，均成整生，并趋耦合，进而同一，生发美生，实现了美生本体论的变革。美生本体，衍生出序列化的逻辑链环，最后又回归本体，形成美生文明圈的超循环，生发了整生论美学的美生本体论质构，有了不同于之前生态美学和基础美学的逻辑生态与逻辑本体。

美生本体论是生态审美方式论和审美生态本位论的发展，整生论美学也就包蕴了中和了生态美学的成果。首先，美生是完全意义上的审美生态，具有三种整生性：一是生命全域全程地显美、审美、造美，所形成的全态美生；二是生命全域全程的生态性与审美性的耦合，在审美整生中实现的绿色美生；三是前一种耦合，形成了美生活动真善益宜绿智美的中和，实现了美生价值圈的整生。凭借这三种整生化美生，美生本体论走向了系统生成。其次，美生活动即美活生态所生发的美生场，汇通了生态审美场的发展成果。生态审美场作为生态美学的元范畴，又是审美系统特别是人类审美系统历史发展和逻辑进步的结晶，是此前一切审美场的集大成。以此为出发点，它从艺术同化生态的竞生性审美场，走向艺术与生态并进的共生性审美场，抵达艺术与生态同趋天化的整生审美场。美生场发轫于整生审美场，成为当代美学本体，是审美场特别是生态审美场整生运动的高端，是一切审美方式特别是一切生态审美方式所生发的。

从美生目的论和美生本体论的角度看，美生场从整生审美场中转型而出，是生态美学的发展大势使然，是美生成为精神生态、社会生态、自然生态本身的宇宙规律使然。

第二节 美生场是整生论美学的本质结构

探索美生场的本质，须先定其生态位。它最基本的位格，是整生论美学的本质结构。这一质构，潜生于研究对象，潜含于元范畴，显现于元范畴的生发。由此可见，美生场的形成与展开，成了整生论美学质构孕育和生发的路径。

一、美生场三位一体质的生成

美生场是整生论美学的研究对象、元范畴、理论结构，是谓三位一体。在这一体三位的顺序展开，逐步升华，梯次逻辑化中，美生场和整生论美学的本质走向了同一，有了成正比发展的关系。

美生场从整生审美场转换而来，厘清审美场与美学对应发展的关系与历史，有利美生场与整生论美学的耦合发展。对审美场的研究我持续了16年，认识逐步深入。20世纪90年代初期，我认为它是主客一体的审美境界。2002年，我形成了审美场是美学总范畴的看法，认为人类美学的运动，在整体上表现为审美场的推移变化。根据这一认识，2005年，我确认审美场是覆盖人类美学全程与全域的总范畴，它依次衍生出古代天态审美场、近代人态审美场、现当代生态审美场，标志了生态视域中的中西比较美学的质程与质域。2007年，我认为审美场是美学的整生对象，与美学元范畴、美学体系同一，并以生态审美场的生发，展示了生态艺术哲学即理论生态美学的逻辑结构。在我的理论视野中，生态审美场正在和一般审美场走向同一，整生审美场正在成为两者的当下形态，并和生态美学对应共进。从整生审美场脱胎而出的美生场，将和整生论美学共生共运，实现动态的同构同质。

整生审美场成就美生场，美生场成就整生论美学，并使之和当代基础美学同一的看法，是观照美学的历史生态形成的。从生态视角看人类美学的运行，生态审美场既是一个特殊性范畴，又是审美场衍生的当代形态。它在与近代人态审美场和古代天态审美场的联系与区别中，共同构成了逻辑化和历史化统一的审美场谱系。同时，它还是一个普适性的范畴，可以和一般审美场的质域同一，衍生出古代依生审美场（即天态审美场）、近代竞生审美场（即人态审美场）、现代共生审美场和当代及未来的整生审美场。由此看来，不管是审美场还是生态审美场，它们的质程是耦合同构的，它们的当代质点都是整生审美场，它们的历史结晶都是整生审美场。从整生审美场转型而出的美生场，承接了审美场和生态审美场对应发展的一切成果，也就成了当代生态美学和当代基础美学历史化生成的研究对象，成了这两者共有的元范畴和本质结构。与此同理，从美生场这一研究对象和元范畴生发出来的整生论美学体系，既是当代生态美学体系，也是当代基础美学体系。总而言之，美生场由研究对象到元范畴再至理论结构的系统生发，是整生论美学的生成机理，是整生论美学和当代基础美学趋同的内在机制。这两大美学的同一，是美学发展的历史规律使然，是美学发展大势显示的必然。基于这种认识，生态美学特别是整生论美学，就不仅仅是生态危机促发的，而更主要是审美生态的历史系统生成的。我曾说过，我研究生态美学，主要是从历史走来的，不像其他学者，直接从现实的生态问题切入。从历史必然性和现实必需性统一的角度，研究生态美学，当更有利于它走向高端形态和基础形态，并实现两者的同一。

　　一门学科的对象、元范畴、理论结构是逐级生发的，一体三位展开的。整生论美学对这三者的同一性、生态序性、整生性要求更高。在研究对象的维度，整生论美学要求美生场覆盖所有美学对象，为美学对象的历史发展与逻辑进步所整生，进而成为历史、当下、未来所有美学对象的表征与集约态，完全达到以万生一的整生化要求。在元范畴的维度，它要求美生场概括提炼升华所有美学对象的关系质、共同质、共通质、普遍质、整生质，实现一切审美生态规律的集大成与整生化。在理论结构的维度，它要求美生场在质的聚力和质的张力的贯通中，形成无穷无尽的理论生发力，使元范畴的以一生万，不仅仅是以万生一的还原，还进而有着万万一生的理论网络的生长，和一一旋生的理论平台的圈升，显示出生生不息的超循环运进的理论境界。美生场只有在这三个方面达成序态整生，实现三位一体质的系统生长，才可能支撑与成就整生论美学，才可能促使整生论美学走向当代基础美学，成为生态美学和基础美学同一的形态。

二、美生场系统地生成为整生论美学的对象

在《生态艺术哲学》一书的第一章中，我曾标志了美学对象发展的四个阶段。在第一个阶段，美学对象呈现出孤生形态，即在诸多美学家那里，美学对象分别由艺术、美、美感单独构成，相互没有搭界。在第二个阶段，诸多孤生的美学对象在相互联系中，结合出群生形态，即美、美感、艺术依序生发，关联一体，形成了整体结构。在第三个阶段，群生的美学对象提升为共生形态，即美、美感、艺术分别为审美关系、审美活动、审美价值、审美现象所统辖，在整体质的聚合与分生中，形成了系统结构。在第四个阶段，所有共生的美学对象集大成为整生形态，即审美关系、审美活动、审美现象、审美价值及其统摄的系统，一并中和为审美场，有了以万生一的体系。不容置疑，美学对象在由孤生走向整生的发展中，审美场成了高点，成了完整形态，成了理想状态。它潜含了暗升了一切孤生的、群生的、共生的美学对象的内涵，总汇了升华了一切历史的逻辑的审美规律，有了系统整生的潜质。有了这种潜质，它走向了生态审美场，进而走向整生审美场，成了生态美学的对象。整生审美场作为美学对象历史和逻辑发展的集大成，从其转换而出的美生场，也就可以进一步发展成集生态美学和基础美学为一体的整生论美学的对象，凝聚为整生论美学的元范畴，生长出活力沛然的整生论美学体系。显而易见，美生场作为美学对象，不仅有着承接美学对象历史成果的系统生成性，进而有着系统生长性。它的系统生成，承接了以往美学特别是生态美学的发展性基因。它的系统生长，超越了一般生态美学的潜能，趋向了整生论美学潜在的理论形态，包含了整生论美学的逻辑。

审美场成为美学对象生态发展的高端，也就有了普遍适应性，从其而出的美生场，自当百尺竿头更进一步。一般审美场衍生的各种形态，分别成了各时代美学的对象，其高端形态，成了生态美学的对象。审美场的第一个历史形态——天态审美场，是依生审美场，是古代美学的完备对象。它的第二个历史

形态——人态审美场，是竞生审美场，成了近代美学的完整对象。它的第三个历史形态——天人合一审美场，是共生审美场，成了现代美学的完整对象。它的第四个历史形态——生态系统审美场，是整生审美场，成了当代生态美学的完整对象。整生审美场，是审美场和生态审美场第次发展的最高成果，有着历史和逻辑统一的系统生成性，从其而出的美生场，理所当然地成了当代生态美学和基础美学的统一体——整生论美学的研究对象。

作为当代整生论美学研究对象的美生场，实际上是系统整生的美生场，是历史上各种整生性审美场的辩证中和，整生质最高。天态审美场或曰依生审美场，是在主体依从、依存、依同客体中，形成的客体整生审美场，是古代美学或曰客体美学的对象。人态审美场或曰竞生审美场，是在主体同化客体、人类同化自然中，形成的主体整生审美场，是近代美学或曰主体美学的对象。整态审美场，或曰共生审美场，是生态平等的主客体，在对生耦合环进中，形成的天人合一的整生审美场，是现代整体美学或曰初级形态的生态美学的对象。生态系统审美场，即整生审美场，是人重回自然生态位，在大自然的超循环中形成的系统整生审美场，是当代生态美学的对象。承接并发展整生审美场的美生场，处在最高端的发展位格，整合并提升了以往审美场的整生性，成为整生论美学的对象，实现了学科与对象的高度对应性与匹配性。各种整生性审美场的非线性序态发展，系统地生发了整生审美场，进而转换并升华为美生场。历史上所有的整生性审美场，进入当代整生审美场，再而集约化地进入美生场，并在化合与升华中，成为后者本质结构的逻辑成分与理论颗粒。

由审美场到美生场，形成了从历史走向逻辑的系统整生情形，起码有三方面的理论意义。一是美生场，作为整生论美学的对象，创造性地吸纳了包括生态美学在内的人类美学对象的所有内涵，有着广博而深邃的质域，有着丰盈而整一的本质规定性。二是美生场，是此前人类美学的对象在现代的发展，有着历史生成性，继而有着现实生长性，再而有着未来的提升性，有着可持续发展的理论疆界。三是凭借前面两点，直接从整生审美场而出的美生场，成为可持续生发的谱系，能真切地对应人类以往各个时代、各个时期的美学以及当下和未来阶段的美学，历史具体地序态递进地成为它们的对象，显现了全时空活态耦合的普适性。这三个方面的统一，持续强化了美生场作为整生论美学对象的整生化本质。

一般说来，研究对象是学科生发的基础与前提。研究对象有了整生性，凝聚与提炼研究对象本质的学科元范畴，才会有整生性，展开与提升元范畴内涵的学科体系，方有整生性。美生场于整生论美学而言，集研究对象、元范畴、理论结构于一身，有着很强的持续生发的关联性。作为研究对象的美生场，有着历史、现实、未来贯通的审美整生性，作为元范畴和理论体系的美生场，也就有可能第次生长与提升这种理论品格。美生场达到了上述三位一体地实现，其审美整生的本质规定性，也就走向了递进性叠加和系统性生发，统合生态美学与基础美学的整生论美学也就可以真正地建构起来。

三、美生场成为整生论美学的元范畴

作为元范畴的美生场，是整生论美学的逻辑潜构，上承研究对象，下启理论系统。这一中介生态位，于整生论美学逻辑生态的梯次提升，作用十分关键。一般来说，实事求是，既是科学研究的总路线，又是辩证思维的总模式，它在穿越研究对象的确立、元范畴的提炼、理论系统的展开时，会呈现出不同的形态：研究对象包含客观规律，是实事"有"是；元范畴凝聚研究对象的客观规律，是实事"成"是；理论体系生发客观规律，是实事"显"是，实事"生"是，实事"长"是。美生场，作为美学对象和生态美学对象的集大成，是充分的、全面的、系统的实事"有"是。美生场要进一步地成为整生论美学的元范畴，须让研究对象的实事"有"是，经过事实抽象、理论概括、范畴提炼、命题发掘和逻辑升华等一系列的从具体到抽象的环节，形成定理和定律，走向实事"成"是，即使规律系统结晶为理论总纲。

这一理论总纲，或曰实事"成"是中的"是"，作为学科公理，是整生规律，是最高的也是最系统的规律。它来自和包含了学科整体规律、类型规律、特殊规律、个别规律，也就是说，它是遵循"以万生一"的整生规程生成的。

在以万生一中实现实事"成"是，使美生场升华为整生论美学的元范畴，有三条具体的整生化路径：一是顿悟式的取一于万；二是逻辑递进式的收万为一；三是历史结晶式的以万成一。这三条路径是统合为一的，共同趋向整体的目标。

顿悟式的取一于万，为爱因斯坦所提倡，可瞬间形成学科公理。这位科学泰斗认为，抽象与推理，都难以穷尽，所以不能形成涵盖一切的公理，唯有在掌握基本事实的基础上，经由灵感、直觉，顿悟出公理。然后，通过推理、实验和实践，论证、检验、修正、完善之，使其成为学说总纲。[①] 这种顿悟式的取一于万，可使元范畴位格的美生场，瞬间获得整生论美学最高的理论规定性。其实，这种顿悟的后面，关联着理论家以往相关的思考与潜思考，甚或睡眠中的无意识思考，以及文化传统和人类文明遗产赋予个体的系统前思考（这种系统前思考，和集体无意识同又不同，它进入个体的精神网络，并和个体当下的顿悟多维联通的），凝聚着他对美生场意义的所有显在的特别是潜在的概括与抽象。也就是说，瞬间的取一于万后面，是长期的有意识和无意识的聚万为一。感性形态的顿悟，实则是经验形态的理性与潜理性和超验形态的系统前理性统合生发的超理性思维。它的逻辑的潜逻辑的前逻辑的超逻辑的思维质与思维量，是足以形成对学科元范畴理论意义的最高抽象的。唯独如此，顿悟到的美生场的理论网纲，才可能具有持续整生的潜质，才可能具备多梯级地分生为整生论美学理论网络的潜能。

逻辑递进式的收万为一，则是一个循序渐进的概括升华逻辑质宗的过程。这起码由四个环节构成。一是从质点走向质线。质点，是个别美学对象质的概括，提取的是个别的审美规律。质线，是各相关质点共性的提炼，是同类美学对象之质的结合，是把诸多相关的个别性审美规律，集结与提炼为特殊的审美规律。二是从质线走向质面。质面，是纵横质线之共性的概括，是诸多相互关联的同类美学对象之质的统一，是将众多相关的特殊性审美规律，升华为类型性审美规律。三是从质面走向质体。质体是多维质面之共性的概括，是同一种群美学对象之共性的融会，是把诸多类型审美规律，中和为整体审美规律。四

[①] 参见梁恩维：《论爱因斯坦的科学方法》，梁国钊主编：《诺贝尔奖获得者科学方法研究》，中国科学技术出版社2007年版，第172页。

是从质体经由质谱走向质宗。同一种群美学对象之共性，在不同时空的发展嬗变与转换中，形成不同形态的整体规律的持续生发，延展出本质谱系，是谓质谱。质宗具有原型意义，是多位质体贯通或曰质谱的生发所显示出来的最高共性，是原初的整体规律历时空生发而成的整生规律。美生场如表征了这样的整生规律，也就成了原型态的质宗，成了整生论美学的元范畴。

历史结晶式的以万成一，是学科元范畴历史递进性的生发与总结，构成集大成的意义本体，形成历史终结性的元范畴。像"圣三位一体"，作为中世纪美学的元范畴，是西方古代美学元范畴历史发展的结晶。古希腊时期的美学大家均形成了自身美学体系的元范畴，毕达哥拉斯的元范畴是"和谐的数"，赫拉克利特的元范畴是"活火"，苏格拉底的元范畴是"善"，柏拉图的元范畴是"理式"，亚里士多德的元范畴是"纯形式"。古罗马时期的美学大家在承接古希腊美学传统中，也第次生发了自身美学系统的元范畴，西塞罗提出了"高贵"，贺拉斯提出了"合式"，郎吉弩斯提出了"崇高"，普罗丁提出了"太一"。中世纪的美学家圣奥古斯丁、托马斯·阿奎那、但丁，全面总结了上述古希腊和古罗马时期美学序列化的元范畴，提出并完善了"圣三位一体"的元范畴，使其具备了集西方古典美学元范畴之大成的内涵。神人和谐，是西方古典美学的基本精神，贯穿上述所有元范畴之中；古希腊美学家系列化的元范畴，第次地深化了它由神走向人的格局，即神的人化的本质侧面；古罗马的美学家系列化的元范畴，逐级生发了它由人走向神的格局，即人的神化的本质侧面；中世纪美学家圣三位一体的元范畴，则统合了神的人化和人的神化，在上帝宇宙化和宇宙上帝化的统一中，实现了上帝和宇宙的天堂化，这就在神人大和中，深化与升华了神人和谐的系统本质，真正实现了以万成一，有了神学美学最完善的理论本体。美生场也一样，它作为当代整生论美学的元范畴，其系统整生的审美精神，是依生审美场这一古代美学元范畴客体整生的审美精神，与竞生审美场这一近代美学元范畴主体整生的审美精神，以及共生审美场这一现代美学元范畴天人整生的审美精神，特别是整生审美场系统整生的审美精神，非线性中和的结果，是更大历史尺度和逻辑质程的以万成一，成为最高境界的逻辑本体。

元范畴是学科的理论原型，实现了外形精简和内涵无限的结合，达到了高度抽象又十分具体的统一,有着鲜明突出的辩证生态。元范畴的生成,是学科理论意义的持续聚形,其三种以万生一,应依序展开,形成完整的流程,实现诗性、理性、哲性的不断凝聚。顿悟公理,形成的元范畴意蕴,诗性中有理性、潜理性、前理性和超理性,是一种艺术哲性,是艺术、科学、哲学的高端合一。元范畴由此而达到了简约的形象性与无限理性及玄奥哲性的统一,有了理论原型的特质。由质点到质谱,形成逻辑质宗,由历史的起点到历史终结点,可结晶理论本体,然如果单靠理性的抽象和纯粹的范畴运动来完成,是难以覆盖各级对象,特别是无法穷尽所有的对象,是无法囊括所有历史质点,特别是无法尽数囊括主流的和非主流的甚或逆流的历史质点,难免以偏概全,这就是爱因斯坦所说凭推理无法得到公理的缘由。但在美生场那里,这两种逻辑形态和历史形态的以万生一,是在顿悟的环节后序态展开的,在理性的抽象里顺延着诗性的玄悟与哲性的慧启,也就可以接连实现逻辑质宗和历史本体的"一"化。也就是说,美生场,首先在超逻辑的顿悟中成为聚万为一的学科原型,继而在学科全部质域之万的逐级提炼中,成为收万为一的质宗,进而在学科质程之万的逐步结晶中,成为"千里来龙,到此一穴"的历史终结点,成为集万为一的意义本体。这样,美生场,依序成了整生论美学的理论原型、逻辑质宗、历史本体,有了三位一体的以万生一,完全可以成为整生论美学的元范畴。艺术哲性贯穿于美生场三种序态展开的以万生一中,也就成了元范畴的根本精神,成了元范畴生发的最高机理。

四、美生场展开为整生论美学的理论格局

元范畴是学科浓缩的潜在的理论体系,理论体系是元范畴的实现形态、生长状态与升华境界。就美生场而言,当它移位成为整生论美学体系时,首先展开了元范畴浓缩的此前美学的整生规律,接着展开了元范畴包含的当下美学的整生规律,继而展开了元范畴潜含的未来美学的整生规律,进而全景式地展开人类美学超循环整生的规律,最后网络化地展开人类美学的超循环与其他事物的超循环复合运转的大整生规律。凡此种种,构成了整生论美学序态生长的理论格局,也显现了审美整生规律的系统本质和整体质程。

作为整生论美学体系的美生场，第一个理论层次，是对元范畴的分形，即元范畴以一生万的整生。我曾说过：以万生一元范畴，以一生万大结构，万万一生织网络，一一旋生长宇宙。从中可见，整生论美学体系的第一个层次是展开元范畴，在一定意义上，是逐层重现质宗统摄的质谱、质体、质面、质线和质点，是逐个层次逐个环节地具体生发由整生规律统领的整体规律、类型规律、特殊规律、个别规律。这就形成了整生论美学体系的第一个理论平台，完善了审美整生质程的第一个环节：系统生成（系统生成由以万生一形成元范畴和以一生万展开元范畴两个步骤构成）。

具体说来，整生论美学的第一个理论层次，是由生命与景观耦合、审美人生和审美世界对生的美活生态、愉生氛围、整生范式，在耦合旋进中初成的美生场。与以往审美场不同，它已是一个系统美生场。初成的系统美生场，是审美生态化与生态审美化的同一。在以往的审美场里，美与审美特别是美生，均未实现系统生发态，或是一种特殊时空的生存态，或是一种普遍性时空的生存审美态，而非是一种全时空的生命态、生存态、生活态与生长态，即未成为生态本身。

美生场的第二个理论层次是元范畴生发的当代美学质区。其理论意义以良性环生的方式推进，显示出生态圈式的系统生存和系统成长样态，以完善与发展整生性。这种系统生存与系统成长，是一种万万一生的网络旋进状态。所谓万万一生，指局部和结构的整生化运进，首先是所有的局部形成整生质，再有是整体结构序态环长整生质。理论系统和其他生态系统一样，存在着对生与环生两种主要的整生化存在与整生化成长机制。在系统生成的基础上，理论系统在新的质区里，构成了整体性的持续对生，即以万生一和以一生万的持续对生。在以万生一中，理论系统的质宗生长了整生质，提升了理论网纲；在以一生万中，理论系统的质宗或曰理论网纲将生长了的整生质，反哺回馈所属质体、质面、质线、质点，使它们整生化，也就是一化。这就达成了所有结构层次和所有局部以及所有个体的一化，显现了万万一生，即实现了所有层次、局部、个体的整生化。理论系统的环生运动，是以万生一和以一生万一体两面的圈进运动，是聚生和分生整生质对应并进的旋升运动，是环生结构的整体、层次、局部、个体持续超循环整生的运动。这就深化了万万一生。

以万生一和以一生万的对生，是理论系统在当代美学质体里，持续递进地环生与圈圈相续地环升理论质面的机制，是持续递进地万万一生的机制。圈态理论系统的每一次环回，完成了一个周期的以一生万和以万生一，完成了两者一个周期的对生。前一个周期的以万生一方面的运动，形成了圈行系统整生质的新层面，继起的周期性运动，其以一生万的一面，将这新的整生质，回生至生态圈上的每个生态位，达成新的万万一生；与之对应的且相偕同行的以万生一的一面，又逐位形成了系统整生质的发展点。以万生一形成了结构张力，是变化，是发展；以一生万形成了结构聚力，是稳定，是统一，是平衡；两者对生，形成动态的稳定，发展的平衡，变化的统一，形成了理论层面生生不息的良性环升，形成了理论质区圈圈更新的万万一生。

整生论美学的第二个理论层次，主要有三个理论质面。第一个理论质面是：以审美生命与景观生态耦合、绿色审美人生与绿色审美世界对生为基点，序态生发绿色美活生态、绿色愉生氛围、绿色整生范式，构成绿态美生场。第二个理论质面是：以审美生命与景观生态的艺术化耦合、艺术人生与艺术世界的对生为基点，序态生发艺术美活生态、艺术愉生氛围、艺术整生范式，构成艺术美生场。第三个理论质面是前两个理论质面的中和，是由绿色审美生命与绿色景观生态的艺术化耦合、绿色艺术人生与绿色艺术世界对生而出的生态化与艺术化一体环进的绿色艺术美生场。在第二个理论层次里，美生场达成了系统成长，实现了由美生场向绿色美生场、艺术美生场、绿色艺术美生场的递进性与整合性发展。

以万生一和以一生万的持续对生，推动当代美学质区里的理论质面，良性环生，圈圈旋升，直达临界点，这就在不断增长的万万一生中，完成了第二个理论质区的完整建构。此后，理论系统的整生化运动，将在未来时代的美学质体里展开。

美生场的第三个理论层次是元范畴生发的未来美学质区。这一质区的理论发展，显示了整体旋回的大整生格局，形成了一一旋生的大整生态势。这种一一旋生的大整生，可从三个方面见出：一是理论质谱上的三个整生化的理论质体，是圈态衔接的，环环相扣的，是谓一一旋生；二是未来美学质区的最高层面，是整生性最高的大自然美生场，它螺旋地回归了人类天态审美场的最初层次——天成审美场，积淀了结晶了美学一个螺旋接一个螺旋持续发展的全部成果，显示了美学全域和全程的超循环，是谓——旋生；三是大自然美生场，显示的人类美学全域和全程的超循环，关联着耦合着人类美学甚或宇宙生命美学的文化生境、文明环境、自然背景的超循环，形成了立体超循环，或曰纵横交织多维耦合的网络超循环，更是最高境界的——旋生。

美生场的三个理论层次，是在美生文明圈的形成与旋升中生发的。美生文明圈的形成与旋进为第一层次，它的绿色艺术化旋升为第二层次，它的自然化旋升为第三层次。由此可见，美生场展开的理论格局，是活态的，系统生发的。

美生场从研究对象的位格，走向逻辑元范畴的位格，最后抵达理论体系的位格，在三位一体中，系统生发了整生论美学的本质规定性，逻辑递进地历史发展地成就了整生论美学。

第三节　美生场是环长旋升的美生文明圈

美生场在以往审美场特别是整生审美场的基础上发展，融会与提升了以往审美场特别是整生审美场研究的成果，系统地生长为整生论美学的理论结构。

葛启进教授是国内较早集中论述审美场理论的美学家。他认为审美场是："审美中特有的那种感性的、流动变化着的""四维空间状态"，美和审美关系都生成于审美场，"在审美场中，真、善、美是统一的"，"审美场随审美关系而变化发展"。[①] 葛教授的审美场论，有生发审美时空结构的意义。在1995年出版的《审美场论》一书中，我认为审美场是主客体相吸相引、相融相会、同构同化的审美境界。在2002年出版的《审美生态学》中，我主张审美场是审美活动圈、审美氛围圈、审美风范圈对生往复的审美文化结构。这一看法，承接了之前关于审美主客体共生的审美场精神，吸纳了封孝伦教授关于审美场是

---

① 葛启进：《审美场论》，《四川大学学报》1991年第1期。

时代的情绪情感氛围的观点。① 2005 年，我在《生态视域中的比较美学》一书中，系统地论证了审美场：它是与审美氛围、审美范型对生而更趋良性循环的审美活动生态圈。2007 年，自我发展了审美场，凸显其整生性：审美活动、审美氛围、审美范式这三大层次圈持续对生，复合运转，促成更加良性循环的或曰立体环进的审美文化生态圈。②

我的以上论述，逐步地形成了审美场四圈对生同运环升旋长的理论模型，美生场承接与发展了它，并在特化中，实现了质度的更高优化和场域的更大广化，凝聚出新的逻辑模态与本质框图：在审美生命与景观生态的耦合中，第次形成美活生态、愉生氛围、整生范式的对生，共成旋升环长的美生文明圈。这就达成了美学范型的自我超越。

一、审美生命与景观生态对生的美活生态圈

审美场四圈同运模型的第一个旋升圈，是审美活动旋升圈。具体说来，在审美主客体的对生中，依次展开了审美欣赏活动、批评活动、研究活动、创造活动，并回归更高形态的欣赏活动，生发下一轮的运动，如此回环往复，就构成了审美活动旋升圈，奠定了审美场的基座。

承接这一旋升圈，美生场的模型，有了基础层次的发展变化，即形成了美活生态旋升圈。任何审美活动都是由"读者"和"作品"的对生构成的。在审美场那里，是审美主客体的持续对生，形成审美活动圈的旋升，到了美生场中，是审美生命与景观生态的不间断耦合，是审美人生与审美世界的持续性对生，构成了美活生态圈的环长。在审美主客体的框架里，人是主体，美是客体，人在美之外，人与美两分，带有近代美学的色彩，刻有人类中心主义的痕迹。审美生命与景观生态的耦合，审美人生和审美世界的对生，消解了主客两分，是生命在景观中的耦合，是人在美中的对生；消解了主客悬殊，是生命与景观俱为主位的耦合，是人与美的生态位实现平等的对生。再有，从读者与文

---

① 封孝伦认为：审美场是一个时代能够影响人们审美观念和审美行为的情绪情感氛围。参见其著《人类生命系统中的美学》，安徽教育出版社 1999 年版，第 364 页。
② 参见袁鼎生：《生态艺术哲学》，商务印书馆 2007 年版，第 40 页。

本，发展出审美生命与景观生态、审美人生和审美世界，均实现了审美生存化与生存审美化的统合，达成了生态与审美的同一，对应的双方都有了整生性，即从审美生态和生态审美相应地成了审美整生与整生审美，这就自然地增长了美活性，其对生耦合而成的审美活动生态圈，也就一跃而为美活生态圈，更有了系统的审美生态质。有了整生性的根苗，长成美生场的大树，也就势在必然了。

审美场的基座是审美活动圈，它发生了向美生活动的转换，形成了美活生态圈，这当是一种审美方式的革命。在审美活动圈里，审美是一种特殊的生存、生活、生态方式，是和其他的特别是常态的生存、生活、生态方式区分开来的。在美活生态圈里，美活不仅成了经常的普遍的生存、生活、生态方式，成了生命的存在方式，成了景观的存在方式；不仅成了人的存在方式，成了世界的存在方式；而且成了生命与景观、人与世界一体运转的生态方式；进而成了上述种种生态的本身。总而言之，美活，不仅仅是生命审美整生的方式与过程，不仅仅是景观审美整生的方式与过程，不仅仅是人审美整生的方式与过程，不仅仅是世界审美整生的方式与过程，不仅仅是生命与景观耦合、人与世界对生达成的生态系统的审美整生的方式与过程，而且更是上述一切生态的本体与本身。也就是说，美活，实现了审美与生存、生活、生态的同一，美活，实现了审美活动和生态活动的同一。美活，成了生命形成、存在、生长本身，成了景观生态本身；成了人的生态本身，成了世界的生态本身，即世界形成、存在、运动、变化的本身；成了生命与景观、人与世界同生共运的系统生态本身。

从上面的论述还可以看出，美活生态圈还进一步扬弃了审美主体和审美对象的观念，实现了审美者与审美物的同一。也就是说，形成美活生态的双方，均是美生者。美活生态圈是由美生者之间耦合对生而出的。其实，这种物我同一的审美生态，早已有之。辛弃疾讲："我见青山多妩媚，料青山见我应如是"，李白说："相看两不厌，只有敬亭山"。"庄子与惠子游于濠梁之上，庄子曰：'儵鱼出游从容，是鱼之乐也？'惠子曰：'子非鱼，安知鱼之乐？'庄子曰：'子非我，安知我不知鱼之乐？'"[①] 柳宗元的山水散文《永州八记》中，

---

① 《庄子》，北京出版社 2006 年版，第 282 页。

也有潭中之鱼，往来游走，"似与游者相乐"的描写。凡此种种，均有物我同呈美活之状，均有美生者共成美活生态圈的意义。有了这样的审美传统，发展出美生者与美生者耦合对生的美活生态，形成理想的审美生态，应是水到渠成的事情。

总而言之，从审美活动圈到生态审美活动圈再到美活生态圈的变化，是审美生态从生态殊相到生态普相再到生态本相的变化，是审美生态从部分生态方式到一般生态方式再到生态本体的变化，是审美生态从生态手段到生态目标再到生态目的的变化。正是这些变化，使美生场的生发，成了审美生态历史运动和逻辑运动的必然，使美生场从整生审美场中脱胎而出，有了破茧成蝶的自然。

正是有了从审美到美活的变化，从审美活动圈到美活生态圈的变化，审美场才可能在走向整生审美场之后转型为美生场，整生论美学才可能从交叉性的生态美学，发展成一门具有牵引性的即主要属于未来时代的主导性学科，进而成为与一般美学同一的基础性学科。需要特别指出的是，正是上述变化，生态美学最终走出了主体性场域，进入了生态系统的王国。

这里将审美生命与景观生态耦合，跟审美人生与审美世界的对生并举，让其共成美活生态圈，主要考虑到他们跟美生场不同形态的对应性。人类生命出现以后，美生场主要由审美人生和审美世界对生而出。当美生场从地球拓展到天宇，"读者"当不仅仅是人类了，起码包括别的智慧星球上的类人生命和超人生命，使用审美生命与景观生态耦合形成美生活动，就不会遗漏他们了。还有，人类的审美以及别的星球上智慧生命的审美，都应该是从植物和动物的审美发展而来的，当下美生场的美活生态圈层次，甚至愉生氛围圈层次，都应该将植物与动物的美活跟愉生，特别是动物的美活跟愉生包含进来，否则，就很难称其为整生性普适性的美生场了。当然，植物和动物在美生场中显现的美活生态，是局部性的，初步形态的，不会成为重心，使用审美生命与景观生态耦合形成美活生态，可以包括审美人生和审美世界对生形成美活生态，又不至于忽视老资格的美生者。有些时候，为了简明起见，我仅提涵盖性更广的审美生命与景观生态耦合形成美活生态，不再强调性地并举审美人生与审美世界对生形成美活生态。

应该特别指出的是，不管美活生态由那种方式对生而成，都应包含和趋向美生者之间的对生。美生者之间的对生，应成为美活生态得以生发的普遍机制与机理。也就是说，审美生命与景观生态耦合也好，审美人生与审美世界对生也好，都应是美生者与美生者之间的对生与耦合的具体形式，它们形成的美活生态，均属于美生者们耦合的美活生态。美生者之间的对生形成美活生态，是普遍规律，其他形态的对生形成美活生态，是这一普遍规律统摄的具体规律。

遵循范畴运动的规律，我进一步把美生者们耦合的美活生态，确定为审美生命与景观生态对生的美活生态。这有三个方面的考虑。一是如此表述，可直观地概括生命与景观的耦合，审美人生与审美世界的对生，中和了它们的本质规定。二是审美生命与景观生态是美生的基本样态，均包含了美生的基本精神，它们的耦合，在本质上就是美生者之间的耦合，然又明晰了不同美生者的理论具体性。三是承接了读者与文本对生的一般表达，又有了审美生态维度的发展。也就是说，审美生命与景观生态的耦合，成了上述三个相关维度对生的平衡点、共结点、汇通点，是一种最适合的表达，是一种从概略的理论抽象走向明晰的理论具体表达。这种明晰的理论具体，同时又是一种更集约、更深刻、更明确、更系统的理论抽象，结晶了概念运动与逻辑生发的成果，深合辩证思维的要求。

任何审美活动都是从接受开始，序态生发系列环节，并回至首位，构成生生不息的圈进旋升格局。这就像《老子》所说："大曰逝，逝曰远，远曰反"，"周行而不殆"。审美活动旋升圈，由审美欣赏活动、批评活动、研究活动、创造活动的依序环进构成；美活生态旋升圈，则由美活世界、美活欣赏、美活批评、美活研究、美活创造的依序环进与周而复始构成；这就有了不同的超循环运行。美活世界，是大自然审美整生的结果，是人在生态系统中与他者和整体同生共运的审美整生状态，是美活生态的总体状貌，可以看做是美活生态圈的总端生态位。这总端生态位生发出各种具体的美活生态位，达成以一生万；各种具体的美活生态位，回归总端生态位，实现以万生一，从而生生不息，圈圈旋升。美活欣赏，是审美生命与景观生态耦合、审美人生和审美世界对生的第一个具体的生态位，也是总端生态位分生的第一个具体的生态位。出现这种情形，跟审美生发的规程有关。最早的美，是自然天成的，是天造地设的，生命特别是人对它的欣赏，集接受、批评、创造于一体，是美活生态系统起源后的第一个形态。从审美发生学来看，对天成之美的欣赏，是一种原初状的美活性欣赏，是一种原型态的美活性生态，潜含着美活性批评、研究、创造的元素。其后，美活性批评、研究、创造等诸多美活生态依次从原型中分生出来，形成美活生态系统。这种生发格局，形成了序态推进的逻辑位格，增长了后续生态位依次回馈反哺生态首位的强度，所显示的双向对生，成了美活生态周进圈升的基因。具体说来，美活欣赏是一种欣赏美活的活动，是一种美活与欣赏同一的审美生态，是一种美活的欲求、态度、方式与感受。美活批评从形态上看，是一种批评美活的活动，是一种在批评中美活和在美活中批评的活动，是美活与批评结合、美活与批评一体的审美生态。从内涵方面看，它是对美活和美活欣赏的价值意义的揭示与弘扬，是对美活和美活欣赏方式与方法的探求及倡导。美活研究，是研究美活规律的活动，是美活与研究同一的审美生态，它总结与提升美活及美活欣赏、批评、创造的价值本质与价值规律。美活创造，是创造美活的活动，是美活与创造同一的审美生态。它按照美活欣赏、批评、研究的规范，生发整生景观和审美世界，提升审美生命和审美人生，以达成更佳的整生景观和美活世界，以构成更好的美活生态圈的总端。这一旋升了的总端，进而分生出新的美活欣赏，拓展新的美活批评、提高新的美活研究，升华新的美活创造，达成美活生态圈的超循环。

美活生态圈依次展开的生态位，既是审美生命与景观生态的逐级耦合、审美人生和审美世界的逐级对生造就的，又逐级提升了审美生命与景观生态、审美人生和审美世界，更逐节推进了美生境界，这就形成了美活生态圈超循环的内在机制。

美活生态圈超循环的目标有三个方面，即对应耦合地提升审美生命与景观生态、审美人生和审美世界的生态性、审美性和整生性，以系统地提升美生世界的生态性、审美性和整生性。具体地说，美活生态圈的超循环，带动了审美生命的圈进旋升，逐个环节逐个周期地提升其生态性和审美性，增长其生态审美性，延展其生态审美的整生性。包括审美人生在内的审美生命的整生性，是一个综合性的价值发展目标。生命的生态性与审美性、科技性与人文性的对生耦合，形成审美生命，是整生性的初步生成；审美生命集美活的欣赏、批评、研究、创造者于一体，或者说，他既是美活欣赏者和美活批评者，还是美活的探求者和美活的创造者，是形成一切美活生态的全能者，是谓整生性的发展；审美生命不间断地旋进，遍布生命全域和全程，是谓整生性的生长；审美生命全程全域耦合旋进的生态性与审美性以及科技性与人文性，逐级逐圈地走向艺术态，最后走向自然态，实现生态性、审美性、科技性、人文性的高端整生化统合，形成天化的四位一体，是谓整生性的极端提升，是谓整生性中和的极致。

景观生态与审美世界的整生性，也从三个方面生发：首先表现为生态性和审美性、科技性与人文性的对应发展与动态中和；其次体现在绿色文本的扩大，即从纯粹的生态艺术文本，逐步拓展为科技文本，文化文本，社会文本，自然文本，促使绿色艺术世界渐次与生态世界重合；然后终结为绿色艺术世界与自然的同一。这种同一，实现了文本最大的量态整生，也实现了文本最高的质态整生，并实现了这两种整生的同构，生发了天态艺术世界，形成了最佳的景观生态。

美生世界的天化。读者与文本是对应发展的，审美生命的圈进旋升耦合着景观生态的圈进旋升，两者互为因果，对生共进，同步趋向绿化、艺化、天化的整生。随着这两者的天态整生化，它们对生耦合的美活生态圈，也相应地趋向天态整生境界。美活生态圈是由总端美活世界分生，又聚生于总端美活世界的，形成了以一生万和以万生一相衔接的超循环运动。凭此，美活世界也就在美活生态圈的上述超循环中，一步一步地从绿态整生经由艺态整生臻于天态整生。

美活世界分生和聚生美活生态，规约了后者的整生化运行，成为美生场的理论平台持续跃升的机理，成为美生场深化的缘由，成为美生场走向绿态美生场、艺态美生场，最后抵达天态美生场的机制。

从生态审美活动圈到美活生态圈，标志了生态审美场和美生场基础层次的差异。在生态审美活动圈里，欣赏、评价、研究、创造的是美，生态审美是一种方式。到了美活生态圈中，除了欣赏、评价、研究、创造美之外，主要欣赏、评价、研究、创造的是生命与景观分别呈现的美活生态，特别是双方耦合呈现的美活生态，从而更有审美生态的本体意义。此外，这种欣赏、评价、研究、创造，既是生态审美方式，更是美活生态的具体环节，更是美活生态的具体样式，更是美活生态本身，这就形成了系统的美活生态本体性。美活生态圈的审美生态本体性，奠定了美生场乃至整生论美学的审美生态本体论、价值论、目的论基础，形成了超越生态审美方式论的起点性条件。

二、美活生态圈生发的愉生氛围圈

审美活动生态圈的超循环，是审美场的基础层次，它生发的审美氛围圈，构成了审美场的第二个层次。活动形成氛围，审美活动形成审美氛围。审美氛围是由气氛、风气、情调、趣味构成的一种审美风尚。它包含着审美的需求、欲望、嗜好、口味、态度、取向，以审美趣味的形式，形成了感性的审美意识，显示了一种普遍的审美价值趋向，潜藏着审美发展的规律，暗合着审美场的生成机制。

审美氛围也是圈态运行的。审美风气是审美氛围圈的起始层次，它序态生发审美气氛、审美情调、审美趣向诸环节，处于末位的审美趣向，集合了此前位格的审美风尚，不仅审美的欲求更为集中，而且审美的价值趋向更为明确，审美的态度倾向更为坚定，从而集中地形成了审美向性。它旋至始端的审美风气，反哺回馈前位环节，持续强化了审美氛围圈超循环运行的内动力，不断地明晰与坚守了这种运行所指向的价值目标。随着审美氛围的递进，审美价值的向性也随之走高。像美活生态圈的运转，形成的愉生氛围圈的运转，就凝聚了强化了明晰了愉悦审美生命和愉悦审美生态的趣味，简称愉生趣味。

审美场不同，审美氛围的趣味向性各异。由审美场特别是整生审美场转型而出的美生场更是这样。美生场中的氛围，是一种愉生氛围。它承接了一般审美氛围的生发与运行模式，走向了更高的理论具体，形成了理论规定更为明晰、准确、系统的一般性，和其前的美活生态圈以及其后的整生范式圈一样，成为走向同一的当代生态美学和当代基础美学的范畴。愉生氛围圈，环接美活生态圈，由愉生气氛、愉生风气、愉生情调、愉生趣向的依次生发与环回周升构成。

愉生基于美活，因美活而发，是一种喜爱美活的气氛、风气、情调与趣向。美活从健生、绿生、乐生走来，成为理想的审美生态。美活中的活，既是生命也是生态，既是人的生命与生态，也是自然的生命与生态，还是人与自然的整生态。美活，是人与自然达到绿和美统一的生命和生态。绿和美结合的人生全程与全域，是美活；绿和美统一的自然全程与全域，是美活；人与自然既绿且美的整生，更是美活。后一种美活，包含了中和了前两种美活，是美活的系统形态，或曰审美整生的形态。如此丰盈与优异的美活，激发了愉生，提高了愉生，升华了愉生。当代社会，正在形成喜爱生命与自然既绿且美之生态的气氛、风气、情调、趣味，形成了喜爱人的美活、自然美活、人与自然耦合美活的风范，显示了审美整生的价值尺度与价值向性，显示了愉生氛围中的审美理性趋求，正在走向整生化。

在喜爱和追求美活的氛围圈中，愉生气氛弥漫整个时代，氤氲整个美生场，成为普遍的审美心理律动，成为共同的审美情绪集结，凝聚了绿化和美化人与自然的审美意向。愉生氛围生发的愉生风气，显示了时代的审美朝向，表征了绿化和美化人与自然的审美意志，包含了愉生的价值趋向。愉生风气生发的愉生情调，表征了时代的审美流向，体现了绿化和美化人与自然的审美态度，包蕴了愉生的价值准绳。愉生情调生发的愉生趣向，形成了时代的审美价值取向，生发了绿化和美化人与自然的审美时尚，包含了愉生的价值追求。上述四者的回环往复，生发了当代喜爱与追求审美整生的情感情趣潮流。具体说来，愉生气氛，汇聚和蓄积喜爱审美整生的情感情趣潮流；愉生风气，萌动和催发喜爱审美整生的情感情趣潮流；愉生情调，涌动了和前行了喜爱审美整生的情感情趣潮流；愉生趣向，规约了引导了喜爱审美整生的情感情趣潮流；伴随着愉生氛围的环回圈进，喜爱和追求审美整生的情感情趣潮流，越积越深，越汇越大，越流越广，愈发汹涌澎湃，流转于当代，流往未来。

愉生氛围圈盘旋在美活生态圈之上，为其提供超循环的向性，使其朝着审美整生的目标螺旋上升。具体说来，愉生氛围生发和导引的喜爱审美整生的情感情趣潮流，规约了美活生态圈中的每个人，使集美活欣赏、美活批评、美活研究、美活创造于一体的审美整生者，与审美整生化的文本对生耦合，达成美生场基础层次和中间层次的同生共运，形成更为集约的审美整生格局。

愉生氛围，由审美生命与景观生态耦合、审美人生与审美世界对生的美活生态圈的超循环运行生发，形成了当代的审美情感情趣取向，表征了当代的审美风尚，包含了当代的审美价值欲求，凸显了当代的审美价值走向和审美价值目标，初成了当代审美价值的直观标准和审美价值的潜规律。它作为时代的审美整生趣味，除了反哺美生活动和回馈美活生态圈之外，还往上升华出审美整生的观念，成为美生场完备生发的中介。有了这一中介，美活生态、愉生趣味、整生观念，在对生耦合中，构成立体旋升的审美整生圈，系统地生成美生场的本质。

三、愉生氛围圈升华的整生范式圈

愉生氛围运生的喜爱与追求审美整生的趣味，作为潜理性的审美意识，有着生长为理性审美意识的内在设计与发展向性。它升华的审美整生范式，是审美诗性和审美理性中和进而提升的审美哲性观念。作为最高的审美理性，它有着审美世界观和审美方法论的意义，规约了美生场和整生论美学的系统生发。

（一）审美整生范式的整生性

审美整生范式，是审美范式的当代发展，一般审美范式和审美范式谱系共同生发了它。凭此，它作为美生场的最高层次，既是整生论美学的审美范式，也是当代基础美学的审美范式，从最高的美学规范方面，保证了整生论美学和当代基础美学的一体两面性，实现了双方的内在同一。

审美范式作为哲学化的审美观念，由审美理想、审美制式、审美理式构成，并在逐级生发中，形成环回圈升的格局。审美理想是时代的审美主潮，顺接审美氛围生发的审美潮流，形成了审美场两大层次的序态关联。审美整生范式承接了一般审美范式的运生模型，实现了绿色美生理想、生态中和制式、生态超循环理式的圈进旋升，形成了更高境界的普适化。

这种更高普适化的生成，还在于它为审美范式谱系所整生。古代天态审美场有着审美依生范式，近代人态审美场生发了审美竞生的范式，现代整体审美场形成了审美共生范式，当代整生审美场的审美整生范式，是此前审美场审美范式的结晶，表征了此前审美场审美范式的共通性和共趋性。或者说，以往各时代审美范式的整体质，升华为当代审美范式本质结构相互关联的各个侧面。古代审美依生范式，是人类依从、依存、依同自然的范式，是自然整生的审美范式。近代审美竞生范式，是人类认知、把握、驾驭、改造、征服、同化自然的范式，是自然同于人类的范式，是人类整生的审美范式。现代审美共生范式，是人类与自然互为主体，对生并进的范式，是天人整生的审美范式。当代审美整生范式，是人类进入自然，实现人类审美整生与世界审美整生的耦合环升，所形成的系统审美整生的范式。这一审美范式，纳入了自然、人类、整体的审美整生范式，并加以重组，使之成为自身本质结构的各个侧面。凭此，整生审美场的审美整生范式，有了逻辑和历史统一的整生性，同时也就有了逻辑与历史统一的普适性。美生场承接与升华了整生审美场的这一范式，能够成为当代生态美学和当代基础美学通约的最高规范，能够使整生论美学成为当代生态美学和当代基础美学的共同形态。

（二）绿色美生理想

如前所述，愉生氛围生发的当代喜爱与追求审美整生的情感情趣潮流，个中孕生集约着时代的审美主潮。如果说，审美潮流是一个时代普泛的情感情趣化的审美趋求，那审美主潮则是一个时代精约而明确的审美诉求。审美主潮从审美潮流中凝练而出，成为一个时代的审美理想。审美理想是审美氛围的系统性升华，成为审美范式的第一个位格。审美整生范式的第一个位格是绿色美生理想。

绿色美生理想，是审美整生观念的基础。绿色美生是以生态全美为前提的。生态全美，以生态系统的整生化和审美化耦合并进为机制，是生态系统的绿化和美化统一推进的结果。它既指生态系统的整体有着绿色之大美，也指生态系统的各个局部在整体的运生中，显现出不可或缺、不可替代的绿色之美。简言之，生态全美，由生态系统的整体大美和局部皆美构成。审美整生框架内的生态全美，由人类的整生之美和世界的整生之美耦合构成，超越了文本之美的意义，是人类生态与自然生态耦合整生的全美状态。

生态全美，有着丰富的思想资源。中国古代美学认为：天地有大美，道行天下成大美，主张尽善尽美，提出了不全不粹不足以为美的见解。这些看法，于生态全美理想的生发富有启迪意义。加拿大环境美学大家艾伦·卡尔松提出的自然全美，认为未经人类改造的自然界，有一种整体的美。中国美学家彭锋主张的自然全美，指的是自然中的各个局部，因各具个性而皆美。生态全美，当是对卡尔松和彭锋自然全美观的中和与拓展。

　　当代语境下的生态全美，之所以是作为一种理想，进入绿色美生的理想系统，是因为当下的生态并非全美，需要走向全美，以实现审美整生。实现生态全美，须普遍地形成审美整生观。古代审美依生观，曾经维系了天地大美，有助人与自然的生态和谐。近代的审美竞生观，曾使自然、人类、社会失绿失美。现代的审美共生观，有利恢复与推进人与自然的生态和谐。当代的审美整生观，主张生态系统的各种生态关系，即依生关系、竞生关系、共生关系、整生关系，既各安其位，各得其所，又相互生发，相互规约，使前三种关系共成和共有整生关系，维系与推进生态系统的动态平衡，生发生态系统的非线性有序，可望同步地实现生态系统的绿与美，实现整体大美和各个局部的皆美。

　　生态调适是生态全美的机制。自然的生态发展，是一个从无序到有序的过程，从简单有序到复杂有序的过程，从线性有序到非线性有序的过程。这一过程，首先是自然本身自发的生态调适阶段，它在一定程度上，形成了自然的生态全美。自然界生发出人类以后，它的生态调适，走向了自发与自觉结合的阶段。这一阶段的开始时期，古代人类初步的生态自觉体现在依从自然的自发机理方面，生态人道统一于生态天道，使人类生态之美汇入了自然生态之美，相对地促进了生态全美。这一阶段的第二时期，近代人类发展了片面的生态自觉，力求用片面的生态人道去统一系统的生态天道，造成了两者的对立冲突与两败俱伤，生态不再全美。这一阶段的第三时期，现代人类从生态失序和失绿的惨痛中觉醒，反思与修正了片面的绝对的生态自觉，追求全面的整体的生态自觉，力求生态人道与生态天道耦合并进，以利恢复与拓展生态全美。这一阶段的第四时期，当代人类提升了生态自觉，使生态人道汇入生态天道，形成生态大道，或曰自然整生之道，力图实现自发与自觉协同的生态调适，实现自然生态、人类生态、文化生态、社会生态统一运行的全美。在上述生态的统一运行中，文化生态承担了生态调适的主责，这是一种将自发的生态调适与自觉的生态调适统一起来，以形成系统的生态调适的责任。要担当起这一历史重责，文化生态须全面系统地蕴含自然生态之道、人类生态之道、社会生态之道，须升华出统合生态人道与生态天道的生态大道。这样的文化生态，耦合自然生态、人类生态、社会生态，实现四者绿与美的整生化运行，也就自然而然地发展了生态全美。

生态全美的理想，还有着历史结晶的机制。古代审美依生范式，所含客体化和谐理想，是自然生态全美的理想。这种自然生态全美的理想，有同又不同的中西方形态：在中国，它是天的生态全美的理想，即天的生态演化与同化人的生态，以形成天化的全美生态；在西方，它是神的生态全美的理想，即神的生态演化与同化人的生态，以形成神化的全美生态。近代审美竞生范式，所含主体自由理想，是人的生态同化自然生态，以实现主体生态全美的理想。现代审美共生范式，所含天人共和理想，是人类和自然耦合并进，以实现整体生态全美的理想。当代审美整生范式，所含的生态全美理想，是人的生态自觉汇入自然生态，所形成的系统整生形态的全美理想，以往审美理想的生态全美意义，经由整生化以后，成了它的本质结构的有机的质点与质面。

生态全美的理想，不仅仅是文本意义上的全美追求，即不停留在全美世界的生发上面，而是进而展开了系统美生的追求。凭此，它生发的理论境界，可达绿色美生的极致——自然美生，这就与自然全美观有了密切的联系与明确的分野。生态全美有着生态全审美的向性，形成了整体意义的递进：生态系统的美化；生态系统的审美化；生态系统的美生化；生态系统的绿色美生化。生态系统走完了上述生态规程，达成了系统美生，它的生态才可能称得上是全美的。这就见出，将自然全美，改为生态全美，可使美的理想，走向审美理想，走向美生理想，走向整生化的美生理想，走向绿色美生理想，最后抵达绿色美生理想的最高位格——自然美生，这就实现了绿色美生理想的系统生成。系统生成的绿色美生理想，既是人的美生理想，更是整个生态系统的美生理想，从而更有审美生态的本体性意义，从而更加符合审美生态观的本质要求。

系统整生是生态全美经由诸多中介走向绿色美生理想的最高层次——自然美生的总体性机制。美成于生态的有序性，全美成于生态的整体有序性。整生，是生态有序性的最高形态，它成就了生态全美，进而使其走向美生。生态系统的整生化程度越高，就越能走向系统美生的境界，生态系统整生化的自觉性和自然性的程度越高，就越能达到自然美生这一美生的至境和极境。如前所述，人类生态、社会生态、文化生态、自然生态走向整生化的耦合，方能实现整个生态系统的整生化，以实现生态系统的美生化。在多维生态的整生化耦合中，文化生态的整生化越自觉，即越含系统规律与系统目的，就越能使人类生态、社会生态和自身一起，与自然生态融合，走向自觉性增长的系统整生，实现相应的系统美生。自然是自觉的高级形态，指的是本然地自然而然地合系统规律与系统目的，整生化的文化生态，从自觉走向自然，也就可以规约相关生态与自然生态本然地融和，走向天态的整生，走向超越纯自然生态的整生。这样的整生，所促成的系统形态的绿色美生，也就达到了质与量走向极致的自然美生。

（三）生态中和制式

审美整生范式生发的第二个位格是生态中和制式。审美制式，是美学体系的构造方式，生发模式，运行程式。生态中和制式，是美生场，或曰整生论美学理论系统动态平衡、复杂性有序、非线性协同的整生态组织方式，构造模式，生发程式，运行态势。

审美制式，是一个时代美学体系的构造图式与制作流程。它抽取审美本体与审美本源的生发规程、生发格局、生发关系，形成美学系统的构造模型。古代美学的本体与本源是客体，客体生发主体，主体回归客体，主体同于客体，形成了审美构造的客体化流程，形成了客体化的美学质构，形成了客体化的美学体系。近代美学的本体与本源是主体，主体人化自然，自然向人生成，自然同于人类，这就形成了人化的审美制式，形成了审美构造的主体化流程，形成了主体化美学的质构与体系。现代美学的本体与本源，是互为主体的人类与自然，双方平等、对生、并进，形成了天人耦合化的审美制式，形成了审美构造的整体化流程，形成了整体美学的质构与体系。当代美学的本体本源是生态系统，它在纵横对生、非线性序生、耦合性旋生中，形成了生态中和的审美制式，形成了审美构造的整生化流程，形成了整生论美学的质构与体系。

生态和谐是形成生态中和的基础，生态中和是生态和谐的高级形态。生态和谐的生发机理，可以为生态中和所承接。2012年5月，广西民族大学学报策划了一场我和秦红增教授的学术对话，主题为：多元·共生·和谐——关于时代精神的思考。我首先阐明：多元共生是生发和谐的机理与路径。多元是形成和谐的前提，共生是形成和谐的机制。不同的共生格局，可形成不同质地的生态和谐。依生与竞生统一的共生，可形成动态制衡的生态和谐，相生与竞生结合的共生，可实现多元生态的相长相进，形成动态平衡的生态和谐。在此基础上，可形成生态中和的生发模式：多元生态——整生——生态中和。多元生态的纵横对生、复杂性有序、非线性平衡、复合式旋进，都是多元整生的样态，能够形成生态中和制式。

纵横对生是生态中和化制式的第一个位格，是当代美学系统生成的方式与模态。绿色艺术人生与绿色艺术世界的对生，是一种序列化展开的纵横对生，它形成的美活生态圈，构成了整生论美学的第一个逻辑平台。美活生态和愉生氛围、审美整生范式的互为因果，更是一种理论平台化的纵横对生，显示了当代美学体系系统生成的态势。整生论美学在研究对象的以万生一中形成元范畴，在元范畴的以一生万中显现大结构，更是一种网络化的对生，体现了当代美学体系更大时空的系统生成。纵横对生，是聚形与分形的对生，即逐级提升审美质以形成最高审美质与逐级分化最高质以全面分布最高质的对生，这种生态中和化的对生，实现了美学体系最高质既聚且散的双向整生化。

复杂性衡生，是生态中和的第二个位格，是当代美学系统生长的整生化模态。理论系统的各部分，在纵横对生的框架里，生态关系复杂多样。相互间的依生，形成和谐与稳定，相互间的竞生，显现制衡、互补与相进，相互间的共生，形成互长、共赢、共通与共趋，正是在整生的规约下，形成了依生、竞生、共生的复杂性匹配，非线性布局，实现了理论系统生态多样性与生态统一性的中和，构成了复杂性衡生。衡生，作为系统生存的结构模态，主要有两种：一是上述系统最高质对生，达成整个格局的整生化制衡，实现整体结构的序态发展；二是各局部间的复杂性制衡，达成各方面的动态稳定。复杂性，显现当代美学关系生态和规律生态的多层次性，独特性，变化性，构成理论的张力与活力；制衡，形成当代美学关系生态和规律生态的稳态性、共通性、协同性，构成理论的聚力与定力；这两种力的中和，达成了理论系统的动态稳定和非线性有序，有了更为辩证的整生化。这两种制衡的统一，更能避免理论系统的增熵，更能促使理论系统可持续地整生化存在与生长。

耦合式旋生是生态中和的第三个位格，是当代美学系统提升的整生化模态。对应生态系统的结构，当代美学体系，也是一种周走圈行的系统构造。理论生态圈的逐位排列，良性环进，形成了基本的结构生发模型。美活世界、美活欣赏、美活批评、美活研究、美活创造的逐位环走,形成的美活生态圈,旋接愉生氛围圈,生长出愉生气氛、愉生风气、愉生情调、愉生趣求的周行格局,进而生发审美整生范式圈,无缝关联其绿色美生理想、生态中和制式、生态超循环理式的旋升,这就显示了当代美学周转圈升的整生化程式。生态位逐级拓展,生态圈逐个平台旋升,是一种稳定性发展,有序性变化,在似又不似中深得生态中和的辩证法精髓,展示了整生论美学的整体构造图式。上述三大理论生态圈在对生中重合,形成理论系统三圈耦合旋升的整生化运行图式。这耦合的三大理论圈的运行,在共生出美生文明圈后,还耦合着时代的生态文化、生态文明以及地球和宇宙生态的圈行,显现了当代美学超大尺度的耦合式旋生态势,形成了最高境界的中和化整生格局,把生态中和化的审美制式发挥到了极致。

生态中和的审美制式,即是对生态全美特别是绿色美生的结构关系、构造方式、生发规程的抽取,是符合美生存在的理论模型,能对生态全美特别是绿色美生的恢复、重建、拓展具有指导意义。这一审美生发的模型,特别是其耦合旋生的理论构造模式,还可在逻辑升华中,形成生态超循环的审美理式。

(四) 生态超循环理式

生态超循环理式,作为审美整生范式的最高层次,是生态世界观的精髓,是生态哲学的至理,是生态辩证法的峰尖。它抽取宇宙本体的生发规律,形成万物运动的范型,进而具体化为整生论美学逻辑运生的范型,从而成为整生论美学理论创造的大法。

在哲学观念上,生态超循环理式,要求我们把宇宙及其万物的生发,看做是一种生态圈式的运动,进而将生态圈运动的超循环模式,从生态科学的理论,升华为宇宙生发和世界运动的原理。再使这一原理,具体化为万事万物生发的范型,具体化为包括当代美学在内的理论生发范型。这就完成了某类事物的运动——科学模型的抽取——哲学理式的抽象——万物运生的分形这一旋进周升的辩证思维运动。

生态超循环,最早是自然科学家抽取的生物分子的运动模型。艾根说:"在自复制循环之间的耦合必定形成一种重叠的循环,于是只有整个系统才像一个超循环。"[①] 2010年科学出版社出版拙著《超循环：生态方法论》，我在该书的前言中，将艾根创建的上述科学模型，抽象为哲学理式：世界与万物周进圈升的生发图式。依据这一理式，我形成了超循环的世界观，明确提出：超循环是事物存在与发展的原理，是大道运行的方式，是世界生发的格局与样式。宇宙是超循环的。大爆炸是它的起点，大爆炸造就的膨胀，是它的生长。它膨胀到临界点，终结生长，开始收缩。它收缩到临界点，又形成大爆炸，再走向膨胀。如此周而复始，成最大格局的超循环。世界是物质的，物质是运动的，是经典形态的马克思主义哲学本体论，生态超循环理论将其发展为宇宙及万物的超循环运生，也就实现了普适性与具体性的提升，有了生态辩证法的精神。

在对超循环的哲学理式的分形中，生态超循环顺理成章地成为生态审美理式，成为审美整生范式的最高层次。审美整生范式的三大层次也在对生中，达成回环往复的圈进，进而与美活生态、愉生氛围的诸层次逐级对生旋进，显示了美生场大回环旋升的基本生发格局。

生态超循环理式，作为生态艺术哲学的制高点，处在美生场大回环圈进的顶端，成为它的理论原型。也就是说，它统摄了美生场的生发，为整生论美学体系的形成，准备了方法，标志了理路，厘清了环节，提供了蓝图。生态超循环理式，是美生场的灵魂，是美生场的基因，是美生场的设计。它规约了美生场的生发态势，生发规程，运行格局，均是圈进旋升的，规约了整生论美学的逻辑图式、理论谱系更是圈进旋升的。首先是正向的圈进旋升，即美活生态的圈进，旋接愉生氛围的圈进，再而旋接整生范式圈的圈进；其次是反向的圈进旋升，即整生范式圈回馈反哺愉生氛围圈和美活生态圈；还有是复合式的圈进旋升，即上述双向的圈进旋升，形成美生场三大圈进层次的对生，实现三圈重合旋升，生发多维耦合的超循环的整生格局；最后是在三圈对生重合的旋升中，中和出了美生文明的圈进旋升。美生文明的圈进旋升，是上述三圈复合环进生发的整体规定性，统领了它们的运进，构成了美生场系统质态的可持续运生。

至此，美生场的本质规定也相应地走向了具体：美活生态、愉生氛围、整

[①] 〔德〕艾根著，曾国屏等译：《超循环论》，上海译文出版社1990年版，第16页。

生范式对生旋长的美生文明圈。

这美生文明圈，既是前述三圈集合与复合而出的整体形态，更是这三圈对生耦合而出的美生场的本质形态，它包含并统领了三圈的超循环运行，集中地显现了生态超循环理式。此外，它还是审美场的审美文化圈和生态审美场特别是整生审美场的生态审美文明圈转换而成的，同时，它还是生态文明的高级形态，这就有了丰厚而高迈的意蕴，从总体上显示了美生场的系统生发性与时代超越性。

生态超循环理式，还规约美生文明圈耦合生境、环境、背景形态的生态圈，最后走向天态旋升，拓展与提升了整生论美学的质域和疆界。由此可见，生态超循环理式，化入整生论美学，成为后者的逻辑生态。

凭借与世界本体本原运生大势的同一，生态超循环理式在成为美生场的运生图式之后，也就使得整生论美学有了与天地并生、与万物合一的组织构造，有了宇宙美生的理论风景，有了自然美生的理论前景。

第四节　美生场的圈增旋升

在审美整生范式特别是生态超循环理式的规约下，从审美场、生态审美场特别是整生审美场中系统生成的美生场，走向了圈增旋长的历程，持续地生发了审美整生性，持续地完善了美生文明的质构，持续地扩张了美生文明的质域，持续地提升了系统化美生的本质规定性，直至在自然美生中形成审美天生质。

美生场的圈增旋升主要在文化场和生态场中展开。它第次走向与文化场和生态场的重合，达成生态性、人文性、科技性、审美性的同步天化。可以说，与文化场和生态场复合，达成动态同构，持续实现同质，是美生场的发展形态、发展机制和发展规律，也是它与审美场乃至一般生态审美场的区别所在，也是它从整生审美场脱胎而出后能够进一步发展的重要缘由之一。

一、与文化场同生共运

美生场与文化场的同生共运，是在与各种文化形态的整生中逐级推进的，最后实现两种场的重合与同一。在这种重合与同一中，文化场实现了审美整生化，成为拓展与提升形态的美生场。

(一) 周走于审美文化场

审美文化有广义与狭义两种。狭义者，指文化中的审美部分，即艺术。广义者，指审美质从艺术领域向文化的全部领域拓展，所形成的文化审美形态。它是文化审美化和审美文化化的统一。它包括文化文本形态，文化审美形态，文化美生形态，尤以文化美生形态为表征。广义的审美文化，拓展了审美的形态和审美的地盘，构成了审美生态化的环节，凸显了文化美生的气象，有了被美生场覆盖进而与其重合同一的潜能。审美独立前，审美托生于和依生于劳动、巫术、魔法、图腾崇拜等生存文化。审美独立后，既有了纯粹审美的文化形态，这是竞生的审美文化；也有了生活审美文化，这是一种生活与审美耦合的共生的审美文化；还有了生产审美文化，这是一种维生、宜生、美生耦合的多维共生的审美文化。这诸种审美文化，有着历史的序态生发性，并遗存于当代社会，形成了环节周备的审美文化场。美生场是审美文化场的高级位格，也跻身其中，它作为整生位格的绿色审美文化，与依生位格的生存审美文化、竞生位格的纯粹审美文化、共生位格的生活审美文化，多维共生位格的生产审美文化，组成序态生发的审美文化圈，形成良性循环的生态运动。

这样的生态运动，是一种对生运动，是各生态位互补互利的整生化生态运动。美生场获得了各生态位的依生质、竞生质、共生质，增强了前述复杂性制衡的中和性，强化了自身作为整生审美文化以万生一的整生性。各生态位上的审美文化，在相互吸收中，强化了自身与各种审美生态质耦合的整生性，并从整生审美文化那里，获得了系统的审美整生质。这样，审美文化场，也就在不知不觉中，走向了整生化运动，成为审美整生的文化场，有了美生场的形态与质态。或者说，它成了美生场的拓展形态，成了美生场整体结构的一个层次。

(二) 圈进于生态审美文化场

在论述生态美学走向时，我曾说它走进生态审美文化，有了成为整生论美学的可能。当代生态审美文化，作为审美文化和生态文化的中和，已经场域化，形成了圈态运动。在这个圈态结构中，各种样式的生态审美文化，按照所含生态审美质的不同，形成了有序的排列，可形成双向圈升的运动。其组织结构和运行态势可以做如下描述：美生场有两个主要本质侧面，一者为绿色艺术人生，另一者为绿色艺术世界；这就形成了一个以美生场为顶边，分别向两个侧边逐级延展，再经底边双向环回的运动。一个侧边是诗意栖居的场域，由新实践美学、生命美学、审美人类学、文学人类学、艺术人类学构成，形成人类生态审美的诸多环节；另一边是自然全美的场域，由园林、艺术设计、大地艺术、环境美学、景观生态学构成，形成人类生境美化的诸多环节；底边是美生性场域，由生态美育、大众文化、生态批评组成，形成审美人生和审美世界耦合发展的诸多环节，有着整体美生性；处于顶边的美生场，是审美整生场域，其两大本质侧面，分别关联三大场域，产生双向良性循环。

在生态审美文化场四大区域双向贯通的超循环中，汇聚、增长并圈行着四大信息流：一者为诗意栖居的信息流，另一者为自然全美的信息流，再一者是整体形态的美生化信息流，再有是系统形态的审美整生信息流。处于上端的美生场，既发出与回升审美整生信息流，又是另三种信息流双向良性环行的起点和终点。具体说来，人类美生的信息流，从美生场的位格中流出，流向新实践美学、生命美学、审美人类学、文学人类学、艺术人类学的理论场域，汇聚诗意栖居的信息流之后，进入生态美育、大众文化、生态批评的场域，融和了整体美生的信息流后，再流入环境美学、大地艺术、艺术设计、园林、景观生态学的场域，融通了自然全美的信息流，螺旋地回归美生场；自然美生的信息流，则构成了相反的流程，它从美生场流出后，流向自然全美的场域，进入整体美生场域，经由诗意栖居场域，最后螺旋地回归美生场的元点。系统美生信息流和整体美生信息流，也是按这两种规程，分别从顶边和底边始，双向流转的。四种信息流的双向流转，在对生中产生了多重整生效益。一是旋升圈中的所有生态审美文化样式，各自发展了独特的本质，不断地潜含了整体和其他位格的质。二是美生场的两大整生质侧面达成了耦合并进，生态审美文化样式的四大场域在双向贯通中，实现了动态平衡，发展了审美整生质。三是顶边和底边场域，各自的主要本质侧面，吸纳了圈中相应系列的审美整生质，可形成更系统的中和，提升了审美整生的质与量。四是美生场同化了其他生态审美文化样式，同化了生态审美文化场，拓展了自身的质域与疆界，成为整生化水平不断提高的美生场。生态审美文化场中的四大审美信息流,产生的双向超循环运动,均跨越了四个平台,均指向了美生场的拓展与提升。它们从一般的美生平台,第次跃升为绿色美生的平台、艺术美生的平台、绿态艺术美生的平台、天态美生的平台,最后共同成就了质与量同步增长的美生场。这就说明,生态审美文化场在自组织、自控制、自调节的审美整生运动中,成为发展形态的美生场,是自然而然的,水到渠成的。

(三)旋升于生态文化圈

美生场是集中形态的生态审美文化,它同化与覆盖生态审美文化场后,成为生态文化的重要部分,并与其他部分一起,组成圈态运行的生态文化场。

生态文化场由生态哲学文化、生态审美文化、生态科技文化、生态伦理文化、生态政治文化、生态经济文化、生态消闲文化等等构成,它们分别具有生态智、生态美、生态真、生态善、生态益、生态宜等价值。美生场,本就是真善益宜智美整生的,当它进入生态文化场,与智态、真态、善态、益态、宜态的生态文化双向对生,进而达成双向环生,这就从三方面实现了整生价值的增值。一是美生场从其他生态文化那里,获得了更精纯、更集中的真善益宜绿智的生态价值,形成了高位形态的多真、多善、多益、多宜、多绿、多智与多美的中和,达成了更为整生的生态审美价值结构,强化了更为整生的价值本质。二是各生态文化,走向了生态审美化,获得真、善、益、宜、绿、智、美的价值整生,成为美生场的有机展开部分。三是整个生态文化场,同时成了美生场的发展形态,标志了美生场的圈增环长。

美生场向审美文化场、生态审美文化场、生态文化场的扩容与增殖,在质与量两个方面,递进地增殖了审美整生性,递进地增殖了美生场耦合生发的张力与聚力。也就是说,凭借审美文化、生态审美文化、生态文化的审美整生化,美生场有了更大的扩容与增殖的可能性,即使整个文化场域成为自身形态的可能性。

二、与生态场对生重合

生态场由自然生态、社会生态、文化生态、精神生态构成,也形成了圈态运行的格局。美生场在与审美文化场、生态审美文化场、生态文化场的同生同运中，提升了文化生态的审美整生力。文化生态既由自然生态、社会生态、精神生态所共生，又耦合与调适自然生态、社会生态、精神生态，实现四种生态的中和与整生。文化生态场在与美生场的层层复合运转中，拓展与提升了审美整生质，增强了与生态场的对生力与相化力，可以实现与生态场的重合同构，化生态场为美生场，实现两者的同形同构同质。

在与地球生态场的对生重合同运中，美生场将从对方获得巨大的质域，将从对方获得大真、大善、大益、大宜、大绿、大智、大美的质地，将极大地提升生态审美的价值本质结构。生态场将从美生场那里获得集中而精纯的生态审美质，从而同时成为增长了的美生场。

美生场在与地球生态场重合后，将展开最大的整生化运动，即与宇宙生态场对生重合，使整个宇宙成为美生场。宇宙美生场，生态的质与量与审美的质与量都走向了自然，走向了天态，达成了至真、至善、至益、至宜、至绿、至智、至美的统一，生发了天态美生文明，构建了美生场的最深本质，显现了美生场的最大质域，形成了美生场的最高质构，标志了美生场的最后生长与最终提升。

美生场同化宇宙生态场后，将随宇宙超循环，显现最大时空的整生化运动。参与和协同这一整生化运动的绿色审美者将是宇宙所有生命，与这些绿色审美者耦合的绿色艺术世界，将是无穷无尽的蔚蓝时空。当下的美生场，经与审美文化场、生态文化场重合同构，成为深绿的地球美生场，进而成为深蓝的宇宙美生场，构成了美生场最高的发展规律与最大的发展形态。

至此，我们可以给美生场做一个更为具体的界定：由审美生命和景观生态耦合的美活生态，与愉生氛围、整生范式对生耦合旋进，所达成的天态运升的美生文明圈。它是一个生长的系统，其递进性变化的根由是审美生命与景观生态、审美人生和审美世界的持续整生化。审美生命与景观生态对应地绿化、绿色艺术化和天然艺术化，导致美活生态、愉生氛围和整生范式的相应变化，最后促成美生场经由绿化、绿色艺术化，走向天生艺术化，整生论美学体系也就有了逻辑的递进性。美生场的绿化，是其生态质的提升和生态域的拓展；美生场的绿色艺术化，是其美生质的提升和美生域的扩大；美生场的天生艺术化，是其生态的质与量和美生的质与量发展到极致的一化，是最高的整生化。美生场初成后，沿着绿化、绿色艺术化、天生艺术化的路径发展，是一种多维整生化的协同发展，是多位一体的整生化发展。

美生场的本质生发，集中地表现为美生文明圈的形成与旋进。其超循环的运生效应，表现为美生文明的增殖，即从自然形态的美生文明，生发出社会形态的美生文明，达成两种美生文明的耦合对生，最后趋向自然化的美生文明。其超循环的运生规程，也是逐位环升的，显示了更为具体的美生文明的增殖。其首位是世界整生，其次是绿色阅读，继而是生态批评，再而是美生研究，进而是生态写作，最后在回归世界整生中，一次又一次地旋向自然美生。所谓旋向自然美生，指的是逐步在整个地球乃至天宇的场域里，序态展开和提升上述生态位，形成绿色美生文明圈的地球化和天宇化旋进，在质地和场域两个方面，统一地实现了绿色美生文明圈的天态旋进。与此相应，美生场也就走向了地球化和天宇化，美生场的最高质态和域态——大自然美生场凭此成焉。

总而言之，美生文明圈中的诸位格，按照世界整生、绿色阅读、生态批评、美生研究、生态写作、自然美生的顺序展开，持续不断地环升旋进，推动美生场由初成态向绿态、绿色艺术态、天生艺术态圈升，展现了整生论美学的理论生发图景。世界整生是整生论美学的逻辑起点，绿色阅读、生态批评、美生研究、生态写作是整生论美学的逻辑发展，自然美生是整生论美学的逻辑极点。自然美生作为整生世界的提升形态，不是一蹴而就的，有一个长期生发的过程，可以分生出诸多递进的节点，引导美生文明圈一个层面接一个层面地周进旋升，整生论美学也就有了极而不结、极而再转的逻辑，也就有了在最高的理论平台上圈圈不歇生生不息的活态结构。

凭借美生场的可持续生发，整生论美学的理论结构形成了三个有机关联的部分。第一部分是论述整生论美学与美生场的对应生成。第二部分是展现整生论美学逻辑的超循环生发。美生文明圈分六个位格环进。第一个位格是世界整生。美是整生，形式美是结构力的整生，艺术是意象的整生；世界整生等同世界美生，从而使绿色阅读有了前提。第二个位格是绿色阅读。美活欲望是绿色阅读的心理动力，促使审美主体向绿色审美者生成，生发悦生美感。第三个位格是生态批评。西方旨在复绿的生态功能批评与中国的绿色审美批评结合,可成整生批评范式,推动世界走向绿色美生。第四个位格是美生研究。整生律是宇宙的根本规律,它分形出审美整生律,进而分形出绿色美生律、审美旋生律、艺术天生律,构成绿色诗律体系,形成世界美生的规范系统。第五个位格是生态写作。遵循绿色诗律,进行生态写作,创造世界美生。第六个位格是自然美生。生态写作生发的世界美生,走向自然美生,旋回至整生世界的上方,形成了辩证逻辑。第三部分是阐明整生论美学的质域拓进和价值增生。美生文明圈在以自然美生为向性的超循环中,恢复世界的整生,发展世界的绿色美生,推进世界的绿色艺术化美生,直至形成地球和宇宙的自然美生,内含了四个递进的理论平台。凭此,整生论美学有了审美生态本体论、价值论、目的论的特质,包含和超越了生态审美方式论,走向了生态美学的高端形态,并有了基础美学的规定,成为一门研究美生场的生发与美生文明圈运转的科学。

世界整生的极致,为自然整生。它是一切整生的背景,是一切美生的根由。美生文明圈从世界整生到自然美生,所有环节,均与自然整生交往,以增加整生,以增长美生,以提升自然美生;所有环节,均与自然整生交换,以实现全程全域的大开放,以形成动态平衡的减熵系统与耗散结构,实现生生不息的超循环。美生文明圈在与自然整生圈的交合运进中,形成了类似于DNA的双螺旋结构,凸显了超循环的机理。

第三章
世界整生

在美生文明趋向天态的圈行中，处于首位的世界整生，孕生了美，孕生了审美，孕生了美生，成为元之源。也就是说，世界整生，与美、审美、美生同一；世界整生有向世界的美化、世界的审美化、世界的美生化，依次生发的潜能与向性。凭此，世界整生成了天态美生文明圈的母体性生态位，它第次生发出绿色阅读、生态批评、美生研究、生态写作、自然美生诸位格，持续产生递进性的环回，形成了审美整生链环。这审美整生链环及各环节，通过高端位格的生态写作，整体地显出自然美生的向性，反哺与回馈了母体。在这种一次又一次的累进性反哺与回馈中，世界整生走向恢复，走向丰富，走向拓展，走向优化，走向提升，持续地趋向自然性、自然态、自然化的地球美生、天宇美生，最后趋向宇宙形态的大自然美生。正是在母体与生发体回环往复的超循环中，整生论美学有了系统生发的周进圈升的逻辑结构与理论体系。

第一节 世界整生的图式

世界整生是非线性发展的，既是美生的背景，也是美生的前程，成为美生的根由与目的。凭此，世界整生的图式与世界美生的图式形成了对应性和互文性。世界整生图式由不同层次的系统整生图式及其个体整生图式汇通而成。审美整生图式随世界整生图式而生发，也就成了后者的组成部分与发展形态。

一、系统整生图式

一生，是具体化的整生，诸多"一生"有机关联，序态延展与转换，生长与提升整生。整生化的一生，主要有以万生一、以一生万、万万一生、一一旋生四种，它们的递进生发，形成了系统整生的图式。

系统整生，可以划分三个环节：一是系统生成，二是系统生存，三是系统生长。上述四种一生，内在于其中，成为其展开的机理、机制与根由。一生与系统整生，互为因果。

系统整生是多质多层次的，最高形态是宇宙整生，主要形态是地球整生，常见形态是各种生态结构的整生。

以万生一和以一生万，构成了系统整生的机理与图式。以万生一，构成系统整生的基点，形成系统整生的潜质，内蕴系统整生的张力。以一生万是生态基点序态形成生态系统的过程。这是一个遵循预定、按照设计逐级展开结构层次，逐步呈现生长环节，直至形成完整系统的过程。不容置疑，这是一个整生化的过程。宇宙生态系统、地球生态系统乃至一切生态系统都是这样整生而成的。以一生万的整生度，主要由两个方面的条件规约。一是生态基点的整生度。在以万生一中，形成的系统基点，其整生度决定于以万生一的整生化量度与质度。从量度看，形成系统基的综合条件越是充分的、丰富的，就越能形成含万的一。量度不是同质之量的叠加，而是多质之量的相合，这些多质之量越是共通的，共趋的，就越能形成整一之质。这就说明，以一生万的整生度源于以万生一的整生度。二是环境与背景的支撑度与协同度。生态系统在以一生万的展开中，能否实现生态基点的设计与预定，还取决于它跟环境与背景的关系。生态系统以一生万的整生化，得到环境、背景的支撑与协同，就能达到甚或超越原设计，如果环境与背景不支持，就难以实现原定的整生化目的。

万万一生是系统整生化存在的机理与机制。在以一生万的过程中，系统结构中的所有局部与个体，都分有了系统整生质，成为整生化的局部与个体，整个生态系统也就呈现出万万一生的整生化存在的状貌。万万一生使生态系统的各部分之间，各个体之间，各部分各个体与整体之间，有了共通性和共趋性，形成了十分亲和的整生化关系。正是这种亲和的关系，维系了增进了系统的整生化存在。生态系统内部的共通性与共趋性，还形成了万万生一的整生化效应。这种万万生一，指的是各个体各局部在共通与共趋中，丰富与增长了系统整生质。承接以一生万，展开万万一生，形成万万生一，再而以一生万，生态系统有了双向对生的纵横交织的回环往复的整生化运动，其整体、局部、个体协同地生发了整生质，达成了网络化整生，保障与增长了系统生存。也就是说，系统生存的整生化，是靠以一生万——万万一生——万万生一——以一生万的序进环升构成的。

一一旋生是系统整生化成长的机理与图式。所有的生态系统是循环运动的，当这种运动呈现出圈进旋升的态势，也就显示了系统的整生化成长的格局，显示了一一旋生的图式。在世界整生的框架里，所有生态系统的超循环运生，是谓一一旋生。在系统生存环节，以一生万——万万一生——万万生一——以一生万的序进圈升，已经构成了系统整生化成长的内因。生态系统不是孤生独运的，总是与所属生境系统、生态环境系统、生态背景系统对生耦合共旋的。这种耦合共旋，一方面形成了各生态系统一一旋生的外因，另一方面显示了各生态系统与所属生境系统、生态环境系统、生态背景系统的复合式超循环，构成了整生化程度更高的超循环。

生态系统复合态的超循环，是一个生命周期的旋升圈接一个生命周期的旋升，达成了第三种意义上的一一旋生，即复合不尽的圈接不息的一一旋生。所有生态系统复合不尽的圈接不息的一一旋生，在交叉、对生、耦合中，构成了地球生态系统和宇宙生态系统网络化的一一旋生，世界整生也就走向了既宏阔悠远又缜密精工的境界。

系统生成里有了系统生存的条件与机制，系统生存中有了系统生长的向性与趋势，系统生成、系统生存、系统生长也就自然而然地延展出了系统整生的完整图式，显现了世界整生的全景。

二、个体整生图式

个体整生组成系统整生,系统整生生发个体整生。个体整生同样是系统生成、系统生存、系统生长的,同样有着以万生一、以一生万、万万一生、一一旋生的具体整生图式,以及四者关联的大整生图式。

生态系统中的个体,其生态基元,在先天的系统发育学习中,为所在生态系统、生态环境系统、生态背景系统所整生,有了潜在的整生质。在后天的个体发育学习中,为所在生态系统、生态环境系统、生态背景系统所熏陶所熔铸所合塑,先天获得的潜在的整生质,一一走向实现,甚或得到发展与提升。这当是以万生一与以一生万的整生所致。

个体整生的核心图式是万万一生。系统整生中的个体整生,凭借整生系统以万生一和以一生万的对生,关联地呈现了万万一生的态势。生态系统中的所有个体,都是"被"整生的,是谓万万一生。生态个体处在生态系统的各种关系中,与其他个体,与所属单元、层次与局部,与所在整体与系统,均有了物质、能量与信息的对生,它的个性质里,也就序态地包含了多质多层次的共性质,即特殊质、类型质、普遍质、整体质、整生质,形成了整生化的本质系统,显现了个体逐级升华的整生化图式。凭借对生的双向性,它也参与了对它者个性质的整生,对所属单元、层次、局部、整体、系统的特殊质、类型质、普遍质、整体质、整生质的整生,即参与了逐级递进地生发系统质的整生,或曰万万生一的整生。

个体在生态系统中存活,随生态系统运进,也就有了一一旋生的整生。这种整生,既接受系统超循环整生的规约,又成其为有机部分。

三、审美整生图式

世界整生,内含着世界的审美整生。这是由整生与美、整生与审美、整生与美生的同质同构性决定的。世界的审美整生,是由艺术、生态、自然的对生关系生发的。随着三者对生关系的变化,世界的审美整生呈现出三个平台的旋升，显示出——旋生的图式。

在以艺术为起点的圈态整生的平台上，通过艺术的生态化进程，达成艺术和生态的对生，进而与自然对生，实现了艺术、生态、自然三位一体的共和性生发，形成了艺术、生态、自然的超循环整生，形成了绿色审美世界。第二个平台的圈进，以生态为起点位格，展开生态景观化和景观艺术化的进程，达成艺术化和生态化的耦合并进，实现了生态、自然、艺术三位一体的中和性生发，形成了生态、自然、艺术的超循环整生，形成了绿色艺术世界。第三个平台的旋升，螺旋地回到艺术的起点，展开艺术天生化的进程，实现艺术化、生态化、自然化的耦合天成，达成艺术、生态、自然三位一体的太和性生发，形成了艺术、生态、自然天生化超循环整生，形成了天态艺术世界。这就见出：艺术、生态、自然三位一体的圈进旋升，依序形成的三大审美整生疆域，是时间与空间统一拓展的，是数量与质量统一提升的，显示出历史与逻辑、时间与空间、数量与质量复合整生的超循环格局，从而使世界整生逐步地走向世界的审美整生，逐步地走向天态艺术化程度越来越高的世界审美整生。

四、世界整生的历史轨迹

世界整生是系统形成的，伴随着宇宙大爆炸，依次生发了量子世界的整生，物质世界的整生，生态世界的整生，精神世界的整生，审美世界的整生，这多重世界的整生在对生中耦合，形成五位一体的大系统的世界整生，实现相应的世界美生。

世界整生，业已走过了自然世界的整生、人类世界的整生阶段。目前，已步入人类与自然协同的世界整生时期。将来，人类融进自然，重现大自然世界的整生。世界整生的环回旋升，伴随着美、审美、美生、美生场的环回旋升，伴随着整生论美学逻辑的环回旋升。有了这种复合的旋升，整生论美学的逻辑自当生生不息。

人类出现之前，世界有序化自成，显现了自然整生。人类出现后，其采集、渔猎、农耕文明，是顺天和从天的文明，在人和于天中，构成了自然态的世界整生。人类凭借工业文明，驾驭和同化自然，形成了人化世界的整生。生态文明导引人类与自然共生，恢复和发展和谐的世界整生，进而导引人类与自然同运，以旋回自然化的世界整生。这种旋回，为当代整生论美学的生发，提供了理想的逻辑起点，使美、审美、美生、美生场有了更好的整生质。

非线性有序的世界整生，使美是整生的界说，有了更为悠远宏阔的背景，有了更为丰厚深邃的历史积淀，自然而然地有了普适性的前提。

第二节 美是整生

在世界整生的框架里，美是整生的看法，是众多美的本质观通力成就的，有着集万为一的整生性，进而形成以一释万的通解性。近来，一些文章在讲到新理论的建树时，常常说其解构、颠覆了传统。这似乎有违学术生态。新理论可以超越传统，但这是一种生长。新理论出现了，传统既长在其中，还生在其前，共成不断延展的学术谱系。美的本质观的生发也是这样，美是整生的形成更是这样。

就我来说，20年前，我认同主体论美学，在广西师范大学出版社出版的《简明审美学》一书里，提出美是包含人好的本质、本质力量、愿望理想或其信息的形象（见该书1990年版，第77页）；2000年，我主张美是主客体潜能的对应性自由实现[1]，2006年，我将其迁移为生态美的规定——主客体潜能的对生性自由实现[2]，对应了整体论美学观；2007年，我修正了生态美的看法——人与生境潜能的整生性自然实现[3]，初显整生论美学观。

现在我提出的美是整生，既是上述美的本质观的生长环节，也是人类美学观谱系的演化所致。唯独如此，它才有历史根性的延伸与逻辑通约的增长，它才有生境的承载、环境的支撑和背景的烘托，实现理论的普遍适应性与具体对应性的统一，即形成理论的普遍适应性，是由所有具体的适应性序态组成和系统生成的特征。有了这种特征，美是整生的本质观，既避免了空洞的普适性，

---

[1] 袁鼎生:《美是主客体潜能的对应性自由实现》，《广西师范大学学报》2000年第4期。
[2] 袁鼎生:《生态美的系统生成》，《文学评论》2006年第2期。
[3] 袁鼎生:《生态艺术哲学》，商务印书馆2007年版，第217页。

又避免了残缺的对应性,可以通解一切美的事实,可以通解一切美的生成、生存与生长,把适应域拓展到过去、现在、未来一气贯通的美的王国。

整生不仅通解美,还通解生态审美,更通解美生。凭此,美是整生,也就显得更有底蕴,同时,美、审美、美生也形成了一体三面性。

一、潜能整生——美的生成

美的本质在事物的整生中形成。事物的系统生发,曰整生,具体言之,指其系统生成、系统生存、系统生长的过程与状态,本质与规律,价值与功能。事物的系统生发,主要指它的潜能与所实现的品质、素质以及相关条件的网格性圈进旋升,美在这种运行中生成与发展,美的本质与规律、价值与功能在这种运行中显现与升华。

(一) 潜能的整生化运动

事物在显隐二态的对生并进中形成与增长,构成整生。隐态指潜能,显态是潜能实现的品质,整态是这两者耦合对生的素质。素质也就成了事物的整体表征,成了事物本质的整生状态,而非仅仅是心理学家所讲的先天的生理与心理特征。隐态、显态与整态,都是潜能的生态,它们的相互转换与整合,包含了多场域和多时域的立体序进,隐汇无限,联动无穷,旋升无尽,是谓整生,是谓潜能的整生化运动。

潜能的整生化运动,是其实现为品质、生成为素质的运动,是潜能、品质、素质与相关条件联动共进的运动。潜能与素质的起点性同一,形成了上述共进运动的基础。事物的最初潜能,是其本体与本原性的素质,它展开的多维纵横的整生,是潜能、品质与素质同步的旋升,这就拓展了博大深邃的周行环进的美的生发场。起始性潜能,是事物素质的元点,是事物的本然,是事物的元生态。作为元生态,它是事物的基因,它是事物的总体设计和全部蓝图,无疑有着整生性。事物基因态的潜能,或曰起始性素质,是物种发展史的结晶,是社会发展史的结晶,更是总揽一切的自然发展史的结晶,即大自然整生的成果,可谓"九九归一",或曰"收万为一"。事物基因态的潜能,按显隐互生的耦合序进方式,展开系统发育的成果,展开总体设计,展开生命的全程,实现完备的品质，形成完备的素质，因而是整生的。事物基因序态实现时的每一次显隐互生，都关联着外部条件，是与外部条件耦合联动的潜能整生，美的生发场域和时域凭此不断拓展。在基因态潜能的总体设计中，有着回生的机制，潜能与品质的每一次显隐互生跟耦合，都形成一个素质发展的生态环节，最后形成的环节，则带着整体实现与发展的成果，回馈基因态潜能，提升基因态潜能，实现了高一平台的旋回，从而构成了超循环整生。

潜能的整生，始于元点的系统生成，成于元点全质全域全程的位格性展开，长于元点展开的各位格潜能，与所实现的品质、素质以及规约这种实现的相关条件的双向互生与纵横衡生，升于终点位格的潜能向始点位格潜能的旋升，以及对自然整生的优化，这就有了系统生发的规程与模型，显示了美和美本质的生成与生长态势。

（二）潜能网格化旋升的整生

潜能的整生，实现了品质和素质的整生，关联了相关条件的整生，构成了网格化旋升的格局，这就使美和美本质的生发，相应地有了复杂性有序的规程，非线性平衡的模态。事物隐态的潜能和显态的品质耦合生发整态的素质，这种耦合生发，在其生态活动中展开，这种生态活动，为事物的生境、环境、背景规约，并耦合着后者的运行。这就在纵横序态的推进中，具体地形成了事物潜能网格化旋升的整生，全景式地展示了美的生发路径，立体地显现了美本质的生发图式。试以人的学术潜能为例，说明其整生运动，以求举一反三，通解美的生成和本质构造。在自然进化的整生中，特别是在人类科学、文化、文明系统发展的整生中，形成了个体人基因态的元学术潜能，即起始性学术素质，或曰先天性学术禀赋。元学术潜能展开的第一个环节为学术本能。学术本能是学术欲望，经过实践，实现为学术修养，即知识修养、学风修养、体格修养。其中的体格修养，主要指持续专注学术的体质类型。学术本能与学术修养在双向对生中形成了学术素养，规约和参与这种对生的还有学术生境和学术环境以及学术背景。这样，元学术潜能的首次展开，就形成了学术本能、学术修养、学术素养、学术实践、学术生境、学术环境、学术背景七维耦合的双向环回的整生。元学术潜能展开的第二个环节是学术天资。学术天资是一种可能性的学术修为，通过学术生境和学术环境以及学术背景所规约的学术实践，实现为包含学术智能、学术技能、学术体能、学术才能在内的学术能力，再而实现为学术资质。这也形成了七维耦合的双向环回的整生。元学术潜能展开的第三个环节是学术天性。学术天性是特有的创新创造天赋，经由学术生境、学术环境和学术背景所规约的学术实践，实现为学术特质，即自主创新创造的品质类型，诸如原始创新的学术特质、消化吸收再出新的学术特质、综合创新创造的学术特质、构建范式和原理的超拔性学术特质、创新技术和技能的专门性学术特质等等，再而实现为学术禀赋。这同样构成了七维耦合的双向环回的整生。学术天性处在元学术潜能序态展开的最高环节，是纵横网络整生的成果，创新创造的特征与品质超过了原设计。它回至并融入元点，明晰了元学术潜能创新创造的向性，提升了元学术潜能创新创造的秉性，强化了元学术潜能超循环整生的可能性。元学术潜能的序态生发，构成了网格化旋进的整生图式，显示了美的质构的经典模型。它有七条纵线，即由学术本能、学术天资、学术天性三个环节构成的学术潜能线；由学术修养、学术能力、学术特质三个环节构成的学术品质线；由学术素养、学术资质、学术禀赋三个环节构成的学术素质线；促成学术潜能、学术品质、学术素质逐位对生耦合并进的学术活动线；规约学术活动进而规约学术潜能、学术品质、学术素质逐位对生耦合并进的学术生境线；通过规约学术生境、学术活动以规约学术潜能、学术品质、学术素质逐位对生耦合并进的学术环境线；通过规约学术环境、学术生境、学术活动以规约学术潜能、学术品质、学术素质逐位对生耦合并进的学术背景线。它有三条横线：第一条是学术本能、学术修养、学术素养、学术活动、学术生境、学术环境、学术背景双向对生旋回的线索；第二条是学术天资、学术能力、学术资质、学术活动、学术生境、学术环境、学术背景双向对生旋回的线索；第三条是学术天性、学术特质、学术禀赋、学术活动、学术生境、学术环境、学术背景双向对生旋回的线索。经正而后纬成，在纵横交织中，七条纵线逐位耦合三条横线，在对生并进中旋升，显示了学术潜能的网格化超循环整生。

由于学术背景最深远的层次是自然，原初学术潜能及其展开的潜能系列也是自然态的，诸位格的学术潜能经由所生发的品质、素质、活动以及所属生境、环境，走向了自然，递进地形成了起于自然终于自然的双向旋升的整生化运动，增长了自然整生效应。凭借潜能系列递进展开的双向旋升的自然整生运动,原初潜能的网格化超循环成果,集约化地汇入了自然,强其对事物原初潜能的整生力。这就显示了以自然为元生点、终结点、回生点的网格化旋升,所形成的自然整生格局,相应地有了深邃悠远宏阔的时空域,相应地有了系统生成、系统生存、系统生长的规程,构成了美本质的生发图式。

从这一范例中可以归结出:自然整生的事物潜能,在网格化超循环中反哺回馈了自然,使之更优地整生事物,这就形成了圈进环升的自然整生。潜能整生演绎升华为自然整生,也就更深刻地显现了美的生成图景,更完整地生成了美本质的模型。

(三) 自然整生的美本质模型

这一模型是:为自然所结晶的事物原初潜能,在生态活动中,对应展开潜能系列、品质系列和素质系列,并与相关的生境、环境以及自然背景系列逐位耦合对生,达成网格化旋升,实现潜能、品质和素质在生境、环境、自然中的整生,进而促进生境和环境整生,最后促进自然整生,系统显现美本质。这是一个超循环自然整生的模型,从中可以看出美的生发机理:在事物潜能的整生中,形成事物品质与素质的整生;三者的整生系于自然整生;自然整生了事物潜能,事物潜能整生于自然,事物潜能的整生优化自然整生。这就形成了美的本质规律系统:事物品质和素质的整生,是美的本质与规律;事物潜能的整生,成就了事物品质和素质的整生,是美的深层本质与深层规律;自然的整生成就、规约与引领了事物潜能、品质与素质的整生,以及它们与所属生境与环境的整生,使其整生于自身进而优化自身,是美的根本规律与终极本质。由此可见,美的本质,存在于美的生成中,是美的生发规律的概括;在美的生成模型里,有一个递进发展的美的本质规律系统,或曰美的本质与规律结构的生成模型;美和美本质的生成始点、发展点、旋回点,都是自然整生的结晶,都是自然整生的确证,都是自然整生的显示,自然整生也就最终成了美和美本质的生发模型。

美的本质与规律结构的生成模型,还关联着一个美的价值与功能结构的生成模型,显示了美本体的生成模型。美的价值与功能,凝聚在生态大和里。生态大和成于整生,特别是成于网格化超循环整生。事物潜能的超循环生发,在动态平衡中,形成了生态结构和生态关系的动态中和,显示了美的价值与功能；事物潜能和品质隐显互进的超循环生发，生成与增长了这种动态中和；事物潜能耦合品质、素质、活动、生境、环境、背景的网格化超循环，更是整生了这种动态中和，增进了生态大和，构成了美的价值功能系统。生态大和，是当代生态文明的标志与表征，是地球生态系统群落、宇宙生态系统群落乃至自然生态结构总体的动态中和，是大真、大善、大益、大宜、大智、大美的整生化。美的本质与规律和美的价值与功能统一，构成了美的完整本体。美本体的生成模型，也成于和存于自然潜能的整生模型中：自然整生万物——万物整生于自然——万物整生自然。这就形成了美本质和美本体的最高规定：自然整生。这就形成了美本质和美本体的整生途径和整生模型：自然化的系统生成——系统生存——系统生长。

在网格化超循环中，自然整生成了最好最高的潜能整生，成了最完整最系统的潜能整生，成了一般整生的核心形态、集约形态和顶级形态，成了美本质的表征。美孕生于自然整生，形成、存在、发展于自然整生，转而促进自然整生，自然整生也就成了美的基元性本质，规程性本质，终极性本质，成了美本质系统生发的模型。

自然整生的美本质模型，由起点性自然整生、过程性自然整生、旋升性自然整生组成超循环格局，形成逐级递进的整一规程。事物潜能的生发，如果走完这一规程，也就走向了完善完备之美；如果没有走进这一规程，也就未能具备美的基础；如果没有走完这一规程，也就未能生成美，或者未能生成最高质态的美。本来，所有事物都有可能进入美的天地，都有可能成为美的极品，然可能终归是可能，事实则不尽然。有的事物没有完成起点性自然整生，或由于遗传的故障，或由于孕生时生境与环境的不良影响，其基因态潜能，未能正常地成为物种发展、社会发展、自然发展的结晶，失去了显现和生长为美的前提。有的事物系统发育优良，有了起点性自然整生，形成了美的基础，然在后天的个体发育学习中，因不适于、不和于生境与环境，未能实现潜能、品质、素质的整生，未能实现自身的潜能、品质、素质与所属生态系统、生态环境以及自然背景的整生，没有完成过程性自然整生，没有实现发展性自然整生，也就没有生成为美了。那些既有了起点性自然整生，又完成了过程性自然整生的事物，成了美的事物。如果它们进而整生于自然，又促进自然整生，使自然对事物的系统发育更优，也就形成了旋升性自然整生，成为美之极品了。

　　基于上述质程，自然整生性在美的本质模型和美的本体模型里，有着不同的性态分布，形成了层次分明的质位，显示出等而有差性。凭借自然整生的网格化超循环，美的本质规定走向系统化生成，美的场域与时域相应拓展了，可以让更多的事物置身其中。然它作为自然进化与人类文明的结晶，作为多价值和高价值统一的系统，有第次增高的门槛，有严格的层级标准。它只允许既有自身整生性，又能维系与促进系统整生性，还可与文化生境、社会环境、自然背景耦合并生进而立体超循环的事物登堂入室，把那些自然整生性强弱不等多寡不同的事物，分门别类地层次分明地秩序井然地列入门墙。至于那些虽有自身的整生性和所属系统的整生性乃至社会整生性的事物，如无甚利于自然整生，虽然持有入门券，也被降低性价，不得再像往常那样得窥堂奥。这说明，在系统生发的框架里，自然整生的美本质和美本体，形成了模型结构的层级性，可真切地对应各种质位的美，达成了普遍适应性与具体对应性的统一。

　　自然整生性在美的本质模型和美的本体模型里，还有着不同的时态分布，形成了序态推进的位格，进而显示出历史和逻辑统一的层级性。事物为自然整生，进而与自然整生，再而使自然整生，构成了美本质的完整规定性和最高规定性。或者说，它是美本质的原型，是美本质的集约态，是美本质历史发展和逻辑发展的顶端，是美本质层级发展和梯度发展的极点。当代以前，一些事物为自然整生后，具备了美的潜质，在后天的生态活动中，或部分地实现了自身的整生，或初步地实现了与生境、环境的整生，或一定程度地促进了生境与环境的整生，然由于所处生境、环境与自然的生态关系，或是依生性的，或是竞生性的，或是共生性的，也就只能与自然形成相应的生态结构，即未能整生于自然，未能与自然整生，未能使自然整生，从而未能系统地生成美的顶级本质。这样，它们仅成为某一特定历史阶段的美物，仅成为美的历史发展与逻辑发展的特定位格，仅成为美的本质谱系性生发的特定环节，仅成为美的最高本质的构成元素，仅成为趋向最高美本质的序态化位格。也正因此，美的本质和美的本体才有了逐位发展的整生风景，其自然整生的顶峰生态位才不是空中楼阁，美的本质与本体的谱系性生成模型才可能完整。

　　自然整生性在生态文明中散布，美的本体和审美本体形成了耦合生发的模型。"观古今于须臾，抚四海于一瞬。"（陆机《文赋》）这是一种纵横立体的审美观照，是一种整生审美观，是一种与整生之美对应的审美方式。一个事物，为自然整生后，处在自身的整生历程中，处在跟生境、环境、背景的整生关系中，处在网格化超循环的整生运动中，也就获得了整生质，可以作整生观，可以当美物看。然它是否被看成美物，还要取决于审美者有无相应的审美资质，有无相应的整生审美观。美是整生的本质观，对审美物和审美者提出了同构对应的要求，提出了共生共赢的规约。也就是说，物的整生美与人的整生审美观是对生共升的，双方互为因果，共同在生态文明特别是生态审美文明的发展中生成与生长。历史告诉我们，人类出现以后，美的本质与功能和审美者的本质与功能从来就是在特定文明的规约下同步形成的，对应匹配的，构成了两种本体耦合并进的生发规程和生发模型。古代农业文明，规约了美与审美者在依生的平台上耦合并进，形成了天态审美文化。近代工业文明，规约了美与审美者在竞生平台上的耦合并进，形成了人态审美文化。现代和当代的生态文明，规约了美与审美者在共生和整生平台上的耦合并进，形成生态审美文化。自然整生，是当代生态文明的最高境界，在制导美本体和审美本体的同构生发中，进而成为生态审美文化的生发模型。

　　整生，或更具体地说，自然整生，是美的生成模型，是美本质的生成模型，是美本体的生成模型，是美本体和审美本体耦合并进的模型，是生态审美文化乃至生态审美文明的生发模型。它有着历史与逻辑统一的生成生长性，显示出从原初的自然整生出发，向着更高的自然整生走去的超大尺度超循环整生的总势，所有时代与形态的美，所有时代与形态的美本质，所有时代与形态的美本体，以及未来时代与形态的美、美本质、美本体，都谱系性地生成、生长、转换于其中。整生，是一种终极性的美的生成观，美的本质观，美的本体观。这是因为：整生是一种终极性真理，终极性目的，终极性价值，终极性文明，是生命特别是人类在自然中持续生发的机制与保证。

二、整生的发展——美的生长

　　一般整生，归根结底是自然整生，它作为美的本质，有着持续生发性，形成了谱系性结构。它由自然化的天态整生，走向社会化的人态整生，经由自然化与社会化共和的天人整生的中介，走向人回天中的自然整生，显现了超循环的规程，显示了美本质序态生发的程位，显示了美本质的系统生成。整生的逐级完善，使美的一般本质规定得以深化与广化，最高本质规定得以形成与升华。整生的发展与美的生长耦合，使美是整生的界定，有了第次拓展的时空域，有了历史全程和逻辑全域的普适性。

（一）美是整生的普适性

整生是大自然的本质，美也就孕生于人类出现之前。它从洪荒的远古走来，走过了近代，走出了现代，走进了当代，还将走向未来。面对如此广延的生发时空，其本质界定有了困难。这有两种情形：一是美的内涵和形态发展了，原本与之对应的美之界说，捉襟见肘，框小物溢；二是美的界定，着眼当下，未及以往。普适性，成了各种美的本质说的难点。要解决这一问题，必须站在现实的制高点上，后探前瞻，左顾右盼，纵横骋目，望尽天涯路，使美的本质抽象，遍及过去、当下、未来的美场，使美的本质覆盖，遍及美的生发全程与生态全域。在此基础上，清理它的生长理路，盘点它的生长规程，发现它的生长旋环，使其普适性，走向历史的节点化，走向逻辑的位格化，走向模型的圈进旋升化，达成具体化与整生化的统一。

美是整生的普适性，从美的位格性生长中见出。周旋圈进的环态整生，构成了美的生长格局，形成了美的生长单位，显示了美的生长环节。所有时代的美，包括未来时代的美，都是环态整生的；不同时代的美，是不同构架的环态整生；它们的有序相接，形成了环环旋升的整体生长图式。这就使美是整生的界定，有了过去、当下、未来贯通的普适性。古代的美，是客体的环态整生；近代的美，是主体的环态整生；现代的美，是主客体耦合的环态整生；当代和未来的美，是自然系统的环态整生。这不同历史形态和逻辑内涵的环态整生，有序展开，是对一般整生这一美的本质的分形，显示了美的有机生长。美在生长的不同阶段，有序地形成了一般整生的多侧面本质，直至形成多侧面中和的系统本质。这就使美是整生的普适性，既是历史具体的，又是逻辑递进的，更是系统生发的。

（二）天态整生——依生之美

在美是整生的环旋质构里，最早形成了天态整生的环节。这是一种人同于天的天态整生。远古之时，人是自然物，相互未分化，天人同质，天态整生，是原生态的、自然化的。人从天出，社会从自然中产生，均离开了母亲的怀抱，天就成了本体与本源。在天生发人，人依从天，人依存和依同天的三个规程中，显示了天的潜能的环态整生，构成了天态整生的格局，生成了人对天的依生之美。

天化，是天态整生的机制，显现为道化和神化两种形态。在中国，天的潜能的环态整生，体现为"道行天下成大美"。用老子的话来说，是"道生一，一生二，二生三，三生万物"①，以及"人法地，地法天，天法道，道法自然"②，最后形成的是道与万物的同生状态：自然。道之潜能的环态整生，有三个步骤：一是道生万物；二是万物向道回归；三是万物与道同于自然。这就形成了完备的道化，成就了天地大美。

在西方，天的潜能的环态整生，体现为神生万物，万物神化，神与万物同居彼岸，同样是由三个步骤构成的。用基督教的定律来讲，也是环回圈进的：第一步，上帝宇宙化，指的是上帝创造万物，显己形于其中，寄自身于其间；第二步，宇宙上帝化，指的是上帝创造的人跟万物，在耶稣基督的带领下，走向天堂而提升神质；第三步，上帝与万物同居天堂。这就在上帝潜能的环态整生中，实现了"圣三位一体"，成就了神化的宇宙之美。

天的潜能的环态整生，形成的依生之美，对应了美是道（中国的儒、道、佛之道），美是神（西方的数、逻各斯、理式、纯形式、太一、上帝），以及美是和谐、美是整一、美是适宜、美是崇高（凡此种种，均是道态或神态，即天态，或曰自然态）等各种美的本质说，这就凝聚了美是整生的第一个本质侧面：美是天的整生。

（三）人态整生——竞生之美

从天态整生到人态整生，是生态关系的逆转和生态结构的颠倒造就的。在古代的生态结构中，天是本体本源，处于生态的起始地位、首要地位、主导地位、中心地位和目的地位，使整个生态运动成为天化的循环运动，即天生发与

---

① 饶尚宽译注：《老子》，中华书局2006年版，第105页。
② 同上书，第63页。

同化一切的运动。进入近代社会,生态系统的结构关系变化了,人成为生态本体和生态目的,主导了生态系统的运行,形成了人化的生态循环,造就了世界的人态整生。

天态整生潜生暗孕人态整生。《圣经》指出:上帝创造万物,让人管理与统治自然。上帝说:"我们要照着我们的形象,按着我们的样式造人;使他们管理海里的鱼、空中的鸟、地上的牲畜,以及全地,和地上所有爬行的生物。"① 这就确立了人秉神旨和人靠神力主导自然的地位,埋下了人的僭越伏笔。但丁更是偷梁换柱,改变了神化的机制。在基督教那里,早期的看法是富人进入天堂,比牵着骆驼走过针眼还难;其后,认为进入天堂者,为上帝所预定;再后,提出教徒靠苦祷清修与上帝的拯救进入天堂。《神曲》展示的却是另外一番情景:作为人类理智化身的诗人维吉尔引领但丁遍游地狱和净界,年轻时的爱慕者比亚德里彩引其升上天堂,这等于宣告,人类可以靠自己的智慧、爱情、美德与上帝同在。这虽然还是一种神化的生态运动,形成的也还是神态整生的结构,然主导者已不知不觉地换成了人,上帝似乎在一夜之间被架空了。人从天态整生的代理者走向主导者,天态整生的机制由神向人移位,人态整生也就露出了曙光,有了历史的向性。

人化,是人态整生的机制,由三个环节构成。首先是人的觉醒,实现了自身的人化。经过文艺复兴和启蒙运动,人的心灵与肉体解放了,感性与理性统一了,觉得自己成了"宇宙的精华,万物的灵长"、"自然的目的"。随着这种主体意识的生发,人不再安分了,他要在生态结构中,实际地变更生态位,即从依生者的位格,改换为主宰者和主导者的位格,从次生态的位格,改换为元生态的位格,一门心思要成为生态主体、生态本体、生态本源和生态整体。主体意识的生发与升华,所形成的竞生之美,主要是人的精神生态的自由之美。人的觉醒与解放,再加上本质力量的强大,合乎逻辑地展开了人化的第二个环节:人的对象化。人的对象化,是人的主体意识的外化,即人通过实践,实际地形成人化的生态系统。生态关系的变化,生态首位的换主,特别是整体生态结构的变质、换性与改向,不是和风细雨般的,推杯换盏样的,而是伴随着激

---

① 《圣经》(新译本),香港天道书楼1993年版,第4页。

烈的矛盾对立，交织着反复的冲突对抗。人的对象化，形成了崇高之美。人的对象化，同化了自然，人化的第三个环节，即自然的"被"人化，也就水到而渠成。自然的"被"人化，标志着人的潜能实现了环回的整生，构成了人态整生系统。人态整生一旦从精神生态系统始，走向社会生态系统，拓展到天人生态系统，也就打破了天人原本和谐的生态秩序，错乱了天人原本正常的生态结构，其竞生之美，也就从崇高的正剧走向荒诞的悲剧与虚幻的喜剧了。

主体潜能的环态整生，形成的竞生之美，对应的美的本质说有：美是自由；美是自然的人化；美是移情；美是人的本质力量的对象化；美是人的生命等等。近代主要的美的本质说，均为美是人态整生所涵盖，并整合为美是整生的另一个本质侧面：美是人的整生。

（四）天人整生——共生之美

天人整生的根由，在人态整生中。近代的人态整生，由感性与理性解放的主体意识整生，经由理性主体的整生，走向感性主体的整生和个体主体的整生，最后抵达间性主体的整生，即整体主体的整生，形成了圈进旋升的格局。间性主体有两种结构，一是人与人之间，生态平等，互为主体；二是人与自然之间，生态平等，互为主体。这样，间性主体的整生，既是向主体意识整生的环回，又是人态整生向天人整生的过渡。这就像但丁的《神曲》，终结了神态整生，开启了人态整生，是两种整生的中介。

天人整生是天态整生和人态整生的耦合，它以人与自然的互为主体、生态平等为基点，发展对生并进的关系，从物种的平等共生，走向性别的平等共生，抵达人种的平等共生[①]。这三种平等共生，既是天人整生的分形，也是天人整生逐位推进的环节。这就在人与自然的平等共生的完备实现中，形成了天人耦合旋升的结构，显现了天人潜能匹配的环态整生，彰显了系统化的共生之美。

[①] 王晓华在《鄱阳湖学刊》2010年第4期发表的《西方生态批评的三个维度》一文中，介绍了西方生态批评的"物种批评之维"、"性别批评之维"和"种族批评之维"。时至今日，这三个维度已被公认为是在人与自然的平等共生的框架中序态展开的，其逻辑是女性、有色人种更像自然，更近自然，性别批评、种族批评和物种批评也就有了同质性，有了天人共和的共趋性，我认为可以看做是天人整生的三个环节。

二元共和是天人整生的机制。正是在二元共和中，天人整生包容与整合了美是天人合一、美是主客观的统一、美是主客体潜能的对生性自由实现等各种观点，使美是整生的界定，有了历史成果的中和，构成了现代性。在天人整生中形成的共生之美，是现代的主流之美和主导之美，也是古代和近代主流之美和主导之美的共和，即依生之美和竞生之美的辩证统一。在美是整生的发展中，天人整生处在正反相合的环节，成为自然整生的基点。

（五）自然整生——天生之美

天人整生的根基是主体间性哲学，前提是主客两分，继而是人站在自然对面，与其共合环进整生。这保持了人类与自然各自的独立性和双方的平等性，形成了相关性和相生性，构成了主体间性和系统间性。较之一元化的天态整生和人态整生，它在二元共和中，丰富和发展了整体整生质，提升了美的品位。

社会中的主体间性，无可厚非，然将其拓展为人与自然的关系，则难免以偏概全。常识告诉我们：人在自然中，人类生态系统在自然生态系统中。严格地说，人类社会史还不能算是自然发展史的一个阶段，而仅仅是自然史某个环节的重要侧面，仅是自然史发展到一定阶段的重要组成部分，仅是自然通史中某一断代史里的专门史。在多元一体的自然系统中，二元共和，仅是其中的生态单元，仅是局部的生态关系，不可能是整体的结构形态和主导性的生态关系。也就是说，人与自然互为主体，二元共和，实际上是不对称的，不匹配的。阿诺德·伯林特主张："自然之外无一物"，[①] 提倡"参与美学"（aesthetics of engagement），有了人在天中的认识。在与自然的共合环进中，人会意识到双方的不对等，不可能互为主体，平起平坐，从而进一步明确自己的真实的生态位，自觉地从天之外回到天之中，谦卑地从天的对面进到天的里面，平和地与自然大家庭中的其他物类，成为兄弟姊妹，组构各有其位的生态圈，并环进旋升。这就实现了从天人整生到自然整生的发展，达成了对天态整生的螺旋回归，生发出美是整生的最高本质。

——自然整生的一化机制。与前述各种整生的机制不一样，自然整生的机

[①] 阿诺德·伯林特说"自然之外并无一物"。见其著，张敏、周雨译：《环境美学》，湖南科学技术出版社 2006 年版，第 10 页。

制是一化，即以万生一、以一生万、万万一生、一一旋生的过程与方法。凭此，达成自然生态元点的整生，自然结构所有局部的整生，自然进程每个环节的整生，最后实现自然历史发展与逻辑发展统合的网格化超循环整生。这种整生格局，作为原型，为自然中的所有事物分形，成为一切事物之美的生发规程，自然整生遂有普适性。从这一意义上讲，艾伦·卡尔松的"自然全美"论[①]，也就有了根据，也当有了可能。也就是说，每个事物，都可以在一化中，实现自然整生，成为天生之美。以万生一是生态元点的系统生成格局，以一生万是生态结构的系统生成格局，万万一生是生态结构的系统生存格局，一一旋生是生态结构的系统生长格局。由此可见，一化包含了整生的完整规定，显现了整生的完整规程，在一化中构成的自然整生，是整生的典范形态，显现了美的系统本质和最高本质。

——以万生一。自然整生的第一个环节是以万生一。以万生一，整生出生态元点，构成生态系统的原型。宇宙的元点，是大爆炸，为宇宙产生条件的系统集成，是最大的以万生一，也是最初的以万生一。原初的地球，在宇宙的膨胀中生成，是此前宇宙所有因素的结晶，是此前宇宙所有物质、能量、信息、关系的聚生，也是以万生一的。地球生命的共同祖先，即起点性生命，不会由某个具体的"妈妈"直接生育出来，而是由宇宙和地球的总体生态条件孕育的，是系统生成的，是以万生一的。如果不是这样，就会陷入"鸡从蛋来，还是蛋从鸡出"的糊涂圈，钻进"蛋"和"鸡"谁是始态的牛角尖里出不来。世界上的生命与事物，既为"父母"所"共生"，也为自然所整生。像每一个人的生命，是父母共同给与的，但他在娘胎里的10个月，是一种系统发育，获得了自然进化和人种发展的成果，实现了以万生一，达成了自然的整生。

——以一生万。自然整生的第二个环节是以一生万。系统生成是一般整生的第一个规程，它有两个步骤：第一步是通过以万生一的机制与途径，系统生成生态元点；第二步是生态元点的以一生万，系统生成生态结构。大爆炸的那一瞬间，形成了宇宙的生态元点。大爆炸后的膨胀，是宇宙生态元点的展开，

[①] 艾伦·卡尔松说"全部自然界是美的"。参见其著，杨平译：《环境美学——关于自然、艺术与建筑的鉴赏》，四川人民出版社2005年版，第109页。

它在以一生万中，系统生成了宇宙结构。宇宙元点和宇宙生态结构的系统生成，包容了自然中所有生态结构和所有具体事物的系统生成，进而成为它们系统生成的背景，再而成为它们走向自然整生的前提与机制。

生态元点作为生态系统的原型，潜含着形态结构、本质结构、关系结构的生成规程和生发态势。这样，生态元点的以一生万，是整体潜构的序态实现。依据基因，遵循设计，比照蓝图，生态元点逐步地生长生态层次，有机地增加生态环节，形成良性环行的生态结构。像人类审美的元点，是欣赏活动，它第次生长出审美批评活动、审美研究活动、审美创造活动，又旋至高位的审美欣赏活动，这就形成了良性循环的审美活动系统，实现了以一生万。审美活动在良性循环中系统生成，耦合着文化生境的环行，进而耦合着社会环境的环行，再而耦合着自然背景的环行，这就在以一生万的拓展中，构成了自然整生。

生态元点的"一"，在生成生态系统的形态结构之"万"时，同步地生成了它的本质结构之"万"。它生成的每一个层次，内含了整体本质的一个侧面，随着层次的增加，本质侧面逐步完备，当旋至元点之上的层次生成后，诸本质侧面走向中和，形成了本质结构。

生态元点的"一"，在生成生态系统的形构、质构之万时，还同步地生成了关系结构之万，实现了三维耦合的系统生成。生态元点逐级生成的层次，其形态与质地，是由生态关系决定的。这样，生态关系的逐级递进、丰富、中和，也就规约了另两者的相应生成，使以一生万的结构化与系统化的程度更高。

——万万一生。以万生一，生成生态元点；以一生万，初成生态结构；两者构成了自然整生也是一般整生的第一个规程：系统生成。紧接着，形成了自然整生以及一般整生的第二个规程：系统生存。系统生存的机制是万万一生。所有局部的整质化、一体化，显示了万万一生，成就了生态结构的动态平衡，实现了系统生存。生态系统的本质结构，是在以一生万中逐级形成的，递进构造的，处在初、中级的生态层次，仅有整体某个或某些本质侧面，只有最后生成的层次，才实现所有本质侧面的中和，完成系统生成。生态系统一经基本生成，就进入了生态循环的系统生存过程。在生态循环中，最后层次的中和质，向系统生成它的中级和初级层次反哺回馈，使得这些层次有了自身质以外，还都有了整体的中和质，这就实现了万万一生，达成了所有局部的整生。万万一生造就各个局部的整生化，已被"克隆"和干细胞移植的生物技术所确证。也就是说，如果局部没有整生性的潜质，局部形态的细胞是不可能"完形"为整体形态的生命结构的。

万万一生，实现了系统各局部的整质性、整生化，然未造成同质化。各局部是以不可替代、不可或缺的个性质，体现系统的本质侧面，体现系统的中和质构，这就实现了生态系统的非线性中和，构成了整体的动态平衡，保障了系统生存。

生态系统以良性循环的方式，实现持续的系统生存，关键在于它的万万一生，遵循了更具体、更深刻、更系统的生态辩证法。生态系统的各局部，形成了本质结构的各侧面，还各自成为了整生质的中和性存在，成为可以生长为整体的存在，是万万一生的一个方面。它们还在相辅相成和相反相成中，走向多元一体，各成异质中和的整生化存在，是万万一生的另一个方面。它们在整质中和与异质中和的基础上，共处有机的整体中，均形成了非线性平衡的整生关系，是万万一生的再一个侧面。生态系统各局部，个性各异、特色独具、比例不一、尺度不同、数量各殊，既出自本性，又缘于整体动态中和的需求；它们各安其位，各得其所，既是本性使然，也是整体自组织的要求；它们之间，既相克互抑又相生互补，既相争相斗又相胜相赢，既因于自身生存的规律与目的，更因于整体生存的规律与目的；凡此种种，达成了整体动态衡生与系统良性环行。这可称为万万一生的总像。它是各种万万一生的匹配所致，成为万万一生的结果，造就了系统生存，并使之更有辩证的生态规律和生态目的以及生态功能之底蕴。

生态系统的循环运行，耦合了所在生境、所属环境以及自然背景的循环运行，达成了立体环进。这就使万万一生，走向了自然整生。同时，生态系统也凭此不断地耗散旧质，形成新质，达成动态平衡，保障了系统生存，实现了可持续的整生。

——一旋生。系统生长，是自然整生也是一般整生的第三个规程。它以一一旋生的方式，显示了生态系统的超循环发展，实现了向生态元点的超越性复归，形成了由逻辑全域和历史全程耦合的全景式整生，集中地显现了美的本质。万万一生成就了系统生存,其良性循环的系统生存方式,还构成了系统生长的单元。生态系统的良性循环,叠加着周期性的量变,直至临界点,完整地生发出某一侧面质。这就见出:在周期性的万万一生的持续中,形成了一一旋生,显示了整体质构某一侧面质的系统生长。紧接着它又在新的周期性系统生存中,展开了整体另一侧面质的系统生长。这些侧面质的系统生长,一一关联,直至出现向生态元点螺旋复归的拐点,也就从总体上显示了一一旋生的自然整生。

事物的系统生发,在不同的质区里形成与展开。这样,系统生长也就有了两种形态。一是在同一质区里,通过万万一生的延续,即不断的良性循环,形成小尺度的一一旋生,显示出事物整体质构中某一侧面质的周期性生长。二是在由所有质区组成的整体质域里,不同侧面质的螺旋递进,形成大尺度的一一旋生,形成了整体质构的超循环生长。

可以想象,宇宙生态是超循环的。它在膨胀中,序态地形成了众多星系。每个星系都是圈升环长的单元。在圈行中环扩的太阳系就如是。这就在一一旋生中,显示了宇宙质构诸多侧面质的系统生长。宇宙膨胀到极点,这种系统生长形成拐点,在收缩中形成新的一一旋生,有序变化侧面质。或者说,它在另一个质区,新生侧面质。这种周期性收缩抵达极点,新生的侧面质宣告完成,宇宙在新的爆炸中膨胀,再生侧面质。大自然在爆炸——膨胀——收缩——再爆炸中,形成了最大尺度的超循环,使多侧面本质的系统生长,关联为整体质构的系统生长。这一自然整生的最大模型,基于大爆炸的宇宙生成论。我把它拓展为超循环的自然整生论,作为其他事物一一旋生的背景与前提,作为其他事物实现自然整生的依据与条件,作为其他事物自然整生的最深与最高层次。

有了宇宙整生的宏阔背景和最初原型以及最高规约,事物在以万生一和以一生万中,实现系统生成;在万万一生中,达成系统生存;在一一旋生中,走向系统生长。这就显示了自然整生的完整质程。这一质程,与相应的系统生境、生态环境、自然背景耦合环进,构成了非线性中和的整生质构,使美是整生有了生态辩证法的内涵。美是整生,其内涵从天态整生始,向人态整生转换,在天人整生的耦合中,生长出自然整生,有了历史与逻辑统一的辩证发展。美是自然整生,是美的本质发展的逻辑结晶、历史归结和未来预测,是各种美是整生的侧面质的非线性中和,形成了美是整生的系统内涵与完整规定,成为美的本质发展的完备形态。这就在历史、当下、未来的非线性贯通中，确证了美是整生的可持续发展性，以及超越时空的普适性。

——天生之美。在自然整生的质区里，生长出天生之美。生态性与审美性达到自然状态的耦合并进，可成天生之美。事物按其本性生长，其生态性也就达到了最高的质态——自然。老子说"道法自然"，其义不是讲道效法自然，而是说道的法则是自然。事物天态生长，也就在万万一生中，与万物整生，有了最大的量态。事物的审美性，也以自然为最高的质态，庄子说："朴素而天下莫能与之争美。"①人工创造，也力求"既雕既琢，复归于朴"②。再有，"天地有大美而不言"③，具体的天然之美与其互文，也就有了最大的量态。也就是说，天生之美，生态质与审美质走向了最高化的整生：自然；生态量和审美量也走向了最大化的整生：自然。这就在四位一体的发展中，形成了理想的本质规定：自然整生。

自然整生，是美的最高质态和系统质态，天生之美充分地占有了它，成为最高之美和典范之美。

美是自然整生的本质规定以及相应的天生之美，均实现了向生态元点的螺旋复归，在环回中超越了古代美是天态整生的本质规定，以及相应的天成之美的意义。这种向生态元点的复归，表征了整生覆盖了美的所有质区和整个质域，成为一切美的规定，成为一切美的基础性规定、普遍性规定，表征了自然整生成了美的通约性规定、最高性规定和终极性规定。

三、自由整生——美的规律

生态自由，是美的机制；生态自由与系统整生互为因果，一体两面，在耦合并进中，共同成就、发展、提升美的本质，共同构成美的生发规律，共同显示美本质的生发质位。这种生发质位与上述生发程位的统一，共同从基点性自然整生位格，走向旋升点的自然整生位格，共同构成了美本质生态位的自然化

---

① 《庄子》，北京出版社 2006 年版，第 251 页。
② 同上书，第 299 页。
③ 同上书，第 315 页。

超循环演进格局。凭此，自然整生，更加成了一般整生的表征，更加成了过去、当下、未来之美的通约性本质。

（一）生态自由——美的机制

生态自由既是事物实现整生的前提与条件，也是事物整生的规定与确证，从而成为美的内在要求与生发机制。生态自由是一个发展的系统，形成了多位格环进的格局。

——生态自由，指事物活动的自主性。事物按照自己的潜能生成，按照自己的本性生存，按照自己的天性生长，按照自己的意志发展，总而言之，按照自己的基因实现，也就有了生态自主，有了基本的生态自由。自主的生态自由，标志了事物潜能的整生，既有着充分的自身欲求与天赋，又有着良好的生境与环境，达成了内外规约的自然态统一，可以保证美的自然化生成。

——生态自由，指事物生长的自足性。事物圆满地实现其欲求，完备地发展其天赋，全面地展现其特性，充分地形成其本质，整体地外显了其基因，也就有了自足性的生态自由，显示了整生态和整生质。事物的自主性与生境的支撑性和环境的友好性形成了共结点，保障了这种自足，拓展了生态自由，实现了整生，生成了美。自主性生态自由，是自足性生态自由的基础，自足性生态自由是自主性生态自由的发展。

——生态自由，指事物发展的自律性。事物自主、自足的生发，顺其秉性，尽其天资，完其基因，合乎自身的生态规律与生态目的，有了自发的自律。自发的自律，是事物自主自足的内在规定性，是事物的自组织、自控制、自调节机制。有了这一机制，事物才会自然而然地实现自主自足的生态自由。事物在进化中，还形成了接受生境与环境的他律以完善自律的机制，即根据生态平衡与生态和谐的系统要求，调适自身，使自主和自足的生态自由，内含适应外在规约的自律。正是这种自律，既规约又保障了事物自主与自足的生态自由，使各种事物的自主和自足形成了共通性、共约性和共趋性，构成了中和点，生发了平衡与稳定的生态关系，组成了系统的整生以及系统间的整生，最后达成自然整生，提高了美质。自律，不仅是发展了的生态自由，还保障和提升了自主自足的生态自由，还促成事物之间以及系统整体的生态自由走向中和，这就多方面、多层次地促进了整生，成为美的重要机制。

——生态自由，指事物生发的自觉性。人的理性，提升了事物生发的合规律合目的性，生态自由走向了自觉。人类是自然开出的智慧花朵。在智慧生命产生之前，宇宙自发地自律，形成与维系良性循环的生态系统，形成与维系系统内诸物间和系统群落间的适生格局，适度比例和有机联系，实现整体平衡与协同进化，所达成的整生既合规律也合目的，生长与发展了美。自然长出了人类，其整生的合规律合目的，凸显了自觉，提升了自由。理性是人类的自觉，更是自然的自觉。人类只有跳出自身的自觉，成为自然的自觉，人类生态、社会生态和自然生态才可能走向自觉的自由，生发自觉的整生，升华美质。人类有了自然所禀赋的认知理性和道德理性，形成实践理性，其生命活动不仅合自身的规律与目的，也合它者的规律与目的，更合自然总体的规律与目的，凭此，自然可以划时代地走向自觉的大和与自觉的整生，美的质值量度升焉，美的境界新焉。

——生态自由，指事物生发的自然性。在自然整体协同的进化中，人走向人化与自然化的统一，认知理性、道德理性和实践理性三位一体地发展与提升，自身、它者、自然的规律与目的了然于心，其生态行为，"从心所欲不逾矩"，在"以天合天"中，使自身、它者、自然走向自在自为的天然整生，也就实现了"自然全美"。人的生态活动有了内含自觉的自然的自由，也就带着自由发展的全部成果，向元点形态的即自主形态的自发性自然自由螺旋回归，开始新的环进圈升，不断提升自然整生，以持续发展美，以持续提升美本质。

从上可见，生态自由是整生的机理与机制。生态自由的程度越高，整生性越好；生态自由走向自然生发状态，整生也进入相应的境界；两者耦合并进，互为因果，形成统一。

（二）非平衡自由——美走两极

自由整生，与美的发展共进，与社会文明对应，并呈现出不同的情态。在古代和近代，自由整生是不平衡的。古代，天生成人，人依同天，天有了完全的生态自由，达成了整生。人在依生天、确证天中，将获得的生态自由，汇入了天的生态自由，成为天的整生性自由的一部分。这就出现了天人之间生态自由的不平等、不平衡。这就从整体上实现了天态之美。在天态自由的格局中，人只有实现了天化才美，即只有被道化或被神化才美，或者说，只有道化或神化的人才美。人在与天同质中,被天整生,与天整生,使天整生,成了美的本质与规律,成了美的创造的不二法门。

近代,人凭借本质和本质力量的发展,在与天的矛盾、对立、对抗中,争夺生态主位、上位、首位,主导生态关系,左右生态目的,力求形成整生的自由。与此相应,天被驾驭、征服、压抑、遏制、破坏,在被"人化"中,成为人的自由走向整生的确证,成为人的整生性自由的一部分,这就出现了跟古代不同的天人生态自由的不平等、不平衡,从整体上生成了人态之美。这时的自然,只有"被人化"才美,即与人同质才美。在人化自身、人化自然中,人的自由整生化了,形成了不同于古代之美的本质与规律。在美是自由整生的框架里,美的发展形成了拐点,出现了复杂性态势。

(三)平衡性自由——美趋中和

天人合一,从古代人同于天的一元性合一,经由近代天同于人的另一种一元性合一,走向现代天人耦合并进的二元共和性合一,历史的发展显示了正反合的生态辩证法。经过古代天的自由整生和近代人的自由整生,现代实现了天人自由的平衡整生。正是天与人的生态自由,在对应耦合中走向平衡性整生,形成了天人中和之美。这一时期的美,仿佛是古代天态整生之美和近代人态整生之美,跨时空地走到了一块,握手言欢,然后合二为一,一体两面,中和生发。

(四)非线性平衡的自由——自然大美

有一个故事,说猴子掰玉米,掰一个夹在胳肢窝里,再去掰另一个时,原先的掉了下来,掰了半天,仅有手头的一个。这有点儿像动辄解构、颠覆其前理论者。这当然有些大不敬,然任何比喻都是蹩脚的,也就释然了。从系统生成的角度看,任何时代,那些代表性的美的本质观,都是美的谱系发展的一个位格,是历史的存在,不仅解构不了,颠覆不了,而且递进地集成为谱系的整生潜能,衍化出当代美的本质说。前述天态自由整生与人态自由整生,共成天人自由整生即是。当代自然整生之美,是非线性平衡的自由使然。非线性平衡的自由,为此前的非平衡自由和平衡性自由共同生发,是生态自由历史发展和逻辑发展的集大成。正是自然非线性平衡自由的整生,使人的美生,位格性地融入天的美生结构，形成美生世界，显现自然大美。

天人合一是一个很有历史张力和逻辑张力的范畴。古代，是人在天中的"一"，近代，是天在人中的"一"，现代，是天人耦合的"一"，当代，螺旋地回到人处天中的"一"。这个"一"，既超越了古代和近代同质化的"一"，也超越了现代合质化的"一"，走向了自然新质化的"一"，即包括人类本质在内的多元整生的自然新质的"一"。

人从自然的对面，重新进入自然的里面，和其他物种一起，重组生态结构，重理生态关系，形成一体整生格局。在这一体整生的环链中，人种和其他物种生态平等，各安其身，各得其所，各显其能，各尽其责，均有着不可或缺、不可替代、不可调换的生态位。各生态位上的物种，在生态循环中，既实现自主、自足、自律的自由整生，又与其他物种相互依生、竞生、共生，实现物种间的协同，使整个生态循环，呈现出不稳定的稳定，不平衡的平衡。这样，各物种的自由整生与物种间相互制约相互生发的依生、竞生与共生走向统一，达成了自然系统的动态衡生。动态衡生，是自然自组织、自控制、自调节的机理，保证了整体非线性平衡的自由整生，形成了生态大和。这就在美满自然中，生发了自然大美。

人在自然的生态循环中，应该成为系统自由整生的调适者。他既要实现自身的自由整生，还要照看其他物种的自由整生，更要关注整个自然的自由整生。他要根据自然非线性平衡和复杂性有序的系统自由整生需求，合规律地调适自身，调适其他物种，使有为似无为，最终胜无为，即处在人为与天为统一调适中的自然，比纯粹自在的自然，更能实现非线性平衡的自由整生，更能走向复杂性有序的自由整生。这样的美满自然，也就更胜于纯粹天然的美满自然，所成就的自然大美，也就超越了纯粹自在的自然大美。

这种建立在自然运行基础上的人为调适，是一种辅助性的调适，他配合自然自发的自组织、自控制、自调节，所形成的非线性平衡的自由整生，螺旋地回归了古代非平衡的自由整生，显示了自由整生的超循环发展规律。自由整生的规律发展，耦合了目的发展和功能发展。自由整生，成了美的机制。

非线性平衡的自由整生，既是整生发展的高端，也是自由发展的高端，还是自觉发展的高端。三种高端统一于自然。这种高端三位一体的自然整生，也就成了当代或曰生态文明时代美的本质，成了美的一般本质的核心质，成了美的新的系统质。这样，美的本质、美的规律、美的机制在历史和逻辑的发展中，统合为自然整生，成为放之四海而皆准、历之古今而通适的美之大道与大法。美的本质，在经历了上述历史的逻辑的具体性发展以后，系统生成了具体性与抽象性辩证统一的通约性规定：内含自觉纯属自为的自然整生。

美是整生，张力巨大，质域广阔，不仅过去和当下之美，能在其中序态展开生态位，而且未来之美，也可以接着生发与拓展其空间，持续延伸其位格。美和美的本质因此有了永生性。整生与永生关联，整生是永生的机制，有了整生也就有了永生，离开整生，永生别无他法。不用质疑，整生，不仅是美和美的本质的生发机制，还是它们得以永生的机制。放谦虚一点吧，人类！美不是咱们的独创，也不是咱们的专利。在被称作人的物种没有出现之前，自然就有了整生，当然也就有了美，有了美的创造者和接受者，有了美生者。如果真的有朝一日人类消失了，自然还会整生，美还会生发，美生还会成长。人类如果想更长时间更广空间地陪伴美，创新创造美，延展与提升美生，就得真正学会与发展自觉的自由的自然整生，就得真正学会把自身的整生，融入自然的整生，进而促进自然的整生。

第三节 美的形式是结构力的整生

美的形式特别是生态美的形式，主要抽象于生态系统的矛盾结构，主要取决于这一结构张力与聚力对生的关系，主要取决于这种对生所达成的生态系统结构力的整生。聚力由生态系统的组织性、目的性、共同性、统一性、稳定性生成，张力由生态系统的离散性、丰富性、个别性、差异性、变化性生成。聚力是生态平衡性规律与目的之表征，张力是生态多样性规律与目的之概括，两者可共成生态系统中和发展的整体规律与目的。它们关系的历史性生成与变化，形成了不同形态的结构力整生，内在地影响、制约、决定了形式美特别是生态美形式的生发。

一、生态结构聚力的整生

生态结构是形式美特别是生态形式美的本体与本源。美的形式特别是生态美的形式，是生态系统结构图式的表征。由于整生论美学追求生态美学与基础美学的同一，美的形式和生态美形式有着互文性。曾永成提出的生态秩序美范畴，[①] 有理论张力，可超越具体的审美类型，往一般的生态审美原理升华。生态秩序关系到生态结构的组织法则，贯穿着美的形式历史发展的基本规律。古代生态系统，结构张力依生结构聚力，结构聚力走向整生，张扬了生态线性有序的形式美；近代生态系统，形成结构张力与结构聚力竞生，结构张力走向整生，标举了生态非序的审美形式；当代生态系统，结构聚力与结构张力在对应发展中走向中和，形成结构力的系统整生，升华出生态非线性有序的形式美。

生态线性有序，构成外在的单向性统一的和谐，即结构张力依生于统一于结构聚力的生态和谐，形成的是生态系统结构聚力整生的形式美。结构张力对结构聚力的依生，标划了依同、依合、依和三个生态位，显示了结构聚力整生度的下降，显示了结构张力的潜生暗长，显示了静态和谐中的动态向性，线性中和里的非线性统一趋势。

（一）结构张力依同结构聚力的同生形式美

周来祥先生指出："古典美学强调遵循形式美的规律，要求严格的和谐、平衡、对称，符合比例，中节适度，有一套严格的形式美规律和程式规范，要求一种理想化、规范化、标准化的美。"[②] 建立在古典形式美规律之上的对称、整齐、划一等美的形式，经过千百年的陶铸与熔炼，已经有了公认性与定型性，似乎没有创新与发展的空间。然这种极端同一性的形式，和生态系统高度聚力化的形态与关系同构，与追求大一统的生态格局与关系、生态规律和目的同质，隐含了生态美的结构形态，可以在审美生态观的视域里，显现与转换为

[①] 曾永成：《文艺的绿色之思——文艺生态学引论》，人民文学出版社2000年版，第132—135页。
[②] 周来祥：《现代辩证和谐美与社会主义艺术》，见《三论美是和谐》，山东大学出版社2007年版，第147页。

生态化的形式美范畴：同生。这种同生，主要含并生与齐生两个子范畴。

——并生。事物的对称性生长，呈现出并生格局。事物整齐划一的生态形状与生长样式，显示齐生态势。并生，显示了生命结构的常态，人和动物的器官，诸如眼睛和耳朵，是并生的；人和动物的肢体，诸如人的手与脚、马的前肢与后腿，是左右并生的。

——齐生。齐生，是生命群体的结构常态。同一物种，在形体上呈现出同样的结构状态与结构关系。并生与齐生，表征了生命和物种稳定与平衡的生态规律和生态目的，成为基础性的生态美形式和美的形式。

在生态系统的生发中，聚力生成与稳定结构，张力发展与变化结构，张力与聚力统一，稳态地发展和创新结构。与此相应，生态系统的结构关系和结构形态，以同为基座，逐步走向合、和、不和而和，呈现出非线性发展的生态位。并生和齐生而成的生态结构，是一种结构力走向同的结构。也就是说，并生或齐生的结构，各部分在形态、性态、质地、数量、尺度诸方面凸显了同，实现了同形、同量、同性、同质、同构的聚合。这样的全同性结构，消解了各部分的独特性、个别性与丰富性，消解了结构的张力，形成了整生化的结构聚力。这种整生化的结构聚力，是在对结构张力的消融、吞并与同化中形成的，显示了十分稳定的生态结构形式。

生态结构的张力与聚力，有内在和外在之分，整生化的结构聚力，也就相应地形成了外在的同一性生态和谐形式，以及内在的同一性生态和谐形式，构成了同生的生态美形式完整的本质规定。这一生态美形式，表征了生态系统同质同形的生态秩序，揭示了生态系统同构同化的生态规律。由于这些生态秩序和生态规律是基础性、局部性、侧面性的，甚或是直观性的，简要性的，对应它的同生形式美，也就成了起始性、低层性、浅层性、单相性的生态形式美。

同生的生态形式美，之所以处在生态形式美的初级阶段，关键在于它单向度地发展了结构聚力，缺失了生态结构的张力。生态结构的张力与聚力可以分别发展出生态美的形式，形成两水分流的审美价值。聚力，凭借各部分的同质与同性、同形与同构、相近与相似、相反与相成，实现生态结构的关联与集合、稳定与平衡、协同与统一，凸显了"和"的审美特征；张力，凭借各部分的异质与异性、异形与异构、相差与相别、相离与相弃，在"不和"中彰显了审美的个别性、丰富性、变化性；这两种格调迥异的审美信息流，走向合一，发展出辩证的审美生态，方能形成中高端的生态美形式。同生的形式美，因排斥了结构张力，也就未包含辩证的审美品格。

同生的形式美，极力追求和，然形成的只是一种粗浅的简单的和。生态系统结构关系的协调，作为生态和谐的本质，既从各部分的凝聚与统一等外在层次体现出来，更从张力与聚力的平衡和关系自由等内在层次显示出来。并生与齐生的同生形式美，多在直观层次上获得生态和谐的本质，仅在结构张力依同结构聚力的框架里形成整体的统一，未能形成合而有差、和而不同的生态和谐。它构成的仅是走向复杂性生态和谐的起点。

（二）结构张力依合结构聚力的合生形式美

同生的形式美，是一种结构聚力整生化的形式美。它因为消融了结构张力，成为结构聚力整生程度最高的形式美。降低结构聚力的整生度，相应地保持结构张力，形成结构张力依合结构聚力的生态关系，在差而趋合中、异而统合里，形成生态秩序，形成等差性统一、相异性统合的生态结构，可形成合生的形式美。合生的形式美，是一种结构聚力在结构张力的生发中走向整生态的形式美，它包含匀生与分生两种主要形态。

均衡、渐变、节奏等一般形式美类型，本就具有生命的节律性，当其进入审美生态视域，自可重组和升华为生态美的形式：匀生。匀生反映了生态形成生态存在与生态生长的适度性，表现了生态系统结构的布局、种类的分排、数量的分置、比例的安设、尺度的确立、位置的经营、格局的推移等等的匀变性与递进性。它是在等而有差、同而有变中，形成整生态的结构聚力，形成合生的形式美。

匀生，实现了结构张力与结构聚力的非对等非平衡生长，显示了前者对后者的依存，实现了前者向后者的生成。也就是说，匀生，把适量地逐步地生发的结构张力，一一合成了结构聚力。匀生，渐生结构张力是手段，渐成整生的结构聚力是目的。匀生，承接、贯通与融会了均衡、渐变、节奏等传统形式美的本质规定，达成了三位一体，形成了包蕴三者的共同质。匀生在中和均衡、渐变、节奏时，偏重于渐变。系统的各部分在物种、数量、形体、色彩、质地诸方面的比例大致相等，并逐步地序态地生长，显示出整体结构生态位循序渐进的匹配性与组织性。正是凭借组成部分依次生发的相似性和相近性,它产生的差异、个性、变化,是按照均衡的规范展开的,是符合递进的规程的,显示了渐变的秩序的,有了生态的节律的。总而言之,结构张力的生发,内在地遵循了结构聚力的要求,并整体地合成了结构聚力,这就生发了合生的本质规定。匀生渐次拉开的差异性、个别性与变化性,使结构张力与结构聚力同步产生,使结构张力的产生服从结构聚力的产生,使结构张力的产生,达成了结构聚力的产生,使结构张力的产生统一于结构聚力的产生,使结构张力的产生依存于结构聚力的产生。这样一来,结构张力的生发,就成了结构聚力整生的形式,结构聚力整生的过程,结构聚力整生的确证。然与同生中的审美形式相比,合生中的匀生,其结构张力有了过程性和手段性的存在,没有完全消融于结构聚力之中,这就既整生了共性值和共性质,集大成地产生了生态结构的亲和力与凝聚力,实现了整体的统一,还同时显现了差异性与个别性,初步地追求了结构张力与结构聚力的辨证性统一。凭此,匀生一定程度地避免了并生与齐生那种僵硬、呆板、沉寂的结构生态。然匀生的共性值、稳定值、统一值是自由生发的,个性值、变化值、丰富值是节制性生发的,结构的张力与聚力不对等、不匹配、不平衡,前者也就理所当然地合入了后者。如果说,结构张力同于结构聚力,是一种增熵的结构生态,它会使系统在封闭、收缩中失去活力与生机,长此以往,最后将会丧失生态性。结构张力合于结构聚力,则形成了减熵趋势的结构生态,结构张力在生发结构聚力中显示了自身存在的合理性与必然性,显示了静态和谐的生态美形式向动态和谐的生态美形式发展的取向。

如果说事物等时等量的节律性增长,构成了匀生的生态形式美。那事物相似相近的序态性生发,则形成了分生的生态形式美。分生同样整合了均衡、渐变、节奏等形式美规律,并使其和分形的生态格局与关系、生态规律与目的同构统一,升华出结构聚力整生式的生态形式美。显而易见,分生以均衡为底座,偏于渐变与节奏生发的生态同构性。分形理论认为,事物的整体与各部分之间,事物的部分与部分之间,存在着自相似性。像一棵树,其树冠、树枝、树叶,在形状上相似,显示出整体、部分、个体之间的分形性。又如分形理论家发现,一个国家海岸线的整体形状,和某一区域的形状,乃至某一部分的形状,都存在着相似性。这说明,生态结构的分形,有着普遍性;整体的各部分之间,显示出自相近性的分数维；分生的生态形式美不仅有着一般形式美的理论来源，还有了分形的生态格局和生态关系的支撑，成为分形的生态格局和生态关系的抽象，从而深化了合生的理论意义。生态视域中的均衡、渐变和节奏，表征了生态结构的分形性，在等时等量等形的发展中，成就了分生的生态美形式。

分生体现的生态关系，同样归于合生的关系。个体是对局部的分生，局部是对整体的分生，整体规约了局部，进而规约了个体，形成了强大的结构聚力，从本源上规定了分生是一种结构聚力整生的生态美形式。个体在对局部的分形中，局部在对整体的分形中，有了形与质的相似性、相近性。这种个体与局部、局部与整体生态关系的相似性与相近性，同步产生了结构张力与结构聚力。然这两种力的产生，既不平衡，也不平等，且归根到底结构张力是服从和附属于结构聚力的。这就从结构力的生态关系上，进一步确立了分生是结构聚力整生的生态美形式。

分生形成的自相似性和自相近性，是结构张力和结构聚力的统一形态：一方面，它确确实实在一定程度上显示了个性、差异性、变化性、丰富性，构成了结构张力；另一方面它更加显示了共性、同一性、统一性，构成了特别突出的结构聚力。在这两种力的生发中，结构聚力处于本体本源的地位，发挥了主导和节制的功能，它生发了结构张力，使之确证与肯定了自身，又使之合于跟归于自身，实现了自身的整生。

匀生与分生都达到了张力与聚力的对生性统一。但这种对生，是按照结构聚力给出的轨道运生的，是趋向结构聚力整生的方向的，显示出非平衡自由的态势。匀生靠增长与变化的等时等量，来调和变化，达到统一，分生则靠相似相近的第次性合成，来形成整体，它们都靠抑制、减弱、模糊差异性与个别性，来形成同一性与同构性。同一性的增长，伴随的是差异性的降低，统一性的生发，关联的是个别性的削弱，稳定性凸显的后面，是变化性的淡化。这就在彼长此消中，实现了个性、差异性、变化性、丰富性对共性、同一性、稳定性、统一性的趋合，造就了结构张力对结构聚力的依存，共同成就了合生的生态形式美，共同成就了它的结构聚力式整生的本质规定。

（三）结构张力依和结构聚力的和生形式美

在合生的生态形式美范围里，结构张力依合结构聚力，用抑此扬彼、水落石出的方式，使矛盾的对立面达到了协调与统一，然双方都未充分发展，作为个性、差异性、变化性、丰富性的结构张力一方，为成就结构聚力的整生，还淡化与削弱了自身。这就把水涨船高、耦合并进的空间，留给了和生的形式美。

结构张力依和结构聚力的形式美，虽然也还在依生性形式的框架里，但已初步包蕴了共生性的生态格局、生态关系、生态规律、生态目的，克服了上述合生的生态形式美的不足，形成了和生的生态形式美。生态系统特性独异的各部分，彰显了多样的结构张力，共成了结构聚力，生发了和生的形式之美。把和生归于结构聚力整生式形式之美，主要有三个方面的考虑：一是生态结构的各种张力因素中，存在着同一性，包含着结构聚力；二是结构张力各因素在矛盾运动中，共生了结构聚力；三是结构张力各因素，在矛盾的调和中与对立的统一中，走向了结构聚力。总而言之，结构张力内存结构聚力，生发结构聚力，成就结构聚力，和于结构聚力，以结构聚力为运动方向、运动主旨、运动目的，从而造就了结构聚力整生式的和生之美。

结构张力和生结构聚力的矛盾运动，主要有两种形式：一种是统合式的，一种是调和式的。这就相应地形成了同属于和生的衡生与中生的形式之美。古希腊的毕达哥拉斯学派主张把"杂多导致统一，把不协调导致协调"，[①] 标划出了这两种和生的形式之美的生发路径。

——中生。"执其两端，取其中间"，是中生之美的形成图式。中生之美，不外乎是对立双方的中和之美。对立双方，在相反相成和相反相济中，形成亦此亦彼非此非彼的"中生"之美，形成一体两面的聚力整生式结构。晏子主张"一气，二体，三类，四物，五声，六律，七音，八风，九歌，以相成也；清浊，小大，短长，疾徐，哀乐，刚柔，迟速，高下，出入，周疏，以相剂也"。他从饮食、音乐的多样统一与食者、听者的对应，阐述了中和关系的辩证性。[②] 孔子要求"乐而不淫，哀而不伤"（《论语·八佾》），《礼记·中庸》认为"中也者，天下之大本也；和也者，天下之达道也。致中和，天地位焉，万

[①] 尼柯玛赫：《数学》，北京大学哲学系美学教研室编著：《西方美学家论美和美感》，商务印书馆1980年版，第14页。

[②] 《左传·昭公二十年》，《十三经注疏》，中华书局1980年影印本，第2093—2094页。

物育焉"①。这些看法,均和中生相通,可拓展中生的理论主张,可丰富中生的本质规定。在中和对立、调和矛盾中形成的中生之美,是高端的和态形式美与序态形式美,它之所以还处在依生之美的圈子里,存于聚力整生的结构中,是由于当时的生态系统和生态关系,未促使结构张力与聚力协调地、充分地发展。在过去时代,它们可能是最高的审美理想或曰生态形式美理想,在追求非线性生态和谐形式的当代人眼里,这些经典潜含的复杂性统一的意义得以显现,成了产生新的生态形式美理想的土壤。

——衡生。矛盾各方,相互调剂,在生态平衡中生和,形成了衡生的生态形式美。中国古典美学认为:"声一无听,物一无文,味一无果,物一不讲"②,要求各种因素造成"和",避免"整齐划一"的因素形成"同"。衡生反映了生态系统"和而不同"的深层生态关系,在多要素结构张力的相和中,生发了结构聚力,显示了衡生形式之美的和生要义。

衡生,基于生态系统的制衡机制。依生和竞生的统一,形成制衡。系统各部分是个体存在和整体性、整体化存在的统一,有了生态间性的制衡设置。为保持自身个体存在的相对独立性,它与别的部分相离相拒,甚或相克相抑,相争相斗,构成竞生;为实现自身的整体性和整体化存在,它和其他部分相依相靠,相合相和,相生相长,构成依生;两方面辩证统一,显现生态间性,形成衡态的系统生存性。中国古代哲学,从金木水火土的相生相克,揭示了生态结构均匀分布与平衡生发。太极图中的阴阳鱼,也在相生相克中,维系了矛盾中和的衡态存在,表征了世界的衡生格局。衡生的生态美形式,是矛盾双方耦合并存的生态结构、相生相克的生态关系、对立中和的生态格局以及对立统一等形式美规律的整合性统一,同样是生态规律和形式美法则的结合体。

在这一生态形式美中,矛盾对立形成结构张力,矛盾中和形成结构聚力,形成了结构张力走向结构聚力的生态运动,构成了结构张力依从结构聚力的整体生态关系和生态格局。从静态结果看,它的结构张力与结构聚力是对称的、平衡的;从动态过程看,其结构张力消融在结构聚力里,形成的是非平衡的统

---

① 《礼记·中庸》,《十三经注疏》,中华书局1980年影印本,第1625页。
② 《国语·郑语》,上海古籍出版社1998年版,第516页。

一；从本质看，它还是属于结构聚力性整生的形式美。像中国封建社会，在矛盾对立和矛盾中和的循环中，形成了超稳态存在的衡生结构。

结构聚力的整生，经历整生化、整生态、整生性三个阶段，相应地形成了同生、合生与和生的生态形式美范畴。同生及其并生与齐生，体现了结构张力对结构聚力的依同，是一种结构聚力整生化的生态形式美。合生及其匀生与分生，显示了结构张力对结构聚力的依存，是一种结构张力整生态的生态形式美。和生及其中生与衡生，表征了结构张力对结构聚力的依从，是一种结构聚力整生性的生态形式美。这就标划出了一条从依生化走向依生态抵达依生性的路线，这同时又是一条从结构聚力整生化走向整生态抵达整生性的路线，显示出逻辑与历史统一行进的轨迹，从中可以看出依生质以及结构聚力整生度在逐步减弱，生态线性有序的特征在逐步淡化，静态中和的意义在逐步消散；呈现出突破依生的框架和结构聚力整生的结构，向非线性有序和复杂性中和领域发展的趋向。当然，这仅仅还是一种发展的趋向，一种变化的起点，从本质上看，它们还处在依生的线性中和里与单向的因果关系中，处在结构聚力整生的古代时空里和逻辑疆域中。

二、生态结构张力的整生

生态美的形式，需要以竞生的方式来历史地逻辑地发展结构张力，形成结构张力的整生，为其后结构张力与聚力的整生性协调并进、复杂性中和做准备。

生态结构的张力与聚力竞生的审美形式，是一种通过祛聚力祛有序祛和谐以达到祛形式的"形式"。祛形式是一个逻辑化的历史过程，经历了四个发展阶段：一是结构张力抗争结构聚力，生发整生趋向的结构张力；二是结构张力抗拒与冲击结构聚力，显示整生性的结构张力；三是结构张力否定取代结构聚力，形成整生态的结构张力；四是结构张力冲决解构结构聚力，冲决解构形式，完成祛形式，完成结构张力的整生化。与之相应，形成了生态审美对象僵直的争序的抗生形式、丑怪的失序的乱生形式、荒诞的反序的错生形式、虚幻的非序的孤生形式。从中可以看出结构张力递增、结构张力整生度陡涨、竞生性依次强化、祛形式愈演愈烈的态势。

（一）结构张力与结构聚力竞生的争序形式

文艺复兴风生水起，人类一夜之间从"上帝的奴仆"和"自然的儿子"，成了"宇宙的精华，万物的灵长"。伴随着精神与肉体的解放，特别是本体地位的确立，生态自由的觉醒，人类不再安分于从属性的生态位，不再满足于依附性的生态关系，在生态系统内部，形成了争夺生态结构首位与主位、生态运动主宰者和主导者的竞生。这就与原有的自然本体，在双峰对峙中，形成了抗衡的生态关系和生态格局，显示了结构张力和结构聚力势均力敌的胶着态势。抽象这种拉锯、拔河般的对抗性生态关系与僵直的生态系统样态，形成了丑生的形式。这是一种生态结构张力意欲驾驭和统一结构聚力的不和求和的形式，是一种力图在抗争中改换生态序，即形成人类生态统一自然生态的争序形式，是一种显示结构张力整生化趋势的形式，是生态崇高的形式。这种因争序而形成的丑生形式，没有迎来新序的形式，迎来的是失序的形式，它消减了形式美，显示了祛形式美的态势，也就成了祛形式的准备。

（二）结构张力与结构聚力竞生的失序形式

失序的形式是生态结构的错乱形式，是祛形式美的展开，是祛形式的起点。为了打破竞生的僵局，人类高扬了理性本体观，形成了理性自由理想，力求凭借工具理性，主宰和改变生态运动的方向，使自己成为生态发展的目的。这样一来，抗衡的态势变化了，向主体一边倾斜了，生态系统原有的平衡与稳定被打破了，生态结构出现了震荡摇晃与破裂，在失序中形成了祛形式的格局。

这种失序的生态格局，是主体的生态自由与生态系统的规律与目的之间的冲突造就的。它形成了连锁反应，引发了生态系统结构力的对立，原本结构关系从和走向不和，原本结构聚力的整生走向结构张力的整生，丰富性、个别性、变化性、差异性、对抗性、离散性正在取代共性、同一性、稳定性、统一性，逐步成为结构的主体样态和主导样态，扭曲变形、似破欲裂的乱生形式显焉。

（三）结构张力与结构聚力竞生的反序形式

生态反序的形式是悲剧性生态结构的形式，是祛形式美的完成，是祛形式的发展。从生态失序到生态反序，表征了主体生态自由理想的变化，以及由此引起的生态矛盾的激化。在现实的生态关系中，主体凭借工具理性，改变生态系统的规律、目的与格局，以实现合自身的规律与目的，即形成自身理性的生态自由。在生态系统的规律与目的后面，是十分强大的不容破坏与违背的自然规律，它以生态灾难的方式，惩罚了人的可笑和可怜的工具理性，否定了人的理性生态自由理想。大自然的报复与教训，让人们看到了人类理性的局限性，看到了理性生态自由的难以实现性，形成了人类关于感性本体的哲思，萌发了感性生态自由的理想。感性本体的生态价值观，感性自由的生态理想，更为加剧了人类生态与自然生态的对立，个人生态与社会生态的矛盾，精神生态与物质生态的冲突。这种对立与冲突，由过去人类片面的规律与目的与生态系统整体的规律与目的之间的矛盾，发展为人类的反规律反目的与生态系统的规律与目的之间的矛盾。其结果，是社会生态系统、自然生态系统、精神生态系统的规律与目的被否定，形成了反序的生态关系和生态格局。

我曾经在《生态艺术哲学》一书中说过，这种感性化的生态结构，即非理性的生态结构，是一个否定聚力的张力结构。作为张力的个性、差异性、变化性、丰富性，在竞生性对生中，否定与放逐了共性、同一性、稳定性、统一性，形成了随意杂陈无机拼凑的反序结构。各部分的生态关系全是偶然的、随机的、倒错的、变幻无居的、荒谬绝伦的、不可理喻的。无法找到它们之间的生态联系性、生态稳定性、生态规律性，有的只是共属非理性的同一性与统一性。理性的聚力被感性的张力驱走了，维系生态结构的理性聚力被感性的张力取代了，感性的张力同时行使感性的聚力，把同属非理性的各部分"结构"成非稳定的反序状态。抽象生态结构的这种反序关系与格局，也就形成了结构张力整生的"错生"形式。"错生"的形式，失去了形式的规律性与目的性，较之形式扭曲破裂的"乱生"形式，更是一种祛除了形式美的形式，已臻于祛形式的高点。

（四）结构张力与结构聚力竞生的非序形式

生态非序的形式，是生态系统失去结构的形式，是祛形式抵达顶端后出现的无形式。无形式是喜剧性生态结构的"形式"，是祛形式的完成形态，是典型的祛形式样态。

生态非序的形式是一种孤生的形式，源于人类主体观和本体观的再度变化。近代，是人类主体本体观确立与发展变化的时代。文艺复兴时期，确立了人类整体本体观，搭起了人类生态与自然生态的竞生构架。大陆理性主义时期，人类理性成为生态本体，生发了人类片面的理性与自然系统的理性即自然整生规律与目的，争夺生态系统控制权和主导权的冲突。现代主义时期，人类感性取代人类理性，成为生态本体，力求形成否定与超越精神、社会、自然领域一切理性规范的生态自由。后现代主义时期，人类个性继人类感性之后，成为生态本体，引发了人类个性生态在精神生态系统、社会生态系统、自然生态系统中，对一切理性的规律与目的，感性的联系与作用，进行了彻底的否决，将生发出把一切化为虚无的生态喜剧。随着人类主体观和本体观的第次生发，在越来越广的生态领域和越来越多的生态系统中，引发了一次又一次"地震"。第一次，新旧生态本位的抗争，使生态系统僵直欲崩、僵直欲折，消散了弹性与韧性；第二次，主体理性破坏自然理性，生态结构扭曲变形；第三次，主体感性否决生态理性，生态结构颠倒错乱；第四次，主体个性消解主体感性与生态理性，生态结构解体破碎。伴随着这四次生态地震，生态崇高解构了生态和谐，生态丑解构了生态崇高，生态悲剧解构生态丑，生态喜剧解构了生态悲剧。正是这最后一次生态地震与生态解构，完全完成了祛形式。形成了纯粹张力化的"形式"，或曰张力整生化的形式，也就是祛形式完成后的"无形式"。

结构张力整生化的无形式，也是与人类自由追求的无序化结局对应的。生态自由，是近代人类的生态理想，是近代生态审美的主要内容。物自体的不可把握，见证了主体理性自由的局限性，激发了主体否定理性的感性自由。感性联系，也使感性自由有了束缚，无法彻底。个体化、个性化的主体，斩断了一切历史根由，屏除了一切现实关联，断绝了一切未来趋向，成为无关系规约者，成为无结构框定者，成为彻底的自由者。然这样的自由者，则失去了确定性，成为游离飘忽的、恍恍惚惚的、似有若无的、似是而非的、无根无据的"非主体"。这种虚幻的非主体自由，和孤生的"无形式"形成了对应。也就是说，孤生的非主体自由内容和孤生的无形式，在生态张力的整生化方面，实现了高度的同一性。

从小规律小目的与大规律大目的争序的丑生形式，经由非规律非目的的乱生形式,到反规律反目的的错生形式,最后抵达无规律无目的的孤生形式,生态张力相应地从整生趋向,经由整生性,进入整生态,抵达整生化;生态的审美形式一步一步地从争序、失序、反序,走向了非序,生态结构一步一步地从争和、失和、反和,走向了非和;这就一步一步地增长了结构张力,提高了结构张力的整生度,完成了张力整生化的祛形式美和祛形式,形成了结构张力整生化的无形式。

三、生态结构力的辩证整生

生态结构力辩证整生的生态形式美,有如周来祥先生讲的在历史的辩证运动中形成的新型和谐美。他说:"新型的对立统一的和谐美是近代崇高之辩证的否定,这是一种包含着肯定的扬弃,它把近代本质对立的因素概括转化为自身的内容;同时,它又否定了近代崇高中绝对对立的一面,向古典的和谐美复归,因而根本不同于近代的崇高。""它向古典和谐美的复归,只是形式上的复归,实际上是一个螺旋式的上升"。[①] 结构力辩证整生的生态形式美,有着历史辩证法的内涵,和周先生主张的新型和谐是相通的。

现当代以及未来的生态形式美,追求复杂性生态有序,形成结构张力与结构聚力非线性整生和复杂性中和的理想。历史地看,生态结构聚力的整生化运动,形成线性有序的生态形式美;生态结构张力的整生化运动,形成无序的祛形式与无形式;生态结构张力的整生化与聚力的整生化耦合并进的运动,形成非线性有序复杂性中和的形式美。经由了肯定—否定—肯定的辩证运动与螺旋发展,后者形成了对前两者的综合与超越。生态非线性有序,是有序与无序共生的更为深刻的有序,更为高级的有序,是抽象与反映生态系统整生的结构、整生的关系、整生的规律所形成的形式美,是对古代线性中和的螺旋复归。生态系统结构力辩证整生的形式,由不和生和、非序长序和圈生环长构成。

(一)不和生和

不和生和,是当代生态美的普遍性形式,它是以往时代生态美形式本质规

[①] 周来祥:《现代辩证和谐美与社会主义艺术》,见《三论美是和谐》,山东大学出版社 2007 年版,第 144—145 页。

定性的辩证中和，是生态美形式的历史与逻辑非线性运动的结晶。古代生态美形式，是结构聚力整生的和；近代生态审美形式，是结构张力整生的不和；不和生和，则是整生的结构张力与整生的结构聚力同步对生的和。

结构张力的整生过程，是一个不和的生发过程，然这种不和的结构张力，同时又在产生结构聚力，产生和。这就构成了不和生和的基本模式。在这一模式中，结构张力与结构聚力成正比生发，双方同步地走向了整生，同步地形成了整体结构力的整生，同步地生发了整生结构的和。

生态结构的组成部分，各有其形质，显示出个别性、独特性、变化性，甚或矛盾性、对立性、对抗性、冲突性，显示出不和，然同时又生发出共同性、共通性、有序性、平衡性、统一性，这就形成了整体结构力的辩证整生，形成了整体的复杂性和谐，非线性和谐。从这三大结构力辩证整生的生态格局和生态关系中，抽象出不和生和的当代生态美形式，具有普遍性意义。不和生和含不同生和、相反生和与对抗生和三种递进发展的形态。

——不同生和。整体结构的各部分，俱不相似，更不相同，显示出多样的生态，呈现出杂多的格局与不和的态势。然这种简单的不和，生成了复杂的和；外部的不和，生成了内在的和；局部间的不和，生成了整体的和。不同生和，可以表述为多样生和。这种多样性，一方面表现了各自的独特性、独立性，以及相互之间的不同性与排他性，显示了张力的整生与不和的特性，另一方面，它又表现出了相互的关联性、共通性、共趋性，以及共似性和共同性，形成了聚力的整生与和的特质。这就形成了一体两面性：一面是张力，是不和；另一面是聚力，是和；两面在对生中，促进了对方的整生，实现了整体结构力的整生。这种一体两面的整生，是不和生和的图式之一。桂林山水达到了天生艺术化的境界，其审美形式，有整生化的态势。它的景观元素，丰富多样，俗称山青、水秀、洞奇、石美，可谓各不相同，张力十足，抵于整生。然这四大景观元素，同时整生了聚力，山为俊秀，水为婉秀，洞为奇秀，石为清秀，这就形成了秀的共通共趋性和共似共同性。这两种结构力的整生态对生，成就了不同生和的桂林山水美形式。

不同生和，还可以表现为非线性中和。对称与均衡，是线性的静态的中和；执两用中，是线性的动态中和；非线性中和，在不和生和的框架里，实现了对前两种中和的包含与超越。中和的结构，其结构基点，恰处中心，与两端形成不偏不倚的对等性，从而形成生态关系和生态格局的平衡。非线性中和，其结构基点，从空间尺度来看，似乎不在各部分的正中，基点周边的组分，形态尺度数量各异，相互之间好像也不匹配，这就显出了不相称性、不和谐性，构成了结构张力的整生。恰恰是结构基点与周边组分的非等距等量的不和性，生出了整体结构的非线性中和性。这其中的规律，在于结构基点与周边组分距离与数量的调配。周边组分与基点等距等量的调配与布局，形成线性中和的形式美，如果这种调配与布局，是适度的非等距和非等量，则可形成非线性中和的形式美。一般来说，离基点近，组分数量大；离基点远，组分数量小，则可实现动态平衡，达成非线性中和。像独秀峰，是桂林山水景观结构的基点，其东西南北的景观组分，距离数量均不同，这就实现了结构张力的整生，增长了不和。然正是这种不和，造就了动态平衡，实现了非线性中和。北面的景观，离基点近，然组分大，叠彩山、宝积山、老人山、遛马山、鹦鹉山、马鞍山等成团成簇，一派密集。南面的景观，离基点远，组分小，象鼻山、宝塔山、雉山体量小，排列稀疏，空灵疏朗。南北方向的景观走向了动态平衡。东面的景观，离基点近，组分松散，伏波山、七星山、穿山、猫儿山、尧山稀疏分布，然边端的尧山体量巨大。西面的景观，离基点远，组分紧凑，隐山、西山、猴山、芦笛山，比比皆是，边端的猴山为桂林石山的最高峰，与别的峰峦相近，几欲相连，有如山系。东西方向的景观形成了更复杂的平衡。这样，东西南北的景观以独秀峰为基点，构成了非线性中和的形式美，为桂林山水甲天下增添了有力的证据。

——相反生和。生态结构各组分，形成相反的形质，凸显了非和，强化了结构张力的整生。伴随张力的整生，形成了统一的形质，整生了聚力，生发了大和。较之不同生和，相反生和的生态结构，组成部分之间，在相异之中走向了相反，其张力生发，也就更为自由，更为率性，更为全面，更为彻底，整生性的程度更高，不和的特征更为突出。与此相应，结构聚力的整生与和性和质的整生也随之水涨船高，耦合并进。在桂林景观结构中，山与水是主体性要素，形姿意态相反。坚硬之山，拔地直立，一派俊秀；柔软之水，龙走蛇行，通体灵逸；两者共生了俊逸的通性，凸显了桂林景观的整体神韵。"千峰环野立，一水抱城流"，山水依依里，生发了合和的整体圆构。桂林山水形式美相反生和的格局，是自然形成的，是天态整生的，显示了大自然鬼斧神工的审美创造伟力。

——对抗生和。不同显示不和，相反更加显示不和，对抗则是不和的极端显示，是结构张力整生的巅峰状态。在对抗的顶级不和里，生发了顶级的和，结构张力与结构聚力耦合同步地走向了极致的整生。凭此，对抗生和成为不和生和的典范形态和最高形态，凝聚了生态辩证法的精魂。在人类社会中，善良如果一味地向邪恶妥协，产生不了和平；正义与罪恶对抗的战争往往生发世界的和平。在三国演义中，魏蜀吴三国鼎立，在矛盾的对抗中，实现了平衡，显示了十分典型的不和生和。拉弯到极点的弓背，与绷紧到极点的弓弦，持续地增长着对抗，持续地生发着不和，持续地整生着结构张力，同时，它也在对应地整生着结构聚力，潜在地整生着和。这两种结构力的整生，持续地生发着动态平衡。最后这两种整生的结构力，统一于或曰和于向前飞行的箭，显示了系统整生的结构力，形成了不和生和的形式美。

（二）非序长序

生态秩序性由生态稳定性、生态平衡性、生态组织性和生态结构性形成，生态非序，则是生态系统的稳定与平衡以及组织与结构的失散状态，破坏状态。非序长序，则是在旧秩序失去中生发新秩序，浅层秩序失去中萌生深层秩序，局部性秩序失去中生成整体秩序。与不和生和一样，非序是结构张力的整生，长序是结构聚力的整生，两者有着同步生发性，共成非序长序的辩证形式美。

——失旧序长新序。生态系统的发展，呈现出历史与逻辑统一、时间与空间结合的环节性，新环节的秩序在旧环节秩序的失去中生发，构成鲜明的组织间性和结构间性，显示出生态秩序的发展变化性，合乎复杂性有序的整生化形式美要求。前一个结构环节的边缘部分，具有封闭性，但其特性不符合所属环节的序性，也就是说，整个环节的结构序性在边缘部分失去了。然边缘部分又具有开放性，成为下一个环节结构序性的雏形，成为新序的发端。这就显示了失序长序的辩证生态性。像桂林景观结构的城区层次，石山拔地而起，互不傍依；清水淌玉流碧，不拘不束；一派疏朗空灵。城区边缘景观则形态气韵完全不同，东缘和北缘为土质的尧山与长蛇岭，横亘数十里，厚重沉实，南缘和西缘则为密集高耸的石质峰林，显得沉郁幽深。这种沉郁幽深是对疏朗空灵的否定，是一种景观秩序向另一种景观秩序的转换，是桂林城区景观秩序向桂林郊区景观秩序变化的中介。

——失浅序长深序。生态秩序还有深浅之分，静态的平衡、简单的稳定、直接的因果联系，是一种浅层的有序。与此相反，动态平衡、复杂性稳定、非线性的相互作用，则是一种深层的有序。深层有序是对浅层有序的扬弃。这种扬弃，是否定与生发的统一。它否定了简单的平衡、稳定与因果联系，失去了浅层的有序，实现了张力的整生。然这种浅层有序失去的同时，生成了动态的、复杂的、深层的有序，造就了张力与聚力耦合的整生，深刻地显示了非序长序的生态形式美的规律。像兴安灵渠的北渠，从分水潭流入湘江故道，七歪八拐，任意东西，毫无秩序，显示了整生的结构张力。然正是渠道的随意弯曲，舒缓了水流，减轻了下行的水力对渠堤的冲击，合乎水渠的修建规律与目的。静水流深，可以浮起重载之大船，并减弱了上行之阻力，深合通航漕运的规律与目的，这就有了深层的秩序。这种深层的有序，是水的生态规律与目的以及渠道和漕运的生态规律与目的的中和态与整生态，是在结构张力的整生中萌发的结构聚力大整生。

——局部失序与整体长序。生态结构的各部分，缺乏对称性、稳定性、平衡性与统一性，显得杂乱无序，整生了结构张力。各部分的无序，却生发了整体的有序，同样形成了结构张力与结构聚力的对应性整生，丰富与升华了生态形式美的规律。达·芬奇的名画《最后的晚餐》，其结构就是在局部的失序中实现整体长序的。画面中，耶稣端坐长条餐桌正中，十二门徒分坐两旁，本是非常有序完全对称的格局。当耶稣非常平静地说出：你们当中的一位出卖了我，立即引起了结构的震荡和原有秩序的失散。有的摊开双手表白：这个人不是我。有的左右观望：这个人会是谁呢？有的吓呆了，像木头一样立在那里，一脸茫然。有的紧攥拳头，全身愤怒，连老师都敢出卖，这还了得！有的头凑在一起，猜测谁是叛徒。犹大一脸恐慌，手死死地按着出卖老师得来的一袋钱，将头躲进了阴影里。唯有耶稣仍旧平和与悲悯。各局部的失序，起于对耶稣之言的反应，受耶稣所言的规约，这就生发了整体的有序。同时，各门徒俱不相同的失序，又像万山捧峰一样，衬托出了耶稣的泰然与超越，生发了另一种整体有序。

（三）圈生环长

生态系统逐位生发，回还往复，在良性循环、螺旋提升中，形成稳态发展的结构。圈生环长的生态美形式，抽象了生态结构的这种普遍的运行模式，也就有了坚实的生态科学的基础。

圈生环长实现了生态结构、生态规律、审美形式的三位一体，达成生态性与审美性的完备中和与系统整生。生态圈是生态系统整体生发的形式，良性循环是其运动的基本规律，是其结构张力与聚力衡性持续耦合整生的形态，是其动态平衡的机制。正因此，圈生环长，实现了生态系统基本的生态结构、基本的生态关系、基本的生态规律、基本的生态目的、重要的形式美规律的多位一体，成为生态结构整生化程度最高的形式美，成为生态形式美皇冠上的钻石。

圈生环长是结构张力和结构聚力耦合整生的集大成形态。圈生环长的结构，时刻都在发展着，变化着，生长着，提升着，自由地整生着结构张力。然这种发展、变化、生长与提升，是一种良性循环，是一种系统的深邃的生态有序，所以同时自由地整生结构聚力。圈生环长结构上的每一个生态位，处在网态往复的因果联系中，是以万生一的聚力和以一生万的张力耦合整生的结果。圈生环长结构的逐位移动，都基于结构张力与结构聚力的耦合整生。圈生环长结构的每一次循环，都是结构张力与结构聚力周期性的耦合整生。与此相应，圈生环长，把不和生和、非序长序的生态形式美包容其中，提升了动态性平衡、发展性稳定、复杂性有序等审美内涵，把各种生态有序和生态失序的审美形式，聚为自身结构的有机颗粒。这说明生态形式美是系统生长的，最高的生态形式美是一切生态美形式，乃至一切审美形式的逻辑结晶和历史发展。

圈生环长特别是立体的网态的圈生环长，是生态系统整体生发的审美形式，是最具整生性的审美形式，只有它才能表征与托载人在天中的全球旋进的甚或宇宙环升的生态系统的美。桂林山水结构，就是一个以独秀峰为原点，形成的圈生环长结构。独秀峰旋出的第一个生态圈是媚秀的水圈，由两江四湖构成；环接的第二个生态圈是婉秀的山圈，由伏波山、猫儿山、宝塔山、象鼻山、隐山、宝积山绕成；环接的第三个生态圈是俊秀的山圈，由叠彩山、七星山、穿山、南溪山、西山、老人山、鹦鹉山、马鞍山等旋成；旋生的第四个生态圈是雄秀的山圈，由尧山、奇峰镇的密集峰林、猴山一带的高大峰群、长蛇岭等圈成；圈长的第五个生态圈是崇高圈，由越城岭、都庞岭、海洋山、大瑶山等环成。这就形成了由秀而雄的圈生环长的桂林山水的整体形式美。

我曾说过，结构张力和结构聚力非线性整生的生态形式美，特别是它的高端形态圈生环长，有三个方面的显著特征：更有意味性；更具时空运动性；更富复杂的中和性。非线性整生的生态形式美为生态格局、生态关系、生态规律、生态目的、一般形式美所共生所共组，达到了真善美益宜的统一，构成了内容化的形式，有着丰厚的审美意味。一般形式美，从生态视角看，也源于对真善美益宜的生态结构的抽象与升华，但在生成的过程中，形成了审美距离，淡化了、模糊了、隐去了生态结构的丰厚意味，仅存在形式规律的意味。其作为形式本身的审美蕴含也就不及非线性整生的生态形式美了。非线性整生的形式美，是对立体环进圈升的生态格局及其所含生态规律、生态目的和相应的形式美多位一体的标举，具备共时与历时统一的特性，有着四维时空周走圈行的表征，动感与活性很强。一般形式美，主要是对共时的生态结构的抽象，是对动态结构的静态凝聚与瞬间照取，其时空运动性也就等而下之了。非线性整生的生态形式美，基于结构张力与结构聚力的耦合整生，达到了内外结构以及整体结构鲜明突出的动态中和性，构成了多种要素的共和态、共生态特别是整生态的复杂性中和。一般形式美的对称、齐一、均衡以及线性有序的生态形式美具备外部形态的中和性，然活性、深刻性、普遍性、复杂性明显不足。

凭借上述特征，辩证生长的生态美形式，承续发展和超越了一般形式美，成为形式美的当代形态和主流形态，从一个侧面表征了审美范式的转换，预告了生态审美时代的到来，显示了美生文明的发展。

第四节　艺术是意象的整生

艺术是什么？自古至今，大致有三类回答：人类对自然的模仿品；人类心灵的表现物；主客共生物。找出这些看法的共通点与共趋性，我认为，一般艺术乃至生态艺术,作为人类与世界的对生物,是意象的整生,是意象的非线性整生,是意象的自然化整生。

模仿自然,表现心灵,主客共生,或各有偏重,或独具中和,然均未出人类与世界对生之右,未脱离意象整生的框架。人类与世界对生的生态艺术观,特别是人类与世界对生所达成的意象整生的艺术本质观,也就有了普泛性,既能够解释古代艺术,也可以解释近代艺术,还可以解释现代艺术,更可以解释当代艺术。生态艺术是生态美学和当代基础美学的核心范畴,对它的内涵做如上发掘,追求了世界艺术史的通约性和全人类的适应性,有着世界艺术观和永恒艺术观的趋向性。[①]

一、生态艺术是人与世界的对生物

意象整生在天人对生中形成,生命与世界的对生物,也可看做是生态艺术简约而又普遍的本质规定。跟这一普适性的界说关联,人类出现之后的生态艺术,既不是世界纯粹的自在之物和自成之物,也不是人类纯粹的自造之物和自生之物,而是双方的对生之物。苏轼的《题沈君琴》:"若言琴上有琴声,放在匣中何不鸣,若言声在指头上,何不于君指上听。"作为一位造诣很深的艺术家,苏轼讲的道理来自艺术的实践与经验:离开了艺术家,琴仅凭自身,发不出妙音;没有琴,艺术家空有一双妙手,也出不来志在高山流水之美声;只有人与琴对应,进而对生,才会有手挥五弦的弹琴艺术,以及乐音袅袅的琴声艺术。《楞严经》卷四也说:"譬如琴瑟琵琶,虽有妙音,若无妙指,终不能发。"这些看法,均涉及到人与琴的匹配与对应,和我们提炼的生态艺术是人类与世界的对生物,是意象的整生,有着道理上的相通性。《礼记·乐记》既主张"乐由中出,礼自外作",又要求"大乐与天地同和,大礼与天地同节"[②],同

---

① 雅斯贝尔斯在《哲学自传》中,主张从欧洲哲学走向世界哲学,形成永恒哲学,使之具有世界史和人类史的意义。这显示了当代哲学纵横无限的普适性理想,生态艺术的本质追求与之有着对应性。不同的是,前者还是一种倡导,后者已在尝试实施。参见〔土耳其〕H. 哈德克·埃德姆著,金寿铁译:《雅斯贝尔斯世界哲学及其对普遍交往的意义》,《江海学刊》2011年第2期。

② 胡平生、陈美兰译注:《礼记·孝经》,中华书局2007年版,第140—141页。

样表达了艺术在天人对生中形成的思想。刘勰则说得更直接："写气图貌，既随物以婉转；属采附声，亦与心而徘徊。"① 其天人往复交融的艺术生发思想，书写得掷地有声，生动传神。可以断言：生态艺术的本原，是耦合的生命艺术家（包括人类和其他物种）与世界；生态艺术的本体，是生命艺术家与世界的对生物，是意象的整生。

人类之前的生态艺术，是一个特定的历史形态，适合用生命体与世界的对生物来解释。人类出现后，其文化和文明跟自然形成了广泛与普遍的对生，并在认知的层面，把生命体与世界的对生纳入其中。凭此，人与世界的对生物，作为生态艺术的本质规定，也就有了普泛性的意义。

人与世界的对生，成为生态艺术的简约界定，是它与所有文化与文明形态的共同本质。可以说，生态艺术是人类文化或文明的特殊形态。其原因，是它充分地占有了人类文化与文明的普遍本质，进而从中发展出了自身的独特本质：在天人对生中实现意象整生。

显示生态艺术本质的关键词是对生。事物间的对生，当以相互对应与匹配为前提，否则难以实现。拿一个收音机，拧动开关，你看不到图像，是因为它的接收功能与电视信号不对应。人的潜能与世界的潜质形成适应性，匹配性，共通性，共趋性，共成性，也就有了对应性，形成对生，自然顺理成章了。"情往似赠，兴来如答"②，就是一种凭情性的匹配与对应，形成的对生。这样的对应与对生，既是文化与文明形态的，也是审美形态的，可达成意象整生，可形成生态艺术。

人与世界的对应性，是自然生成的。自然在从无序走向有序的过程中，趋向和强化了整生性。科学家研究海岸线，发现某一国家局部的海岸线与其整体的海岸线形状相似，由此悟出了局部是整体的分形的理论，并通过广泛性的验证，上升为普遍性规律。"无论在天空还是地面，分形无处不存在。如果说英国的海岸线是一条分形曲线的话，那么地图上几乎所有的区域都是分形的"，像"美国亚马孙河的流域图，仔细观察将会发现它的每一处都和整体有某种相

---

① 周振甫译注：《文心雕龙选译》，中华书局1980年版，第181页。
② 同上书，第184页。

似的地方，即使我们一时还难以说出其中的原因，但作为分形的典型仍是十分壮观的。"① 我觉得：分形，基于世界整生的原理，是整生性的表征，是整生性的确证。世界的整体，是在以一生万中逐步形成的；世界的共通性和共同性，是在以万生一中，序态生长的；事物间、局部与整体间的同构性，是在以一生万和以万生一的双向往复中生成的，是在持续的对生中搭建的。也就是说，自然中的部分与整体，部分与部分，凭借上述三种整生，产生了自相似性，发生了分形。如此从哲学的角度解释分形的原因，尚未征求科学家的看法，仅属一己之见。基于整生原理和分形理论，人与世界的整体、人与世界的各个部分有了自相似性，生发了同一性。这就有了普遍性的相互对应的前提，有了对生的广大基础，有了生态艺术生发的可能。

人与世界的自相似性，是大致的，概略的，基础性的，要发展出专门性的对应，尚需双方的交往。人与世界同处生态系统中，相互之间，时时刻刻发生着物质的、能量的、信息的交往。凭借这种普遍性交往，双方展现了共属性对应，增强了同构性对应，发展了互补性对应，拓展了共趋性对应，生长了共成性对应。有了这些系统性对应，双方的对生，也就呼之欲出了。更为重要的是，有了这些系统性对应，也就可以通过进一步的专门性交往，形成更为具体的对应，形成更为具体的对生，构成更为具体的对生物。生态艺术，就是人与世界的一种具体的对生物，它以天人之间的系统性对应和专属性对应的统一发展为前提。

人与世界系统的具体的对应，是动态的，复杂的，变化的。生态变化，往往造成人与世界从对应走向不对应，这就需要在交往中调适，以便及时地克服不对应，尽快地调整、发展、提升双方的对应，形成可持续的非线性对应。这种调适有三种：人改变自己，适应变化了的世界，再成匹配，发展对应，是其一；人改变环境，使其适应自己，增加同构性，提高对应性，是其二；人改变世界，世界改变人，在通约性的互动中，增强与发展共通性和共趋性，增长匹配性，是其三。凭借分形、交往与调适，人的潜能和世界的潜质走向系统性与专门性统一的同构，增长了对应性，发展了对生性，人类生态艺术自当水到

---

① 童天湘、林夏水主编：《新自然观》，中共中央党校出版社1998年版，第110页。

渠成。

　　有了持续发展的系统性与专门性统一的对应，所形成的复合性与集约性对生，也就合乎生态艺术的生发要求了。这种对生，首先是双向生成，其次是在双向生成中共成。凭借对生，形成的或依生、或竞生、或共生、或整生的生态关系，成为人与世界的基础性关系，成为双方其他关系的母体与载体。具体说来，在这一生态关系中，持续生发了人与世界的认知、实践、审美等等关系，形成和提升了双方的整生关系，生发了生态艺术。在人与世界的一般性对生中，形成了生态文化和生态文明。在人与世界的系列性对生中，专门发展的认知关系，可形成生态科学；专门发展的实践关系，可形成生态伦理；专门发展的审美关系，可形成生态美学。进而言之，在对生中，基础性的生态关系分别与真、善、益、宜、美的价值关系统一，相应地形成了生态真、生态善、生态益、生态宜、生态智、生态美，构成了生态文化和生态文明的方方面面。这就既为生态文化和生态文明整体质的升华奠定了基础，也为生态艺术的出现准备了条件。

　　生态艺术作为人与世界在双向生发中的共成物，整合了生态文化和生态文明的各种元素，实现了意象整生。人类与世界首先在对生中相互生成与生长。这种对生，集结与关联了人类与世界的生态关系、认知关系、实践关系、审美关系，是一种既系统化又专门化即集约化的相互生成。正是在这种相互生成中，人逐步地生发了生态审美意识，逐步地提升了生态审美力和生态造美力，逐步地变成了生态艺术家；与此相应，世界凸显了生态审美特征，增强了生态审美向性，提高了生态艺术潜能。也就是说，在相互生成中，人与世界同步生长了生态艺术创造的潜能与潜质，对应地创造了生态艺术的形成条件。当这种双向生成达到一定程度，人与世界的生态艺术创造潜能与潜质，走向稳定的集约的对生，实现了意象整生，共成了生态艺术。

　　人类生态艺术成了生态文化和生态文明的审美化整合物，跟一般的生态文化、生态文明有了紧密的联系与鲜明的区别，跟生态文化和生态文明的其他形态，诸如生态哲学、生态科学、生态技术学、生态政治学、生态经济学、生态宗教学、生态伦理学等等，产生了共生和整生关系，形成了生态艺术向后者延展与后者复合的内在依据，意象整生随之提升。

生态艺术，大致有两种。一种是人与世界的对生情状，叫做行为生态艺术和身体生态艺术。它属于生活场景化的生态艺术，实践情景化的生态艺术，现实活动化的生态艺术、自然生存化的生态艺术。它存于人与世界对生的时空，随对生的始终而始终，随时空的转换而延展。另一种是人与世界的对生物，它一旦形成，可以脱离对生，成为独立存在的文本，成为永恒传承的文本。一般来说，后一种生态艺术更为精纯，可以成为前一种生态艺术的样态，引领前一种生态艺术，走向生态文化，走向生态文明，走向整个生态系统，走向整个地球和宇宙，递进地生长生态审美性，达成生态艺术最大疆域的整生化。

二、绿色意象的整生

在形成生态艺术时，人与世界的对生，有着复合性和整一性。生态艺术的本质，也就可以进一步地表述为：人与世界的整生物。正是这一界定，导致生态艺术与同为人与世界对生物的其他文化与文明，显示了分野，凸现了更为明确与具体的本质规定。这就使得生态艺术成为生态文化和生态文明的集中形态和典范形态，并与生态文化和生态文明的其他形态，形成了两个方面的差别：一个方面是价值的整生性差别，另一个方面是对生物的整生性差别。就第一个差别来看，其他生态文明和生态文化的价值凸显了分门别类性，生态科技偏于生态真的价值，生态伦理偏于生态善的价值，生态工程偏于生态益的价值，生态休闲偏于生态宜的价值，生态哲学集于生态智的价值，生态艺术则凸显了真善益宜智美的整生性，赋予了上述诸种价值的生态审美性，形成了通约性价值，形成了整生化的价值结构。这就与其他的生态文化和生态文明形态有了鲜明的分野。再从对生物来看，生态科学、生态伦理学、生态技术学、生态政治学、生态经济学、生态休闲学、生态哲学等等，主要是一种或真、或善、或益、或宜、或智的理论形态，即各种各样的意义形态，形成的是抽象的范畴结构和概念系统。生态艺术的诸种意义、诸种情感、诸种趣味、诸种风神、诸种韵致，都生于、存于、活于景中和像中，实现了各种审美元素的整生化。这种整生的结果，是形成了生态审美意象。欧阳修《赠无为军弹琴李道士》说："弹虽在指声在意，听不以耳而以心。心意既得形骸忘，不觉天地愁云阴。"从他所讲的体验，可以看出，在心与物的对生交融整合中，可以自然而然地整生出艺术审美意象。至此，我们可以对生态艺术做出一个更为具体的界定：人与世界整生的绿色审美意象。

整生，主要表现为多维的中和。人的绿色审美潜能与世界的绿色审美潜质在对生中形成中和，达成绿色意象的整生，生发了生态艺术。生态艺术家的绿色审美趣味和相应的艺术才智，在中和化当中整生为绿色审美潜能。就绿色审美趣味来说，它是由艺术家的绿色审美欲求、嗜好、态度、标准、理想依次生发，进而环回旋进而整生的。这多维中和的绿色审美趣味，有着艺术家本身不可重复、不可替代的个体性，也有着他所属阶层的特殊性，所属民族、国家与时代的类型性，所属性别、种族的普遍性，所属人类的整体性。这诸种层次的趣味，同样在双向生发中，形成了超循环发展的整生。跟这种趣味相对应的艺术才智，也是中和化整生的。在独具胆、识、才的基础上，艺术家中和生发的绿色艺术创造力，由相应的艺术概括力、艺术灵感力、艺术虚构力、艺术幻想力、艺术造型力、艺术表现力等等构成，并凭借与所属生境、环境、背景的关联，其个别性与特殊性、类型性、普遍性、整体性有了双向生发，进而在超循环中，形成了动态中和的整生结构。由上可见，人的绿色艺术潜能，是在以万生一中形成的，因而是整生的；是以一含万的，也是整生的；是万万一生和一一旋生的，更是整生的。[①] 生态艺术家的这三种整生，在本原上使生态艺术的整生性，既包含了艺术的典型性，又超越了典型性，显示了生态艺术规律的深化与升华。

生态艺术本原耦合结构的另外一个方面——世界，也是一个实在的整生结构，显示出相应的绿色审美潜质。世界的个体，特色独具，众彩纷呈，有着不可替代与不可重复的个别性，而这种独特性，又处在以万生一和以一生万的网络化对生中，形成了兼容性，相生性，共通性，共趋性，同进性，共成性，构成了非线性有序，生发了动态性平衡，实现了万万一生的中和化整生，形成了绿色审美潜质的整生性。世界的整体，从生态无序中走向自发的

---

① 参见袁鼎生：《比较文学与比较美学生态范式的发展》，《吉林大学社会科学学报》2011年第1期。

生态有序，自然而然地形成了审美潜质，在经历了历史的反复与反思后，可望在人类文化特别是审美文化的绿色自觉中，走向社会、人类、文化、自然的中和，达成四者耦合序进的超循环，形成最大空间尺度和最大时间跨度的整生性，当可形成品高量丰的整生态绿色审美潜质，以实现对原生态审美潜质的超越。

基于人的绿色审美潜能的中和化整生性和世界绿色审美潜质的中和化整生性，双方的对生，自然是中和化整生的，他们整生的结果——绿色意象，也自然会是中和化整生的。绿色意象的整生性，首先在于它是生态全美的绿色审美理想的实施与实现。在行为生态艺术和身体生态艺术中，绿色意象的整生是生态全美理想的实施，是一种实际性实现；在物化和物态化的生态艺术中，绿色意象的整生是生态全美理想的想象性实现。这样，绿色审美意象，也就成了生态全美的意象，其审美整生性，也就向最广疆域拓展了。绿色审美意象与生态全美意象同一，凭借的是绿色中和的整生化机制。艺术审美生态化，即艺术疆域向生态疆域逐级推进，实现生态系统审美化，是绿色审美意象走向生态全美意象的途径；生态审美艺术化，即生态系统实现审美化之后，进而逐步进入生态艺术化的境界，这当是生态全美意象提升审美质的方式；艺术审美生态化和生态审美艺术化的耦合并进，达成生态审美的量域和艺术审美质域的同步生发，形成了绿色中和的审美整生化机制，促进了绿色审美意象与生态全美意象质升量长的动态同一。①

绿色中和的审美整生化机制，还促使与生态全美意象动态同一的绿色审美意象结构，走向了更高境界的整生。绿色审美意象由景与象的绿色形貌，和情、意、趣、韵的绿色蕴含构成，是一个多元整生的结构。这一结构，经过绿色中和的整生化运动，走向了复杂性有序的整生。首先，是绿色的景、象、情、意、趣、韵之间的对生，使得绿色审美意象的各种元素，既保持与发展了自身的独特质，又兼有了他者质、众者质、整体质，这就实现了绿色审美意象各局部的整生化，提升了整体的中和化整生。再有，绿色审美意象的各部分，

---

① "生态美学三大定律的论述"，见袁鼎生《生态艺术哲学》，商务印书馆2007年版，第1—11页。

即景、象、情、意、趣、韵等等，均是取一于万和收万为一的，形成了和包蕴了整生。正是这层层递进的整生化，使绿色审美意象进一步实现了山蕴海涵。

　　绿色中和的审美整生化机制，还使山蕴海涵的绿色审美意象，走向了更高境界的价值整生。首先，其绿色的真善益宜智美的价值元素，在对生中，走向了审美中和化的整生。其生态真，成为绿色之真美，其生态善，成为绿色之善美，其生态益，成为绿色之益美，其生态宜，成为绿色之宜美，其生态智，成为绿色之智美，这就形成了绿色审美价值蕴含的集约与整生。其次，绿色审美意象在与生态全美意象的动态重合中，形成了持续增长的绿色价值整生和绿色审美价值整生。具体言之，其生态真，成为生态之大真和生态之至真，其绿色之真美，相应地成为生态大真之美，生态至真之美；其生态善，成为生态之大善和生态之至善，其绿色之善美，相应地成为生态大善之美，生态至善之美；其生态益，成为生态之大益和生态之至益，其绿色之益美，相应地成为生态大益之美，生态至益之美；其生态宜，成为生态之大宜和生态之至宜，其绿色之宜美，相应地成为生态大宜之美，生态至宜之美；其生态智，成为生态之大智和生态之至智，其绿色之智美，相应地成为生态大智之美，生态至智之美；这就形成了真善益宜智美至大至全至绿的价值整生，进而形成了真善益宜智美至大至全至绿的审美价值整生。绿色审美意象凭此而整生无限、蕴含无穷、价值无边。

　　在与生态全美意象的动态重合中，绿色审美意象走向了系列化、群落化的中和，整生化空间得以无穷无尽地展开。中国传统的诗学主张：言有尽而意无穷，追求象外之象，味外之旨，景外之景，弦外之音。海明威的小说理论，也有著名的冰山原则，露出海面的视而可见的只是冰山之尖，仅为十分之一，藏在海中的想而可见的，多达十分之九。这种审美意象的整生化，在生态艺术的绿色审美意象中，更得到了大时空的拓展。海德格尔对壶的分析，就有着由壶及它的序列化整生性。他指出："壶之壶性在倾注之赠品中成其本质"，"在赠品之水中有泉。在泉中有岩石，在岩石中有大地的浑然蛰伏。这大地又承受着天空的雨露。在泉水中，天空与大地联姻。在酒中也有这种联姻。酒由葡萄的果实酿成，果实由大地的滋养与天空的阳光所玉成。在水之赠品中，在酒之赠品中，总是栖留着天空与大地。但是，倾注之赠品乃是壶之壶性。故在壶之本质中，总是栖留着天空与大地"。① 在海德格尔眼里，壶的审美意象，通过生态关系，关联天地神人，形成了整生无限的审美空间。海德格尔还从凡·高的一幅描绘农妇之鞋的画里，看出了审美意象的整生性："从鞋具磨损的内部那黑洞洞的敞口中，凝聚着劳动步履的艰辛。这硬邦邦、沉甸甸的破旧农鞋里，聚积着那寒风陡峭中迈动在一望无际的永远单调的田垄上的步履的坚韧和滞缓。鞋皮上沾着湿润而肥沃的泥土。暮色降临，这双鞋底在田野小径上踽踽而行。在这鞋具里，回响着大地无声的召唤，显示着大地对成熟的谷物的宁静的馈赠，表征着大地在冬闲的荒芜田野里朦胧的冬冥。这器具浸透着对面包的稳靠性的无怨无艾的焦虑，以及那战胜了贫困的无言的喜悦，隐含着分娩阵痛时的哆嗦，死亡逼近时的战栗。"② 在海德格尔的阐释中，鞋与壶一样，作为生态艺术的审美意象，有着连锁反应般序列化拓展的无限整生的审美时空，可次第显现无边无际的审美世界。海德格尔对具体艺术文本审美意象的整生化阐释，当基于生态艺术一般的绿色审美意象与生态全美意象的动态耦合与重合的大中和、大整生。

三、绿色意象的非线性天生

艺术审美生态化和生态审美艺术化的耦合并进，在持续的非线性展开中，可走向质与量的最高整生境界，即艺术审美天生化。与此相应，人的绿色审美潜能和世界的绿色审美潜质，走向了天态对生。这就形成了生态艺术的更高本质：人与世界非线性天态整生的绿色审美意象，抵达了意象整生的极致。与此相应，生态艺术有了自己的最高样式——天生艺术，有了自己更具体的本质规定——绿色意象的非线性天生。

决定生态艺术品质的主要元素有四个方面：整生化、自然化、绿色化和审美化。这四个方面质与量的最高境界均是天生态，这四者最佳的统合形态或曰四位一体的高端耦合形态也呈天生态。这种天态统合，或曰天态整生，既发生

---

① 孙周兴选编：《海德格尔选集》（下），上海三联书店1996年版，第1172—1173页。
② 孙周兴选编：《海德格尔选集》（上），上海三联书店1996年版，第254页。

在人的绿色审美潜能中，也发生在世界的绿色审美潜质中，还发生在双方的对生中，更发生在他们的对生物——绿色审美意象中。也就是说，天生，成了生态艺术普遍性的最高品质和核心品质，成了生态艺术最高的生发机制，成了生态艺术理想的生发样式。

绿色审美潜能的非线性天态整生。艺术家整生的绿色审美潜能，走向天态发展的境界，有一个辩证的过程。艺术家的创作个性，是其艺术生命的本然流露，是其艺术天资的本然显现，是其艺术禀赋的本然生发，有着原生的自然性。这种原生的创作个性，走向自足的生发，即艺术天性、天资、天赋的全面生发，是谓整生。进而，它走向自律自觉的生发，即既合乎生态规律与目的又合乎审美规律与目的的生发，也就是合整生规律与目的的自由生发。再而，它走向如康德所说的无规律的合规律、无目的的合目的生发，实现了绿色艺术个性"随心所欲不逾矩"的天然挥洒，走向了合乎生态辩证法的天态整生境界。艺术家的创造个性，经由自然——自由——天然的发展规程，所达成的天态整生，既超越了原生态的自然，又超越了整生化的规范所指向的自由，是一种非线性螺旋发展的天然，即人的自然化后的天然。这样的天然，才可能达到艺术个性的天放境界。庄子讲的"逍遥游"境界，与此相似，然也是辩证生发的。人秉道性，天资自然，尔后剔除玄揽，以天真之道心观道，在把握各种各样的"以鸟养养鸟"后，通识整生之道，即"蹈乎大方"，走向与道同一的超然与逍遥。这当也是一种绿色艺术个性无法而至法的天然与天放。

绿色审美潜质的非线性天态整生。世界的绿色审美潜质的走向天态，也有一个螺旋发展的过程。世界万物依乎本性的生发，合乎自身的规律与目的，合乎物种的规律与目的，合乎生态系统的规律与目的，合乎自然规律与目的，这就在自发的自律中，特别是自发之自律的递进中，形成了天态整生的审美潜质。加拿大环境美学专家卡尔松提出"自然全美"的观点，其依据也不外乎自然的自律所生发的有序性。人类社会系统从自然界生发出来以后，世界万物的生发，受到了人类文化和人类文明的影响，成为自律与他律的统一，成为自发与自觉的结合，形成了天态与人态整生的审美潜质。世界天态与人态交互发展的整生，有一种天化的终极向性。起初，形成的是人态同于天态的整生；进而，形成人态同化天态的整生；再而，形成天态与人态耦合并进的整生；最后，形成人的自然化与天的自然化同构的整生，或曰人的天化和自然的天化同构的整生，这就在更为复杂的非线性运动中，构成了世界绿色审美潜质的天态整生。

上述天生化的二者，形成了非线性的过程性对应，形成了辩证性的序列化对生，最终达成超越原生态自然对生的天态对生，或曰天生。换句话说，就是人与世界以天对天的相生与共成。以天对天的相生，指的是绿色审美潜能与绿色审美潜质的相互生发。在相互生发中，双方均提升了天态整生质，拓展了天态整生域，促成了绿色意象的非线性天生。

双方天态整生质的相互提升，主要体现在潜能整生和潜质整生的自然化方面。人的绿色审美潜能的天态整生，是一个非线性的自然化过程，即从审美潜能的自发整生，走向审美潜能的自觉整生，旋回审美潜能的自然整生。与此相应，世界绿色审美潜质的天态整生，也是一个非线性的自然化过程，即从原生态的自然审美潜质的整生，走向人化自然的审美潜质的整生，旋回人的自然化和于天的自然化的审美潜质的天态整生。在天态对生中，这两个非线性的自然化过程，是交织在一起的，显示了双方逐位相互促成、耦合并进的天态整生规程。正是这种人与世界序列化的耦合对生，最终在自然至绿和自然至美的平台上实现了绿色意象的天生，创造了天生艺术，创造了生态艺术的最高形态。

上述人与世界序列化的耦合对生，还在自然至大至奥的平台上形成了绿色意象的天生，天生艺术也就同时成了最大形态的最远纵深的最广疆域的生态艺术。人的审美潜能的自足生发以及合整生规律与目的的自觉生发，使其生态足迹走向自然，走向天域，这就极大地拓展了他与世界绿色审美潜质对生的空间，创造了逐步在自然时空中生发生态艺术的人类条件。世界从自然化走向人化再到自然化，绿色审美潜质遍及自然，形成了不断在自然时空生发生态艺术的世界条件。当人与世界量的自然化的对应与对生，持续推进，可望在整个地球乃至宇宙，形成绿色意象，生发天生艺术。人与世界自然化的持续对应与对生，是量与质耦合的，真正的天生艺术，在生态性与审美性的结合上，实现了天质天量的一致，显示出意象的天生化。

人与世界的自然化对生，共成了天质天量的审美意象，意象整生臻于极致，生态艺术也就登上了天生艺术的最高平台，形成了最高的本质规定性。审美意象的天质性，主要从三个方面体现出来。从整体看，天质审美意象，是人与世界以天合天的结果，它虽然是人与世界共成的，然人已自然化，看不见人工的痕迹。它虽不是原生的天然，但确胜过纯粹的天然，是一种理想的天然，是一种至美至绿的自然。从各部分看，组成审美意象的景、象、情、意、趣、韵等，均凝聚着人与物的本性，是人与物生命本然的化合，是宛如天成的，又胜过天成。天成之物，本属独特，像树木的叶子，人的指纹，都因出自本然，而独一无二。基于自然又胜于自然的审美意象各元素，更是不可重复的，可达成独创与原创统一的天生性。审美意象及其各部分，其独一性所包含的特殊性、类型性、普遍性、整体性，也是人与世界逐层拓展的以天合天的结果，是不同平台与等级的天然性与不可重复性的统一。这就达成了审美意象天质性的系统生发，并显示了审美意象天质性与天量性的关联性生长。或者说，它的天质性，也有着天量性的生长。天质审美意象的天量性增长，还指它的联类无穷。在天质审美意象的前后左右上下，潜连暗接着相关相似的天质审美意象群、群落、群团、群系，达成了天量的增殖，实现了"以少总多，情貌无遗"。[①] 审美意象天质天量的耦合生发，还显示了生态艺术在走向天生艺术的高级阶段后，向整个自然界覆盖的趋向。当这一天到来后，自然也就实现了至绿与全绿、至美与全美的统一，生态艺术本质的非线性系统生长也就走向了极致。

非线性整生，形成了生态系统的复杂性有序格局，生发了生态系动态平衡、动态稳定、动态中和的辩证品质，是生态与艺术耦合发展的理想形态。绿色意象的天态整生或曰自然整生，是生态艺术的最高质点。通向它的是一条天人非线性耦合的路径，包含着网络生态辩证法，显示了超循环的规程。从一般的美是整生，到生态艺术的意象整生，再到绿色意象的非线性天生，显示了美与整生的耦合生长性，确证了生态艺术既是生态美的发展高点，也可成为一般艺术发展的高位。

---

① 周振甫译注：《文心雕龙选译》，中华书局1980年版，第181页。

四、生态艺术谱系的超循环整生

生态艺术,作为非线性整生体,是审美性与生态性统一的形象、事物、场域。它源远流长,最早,可以追溯到植物和动物自然天成的生命艺术。当然,人类的生态艺术,从神话始。神话,生命意识浓郁,审美地探求生命发源的特征突出,可以看做是表征世界与人类生发的生命艺术。按马克思的看法,神话既是人类童年时期的艺术典范,又是发育其后艺术的土壤。神话中的生命艺术,也就成了生态艺术的元点,成了生态艺术谱系的宗主。

从生命艺术的元点出发,生态艺术历史地逻辑地展开了自身的谱系,形成了超循环的规程,显示了非线性整生的轨迹。审美性与生态性统一的美生,仅是生态艺术概略的大致的本质规定,当各种具体的生态艺术相继生发,最后形成生境艺术时,这一本质规定也就相应地走向了具体,走向了系统,即形成了真善益宜智美的整生化内涵,显现了审美整生的图景。

(一) 元生态艺术:生命艺术

生态辩证法认为,生态与生命互为因果。生态基是元生态,是产生生命的元点,是形成生命的条件。原始生态条件形成的生境,可以看做是孕育生命的生态基。生命出现后,既确证了元生态,又成了其后生态发展的基点与起点。离开生命的生发,无所谓生态,更不会有生态系统。有了生命,才会形成生态观,才会把一切现象,包括非生命事物和非生态系统,看成活态,使其具有生态意味。与此相应,生命艺术也就走进了生态艺术系统,成了生态艺术的最初样式和最初形态,并规约了其后生态艺术的发展。

植物和动物自然天成的生态艺术,其基点也是生命艺术。花是植物的生殖器官,也是植物最美的部分。开花是植物最美的时节,最好的生态,也基于生命力的最佳绽放,基于生命与世界的集约化对生。离开强盛生命力的基座,构成不了优良生态,也就无所谓生命艺术。植物的花朵开得越鲜艳越香甜,越能吸引昆虫,越能实现最优雄株向最优雌株的授粉,绽放生命艺术的奇葩,缔结生命艺术的硕果。植物之果越鲜艳饱满香甜,鸟类越喜欢吞吃,通过粪便排泄,把优良的种子传播到更广更远的地方,拓展更美的生命艺术场域,生发更优的生态艺术群落。动物的审美一般在雌雄之间展开。达尔文说：雄性动物展示其美的"各种机关"，"生殖时节乃臻发达。诸雄类被阉割后，此等机关即失去或永不发达"。[①] 他揭示了动物的生态艺术之源、生态审美之源与生命之源的同一性。植物和动物的生命艺术，统一了审美与繁衍，其价值与功能均指向物种的优化和生态的进化，在育生价值的增加中，生发出更为丰富多彩的生态艺术。

人类生态是一般动物生态的继续与发展。人类生态艺术的元点，也是生命艺术。壮族的核心神话——花婆神话确证了这一点。

一个民族的精神生命从神话开始。这乃因为：神话是人类艺术的起源形态；涉及世界、人类和族类起源的神话，是神话之始，是神话之心，进而演化出其他神话，形成神话系统，有了生态谱系性；神话在总体上有了十分突出的生态和生命的解读特征，可以称之为生命艺术。壮族的花婆神话就如是：一个在宇宙中滚动的气团，裂为三块，上者为天，下者为水，中者为地。地上长出一朵花，从花中生出壮族女性始祖米洛甲，故称其为花婆。她和尿团泥造人，付其杨桃者成为女人，付其辣椒者成为男人。在花婆神话中，花与人耦合对生：花种、花芽、花枝等生态历程，表征人的生命规程；进而耦合环升：人伴花而生，随花而长，人死归入花山。花婆神话有自然、社会、神、人的生态和谐之美：自然创生神，神生发人，进而调节人、社会、自然，构成世界良性的生态循环，显示出宇宙整体的生命艺术。

花婆神话想象性地解答了人的生命从何来、向何去的"天问"，艺术地展示了大地育生花婆，花婆育生人，人形与花魂共生共长共荣，人死花魂归于花山，与花婆同在的情景，显现了完整的人与花同生的规程。人来自花婆，又归于花婆，象征了人从自然来向自然去的生态循环大道。这种同生范式，显示了生命艺术的审美逻辑与生态逻辑的统一，实现了审美规律与生态规律的耦合，初成了生态艺术的本质规定。

神话中的生命艺术，有着生态艺术的原型意义。花神崇拜，有依生性；百花争艳，显竞生味；花人耦合，呈共生态；自然、花婆、社会、人四位一体超

[①] 〔英〕达尔文著，马君武译：《人类原始及类择》第9册，商务印书馆1930版，第44页。

循环，成整生格局。这样，它包含了依生、竞生、共生、整生艺术的因子，可历史地逻辑地生发出生态艺术的完整谱系。

神话中的生命艺术，有着浓郁的大地伦理情思，有着悠远的生态伦理意义，生成了巨大的育生价值。这种价值，已有真善美统一的雏形。花婆神话对生命由来的揭示，不一定符合具体的事实，然其认定生命之源在于大地，却在一种想象的逻辑里，艺术的理性中，显示出至真的生态，有着生态艺术的真实性。善从真出，凭真生善，倚真长善，花婆神话的生态伦理之善，也就从生态大道之真中生长出来了。人根于大地孕生之花，这是大地伦理之善；起于花婆的缔造，这是亲伦之善；花婆叉开双腿，成为岩洞，让人和其他生灵蔽风雨于其中，这是佑生之善；人死回至花山，这是归宗之善。凡此种种，均属育生的天伦之善。遵循真，趋向善，生成美，这是审美发生的规律，更是生态艺术的生发规律。从生到死，人与花耦合，显示出真善美耦合的生命历程，彰显了生命艺术多样统一的育生价值，突出了人与世界对生以实现意象整生的生态艺术的本质规定。

生命艺术的育生价值具有普适性：一个民族的创世神话，首先，缔结了该民族的生态谱系之宗，成就了该民族精神生命的元点，不断地生发了该民族的生态伦理价值，促进了该民族内部的生态和谐。其次，它还一般地解释了人类的由来和世界的生成，具有普遍的育生意义。像在花婆神话系列中，米洛甲既是壮族的祖先，也是其他民族的共同祖先，潜含了各民族的共生与整生的意识，促进了族际的生态和谐。壮族自古至今，和各民族的关系亲和，当与这种同生的集体记忆有关。在壮族的生态谱系中，祖先从花而出，花为大地育生，大自然成了人类的至宗与始祖。这就标志了大自然最终的育生价值，激发了壮族乃至人类对大自然的亲情，有利壮族与自然乃至人类和宇宙的生态和谐。

从以上的个案分析中可以看出：神话中的生命艺术，有着生态艺术元点的意义。它包蕴了生态价值结构的所有元素，即真善益宜智美俱全，有着意象整生的品质，初成了生态艺术的本质规定，可以派生出维生、乐生、益生、宜生、美生的价值谱系，可以历史地逻辑地延展出生态艺术的其他形态。

(二) 生存艺术

生存，是生命的延续状态，是生命的内在要求。生存艺术在生命艺术之后产生，合乎生态艺术的生发逻辑。生存艺术服务于生命存在，满足维生的基本需求，是审美的愉悦性服务于生存的功利性的生态艺术。在古代社会里，人类生存维艰，生产活动需要文化活动的支撑与参与，形成更好的效能，方能维系生命的延续。这样，生存艺术的出现，也就有了历史的必然性和现实的必要性。生存艺术主要有三种形态：第一种是祭祀艺术，第二种是魔法艺术，第三种是劳动艺术。祭祀艺术活动，是宗教祭祀和图腾崇拜活动的重要内容，承担着在审美活动中通神（祖）、悦神（祖）、求神（祖）的任务，直接指向生产的功利目的。像《礼记·郊特牲》：

> 土返其宅，
> 水归其壑，
> 昆虫毋作，
> 草木归其泽。

在腊祭活动中，人们以此歌舞愉悦谷神，并求之帮忙，让土粒回到堤上去，洪水流到沟壑中去，以免淹没庄稼；不让昆虫吃禾苗，不使田中生杂草，以实现来年的风调雨顺、五谷丰登。图腾崇拜中的祖先崇拜和生殖崇拜，以艺术的形式传达了人类生生不息的要求，以期产生相应的效应，直接指向自身的生产目的。魔法艺术的生态功利目的更加显而易见。鲁迅先生说过："画在西班牙的亚勒泰米拉（Altamira）洞里的野牛，是有名的原始人的遗迹，许多艺术史家说，这正是'为艺术的艺术'，原始人是画着玩玩的。但这解释未免过于'摩登'，因为原始人没有十九世纪的文艺家那么有闲，他们画一只牛，是有缘故的，为的是关于野牛，或者是猎取野牛，禁咒野牛的事"。[①] 这种跟通神关联的咒兽，我少年时在广西北部山区见过。桂北山民狩猎前，在祭坛前摆鸡鸭和时鲜蔬菜供神，并配合歌舞通神与悦神。这些供品既不是狩猎者自家种养的，也不是花钱购买的，而是偷来的。他们专门选择那些小气刁蛮而且骂人特别凶狠阴毒的人家去偷，还顺便把他们的鸡窝鸭棚以及菜园之门搞坏，以期

[①] 鲁迅：《门外文谈》，《鲁迅全集》第6卷，人民文学出版社1958年版，第68—69页。

激起被盗者的臭骂、恶骂、毒骂与咒骂，从而把霉气与灾祸转嫁给野兽，产生巨大的魔力，使野兽难逃被猎获的命运。劳动艺术是与劳动结合并为劳动服务的艺术。鲁迅先生在谈艺术起源时，曾经风趣地说：原始人抬木头，一人喊"吭唷"，其他人同声应之，这就是"吭唷吭唷派"。普列汉诺夫也讲：在原始社会里，每种劳动都伴有相应的歌。歌的节拍与劳动的节奏一致。对这种一致节奏的感应与选择，达尔文认为决定于动物"神经系统的一般生理本性。"[①]普列汉诺夫则认为这"决定于一定生产过程的技术操作的性质，决定于一定生产的技术。"[②] 我认为，他们讲的都有道理，且有共同的功利指向性。这种劳动艺术，一是用艺术节奏组织劳动、协调劳动，提高了劳动效能；二是在审美愉悦中，激发生理潜能，减轻劳动疲劳，延长劳动时间，增强劳动效益。这就多维地发挥了艺术为生存服务的作用。还有一种被称为游戏的艺术，也有着生存功利的指向性。原始人晚间绕篝火起舞，再现白天猎获野兽的过程，总结和传授劳动的经验。中国文学史上最古老的《弹歌》："断竹，续竹，飞土，逐肉"，简述了制弓打猎的工艺，也当是为传授劳动技术而作。

生存艺术通过娱神和娱人，以提高劳动和自身生产的效率，实现生存与发展的生态目的。生存艺术由宗教艺术经由魔法艺术，走向劳动艺术，实现了由娱神向娱人的转换。

从上可见，生存艺术是尚未走向独立的生态艺术，处在依生之美的框架里。它或在娱神中娱人，或直接娱人，不乏审美价值，然这只是价值手段，不是价值目的；它的功能是提高生产效率，保障人的生存，其审美性依生于、服从于功利性。这可以从壮族的生存艺术经典花山崖画中看出。

广西宁明的花山崖画有多种主旨说：人像做蛙状，为祈求丰年而作；画像为红色，有希望生命力强盛之意；有狗随人，表征了狩猎成功的要求；有车的图形，含战场取胜的心愿；有红圈似日、人像如鸟欲飞，蕴逐日问天之旨。这种种看法，形成了争论。我认为各家之言，并不矛盾，它们有一个共同的指

---

① 见王秀芳：《美学·艺术·社会——普列汉诺夫美学思想研究》，河北人民出版社1987版，第71页。

② 〔俄〕普列汉诺夫著，曹葆华译：《普列汉诺夫哲学著作选集》第5卷，生活·读书·新知三联书店1984年版，第339页。

向：以艺术的方式，祈求生存与发展，服务生存与发展。

崖画可能不是一时形成的，更可能是众人创造的结果，然有统一的风格与基调，有相和的旨趣跟意蕴，当有共通的审美意识在规约。画幅的显要位置，有一个高达 2.4 米的人像，作蛙状，成祈祷样。这一点睛之笔，奠定了天人相通、天人相和的绘画主题，其他部分可以看做是它的延展与分形，是不同形态与内容的天人相通、天人相和。这是壮族先民以艺术的形式，进行的永久性祭神，以祈求神灵永久保佑，实现生存自由与生存和谐的目的。

花山崖画以狂歌劲舞的画面，表现了神人共欢、神人同娱的情景。这就在神人相悦中，显示了壮族先民对神和祖先的依生。这种依生，既是宇宙观、生态观方面的，即哲学上的依生观念；又是宗教形态的、巫术形态的，即文化上的依生意识；还是生态维度的，即实在的依生关系，更是审美侧面的，即谦和的情性趣味。这就形成了天态的意象整生，显示了生存艺术的本质规定性。

生存艺术，重点显示了生态艺术的维生价值侧面和价值生发规律。生态艺术的价值形态对应于生态艺术的类型。生命艺术主要形成育生价值，生存艺术相应地形成维生价值。这种维生价值，有两方面的特点。一是结合着审美愉悦；二是延展了生态和谐。生存艺术虽然是"为功利而艺术的"，直接满足的是人的物质生存的需要，直接服务的是人的生命延续，但也同时快悦了人的身心，形成了综合的生态审美价值，体现了生态艺术综合性的价值特征。在这三元统一的价值结构中，维生的物质价值是核心，是主导，快身的生理价值和悦心的精神价值处于从属的地位，是依从依存维生价值的，是维生价值的附带部分。这样，它的价值特征，既区别于纯粹艺术，也不同于其他生态艺术。生存艺术的"为功利而艺术"，是通过神人相和与人物相和的意象整生来实现的，这就在维生价值的实现中，拓展了生态和谐的价值。在生存艺术中，人与神相和跟人与物相和既是形成物质功利，实现维生价值的机制，同时也是达成天人和谐的中介。在先民的意识中，天、地、物、神、人，达成了统一，实现了意象整生，也就形成了整体的生态和谐，当有利于人的生存，有巨大而持久的维生意义。而祭祀艺术、魔法艺术以及劳动艺术所构成的神人相和与人物相和，是天、地、神、人、物走向统一的桥梁，是实现大自然生态和谐的机制。这样，生存艺术的维生价值，也就从有利人的生存，走向了整个大自然的和谐生发。大自然的和谐，是人的和谐存在的前提与基础，是人的生命健康地快乐地美好地延续的生境、环境与背景，它的利生价值远远超过了具体的物质功利的维生性。再有，大自然的和谐，不仅利于人的生存，更利于整体生态结构中的天、地、神、人、物的生存，这就极大地拓展了提升了维生价值。还有，这种整体生态系统的和谐，在利生中生发了美生，从而使维生价值在更大的生态范围、更多的生态维度、更高的生态平台成为生态审美价值。这说明，生态艺术的各种具体形态，不仅是对普遍本质的分形，还分别从不同的维度，深化了系统的本质规定性。凭此，生态艺术一边走向形的分化，一边走向质的深化，一边走向质的积淀，一边走向质的升华。像生存艺术，分有了生态艺术的审美维生性，积淀了此前生命艺术的审美育生性，深化了审美利生性，升华了审美和生性，多维地拓进了审美生态性，增长了意象整生性，成了生态艺术一般本质的发展形态。

（三）生活艺术

艺术化生活是人类的理想，也是现实，是社会文明的必然走向。生活艺术是艺术的生活化和生活的艺术化的结合，是日常生活与艺术审美的统一，这就实现了意象的中和整生，进一步发展了生态艺术的本质。这种发展，是以纯粹艺术的出现为前提的。

由生存到生活，是生命欲求的提升，是生命质量的提高，更是生态平台的发展，特别是生态自由的增长。与此相应的生活艺术，也就成为高于生存艺术的生态艺术。育生，是生命的形成，是生态的开始。生存，既是生命的延续，生态的展开，也是生命的本能，生命的基本要求，生命的基本宗旨，还是基础的生态活动、生态现象、生态价值。可以说，生命活动的目的首先指向生存，生态系统首先承载生命的存在，生境首先保障生命的需求，生态环境首先支撑生命的延续。生活，是人的生存需求得到保障后的自在状态、自为状态、自足状态，是人的本质和本质力量自主实现的状态。显而易见，生命的主旨是生态自然，生存的主旨是生态和谐，生活的主旨是生态自由。与此相应，生命艺术是生态天成的艺术，生存艺术是生态和谐的艺术，生活艺术是生态自由的艺术。

凭借纯粹艺术的先导，生活艺术脱离了对功利的直接依附，再与其相生互长，从而使生态艺术的审美价值与生态价值形成了平等的生态位，构成了共生关系。这就实现了对纯粹艺术与生命艺术以及生存艺术的双向承接与辩证中和，实现了意象的平衡整生，从而促进了生态艺术的本质发展。

在人与自然构成的生态系统中，其结构关系，从原初的同生形态，经由依生形态，走向竞生形态，有着历史和逻辑的必然。远古，天人未分，人是自然的一个部分，形成了天人同生的关系。其后，人从自然中走出，将自己与其他自然物区分开来，由于本质和本质力量尚未充分发展，难以与强大的自然抗衡，采取了合于自然的生态策略，形成了依生神、依生自然的生态关系。当人在自然的怀抱中潜生暗长，不断萌发了独立思想与主体意识，并凭借科学技术，与自然抗衡，争夺生态主位，也就形成了竞生关系。与此相应，艺术系统的生态关系也经历了相似的发展。生命艺术视神话为现实本身，艺术与实在同一，美与真构成同生关系。生存艺术为了生存，服务生存，美依从益，艺术依存功利，成了附庸，形成依生关系。纯粹艺术，以审美为目的，不再有直接的物质功利性，离散了附属他者的关系，在与功利的竞生中，摆脱后者的束缚，形成独立的审美地位，意味着生态关系的变化：物质功利从艺术的主宰与主导，艺术的生发目的与生发机制，退隐为艺术的潜在价值与附属成分。这就颠倒了此前艺术与功利的生态关系。这种生态格局的形成，是审美与功利竞生，逐渐占据主位，使自身成为目的之结果。

独立艺术产生后，形成两种发展格局：一是朝纯雅的方向提升，发展纯粹的审美性；二是与生态性结合，形成审美性与生态性平等的生态艺术。生活艺术在纯粹艺术的生活化中形成，在审美性与生态性的和谐共生里实现意象整生，标志了生态艺术的新里程。

壮族歌圩中的生活艺术，其对歌与赛歌，是歌手人生知识、人生经历、艺术才智、艺术胆识的展示与角逐，是歌手本质和本质力量的形象显现，是歌手生命自由和生态自由的审美实现，实现了生态存在和审美存在的统一。一些节庆活动，特别是当代少数民族的节庆活动，载歌载舞，形成的是文化与审美对生共进的生活艺术。

生存艺术，其主观意图是娱神的，客观效果是神人共娱的，在维生价值中，兼含乐生价值。生活艺术则是直接娱人的，直接地生成乐生价值，同时生发其他生态价值。在快悦身心中形成的乐生价值,是走向独立后的纯粹艺术的主价值。纯粹艺术着力探索既新且深的审美规律系统,主要提升审美质,为生态艺术的新生发准备基点与条件,为生态艺术的审美性与生态性的耦合并进,提供高平台,打下新基础。独立艺术出现之前,所形成的生命艺术和生存艺术,具备生态艺术的本质规定:在审美性与生态性的结合中实现意象整生。具体说,它们是审美性与生命生成性或生命存续性的统一。然这种统一,是不平衡的,审美性是弱势的,生态性是强势的,未能实现和谐的匹配。纯粹艺术出现后,一边独立发展,一边走向生态化。在纯粹艺术生态化中生发的生活艺术,审美的质量与地位同步提高了,与生态性形成了互为主体的关系,达成了耦合并生的动态平衡。这样,从生活艺术起,凭借纯粹艺术生态化的机制,生态艺术步入了审美性与生态性中和发展的新历程。

生活艺术辩证地承接了以往生态艺术和纯粹艺术各具特征的审美生态,发展出娱生乐生跟育生维生中和共生的审美生态,达成了中和化的意象整生,实现了生态艺术内涵的梯次性融合与提升。

(四)生产艺术

独立艺术,在与日常生活结合后,又进而与生产活动相结合,形成了由共生形态向一生形态发展的生产艺术。

以纯粹艺术为界,此前的劳动艺术属于功利性的生态艺术,此后的生产艺术,属于生态功利与绿色审美中和的生态艺术。同是劳动中的艺术,同是功利性与审美性结合的艺术,为什么两者的本质功能如此不同呢?

生命艺术和生存艺术,虽也是在审美性与生态性的结合中实现意象整生,符合生态艺术一般的基础的本质规定性。然受生态文明整体发展水平的局限,在审美性与生态性不匹配的总体格局中,其生态性也未达生态规律性和生态目的性的平衡。生态目的性由生态伦理性和生态功利性构成。生命艺术的生态性主要是生态伦理性,生存艺术的生态性,主要是以生态伦理性为前提的生态功利性。这两种生态艺术的生态性,均因当时生态科学的阙如,而缺乏生态规律性的底蕴。与此相关,这又出现了审美规律性与生态规律性的不平衡。因生态功利性的主导地位,审美目的性最为弱势,既形成了与审美规律性的不平衡,更见出了与生态目的性的不平衡。生态艺术要向高级阶段发展,除了实现审美性与生态性的整体协同外，还必须克服上述四种局部性关系的不平衡。或者说，这四种局部性关系不协同，也无法实现审美性与生态性的整体匹配。也就是讲，要形成绿色意象中和整生的生态艺术，须在审美性与生态性统一的框架内，实现审美规律性、审美目的性和生态规律性、生态目的性四位一体的耦合并进与动态平衡。

艺术审美生态化，可形成和发展生态艺术的普遍规律。以独立艺术形成为界，之前，它表现为艺术审美的生态伦理化和生态功利化，即生态目的化；之后，它表现为审美性与生态性的中和化。这种中和，由生态科学的真与艺术的美耦合一体，走向绿色生活艺术的真善美耦合，走向绿色生产艺术的真善益美的耦合，继而走向绿色生境艺术的真善益宜智美耦合。参与耦合的生态因素与审美元素越多，生态规律性与生态目的性和审美规律性与审美目的性的中和越好，绿色意象的整生化程度也就越高，生态艺术本质规定性的发展也就越充分、越系统。

在广西龙胜龙脊梯田等生产艺术中，艺术与生产，有着平等的生态位，不再发生依生关系，构成了相生互发、耦合并进的共生关系。

在真善美的共生中，龙脊梯田形成了多维的益生价值：人在审美中创造了功利价值，是益生的；农作物在优美的情景中生长，是益生的；梯田涵养水分，形成大面积的水汽蒸发，氤氲了林区，回馈了山岭，是益生的。这就形成了作物与生境的良性循环，实现了人类生产与环境载体绿色的诗意的共生。

共生的哲学理论，起初是主体间性，它形成了生态系统的耦合共生态势，显示了生态智慧，形成了智慧生存的价值。在生态平等格局中的耦合共生，形成的是初级的线性的生态中和。由共生走向一生的境界，是超越对称性耦合的非线性生态中和。动态平衡、良性环回，是跨越互为主体的线性生态中和，形成复杂性动态平衡与非线性生态中和的机制。在龙脊梯田这一生态系统中，人的生态智慧性劳动作为一个因素，融入它的生态循环，并能保障和促进整体的动态稳定性和动态平衡性，实现整体良性的生态循环性。生产艺术的一生境界，已是初步形态的整生了，其绿色意象已臻于非线性整生了。

与一生范式相关的益生价值，是以育生、维生、乐生为基础的，是把育生、维生、乐生包融其中的。这是因为益的价值，在生态和谐的价值环链中，处在较高的位格。一般来说，真是基础性价值，处在生态和谐价值链的第一个环节；循真而成善，善在真之上长出；真善相和以成智；真善智相生而成益，益也就处在生态和谐价值链的第四环，并潜含了真态、善态、智态的生态和谐价值。也就是说，生产艺术的益生价值，是真态、善态、智态的生态和谐价值与美态的艺术价值达成非线性一生，在五维耦合的环进中，形成了更高程度的生态中和价值，绿色意象的整生化境相应提高。

　　生产艺术的益生价值，生态自觉性高，生态自由度较大。首先是自觉地合规律。壮族民众，不管是创立龙脊梯田，还是在其中劳动，既遵循生态规律，又遵循审美规律，实现了合规律方面的自觉。这种自觉是比较充分的，既达到了劳动者、劳动对象、劳动场所、劳动生境、劳动环境生态规律的中和，又达到了上述诸者审美规律的中和，更实现了这两类规律的融会。其次是自觉的合目的，在既合审美目的，又合生态目的方面实现了自觉。同样，这种合目的方面的自觉也是比较充分的，既统筹兼顾地实现了劳动者、劳动对象、劳动场所、劳动生境、劳动环境的审美目的，也多维协同了上述诸者的生态目的，还形成了这两类目的之间的共生。再有是自觉地既合规律又合目的，它能实现复杂的非线性的生态自由，形成更为系统的益生价值。面对审美的生态的规律与目的，劳动者若独善其身，他仅实现了自律的生态自由，只能暂时地形成自身的益生，然危及他者和整体的生存，最后危其自身生存；如果劳动者首善整体、再善他者、后善自身，内涵了很高程度的生态智慧，也就可持续地实现了系统、他者、自身的益生。诸如龙脊梯田等生产艺术益生价值的整一性实现，基于系统的生态自觉，成于系统的生态自由，显现为绿色意象的动态中和性整生。

（五）生境艺术

　　在画中居住、诗中栖息、绿中歇养，形成了生境艺术。

　　生态一词，最早有"家"和"居住地"的意思，这说明生境是生态的重要方面。生境，是形成生命的条件和生命活动的场所以及生命活动涉及的事物与关系。生境存乎生态系统之内，环境是围绕和支撑生态系统的场所、事物与关系。生境直接构成生态，是生态的一种样式。环境是影响生态的机制与条件。生境与环境有着相对性，随着生命体活动场域的变化和生态系统的增减，原来的环境与生境可以互相变化。基于生境的本质规定性，生境艺术无疑是生态艺术。

生态艺术的发展，既是历史的，也是逻辑的。生命艺术、生存艺术、生活艺术、生产艺术第次地增长了审美性与生态性的统一质，序态地提升了意象的整生性，形成了有机发展的生态艺术序列。在独立艺术出现之前，生态艺术的审美性与生态性是非平衡统一的。独立艺术出现后，生态艺术的审美性与生态性走向了平衡统一之路。这种平衡，也经历了由静态走向动态、由线性走向非线性、由共和走向中和的阶段。生境艺术的逻辑位格高于生产艺术，在于它积淀了此前生态艺术的发展成果，其审美性与生态性的中和、非线性、复杂性、动态性均在生产艺术的基础上发展了，达到了绿色意象非线性整生的境界，成为本质规定性完备生成的生态艺术。

整生是生态艺术的最高范式，结晶了最高的生态规律、生态目的和最高的审美规律、审美目的。整生，是生态结构走向系统生发的前提与基础、状态与进程、关系与结构、规律与目的。"以万生一"是整生，"以一生万"是整生，"万万一生"是整生，"一一旋生"构成的超循环是整生，是最高形态的整生。一化是整生的机制。自然、天然是最高的一态，是顶端的整生之美。生境艺术的绿色意象，如达自然化和天态化的整生，也就形成了生态艺术最高的本质规定性。

广西壮族的干栏建筑是典型的生境艺术，整生质高。干栏建筑木柱四立，底空、中虚、顶斜覆，未破坏环境，是绿色的建筑；是远古"巢居"的发展，是自然的建筑，天态的建筑；它在山水中、田地旁，常常是"一水护田将绿绕，两山排闼送青来"，是自然化的诗意建筑。它的因地制宜，达到了以天合天的自然整生境界，有了绿色意象的自然整生。

正是这种以天合天，使审美性与生态性走向了高端统一，形成了生态艺术的最高质：意象的天生。生境艺术整生性的自然质，统领了背景、环境、生境、人的生态特性与审美特性，不仅超越了共生的耦合性，而且发展出了整生范式的最高层次。

同样是生态性与审美性的中和，生产艺术在共生向一生发展的框架里，达成了自觉的自由，其生境艺术却在整生的框架里，达成了自然的自由。自由是一个发展的系列，自主，是任性而为，是自由的基点；自足，是自主的充分展开，是天性的全面生发；自律，是行为合自身的规律与目的；自觉，是行为合整体、他者、自身的规律与目的，即合共生和一生的规律与目的；自然，是在自身、他者、系统整生化的前提下，合整生的规律与目的，而且是顺乎天性的，并非刻意为之的，是"无为而为"的，是对起点性自主之自由的超越性回归。生境艺术追求与实现的就是这种整生化的自然态自由，形成的是自然化的意象整生。

生境艺术生发宜生价值。宜生，在真善益智美的基础上生成，是育生、维生、乐生、益生、智生、美生的生态功能的中和，形成了较为完备的生态艺术价值，拓展了意象整生的本质规定。

事物的自然状态，是最佳的生态，也最为宜生。诸如干栏建筑等生境艺术，它的自然生态，不是洞栖岩居的原生态，而是经过社会化、科学化、人文化、艺术化、文明化后的自然生态，是"既雕既琢复归于朴"的自然生态，它和自然的社会的生境、自然的社会的环境、天态的宇宙的背景，构成一个自然化的整生场。处在这一场中，人宜生，干栏建筑宜生，自然宜生，社会宜生；诸者之间，相互宜生；这就形成了系统的宜生价值，丰实了自然化的意象整生。

在生态艺术的内涵系统生成的规程中，智生与美生是基本要素，并递进发展。智，首先从真中生出，继而从善中生出，进而从真与善的统一中生出，再而在真善益的统一中生长，最后在真善益宜的统一中升华达成生长的高点：整生。与此相应，智生，也就从不同程度的共生形态，走向了整生形态。美生也一样，可以从真从善而出，可以在真善智的统一中生长，可以在真善智益宜的统一中抵达生长的极点：整生。由此可见，所有形态的生态艺术，均含智生与美生，只有在生境艺术中，才会形成与真生、善生、益生、宜生相整生的智生，才会形成与真生、善生、益生、宜生、智生相整生的美生。美生，是生态艺术高度集约的内涵，只有当这种内涵，达成真善益宜智美的整生时，它的本质规定性才可能走向完备的系统的生成。或者说，美生的本质臻于上述境界，和意象的自然整生同一，以其为内涵的生态艺术才可能成熟。

生境艺术发展出了完备的美生蕴含，提升了意象自然整生的质地，系统地生成了生态艺术的本质。绿色阅读生境艺术，可促进精神生态、社会生态、自然生态的绿色中和，实现生态系统的绿色诗化。

（六）天态艺术

天态艺术是最佳的整生态艺术。生境艺术是自然整生态艺术，是生态艺术逻辑发展与历史发展的结晶，是元生态的生命艺术，经由依生态的生存艺术、竞生态的纯粹艺术、共生态的生活艺术、一生态的生产艺术系统生成的，是生态艺术发展的最后环节，最高位格。生境艺术是真善益宜智美的自然化整生，不仅仅形成了生态艺术的完备本质，而且显示了这种本质天态升华的向性。

生态艺术的所有形态，都应该走向真善益宜智美的整生，实现意象的自然化整生，形成完备的美生本质。其机制是审美整生态的生境艺术，向生成它的中、下位生态艺术，逐级地反哺与回馈，即依次向元生态的生命艺术回生，补足一生态、共生态、竞生态、依生态、同生态艺术的审美整生的要素，使其均具备真善益宜智美整生的结构，形成系统化的意象整生，均成为整生态艺术。

各种生态艺术形成审美整生质后，均可以走向最高层面的天态艺术。天态艺术的特征是：生态的质与量和审美的质与量都趋向最高形态的自然化整生——天生；达成四种天生的统合，形成四位一体的天态，实现大真大善大益大宜大智大美的整生，凸显辩证的生态大和，构成相应的意象整生。

辩证的生态大和，是天态艺术的本质要求，它有两条生成路径，一是上述生态质与量和审美质与量的天态整生，二是超循环整生。审美意象达到了这两种非线性整生境界的生态艺术，方才是生态艺术的顶级形态：天态艺术。

刘三姐从原生态的民间传说，到文人整理的戏曲，到艺术大师改编的电影，再回到山水实景的生态化演出，形成了超循环整生的艺术历程。[①] 电影《刘三姐》中，清秀天真的主人公在优雅灵逸的漓江中出场，人文生态和自然生态实现了本真的同生；采茶伴歌，是艺术与生产的共生；江边对歌是艺术化的竞生；凌波传歌，又螺旋地回到了以天合天的自然生态。这就展示了一幅超循环整生的艺术画卷，显现了天生的图景。

---

① 参见云南大学龚丽娟博士学位论文：《民族艺术经典的生发——以〈刘三姐〉和〈阿诗玛〉为例》，2011年。

对诸如《刘三姐》等天生态艺术的绿色阅读，促成绿色艺术人生与绿色艺术世界的耦合旋升，实现人类与生态系统的生境、太阳系环境、宇宙背景的超循环发展的美生。这种人与自然的绿态美生，是对远古生命艺术中人与神自然同生的超越性回归，显示了生态艺术审美意象非线性自然整生的最高本质规定。这一最高的本质规定，同时也是当下和未来生态艺术的一般本质规定。当所有形式的生态艺术，都形成了非线性自然整生的美生境界，生态艺术也就真正完成了超循环的谱系生发。

神话孕育的生命艺术，经由生存艺术、生命艺术、生产艺术、生境艺术，走向天生态艺术，构成了生态艺术样式的生发系列。它孕育的同生范式，经由依生范式、竞生范式、共生范式、一生范式，走向整生范式，构成了生态艺术范式的生发系列。它生发的育生价值，经由维生价值、乐生价值、益生价值、宜生价值，智生价值，走向美生价值，构成了生态艺术价值的生发系列。上述四大系列，在耦合并进中，形成了纵横网格化推移旋升的逻辑谱系，显示出生态艺术的审美意象复合态非线性整生发展的图景。

本质规定完备的生态艺术，不是在当代一蹴而就的，而是在历史的行程中系统生成的。它是历史的必然性与现实的必须性的统一。脱离以往的审美生态和艺术生态，它会成为无源之水、无本之木，必将枯萎。也就是说，生态艺术成于艺术的历史整生，系于和发于现实世界的审美整生。

整生，是人与生境潜能自由对生而出的最佳生态，最高生态，最全生态，最美生态。凭此，整生与美生可以互文。或者说，整生态就是美生态。统观历史，无不如此。古代，人类生态同于自然生态，显现了自然的整生态，相应地形成了自然的美生。近代，人类生态同化自然生态，显现了人类的整生态，相应地形成了人类的美生。现代，人类生态与自然生态耦合并进，有了天人的整生态，形成了人类与自然相互促进的美生。当代，人类生态与自然生态一体运转，趋向系统的整生态，趋向人类、万物、地球乃至宇宙生态系统的美生。整生与美生同行，世界整生与世界美生相生并进，这是审美生态的最高规律。

基于上述最高规律，当下世界如在生态文明特别是美生文明的作用下，恢复了自然系统的整生性，形成了社会系统的整生性，构成了社会系统与自然系统一体化的整生运转，也就实现了整生化生发。整生世界的这种发展性重现，等同于世界全美的相应再现，等同于美生世界的相应生长，或曰螺旋提升。当再度整生的世界，长满了绿色审美的文本，也就成了当代美生场的生发起点。随着美生文明的圈进旋升，世界走向非线性整生，相应地长满了生态艺术的文本，也就形成了未来美生场的新起点。在这个新元点上，再次生发出更高形态的绿色阅读、生态批评、美生研究、生态写作的环节，持续趋向自然美生的逻辑顶端。这就形成了美生文明圈生生不息的超循环运转，显现了整生论美学一个整生化平台旋接一个整生化平台的运进格局，一个理论境界环合一个理论境界的历史化逻辑生态。

第四章
绿色阅读

进入生态文明时代,审美主体将褪下浓郁的人类中心主义色彩,换上一身绿色的衣装,成为生态审美者,生发绿色审美人生,形成一辈子的绿色阅读。一叶知秋,一个美学概念的变化,一种审美身份的转换,一种审美方式的转变,一种美生文明样式的形成,可以见出主体美学向生态美学的转型,进而向整生论美学的发展。

发自整生的美、艺术、美生,转而恢复、发展、提升整生,双方在辩证对生中,形成了耦合并进性和动态同一性。凭借这种同生共进的关系,改变了读者在文本之外的欣赏格局,美生者在世界整生的大文本里,展开绿色阅读,实现和发展世界整生的价值,推动美生文明圈的绿态化生发,绿色艺术化运转,天态艺术化旋进。凭此,绿色阅读不仅仅是美生文明圈上的一个不可错位、不可或缺的环节,还成了它得以超循环转动的机理。

第一节 绿色阅读的机理

在欧美学者那里,绿色阅读是生态批评的起点,是后者展开的基础与前提,起着整体发展的定向作用。在整生论美学视域中,绿色阅读除了继续生发上述意义外,还成了生态审美活动的机制。它既是一种生态审美的欲求与趣味,也是一种生态审美的态度与能力,并是一种生态审美的平台和疆域,还是一种生态审美的方法与境界,更是一种美活的生态与美生文明的形态。有无绿色阅读,成了能否与世界整生对应的条件,成了能否生发生态审美活动的前提,成了能否形成美活生态的基础,进而成了能否生发美生场的关键。

绿色阅读丰富意义的拓展,大概是首先提出这一范畴的美国生态批评家所始料未及的。生态批评领域中的绿色阅读,主要是一种生态文化的伦理阅读要求,以及生态文明的价值趋求态度,其对文本的绿色欣赏是次要的,其生态审美的指向是潜在的。这种价值取向,与欧美生态批评,建构绿色文化的目标,生发绿色文明的主旨是一致的。形象大于思想,范畴超越意义,两者有着相通性。凭此,绿色阅读的意义,也就超出了生态批评的疆界,影响遍及生态美学场域。

一、绿色阅读趣味

绿色阅读的趣味化,由自发到自觉再到自然,走的是圈进旋升的路子。走了这条路子,它才规范内在,成为规律化和目的化的生态审美本能、审美天性、审美禀赋、审美资质。

(一) 人类美活欲求的整生

绿色阅读从外在的生态功利要求、生态文化责任,内化为生态审美的心理需求与情趣冲动,将提升人类的欲望结构与需求系统。欲望是人类需要的反映,是人类行为的机制,是人类所有活动的内动力。总而言之,由需要产生的欲望,成了人类生态的内源性规定。生存、发展与提升,是人类的整体需求,由此形成了与此相关的欲望系统。生,或曰活,是一种基础性的整生态欲望,贯穿于一切欲望形态中,并通过一切欲望形态表现出来。也就是说,只要人的某个欲望,脱离了活的欲望,将意味着整生态欲望的断链与缺环。活欲的整生化,源于人类存在的需求。快活,则是在活的基础上,生发的整生态欲望,它已和人类发展的需求关联,经由各种欲求形态,全天候地显现于人的心理时空。美活，是活与快活递进生发的整生态欲望，也分生于各种欲望中，体现的是人类提升自身的需求。

人类的欲望，构成了一种超循环的运生格局，并在高层平台的圈进旋升中，历史地生发出整生性美欲。第一个平台是以活为目标的生存价值的超循环生发，第二个平台是以快活为目标的生活价值的超循环生发，第三个平台是以美活为目标的生态价值的超循环生发。这三个平台的圈接旋连，显示了人类生态的历史生发全景。在第一个平台上，维活是主导性欲求，规约其他欲求，与自身结合，融入活的整生性欲求，成为活欲的具体形态。美活的欲望，连通维活的欲望，成为维活欲望的形式，与活的整生性欲望成为一体，也就得到了更大的发展，为日后成为整生性欲望打下了基础。在第二个平台上，快活成为整生性欲求，其他的欲望，诸如健欲、益欲、宜欲、荣欲、美欲，均指向快活的欲望，均打上了快活欲望的烙印，均有了快活欲望的普遍性，均成为快活这一整生欲望的有机部分。基于维生的功用，在第一个平台的旋升中不断增长的美活欲望，进入第二个平台后，成了快活欲望的高级层次，并以自身为标尺，引领其他层次的快活欲望发展。正是凭借这种引领，第三个平台生发美活的整生性欲望，显得水到渠成和顺理成章。这就说明，美活欲求的整生化，是人类欲求发展的必然，是人类文明持续提升的内化所致。

人类的美活欲求，从依附性欲求经由主导性欲求，走向了整生性欲求，显示出质与量递进生发的轨迹。之后，它向各种欲求分形，使其他的欲求具备了美活的欲求性质，成为美活欲求的展开形态。这样，美活欲求也就占据了人的全部心理时空，实现了整生化。在美活欲求整生化的背景下，人类的多样化欲求照样存在与发展，只不过它们都增长了一种美活的高雅潜质，实现了一体两性和一体两态：一方面，它们还是人类各种各样的欲望形态，另一方面，它们更同是整生化的美活欲求的具体样式，是整生化的美活欲求的独特化、个别化和多样化形态。心理学家马斯洛讲的人类需求系统，可以看做是欲求系统。它进而能够走向美欲化的整生。人的生理欲求、安全欲求、归属的欲求、审美欲求、自我实现的欲求，在系统发展中，均增长出美活的共同属性，成为美活欲求的多样化形态，实现了此前的欲求属性与整生的美欲属性的统一，从而形成与提升了人类欲求系统的整一性。人的欲求系统还可以由求真的欲求、求善的欲求、求益的欲求、求宜的欲求、求智的欲求、求美的欲求构成，在美活欲求整生化的过程中，它们成了真善益宜智形态的美欲，成了美态的真欲、善欲、益欲、宜欲与智欲。它们非但没有丢掉原本的欲求特性，而且还在承接中丰富了发展了提高了自身的欲求本性，进而升华出了整生的美欲通性，实现了一石三鸟。这种美欲通性一旦形成，也就从过去时隐时现的断续性欲求，成为跟生、衍生、维生、健生、乐生、荣生等形式更为丰富的生态欲求结合的整生化欲求，或者说，生、衍生、维生、健生、乐生、荣生等一切形式的生态欲求，都成了美生欲求的具体形式。当美生的欲求，成为显态地涌现于人们全部心理时空的整生性欲求时，当美生的欲求跟所有形式的心理欲求与生理需求结合，并以后者为自身的具体形态时，美生欲求也就完全整生化了，并和所有形态的欲求特别是所有整生化的欲求同一了，并化所有形态的欲求特别是所有整生化欲求为自身了。

  从上可见：人类美欲的整生化，是欲求系统的通体性进步。人类的整生性欲望，从活欲到快活之欲，最后抵达美活之欲，实现的是整生性活欲的乐态与美态的提升，形成的是整生性活欲的乐化与美化的通转，显示的是历史与逻辑的统一发展，形成的是人类内在审美生态的整生化旋升。

  人类的整生性活欲，经由整生性的快活之欲，发展为整生性的美活之欲，既是欲望系统周进圈升的超循环运生规律使然，更与人类生态的超循环运生有关。人类的需求——欲望——行为——实现四个环节贯通，形成了周期性的生态运动。人们常说：衣食足而知礼仪。墨子也讲："食必常饱，然后求美，衣必常暖，然后求丽。"[①] 随社会发展而递进的人类需求，牵引了人类生态的超循环进步。人类衍生后，其维生的需求、活的欲望，在劳动中满足与实现，构成了基础层次的人类生态的良性循环。这种人类生态的良性循环，运生到一定阶段，就自然而然地增长出乐生的需求，萌发出快活的欲望，形成相应的行为，实现为相应的生态，实现了生态平台的旋升。人类这种旋升了的生态平台，在持续的良性循环中，水到渠成地升华出美生的需求，生长出美活的欲求，产生审美化的生成、生存、生活与实践的行为，达成生态审美化的实现。

[①] 北京大学哲学系美学教研室：《中国美学史资料选编》，中华书局1982年版，第22页。

这样，生的环走，乐生的周进，美生的圈升，在顺理成章中旋接。人类美活之欲的整生化机理，也从上述旋升中跃出。

总而言之，人类美活之欲的整生化，是三种超循环的耦合同运所致：一是三种整生性欲望的序态旋升，即从整生性的活欲，旋升至整生性的快活欲望，再而旋升至整生性的美活欲望；二是美活欲望的递进，即从依生性的美活欲望，发展为引领性的美活欲望，升华为整生性的美活欲望；三是人类生态圈的环进，即维生态的需求——欲望——行为——实现的超循环，圈接乐生态的需求——欲望——行为——实现的超循环，旋联美生态的需求——欲望——行为——实现的超循环；在这三个平台超循环的依序生发与递进中，美活欲求的整生化显得水到渠成。"驱万途而归一"，三种超循环的最高目标均指向美活欲望的整生化；三种美活欲望的超循环整生，是相互支撑，互为因果，耦合并进的，形成了集约化效应。

（二）人类整生化美活欲求的绿化

绿态美活的欲求，是人类整生化的美活欲求形成后，出现的高级层次。也就是说，人类整生化的美活欲求，在周进圈升中，趋向绿态，是一种发展，是一种历史的必然性。

同时，绿活的欲求，是各种整生性欲求的机制，是必然与所有的整生性欲求结合的。这是由人类生态圈循环旋进的关系与规律决定的。人类的需求主要由人类当下生存状况的发展趋向生发的，有着现实性的依据，它转换为心理性的欲求，产生相应的行为，现实地满足欲望与实现欲望，并体现人类生态的历史发展。这种生态运行图式，显示出需求和欲望，均是由现实的生存状态的发展趋向决定的。绿，是生命存续的条件，是基本的生态要素，人类的生存或曰"活"，是不能缺绿的。更直接地说，无绿，是活不下去的，是构不成整生态的。这样，现实的生态状况与生态要求，生发了人类的绿生需求，形成了整生化的绿活欲望，构成了生态行为，促进了生态存在。当人类生态进入乐生平台的圈行，绿生不但不能缺，而且不能少。这是因为绿生支撑着乐生，保证着乐生。绿生缺少了，量不足，质不高，就没有现实中全程全域的乐生。绿态地快乐地生存的现实趋向，促发了人类绿态乐生的需求，形成了整生的绿色的乐活欲求，构成了相应的生态行为，促进了相应的人类生态的实现与发展。人类从快乐生存的状态,进入美好生存的境界,形成了绿色美生的需求,产生了绿态美活的欲望,形成了相应的生态行为,推进了绿色审美化生存的现实。在这样的超循环中,人类绿态美活的欲望走向了可持续发展。

(三)人类绿化的美活欲求生发出绿色阅读的生态审美趣味结构

绿色阅读的生态审美趣味结构,主要由四个层次构成。第一个层次是绿色阅读的根性,即上述的美活欲求,有很强的自律性。第二个层次是绿色阅读的脾性,主要是生态审美的嗜好,它是生成与养成的统一,自律与他律的结合。第三个层次是绿色阅读的习性,主要是生态审美的规范,它是学成的,显现了他律性。第四个层次是绿色阅读的天性,主要是生态审美的理想,它是系统生成的,在他律中回到了更高的自律。这四者依序生发,并回环往复,形成了超循环的动态平衡结构,显示了绿色阅读趣味结构系统生发的通律性。

1. 绿色阅读根性

绿色阅读的根性,顾名思义,说明美活欲望是天成的,本然的,本源的,是整个生态审美趣味结构的基因,其他层次的依次生发,是其蓝图的展开,潜能的实现。不仅如此,整个绿色阅读,乃至美生场,均以美活欲求为根为本,为生发元点。在绿色阅读的每一个环节,在美生场旋升的每一个层面,都可以看到美活欲望的作用,都可以看到美活欲望的原型意义。

美活欲望处在生态审美趣味系统、绿色阅读系统、美生场系统等多重超循环的起点与旋回点的位格,既启动了系统的运行,又结晶了系统圈进环升的成果,从而有了可持续的发展。

2. 绿色阅读的脾性

绿色的美活欲求顺理成章地生发了绿色阅读的嗜好,养成了绿色阅读的脾性。一般意义上的欣赏嗜好,是指阅读者对某类作品的喜爱,甚或偏爱,乃至专爱,是建立在读者与文本审美对应基础上的审美选择与审美趋求。绿色阅读嗜好,除了欣赏嗜好的一般意义外,还发展出了三方面的特性。一是对绿色文本的普遍性喜爱。在生态文明的背景下,绿色文本将成为普及性的作品,充满世界,随处可见。读者对它的喜好,就不是一种特殊性的偏爱了,而是一种整生性的喜好了。二是对绿色文本的生态性喜爱。这基于产生它的审美欲求的整生性。绿色的美活欲求,是一种将绿色审美贯穿至整个生命历程的欲求,这样，绿色阅读嗜好，就不仅仅是一种审美的喜好了，而同时成了一种绿色审美化生存、生活的喜爱了。也就是说，它是一种将自身、他者、生态系统的绿色审美化生发，作为自己喜爱的绿色文本，进行生存化、生活化、生态化的阅读了。绿色阅读的嗜好，也就再次超越了一般审美嗜好的特殊性偏爱，成为一种整生性的审美趋求。三是对绿色文本的潜理性喜爱。审美嗜好的形成，除接受审美欲望的规约外，还与欣赏者的心理与生理特征相关，经验的感性的特征比较突出，普适性的文化缘由比较淡远，理性的痕迹比较淡漠。绿色阅读嗜好，除由上述条件范生外，还接受当代主潮形态的生态文化的熏陶，其时代特征、文化特征的规约比较明显，潜含的理性特征相应突出。

绿色阅读的嗜好，虽普遍性、整生性、文化理性的特征较为突出，然不会脱离审美嗜好的自发性规律。它在普遍性、整生性、文化理性的规约下，在整生化的绿色阅读的框架里，逐步地生发出类型性、特殊性、个别性、个体性的绿色阅读喜好与偏好甚或专好，逐步强化自然性和本然性，凸显自发性，形成丰富多彩的多样统一的绿色阅读嗜好系统，从而比传统的审美嗜好更具辩证生态性，最终成为审美嗜好的当代转换形态，即成为一般性的主流性的审美嗜好。

绿色阅读的生态审美趣味，其形成较为新近，需要经过由外到内的自由积淀，和由内到外的本然生发，在数度超循环中，方能实现自愿自为性、自律自觉性、他律通律性的统一，形成自慧自然的整体特质。本来，审美嗜好是最具天然性的，似乎是与生俱来的，其实，它也是在历史与逻辑统一的自然性与社会性结合的漫漫时空中，逐步趋向天态的。绿色阅读的审美嗜好，由于周期性的内化与外显均处在初级阶段，接受绿色阅读趣味四大元素回环往复的通律性不够，为生态文明和生态文化所绿化和美化的他律性痕迹较明显。这样，绿色阅读趣味需要经历周期较多的自律、他律、通律的超循环运生，方能走向自慧自然的本真性整质。

3. 绿色阅读的习性

绿色阅读的习性，是在自律、他律、通律的统一中形成的自觉性绿色阅读趣味。绿色阅读的习性，虽是后天个体发育学习的成果，但绿色美活的欲望和绿色阅读的嗜好，均为它指出了学习的方向，规约了学习的范围，当然，社会的时代的绿色文明特别是绿色审美文明，更为它提供了学习的对象。它理所当然地成了自律和他律的统一，成了自身选择和外部选择的结合，理性和自觉性的成分增长了。

绿色阅读的习性，既是生来的，更是学来的，主要的内容当是一些生态审美的规范，包括绿色阅读的经验、要求、尺度、准绳等等。凭借这些，绿色阅读的趣味，增添了生态美学的依据，强化了生态审美选择的理性，凸显了绿色审美趋向的自觉性。

绿色阅读的规则，虽主要是外在的，是他律，然审美是自愿自为的，须将他律化为自律，方能成为真正的趣味。习久而成惯，惯后成自然，绿色阅读的实践，慢慢将外在的审美规范，变成内在的需要，成为一种习性。这样，他律的外在约束性淡化了，内在的自为性凸显了，它也就趣味化了，本真化了，自然化了。生态审美规范内化为习性，还有另外一个重要的机制：审美趣味系统的通律。绿色阅读习性，作为习得性的趣味，随着社会的时代的生态审美文化和生态审美文明的发展而提升，是稳定性和变化性的统一。那些新近进入的审美规范，一边在审美实践中趣味化，另一边在审美趣味系统的超循环中，为其他层次特别是整体所同化，加快了由习而成性的速度，提高了由习而成性的效能，显示了审美趣味特别是绿色阅读趣味的生发规律。

绿色阅读的规范，由习而成性，再次确证了生态审美趣味的生发，由自发到它发再到自为，由自律到他律再到通律（系统的自律），由本能到规约再到自由，走的是一条超循环提升的路子，形成了非线性有序的规程，合乎生态辩证法。

4. 绿色阅读的天性

绿色阅读的天性，作为绿色阅读趣味的顶端层次，其浓郁的理性，鲜明的感性，均趋向了天化。称之为天性，一方面它是生态审美的目标与理想，表征了绿色阅读的最高趋向与追求，体现了生态审美文明的普适价值与根本特征，多方面地抵达了生态审美的至高无上的"天境"——自然美生。另一方面它是生态审美者的独特个性，是从他的灵魂、血液、肉体中生发出来的绿色阅读趋求，是他同别人的绿色审美趣味的最后分野，是其绿色审美本性的标志，有着十足的自然性，原生性，天态性，显现出至根至本的"天韵"。这两种天性，均统一于自然，十分亲和。

绿色阅读天性中的理想，是多维度整生的结果。它在审美规律的以万生一、审美经验的以万生一、审美趣味的以万生一中汇成。与此相应，系统整生的趣味理想，也就具备了以一生万的潜质，可以逐级地分形出成几何基数扩大的整体性、普遍性、类型性、特殊性、个别性的绿色趣味理想，以适应无数的生态审美者各自形成同中有异的绿色阅读的趣味理想系统。

绿色阅读趣味理想的天化，也跟上述趣味理想系统的生发相关。绿色阅读的趣味理想系统形成后，持续地发生着两种整生化运动。一种是整生性的理想，在以一生万中，逐级生发整体性、普遍性、类型性、特殊性、个别性的绿色趣味理想，另一种是个别性的绿色趣味理想，在以万生一中，逐级升华特殊性、类型性、普遍性、整体性、整生性的绿色趣味理想。这样，顶端的整生化天境和底端的原生化天韵，形成了双向超循环的整生。凭借这种天境化和天韵化的双向圈进旋升，所有生态审美者结构性的绿色趣味理想，均可以走向天化，均可以系统地形成绿色阅读的天性。

绿色阅读趣味结构的四大层次的序态发展，形成了螺旋性。最高层次的绿色阅读天性，充溢着自然性和本根性，回归到了元点的位格，又超越了元点位格。这四大位格还是超循环运生的。绿色阅读的天性融入绿色阅读的根性，促使元点在更高的审美心理的平台上，生发出绿色阅读趣味的圈进旋升。

绿色阅读趣味的超循环，起码有三方面的机制。一是绿色阅读根性中的绿色美活欲望，在多平台的圈进旋升中持续发展，内在地形成了绿色阅读趣味圈行结构元点环节的持续提升，构成了超循环的基础。二是顶端的位格，聚合了系统发展的成果，在回环往复的运动中，依次反哺回馈了生发它的诸环节，推进了超循环。三是系统结构的各个环节，都是开放的，自觉地接受他律，并将其融入自律和通律，实现了各位格乃至整体在循环运行中的序态增殖，也就实现了超循环。这三方面的机制的统一与中和，使绿色阅读趣味系统的超循环走向了稳定和有序。

在绿色阅读系统中，绿色阅读的趣味结构成为基础部分，是绿色阅读活动的动力机制和导航机制以及目标牵引机制。

二、绿色阅读修为

潜能形态的绿色阅读趣味，转换成现实形态的绿色阅读修为，生态审美得以进行，美活生态得以生发。这种修为，主要包含绿色阅读的品性、学养与能力。

品性、学养、能力相连互生。学养含润品性，品性提升学养，学养生发能力，三者互为因果，耦合并进。也就是说，在三方的相互作用中，"读者"一步步从生态知识人，走向生态文化人、生态文明人、生态审美人，成为一个真正的绿色阅读者，最终成为一个美生者。

（一）生态知识人

生态知识人，是生态原理方面的知行合一者，是理性把握并自动按照生态规律生存、生活与实践的人。生态自律，是成为生态知识的把握与运用统一之人的机制。生态知识人，不仅自身绿色生存，而且与他者、生境、环境、背景形成了协调的生态关系，以自身的绿色生存与生态实践，促进了后四者的生态存在和绿色发展，形成了多维绿色对生并进的效应。这样，他就成了一个在绿色生态圈中可持续生发的生态知识人。网态地贯通自然科学，系统地领会生态科学，全面地把握生态规律，是成为生态知识人的前提。学以致用，身体力行，生存与实践贯通生态原理与生态法则，生态足迹所到之处，绿生翠长，是成为生态知识人的关键。

（二）生态文化人

生态文化人，是生态规律性存在和生态伦理性存在走向统一的人。生态自觉，是成为生态文化人的机理。在遵循生态真的基础上，践行生态善，也就从生态自律走向了生态自觉，也就从生态科学的通晓者与践行者，走向了生态文化的通识者与践行者，提高了生态修为的量与质。从知识的角度看，生态文化人，须融通自然科学和人文科学，须通晓生态科学的原理和生态人文的原则；从生存与实践的角度看，他的生态行为，既合乎生态真，也指向生态善，实现了生态规律性和生态目的性的整生。这种整生，建立在人是大自然的儿子的基础上。人是大自然的儿子，既真且善，是生态文化的生发元点。立足这一元点，人与他者、人与万物、人与社会、人与自然和谐友好，形成真善一体的生态关系。周来祥先生说："在第 13 届国际美学大会上，一位美学家盛赞的一幅画，就是人与黄牛共眠于大自然之中。在赫尔辛基的公园里，最胆小的松鼠可从树上跳下来到游客的手中抢食物吃。我在餐馆里也曾同室外飞进来的小鸟同桌共食，人与动物平等相待，友好相处。"[1] 这种"花鸟虫鱼吾友于"的行为，如以人与万物相生互长的认知为先导，也就实现了生态真理和生态伦理的结构性合一，其行为者也就从一个生态知识人成长为一个生态文化人。人的生态如此发展，绿色阅读也就增加了可能。

（三）生态文明人

生态文明人，是在生态规律性和生态目的性的中和里，走向雅态生存的人。生态自慧，是成为生态文明人的标志。生态哲学概括、提炼、升华生态科学、生态文化、生态系统的存在与发展的规律和目的，显现生态大道、生态主道和生态正道，形成生态雅，成为生态文明的核心与主潮。在通识生态科学、生态文化的基础上，探究和把握生态哲学，可从生态自觉走向生态自慧，可从生态文化人提升为生态文明人。

生态知识人有了把握和践行生态真的修为，生态文化人进而有了把握与践行生态善的修为，生态文明人再而有了把握与践行生态雅的修为。雅者，正也，生态雅表征与标志了生态中和。生态中和，是生态规律性和生态目的性的平衡性统一。生态规律是生态真理，生态目的除了生态伦理以外，还包含生态功利，即生态益和生态宜。生态的真善益宜走向中和，生态真理、生态伦理、生态功利走向平衡，就显现了生态雅。显而易见，生态文明人是在生态文化人的基础上形成的，一者有把握与践行生态和谐的修为，另一者进而有了把握与践行生态中和的修为。生态文明人有了这种修为，其绿色阅读也就有了走向深刻系统的可能。

（四）生态审美人

生态人以生态文化人为起点，一路走来，至生态文明人的阶梯，其生态学

---

[1] 周来祥：《新千年和谐美畅想》，《光明日报》2000 年 1 月 13 日。

养和生态生存的修为第次整生化，与此同时，他的生态审美潜能也随之水涨船高，实现了耦合并进。也就是说，生态人在走向生态阅读的路上，从生态知识人显态地递进为生态文化人、生态文明人，并非单向度发展，而是始终有一个隐态的生态审美人与之动态匹配，合二为一。凭此，生态审美人的出现，也就有着历史的逻辑的必然。

生态审美人，是在生态规律性和生态目的性的动态中和里，走向"诗意栖居"和韵态生存的人。在生态自律、生态自觉、生态自慧递进发展的平台上，形成生态自然，是成为生态审美人的表征。生态自然，是生态的规律性和目的性与审美的规律性和目的性，关联性地走向高端，进而走向动态中和的形态。非线性生态有序，超循环生态发展，是这种动态中和的典型，是生态韵的显示，是生态自然的表征。老子说"道生一，一生二，二生三，三生万物"，[①]进而又讲"人法地，地法天，天法道，道法自然"，[②] 在道的逐级衍生与人向道的逐级回归中，显示了非线性有序和超循环平衡的大道运行之曲律，形成了生态韵。有了这种生态韵的修养与修为，生态审美人也就功到自然成了。

生态知识人识真循真，生态文化人真善共识并循，生态文明人对真善益宜的俱识俱循，走向了中和，生态审美人，对真善益宜智美的通识与通循，走向了非线性有序的动态中和，走向了圈进旋升的动态平衡，有了生态诗律和生态美韵的修为与生存，有了绿色阅读的系统修为与能力，可以进一步成为美生者。

在绿色阅读趣味的推动、导引与感召下，"读者"的生态审美潜能，在后天的学习与实践中，逐步地转化与实现为生态审美的品质与能力。这是一种绿色生态的非线性整生与绿色审美的非线性整生复合发展的品质与能力。这种品质与能力的最高层次，是绿色阅读非线性整生文本的修为。

三、绿色阅读的眼光

绿色阅读的潜质潜能实现为绿色阅读的品质与能力后，两者持续地相互作

[①] 饶尚宽译注：《老子·四十二章》，中华书局 2006 年版，第 105 页。
[②] 饶尚宽译注：《老子·二十五章》，中华书局 2006 年版，第 63 页。

用,逐步地生成绿色阅读的心理图式、生理定式、心理范式,形成了稳定的绿色阅读的视角、视域,形成了绿色阅读的方式与方法。凡此种种,凝聚为绿色阅读的眼光。

(一)绿化文本的眼光

绿色阅读的眼光,是生态审美个性与生态审美通性的统一,体现了"读者"在审美活动中绿化文本的主动性与主导性。这种主动性和主导性,既体现在"读者"自然感应与对应绿色文本方面,也体现在"读者"敏锐选择、分辨、感受、体悟、升华文本绿韵方面,更体现在赋予非绿色文本的绿韵方面。

罗丹说过,这个世界并不缺少美,缺少的是发现美的眼睛。王国维说,"以我观物,物皆着我之色"。[①] 他们说的均是审美眼光的创造性问题。绿色阅读的眼光,也相应地体现在发现绿色文本方面和绿化文本方面。经由近代社会的竞生,生态系统的整生性被破坏,生态褪绿成为趋势,绿色文本的减少和文本绿色的减弱尚未逆转,发现绿色文本,也就需要绿色阅读的眼光了。较之发现一般之美的眼睛,发现绿色文本的眼睛,既要有透视非线性整生的视力,更要有为非整生文本增绿添碧、拾遗补缺的功能。

绿化文本在绿色阅读中展开,形成有序的规程:绿色阅读与绿化一切艺术文本;绿色阅读与绿化一切生态文本;绿色阅读与绿化随身生成的文本;这就使得绿色阅读,不再是一种特殊性阅读,而是成了一种普遍性的阅读,成了伴随读者全部生命历程和一切生态足迹的整生性阅读。

(二)绿化艺术文本

绿色阅读的起点是艺术文本。一切艺术都是社会生态、精神生态、文化生态、自然生态的集中反映与表现,是生态性与审美性的统一,具备生态艺术的品格与潜质,是绿色阅读的首选对象。

绿色阅读,是生态审美意象的再造。这种再造,是读者和文本的原作者共同完成的。在双方共生的背后,关联着多质多层次的整生。这样,绿色阅读在本质上成了审美意象的非线性整生。对生态艺术,要读出与升华它的生态审美品质;对其他艺术,要读出它的生态审美潜质,进而生发生态审美意象。总

[①] 王国维:《人间词话》,上海古籍出版社 2004 年版,第 5 页。

之，对一切艺术文本，都应读出其关联的整生之象，整生之音，整生之味，整生之韵。

对古代艺术，绿色阅读者从它的模仿性、再现性的依生之美中，读出它的人和于天、人和于神、肉体和于精神方面的生态和谐意象，读出它的客体整生的趣味与韵味，还能读出它的天人中和整生和神人中和整生的象外之象，弦外之音，味外之旨，韵外之致，还可进一步读出道行天下成大美和天地神人四方游的超循环整生理想。

对近代艺术，绿色阅读者从其表现性、人化性的竞生之美中，读出自然人化和人的本质力量对象化的审美意蕴，读出主体生态自由的审美理想，读出主体整生化的生态趣味与生态韵味，读出生态崇高、生态悲剧、生态喜剧的生态失序轨迹，读出艺术家的生态忧患意识，进而从他们对生态失序的揭示与批判中，读出近代人的绿色之思，读出精神与肉体、现实与理想、人与人、个体与社会、国家与国家、民族与民族、文明与文明、人类与自然的生态和谐趋向，读出生态系统螺旋发展的复杂性有序格局，读出人类艺术的生态和谐主旨非线性整生的态势。这就从竞生之美的显态意象中，读出了共生之美的隐态意象；从主体超循环整生的近代艺术的系统意象中，（近代之初的艺术，在感性与理性的解放中，追求了人整体的主体化与自然化统一，显现了整体主体的自由整生；之后的近代艺术，在人化自然中，显现了理性主体的自由整生；尔后的近代艺术，在人化自然中，显现了感性主体的自由整生；再后的近代艺术，在自然的人化中，显现了个体主体的自由整生；最后的近代艺术，在间性主体的兼容和共通中，显现了人类系统这一整体主体的自由整生，螺旋地回归了近代之初的艺术生态）读出了它旋接的整体（主客耦合）超循环整生的现代艺术的系统意象，形成了对近代艺术的超越性绿色阅读与理想性绿化。

对现代共生艺术，绿色阅读者从其再现与表现的统一中，读出人与自然的和谐共进的生态，进而读出和谐的精神生态、社会生态、文化生态、自然生态四维耦合整生的意象，读出它向当代和未来的整生艺术发展的动向。对整生艺术，绿色阅读者从其真善益宜智美生态的非线性有序里，从其精神生态、社会生态、文化生态、自然生态的复合式超循环中，读出复杂性生态中和的意象，读出它走向天态整生或曰自然整生的前景，形成对当代艺术理想性的天然绿化。

(三) 用整生的眼光阅读生态

绿色阅读者的眼里，一切生态都是文本。这些文本的生态审美性参差不齐，有的文本的生态性与审美性同步走向了非线性整生，成为生态艺术；有些文本生态序性缺失，乏绿少美；有些文本的生态系统性残缺，绿与美无法整生。生态审美要求"望之生绿，听之成乐"，随时都在绿色阅读中。这就需要读者用整生的眼光阅读生态。整生，是绿与美高端统合的生态，是生态性和审美性同步走向非线性中和的状态。用整生的眼光阅读生态，用审美想象补足生态系统的缺陷，消除生态系统的失衡，恢复生态系统的秩序，形成非线性有序和复杂性整生的审美意象，并以之作为实际的生态修复、生态建设和生态发展的参照。

(四) 持续阅读随身整生的文本

正常的生态是持续不断的，系统生发的。绿色阅读者，随处阅读自身的生态足迹所进入的生境，随处阅读自身的生态与生境构成的整生场，实现了持续阅读随身整生的文本，实现了生态审美化，形成了美生。生态审美化有两方面的含义：一是文本的整生化形成，二是读者的整生化审美。一方面，读者的足迹进入生境，以自身的行为与生境发生整生性关系，使自身融入生境的整生化运行，以自身的生态促进生境的优化、绿化与美化，提升生境的整生化，这就有了随身整生的文本；另一方面，读者同步地阅读这随身整生的文本，达成了生命全程和生态全域的整生性阅读，实现了随身整生的文本和随身整生的阅读这两个方面的耦合并进，系统地形成了生态审美化的本质，使绿色阅读的人和绿色阅读的文本对应耦合地走向了整生，形成了共同的美生。

绿色阅读的眼光，既是选择和体悟绿色美生文本的眼光，更是耦合地美化和绿化生态以提高甚或创生绿色美生文本的眼光。有了这样的眼光，方可在生态恢复期形成绿色阅读，方可通过绿色阅读，以推进现实世界的绿色美生。绿色阅读的眼光，之所以是绿色审美与绿色造美同步整生的眼光，关键在于它关联着读者生态文明特别是生态审美文明的系统修为，关键在于具备这种眼光的人，已经从美活欲求者成为美生者，即成为生命全程全域显现绿色之美、审视绿色之美、创造绿色之美的人，具备了绿色阅读的机理。

第二节 生态审美规程

从审美主体走来的生态审美者，经由相关的规程，走向自身的最高目标——美生者，以完成绿色阅读，形成相应的效应。

生态审美者的生命全程，既是生态的，又是求美、显美、造美、审美的，实现了生态规律与美学规律的耦合，本身就是一个诗化的绿色人生文本。与此同时，他对艺术、社会、自然的绿色阅读终其一生，即从经典艺术的绿色阅读开始，经由科学、文化、实践、日常生活、哲学、美学的绿色审美，并回归起点，在绿色人生与艺术人生耦合旋升的超循环中，系统地形成了不同于审美主体的美生者本质。

生态审美者在绿色生存和绿色阅读中向美生者生成，有着从局部的绿色艺术人生，经由系统的绿色审美人生，走向中和的绿色艺术人生的良性循环规程，逐步地提升了美生者的品质。绿色阅读艺术经典，对应地把握精湛的艺术规律和深邃的生态规律，形成绿色艺术人生的基点；绿色阅读科学与文化，绿色审美人生既合生态审美规律，又合生态审美目的，在真善美的三位一体中，形成了自由的本质；绿色阅读实践活动与日常生活，绿色审美人生走向真善益宜的绿色诗化与中和；绿色阅读哲学与美学，绿色审美人生趋于真善益宜智美的绿色韵化与大和，生态审美者得以系统生成，得以成为美生者。在对绿色艺术人生基点的回归中，各种绿色阅读获得了系统质，生态审美者显示出向美生者超循环生发的路径。

一、生态审美的历史基础

生态审美者、生态审美世界和生态审美活动，相生相进，互为因果，系统生发，这就构成了审美生态观视域中的审美发生学和审美发展学。据此，历史形态的生态审美现象，也就成了当代生态审美者的生成基础。

生存活动与审美活动结合，在动物祖先那里，表现为审美活动与生殖活动关联；在原始先民那里，嬗变为艺术活动与生产劳动结合，进而与巫术祭祀的文化活动统一；这均可以看做是生态审美现象的雏形。

审美走向独立后，既有了纯审美的艺术，形成了与其他生态活动脱离的纯粹审美活动；也有了实用艺术，形成了与生产劳动、日常生活等紧密结合的生态审美活动。这种生态审美活动，虽远未覆盖人类个体与群体生态活动的全域全程，远未完成艺术审美生态化，但却为当代生态审美者的培育和生发提供了背景、经验与条件。这些背景、经验与条件可以概括成一句话：艺术活动与生态活动的双向对生。

二、经典艺术的绿色阅读

在艺术活动与生态活动的双向对生中，实现艺术审美生态化，达成绿色人生与艺术人生的耦合旋进，是生态审美者的生成路径。

生态规律与目的跟审美规律与目的相统一，内在于艺术活动和其他生态活动的一体化展开之中，可形成生态自由和审美自由的统一，可形成绿色人生与艺术人生的结合，可成为生态审美者的生发机理。然生态审美者的生发以何种次序展开，关系到生态自由和审美自由能否在耦合中递进生发，关系到绿色人生和艺术人生能否在耦合中圈进旋升。我认为，绿色艺术人生，受艺术审美生态化的规约，首先发生于经典艺术的绿色接受活动，既而发生于科学与文化领域的生态审美活动，再而发生于实践与日常生活领域的生态审美活动，进而发生于哲学与美学领域的生态审美活动，最后向起点回归。唯有如此，生态审美者方能走向可持续生发，最后成为一个美生者。

这样，对经典艺术的绿色接受，成了生态审美者的生成基点与起始位格。

一个人，要成就绿色审美人生，须有典范的绿色艺术学养。首先，他须潜心于本民族和全人类创造的艺术经典中，神游精湛深邃广博的审美境界，享受最好的审美硕果，领悟最高的审美规律，接受众多艺术大师的审美合塑，生发高级的审美能力。在此基础上，他须生态化地把握艺术，广泛涉猎各种艺术形式，融通一切艺术门类，通晓艺术谱系，探求艺术与生态文化、生态科学、生态技术、生态文明的共生与整生关系，形成经典化、前沿化、通识化、生态化四位一体的审美潜质结构。他也要涉足生态艺术理论、生态美学理论的领域，提高生态审美理性，增强生态艺术自觉。他更应投身生态艺术批评、生态艺术研究、生态艺术创作的实践，发现与提升生态艺术的新规律，生发创新创造生态艺术的才智。其次，他还要超越一般的阅读，形成对古今中外一切文艺现象的绿色阅读。布伊尔说："如果没有绿色思考和绿色阅读，我们就无法讨论绿色文学。"[1] 绿色阅读是一种生态审美，它可探求民族的人类的艺术珍品的绿色意义、绿色价值、绿色功能，进而探求生态艺术的生成原理与创造规律，开辟从经典艺术审美走向生态艺术审美的理论与实践之路，寻求绿色审美人生的生发图式与程式。这就有了艺术审美生态化的潜能，有了绿色艺术人生的基点。

艺术的背后，关联着现实的生态世界。人们绿色地阅读艺术经典，可按绿色艺术世界的理想与规范，重组再造现实世界，从而不知不觉地形成了生态审美的潜质。这种潜质，可望在艺术的绿色阅读以外，一一实现为生态审美的本质，推动绿色艺术人生的逐位拓展。

三、科学与文化的绿色审美

艺术求美，科学求真。科学审美是艺术审美生态化的第二个环节。这是历史与逻辑双重规定的位格，是不能置换也不能代替更不能跨越的位格。

科学领域的生态审美者，是能把科学作为绿色文本的人，是能将生态真与生态美结合的人，是能将生态真转换为生态美的人，是能遵循生态真创造生态美的人。与此相应，科学领域的绿色审美人生，在绿色审美人生的系统生成中，处于第二个位格，基于生态美和生态审美结构的排序。生态审美是艺术的绿色阅读质度与科学之真、文化之善、实践之益、生存之宜的生态审美量度的有机统一体。一个人，从艺术的绿色阅读者走向科学的生态审美者，也就实现

---

[1] Buell Lawrence, *The Environmental Imagination*: *Thoreau*, *Nature Writing*, *and the Formation of American Culture*, Cambridge, Ma: Harvard University Press. 2001, p. 1.

了真的认知价值与审美价值的统一,实现了艺术的绿色审美与科学的生态审美的结合,实现了绿色的艺术人生与绿色的科学人生的统一,从而在艺术审美生态化的大道上前进了一步,并为后续的发展准备了条件。这是因为生态审美者,是将审美规律与生态规律结合运用的人,而生态规律是综合把握各种科学规律方可认知与运用的规律,科学的绿色审美也就成了生态审美的中介,绿色的科学审美人生也相应地成为其他环节的绿色审美人生的过渡。或者说,生态审美者把握的科学规律越全面、越深刻、越系统,越生态化,就越能遵循具备绿色审美特质的生态规律进行实践与生存,就越能遵循绿色审美性的生态规律进行文化活动、实践活动、日常生存活动,实现艺术的绿色审美性与有机发展的生态审美性的动态统一,构成完备的生态审美活动,以形成完备的绿色审美人生。

把科学作为绿色文本的生态审美者,是因求生态真而达绿色美的人。这样的人,在研究具体的科学时,既揭示相应对象存在与发展的规律系统,展示其内部联系、内在运动的"真"状的生态图景,又同时显示了这种运动有序、平衡、统一的内在的生态结构之美,实现了生态真与生态美的同体。杨振宁说:"科学与美不可分割","艺术与科学的灵魂同是创新"[1]。李政道讲:"艺术和科学的共同基础是人类的创造力","科学与艺术是休戚与共的"[2]。罗素说:"数学不但拥有真理,而且包含了极度的美一种像雕塑一样的冷峻美。"[3]"分形图形的美是奇特的……在一本称之为《分形——美的科学(复动力系统图形化)》的著作中,展示了各种彩图,是一种艺术,体现了纯真的美。这是科学的真和艺术的美的结合。"[4]诺贝尔生理医学奖获得者沙利文说:"一个科学理论之被认可,一个科学方法之被证实,是在于它的美学价值。因为没有规律的事实是索然无味的,而没有理论的规律至多只有实用意义,我们看到引导科学

---

[1] 梁国钊主编:《诺贝尔奖获得者论科学思想、科学方法与科学精神》,中国科学技术出版社2001年版,第12页。
[2] 同上书,第15页。
[3] 同上书,第94页。
[4] 童天湘、林夏水主编:《新自然观》,中共中央党校出版社1998年版,第303页。

家的动力归根结底是美学冲动的表示。"① 这些著名科学家的共通性看法,雄辩地说明了科学探索是真美同步的,科学与艺术有着内在的同一性。人在学习科学知识和进行科学研究时,既作为认知者,去把握和探究科学对象的生态运动之真,同时,他又作为审美者,去把握科学对象"真"状运动的生态之美,这就在两者相生互发的统一中,展开了绿色的科学审美人生,增长了美生性。

对科学进行绿色审美的人,在生态认知者和绿色审美者的辩证结合中,共生出、结晶出的本质规定,既区别于一般的认知者,又不同于一般的审美者,成为生态审美者系统生成中的重要形态,关键环节。科学认知趋于生态真的境界,对世界内部的生态运动、生态联系、生态规律、生态目的所作的系统把握,也就更为简洁、深刻、中和,所形成的科学生态美,也就愈发精当、和谐、统一。就科学生态美来说,美与真一体,大美和大真同构,至美在大真的深处。这样,科学的认识越深入、越全面、越系统,所达到的科学的生态审美的境界也就越深邃、广阔、整一。生态大美与生态大真的统一性,生态至美与整体的生态规律和深层的生态规律的一致性,显示出生态美与生态真的对生并进性。这就强化了人们对世界整体的生态联系即整生之真和整生之美的关联性追求,科学探究的生态性与科学审美的绿色性走向了动态平衡的耦合。

科学认知活动本就是人的生态活动的重要组成部分,对其他生态活动有着先导性意义,随着生态文明时代的到来,生态科学越来越成为主流性、主导性和整生性的科学,越来越向一切科学范围、科学形态渗透,越来越同一切科学门类交叉,越来越与一切科学系统整合,科学认知的生态化程度特别是整生化程度自当越来越高。与此相应,科学审美者也就不断地获得了、强化了生态审美的整生质,显示出走向完备的系统的绿色审美人生的必然性。

生态审美者的系统生成,以艺术审美者为基点,以科学审美者为中介。这就要求艺术审美和科学审美均需提升整生性。在整生论哲学的指导下,人们对

---

① 梁国钊主编:《诺贝尔奖获得者论科学思想、科学方法与科学精神》,中国科学技术出版社 2001年版,第34页。

各门科学的生态审美,既把握其特殊的生态运动规律与绿色审美规律,又关联地把握其暗合潜系的类型性、普遍性、整体性、整生性的生态运动规律与绿色审美规律,并进一步融会贯通各门科学的整生化审美,逐步走向科学的整生规律系统与审美的整生规律系统的对应性领悟,方有可能逐步完整地形成生态审美的潜能,逐步系统地生发审美人生的潜质。庄子的"庖丁解牛"、"吕梁丈夫蹈水"、"以鸟养养鸟",强调洞悉、把握与运用各种生态活动的具体规律,最后"蹈乎大方",通达自然的整生之道,趋于至人、圣人、神人的逍遥游境界。这就揭示了一条通过把握具体的生态审美活动规律,逐步把握生态审美的规律系统,最后实现生态审美人生的路径。罗素指出:"爱因斯坦的相对论似乎是我们时代之前人类智慧最伟大的综合成就。相对论集两千多年来数学和物理学知识之大成,从毕达哥拉斯到黎曼的纯几何学,从伽利略和牛顿的力学和天文学,以及法拉第、麦克斯韦及其拥护者研究基础上创立的电磁学所有这些理论的形式几经变化,都充实到了爱因斯坦的理论之中。"[①] 这就启发我们:科学发展的历史,就是由局部真理走向整体真理的历史。在科学文明高度进步的今天,科学和学科已经走向一体化发展,人们通过整生化的科学审美的中介,逐步把握对象世界与自身活动的各种生态规律和生态规律系统,进而使自身的生态活动与世界的生态运动,形成既合乎生态规律也合乎审美规律的耦合并进,即合乎生态审美规律的耦合并进,当可奠定进一步走向绿色审美人生的基础。我在接受科学时报记者采访时曾经说过,没有科学,生态审美无法实现。现在看来,只有通过整生化的科学审美的中介,人们方可把握各种门类的科学规律整合而成的生态规律系统,方可把握整生化的生态运动规律与整生化的审美运动规律的对应发展,以形成整生化的生态审美规律系统,并以其为前提,展开各种形态的生态审美活动,形成各种领域的生态审美现象,成就整生意义上的绿色审美人,成为全时空的生态审美者。

绿色的科学审美者往生态审美者的方向前进了一大步,逐渐地把握了生态审美规律,形成了生态审美潜能,有了系统地形成绿色审美人生的条件。

[①] 梁国钊主编:《诺贝尔奖获得者论科学思想、科学方法与科学精神》,中国科学技术出版社2001年版,第30页。

同时，他是在绿色艺术人生的基点上走向绿色的科学审美人生的，也就实现了生态审美潜能与艺术审美潜能的协同发展。或者说，科学审美者的生态审美素质中，渗透着绿色艺术的审美素质，保证了审美的艺术性与生态性的耦合并进，保证了生态审美潜能质与量的协同发展。同时，也可进一步见出，经典艺术的绿色接受与一切艺术的绿色阅读，作为生态审美者系统生成的始发性位格的合理性。如果不是这样，在系统生成生态审美者的全程中，将无法实现审美性与生态性对应并进，将无法形成绿色人生与艺术人生的耦合旋升，绿色艺术人生也就缺乏高起点，难以高质高量地完备生成与系统生长。

整生化的科学审美活动，实现了审美的艺术规律结构与科学的生态规律结构的统合共进，形成了生态审美规律的基础性体系，从而为绿色审美人生的系统生成，形成了关键性的一环。或者说，整生化的科学审美者，已经形成了绿色审美人生的基本潜能和主要条件。

真是善的前提，科学是文化的向导，合目的是合规律的必然，对文化的绿色审美，也就理所当然地成了生态审美者系统生成的第三个环节。科学的本质是真理，文化的本质是伦理，生态审美者凭借绿色阅读的理念，把观念、行为、器物、制度等一切文化形态，作为善态的文本，进行绿色审美的阅读，把握其伦理生态之美。伦理，主要是一种依据真态的关系，发展起来的善态关系，用以维系社会的公平与正义，平衡与稳定，和谐与友好，保障社会的存在与有序，促进社会的文明与发展，本身就是一种社会生态性与社会审美性的统一。也就是说，它的善与美都有社会和平的绿色性，具备生态审美的潜质。孔子提出"尽善尽美"[1]，孟子主张"充实之谓美"[2]，荀子认为"不全不粹之不足以为美"[3]。凡此种种，倡导的均是完备的善态人格之美，是一种整生的精神之善和社会之善的美。生态文化拓展与提升了整生之善，潜生暗长了整生之善的绿色之美。这从三个方面表现出来：一是它把善态的关系与秩序，即公平与正义，平衡与稳定，和谐与友好，从精神生态领域和社会生态领域，拓展到

---

[1] 张燕婴译注：《论语》，中华书局2006年版，第38页。
[2] 万丽华、蓝旭译注：《孟子》，中华书局2006年版，第331页。
[3] （唐）杨倞注：《荀子》，上海古籍出版社2010年版，第9页。

自然生态领域，倡导了全生态之善。生态伦理学把大自然看成是一个大家庭，人和其他物种是一种兄弟姊妹的关系，平等而亲和。善，贯通了三大生态领域，达成了整生之善与整生之美的统一。二是它更加强调了行善的双向整生性。在传统的道德范畴里，有着"人人为我，我为人人"的双向行善的律令，也有着"民胞物与"和"花鸟虫鱼吾友于"的生态伦理观念，然在现实的伦理实践中，更加强调的是自己对他人、个人对社会、自然对人类的行善，忽略了他人对自己、社会对个人特别是人类对自然的行善义务，导致了善的非平衡实现，影响了善与美的整生态并进。在生态伦理学的视域中，强调以"万生一"和"以一生万"的双向整生性行善，强调人类对养育自己的大自然母亲的反哺与回馈，强调人和万物的平等与亲善，这就形成了双向整生的善态美。三是它凸显了善的系统整生性。善是一个价值论的范畴，传统的伦理之善，其最高的价值目标，是促进人类社会的稳态发展。当伦理实践的领域，拓展至自然界以后，大自然系统的圈进旋升，成为生态伦理的最高目的。这就要求人类，将自身系统可持续存在与发展的整生之善，融入大自然系统永续生发的整生之善，并以后者的实现，保障前者的实现，以前者的实现，促进后者的提升。这样，大自然系统的整生之善，实现了三个方面的生态审美飞跃：一是超越了道德律令的半强制性，走向了审美规范的自觉自愿性；二是提升了个体的生态目的性，使其和所属的系统目的性双向对生，增长了善与美耦合的整生性；三是各物种的生态目的性，与大自然的生态目的性，自由自然地对生，实现了生态大善与生态大美的耦合整生。对当代生态文化整生之善的审美，当可形成文明、高雅、超迈的绿色审美人生。

　　生态文化审美者，在对大自然整生之善的审美追求中，既丰富了生态审美素质，又拓展了绿色审美人生的空间。他的生态审美足迹，穿越艺术的殿堂，步出科学的天地，进入文化的领域，绿色审美疆域随之拓宽，绿色审美人生随之丰盈。与此相应，他递进地形成了绿色阅读艺术、科学、文化的生态审美能力，具备了将艺术之韵、科学之真、文化之善进行整生化审美的素质。此番经历与积累，可使他的生存活动，既合生态审美规律又合生态审美目的，有了绿色审美人生的基本内涵，有了生态审美者的基本构架，有了美生者的大致素养和大致的本质规定。

四、实践活动与日常生活的绿色审美

人的实践活动，创造功利价值：益。益，是维系生命存在的价值物，是支撑人类与自然可持续生发的物质基础，是十分重要的生态资源。与此相应，生发功利之益的实践活动，成了人类维生的活动，成了人类十分重要的生态活动。恩格斯在马克思的墓前讲话，说马克思有两大发现。其中之一是：物质生产活动满足生存需要，保障精神活动。在生态审美活动的序列化展开中，实践活动的绿色审美处在第四个环节，继文化的绿色审美展开，有着逻辑的必然性。益，是合规律合目的之产物，在求美循真向善中生发，须以艺术、科学与文化为前提。生态之益，是一种生态功利价值与绿色环境价值以及绿色审美价值同生并长的益，它在生态实践中形成，更需要生态艺术的融入，生态科学的指导，生态文化的规约。整生之益，为整生的艺术法则、整生的科学规律、整生的文化目的中和生发。

整生之益的绿色文本，有了整生的艺术情韵、整生的科学真韵、整生的文化善韵的统一，形成了整生的实践益韵，其绿色审美价值的整生化程度更高。生态审美者在实践活动中的审美，更形成逐层提升的绿色阅读。对一般的实践活动文本，读出真善美统一的益韵，还要读出生态益韵的向性，更要读出整生益韵的理想。对生态实践活动，要读出它由绿色情韵和绿色真韵以及绿色善韵共生的绿色益韵，还要读出它走向整生益韵的必然性，形成大绿与大美统一的韵象。对整生态的实践活动，所做的绿色阅读，也应有超越性，其整生的绿色益韵，应荡出地球，随着宇宙的膨胀，荡向整个天宇，形成地球和宇宙的益韵之象，或曰象外之象，韵外之韵。

随着生态文明的发展，低碳经济、循环经济和生态经济将在全球范围内，成为普遍的经济形式，实践活动相应转型。生态实践活动将取代工业文明时代的非生态性实践活动，成为主流的普遍的实践活动，并逐步走向整生态实践的高级阶段。在这样的背景下，实践的绿色审美者更加趋于整生态。他是显态的整生之绿的实践审美者，与隐态的整生之绿的艺术审美者、科学审美者、文化审美者的统一，生态审美素质的系统化程度增高，绿色审美人生的足迹更深和更广。

　　日常生活，是人类活动的重要形式，是人类基本的生态存在方式，它的价值目标是舒适，即宜生，也就是宜身和宜心。宜的生存状态，之所以成为生活审美的状态，基于艺术、科学、文化、实践的通力支撑。一般的生存之宜，走向生态之宜，成为生态审美形式，须依次聚合生态艺术的绿色情韵，生态科学的绿色真韵，生态文化的绿色善韵，生态实践的绿色益韵，以形成生态化生活的绿色宜韵。日常生活美学，是当代欧美重要的美学流派，促进了审美的日常生活化和日常生活的审美化。这股潮流，也涌进了华夏，有利拓展中国生态美学的质域，可为生态审美者提供日常生活的文本。然这个文本，还存在与生俱来的三个方面的缺陷：一是它的消费性，导致生态性的缺失，不够绿色；二是它的复制化、平面化、快餐化，导致审美性的流失，缺少绿韵；三是它的强制性和霸权性，导致人文性的缺失，离散了审美自由。治好这三个"毛病"，靠生态艺术、生态科学、生态文化、生态实践来"会诊"，靠上述诸者的绿色情韵、绿色真韵、绿色善韵、绿色益韵来"输液"。这说明，日常生活，每个人都可以自自然然地过，但要实现日常生活的生态审美，却要有艺术、科学、文化、实践的绿色审美背景，要依次累积上述五个方面的生态审美素质。否则，日常生活，不是他的绿色文本，不能成为他的生态审美疆域。这也说明，当下中国的日常生活审美，出现前述三个毛病，跟民众的生态审美的准备不足有关，跟生态文明的深化不够有关，跟民众的生态审美修养非系统化生发有关。

　　在生存之宜的基础上，增长出来的生态之宜，可升华出整生之宜。这种整生之宜，既宜于日常生活者的全部身心，全部时空，也系统地宜于他者、社会与自然。日常生活的整生之宜，以生态文明的系统生发为背景，在艺术、科学、文化、实践的整生化审美的序态展开中自然实现。

　　整生化的日常生活审美者，在生态审美的历史积淀和逻辑发展中，生态审美修为趋向完备。他在日常生活的自在自为中，增长了合乎生态审美规律与生态审美目的，实现生态审美功利，形成生态审美功能的整生化审美自由。他潜合暗符的生态审美规范相对系统，接受的生态审美教育相对齐全，生态审美素质相对齐备，绿色审美人生的程度较高，成为整生性的绿色艺术审美者、绿色科学审美者、绿色文化审美者、绿色实践审美者、绿色生活审美者的中和体，无疑是最接近系统生成的生态审美者。

五、哲学与美学的绿色审美

哲学，是人类文明的最高成果，是人类所有发现发明、创新创造的升华。它探求的是精神、社会、自然的公理与大道，它追求的价值目标是智。它揭示的公理与大道，是世界运动的规律性和目的性的结晶。它包含凝聚和升华了真善益宜美的特殊规律与目的，类型规律与目的，普遍规律与目的，成为整体的规律与目的。这样，哲学的宏阔的道与理，闪烁着整一的智韵，成为大真大善大益大宜与大美的统一。它的智韵之美，也相应地成了艺术的情韵之美、科学的真韵之美、文化的善韵之美、实践的益韵之美和日常生活的宜韵之美的和合。随着生态哲学的出现，对哲学的绿色审美，也就相应地成了生态审美的第六个环节。整生哲学是生态哲学的高级形态，它整合与升华了真善益宜美的整生规律与目的，生发了世界的整生之道；它中和了整生的艺术情韵之美、科学的真韵之美、文化的善韵之美、实践的益韵之美和日常生活的宜韵之美，构成了整生的智韵之美。通过整生哲学的绿色审美，欣赏者的生态审美素质进一步完备，更近于完备的绿色审美人生了。

美学虽隶属于哲学，因是哲学的最高层次，与哲学有了互含性。一般的美学，追求真善美的统一，或曰显态之美与隐态之真善的统一，其美韵是情韵、真韵、善韵与智韵的中和。生态美学探求生态性与审美性的统一，倡导生态规律与目的和审美规律与目的结合，追求真善益宜智美的价值综合，力图将艺术的情韵、科学的真韵、文化的善韵、实践的益韵、日常生活的宜韵与哲学的智韵，凝聚成自身的和韵，以形成生态通美。整生论美学是生态美学的高级形态，它揭示了生态系统真善益宜智美整生的价值结构，显现了大自然整生的情韵、真韵、善韵、益韵、宜韵、智韵贯通流转的系统和韵，标志了超循环的审美生态。欣赏者置身于整生论美学的境界中，也就通晓了生态审美的规律与目的，也就通识了生态审美的本质与结构，也就通览了生态审美的疆域和时空，也就可望系统地形成生态审美者的素质，也就可望全面生发绿色审美人生，也就可望整体地形成美生者的本质规定。

对生态美学特别是整生论美学的审美,是审美量度最大和审美精度最高的形式,是艺术审美生态化的终端,是生态审美者系统生成的终结性环节,或更准确地说,成为终结性与回旋发展的起点性结合的环节,即旧的终点与新的起点统一的环节。也就是说,从艺术经典的绿色审美开始,经由一系列的中介,抵达生态美学的绿色审美,是人们形成生态审美素质,成为生态审美者,创造绿色审美人生的基本路径。在此基础上,生态美学的绿色审美者反向回生,逐位走向艺术经典的绿色审美者,使各类绿色审美人生在依次积淀中走向绿色艺术人生。如此回还往返,各种类型的生态审美者都增长了整体质,都在走向完备的生态审美者,都在实现系统质的绿色审美人生,都在趋向高端的绿色艺术人生。这就见出,生态审美者的生成与发展,是一个从艺术的绿色审美者,走向美学的绿色审美者,再由美学的绿色审美者,走向艺术的绿色审美者的超循环过程,是一个系统生成绿色审美人生后,继而系统生长为绿色艺术人生的旋升过程。至此,我们可以给他下一个定义:终其一生绿色阅读艺术、社会、自然文本,整生化地生长其情真善益宜智美的价值结构者。

从生态审美者到绿色艺术人生,形成了美生者的基本素质。生态与审美的全时空同一,是美生者的重要本质规定,这在上述生态审美者超循环的系统生发中形成了。在此基础上,进一步形成生态与显美的全时空同一,特别是生态与造美的全时空同一,美生者的本质规定也就走向了系统生成。基于审美整生性的规律,生态与显美的同一和生态与造美的同一,都不是单独进行的,而是和生态与审美的同一耦合推进的。生态审美者的系统生成,使这种多维耦合的推进有了可能,使美生者的完备实现有了可能。

第三节 悦生美感

出自生态美感的整生美感,是审美人生在与全美生态耦合对生时,感触的身心快悦情状,感应的娱生、乐生、悦生场域,感发的大美、全美与至美的境界。这一界定,凸显了审美感触、感应、感发的整生性与美生性,显然承接与超越了传统的美感本质说。

一、审美人生与全美生态对生的整生美感

美感虽然形成于审美者的身心,但却是物与人对生的。这种对生的机制是审美关系。审美关系的两端是"读者"和"文本"。凭借审美关系,读者和文本形成对生,生发美感。没有审美关系,读者和文本无法耦合,构不成具体的审美场,美感当无由产生。审美关系解除,读者和文本分开,审美场解散,美感留存审美者身心,成为审美经验。绿色阅读结成的审美关系,是与生态关系同一的,是从不离散的,它构成了美生场,形成的是整生美感。

(一)审美关系的整生化

生发整生美感的前提,是形成整生化的审美关系。

1. 生态关系的各种生态位

一般美感难以持续生发,难以多元耦合地生发,谈不上整生化。只有生态美感才可能成为整生美感。简要地说:整生美感指人生持续多元生发的快悦通感。整生美感之所以如此,基于从一般的生态审美关系中发展出的整生化审美关系。生态关系,是人跟世界的基础性关系、总体性关系。这是一种随生命展开而持续不断的关系。它既独立存在,又托载其他关系。这样,人与世界的所有关系,都在生态关系中形成,都是生态关系的形式,都是生态关系的部分。生态关系的各种形式,分别来看,是显隐聚散的,有着生发的间隔性和断续性,然联系起来看,却在此伏彼起、此隐彼现、此散彼聚中,形成了持续的显在性,显示了整生性。人的生态是各种各样的,相应地形成了与世界各种各样的关系,比如科学认知关系,文化伦理关系,实践功利关系,审美情感关系,消闲宜身关系等等。这些关系,可以看做是人与世界生态关系整生性展开的各种生态位,它们次第地构成了生态关系的整生性空间。一般的审美关系,在生态关系结构中,仅占据了一个生态位,和其他关系一样,仅在阶段性的时空生发,无法在生命展开的全时空生发,也就没有整生性。一般情况下,上述关系是分别生发的,较难同时"亮相"。这样,它们之间,形成了相互关联性和相

互排斥性，形成了竞生性。生存，是人类的第一要务。在整体的生态关系时空里，处于强势地位的往往是那些直接维生的关系，比如科学认知关系、实践功利关系等等，审美关系则一度处于弱势地位，走向整生化的路径很曲折。

2. 依生性审美关系

审美关系基于和属于整生性的生态关系，在与其他生态关系的合——分——合的过程中，一步一步地成长为审美整生关系，进而成就了整生美感。大自然进化出人类，人与世界最早形成的生态关系，也就理所当然的是育生关系。继而形成的是维生关系。由于生产力的低下，人类维生艰难。这种艰难，包括生存与繁衍两个方面。这就形成了以实践功利关系为核心的多样统一的维生关系，它包括宗教魔法与图腾崇拜方面的文化伦理关系，以及愉悦神人的审美关系等等。这种种关系都指向维生的目的，维生关系在统领它们的时候，形成了整生性。悦生的审美关系，在整生性的维生关系中生发，也相应地形成了整生性。审美活动在生产活动中发生，促进劳动效率的提高，悦生的审美关系依从益生的功利关系，共同成为维生关系的有机部分。审美活动依托宗教魔法活动和图腾崇拜活动展开，共同地通神通祖和娱神悦祖，实现生产丰收的功利目的和氏族昌盛的育生目的。这样，审美情感关系和文化伦理关系结合，共同进入维生关系的结构。审美活动也在游戏活动中展开，游戏的内容与情景与劳动的内容与情景相似，或者说，就是后者的再现、反映与表现，可以看做是劳动经验的总结与传授以及劳动技能的演练与习得。审美的悦生性和游戏的娱生性也就一起指向了劳动的益生性，共同成为维生关系的一种形态。这样，维生关系也就成了生态关系的主体，在多向度的展开中，显示了整生性。从上可见，审美关系和维生关系的各种形式、各个方面结合，占据了多维的生态空间，形成了整生性，可以形成整生性美感。

人类初始形态的审美关系，尽管有着整生性，但却是非独立的，即整体地依从和依存维生关系的，各方面地依从和依存维生关系的诸种形态的，因而是依生性的。这种依生态的审美整生关系，作为审美整生关系的初始形态，有着原型的意义和持续发展的空间。作为原型，它形成了审美关系和其他生态关系的整合模式，显示了生态审美关系的结构形态。其发展空间的拓展，充满了非线性生发的辩证性，即从起始时量与质不平衡的形态，走向量的收缩和质的提升形态，再而走向质与量平衡发展的形态，最后走向质与量整生化提升形态，这是一个审美关系和其他生态关系，在合——分——合中走向一化的过程。在这一过程中，生态审美关系显示了生发谱系，留下了系统生成的轨迹。

3. 竞生性审美关系

在生态审美关系的生发中，它的质与量最终走向了一化，然这是非线性的，期间，充满着曲折与矛盾。在起始阶段，生态审美关系有了整生性，然出现了相互关联的两大矛盾。第一个矛盾是非自主性和整生性的矛盾，在与其他生态关系的结合中，形成的生态审美关系，有了整生性的空间，然审美关系是非独立的，是依存维生关系的。这就引出了第二个矛盾，即生态审美关系量域的拓展与质性的下降的矛盾。审美与其他生态结合，拓展的生态审美关系，主要价值的指向是维生，附属价值的指向才是审美。这就出现了生态审美域越展开，维生的核心价值愈凸显，审美的附属价值越淡隐的情形。生态审美关系要进一步发展，必须解决上述两大矛盾。

前述非平等和非平衡的生态关系结构，历史地引发了审美关系和其他生态关系的竞生。首先，通过竞生，在不改变生态关系的基础与背景的前提下，改变了审美关系对维生关系以及隶属于维生关系的其他生态关系的依附性和依存性，离开了原先的审美整生性关系结构，走向了独立，成为一种局部性的纯粹性的审美关系，实现了与其他生态关系的平等。这种审美关系的形成，是与其他生态关系竞生的结果。它的存续，也离不开竞生，即通过竞生，与其他生态关系争夺生态时空，使人们有更多的时间处在审美关系中，在更多更广的空间里形成纯粹的审美关系。它的丰盈，同样靠的是竞生。纯粹的审美关系，从依生性生态审美关系的结构中挣脱出来，没有走向封闭性的独立，而是在开放性的竞生中，形成了新的整生性结构，即其他生态关系，诸如实践功利关系、科学认知关系、文化伦理关系、消闲娱生关系等等，都隐在纯粹的审美关系中，依托后者而存在，凭借后者而实现。在这一整生性的审美关系结构中，形成了其他生态关系依存纯粹性审美关系的格局，形成了纯粹性审美关系的核心地位与主导地位。这就见出，审美关系从依生性向竞生性的转型与发展，是一种扬弃，它部分地保留、转换和变化了原先的整生性。

上述审美关系的转换及与别的生态关系的重组，既是社会生产力发展的结果，也是人类审美需求提升的必然。随着社会文明的进步，人类已经不再需要审美直接维生了，它那娱生、悦生、美生的功能也就凸显出来了，人与世界纯粹的审美关系的形成，也就成了历史的必然。

4. 共生性审美关系

竞生性审美关系似乎解决了依生性审美关系的两大矛盾，实际上只是解决了矛盾双方相互联系的一个方面，却引发了新的生态矛盾，可谓按下葫芦浮起瓢。审美关系的独立性、质量性有了保障，然整生性与质域性收缩了。原有的矛盾格局仍然存在，只是缺陷方调换了。虽然如此，竞生性审美关系，形成的审美关系与其他生态关系的生态平等，为统筹兼顾地解决上述矛盾，奠定了基础。如果说，在竞生性审美关系形成时期，审美关系和其他生态关系是既分且合的，是明分暗合的。那在共生性审美关系生发时期，审美关系和其他生态关系则是平等耦合的，显态和合的。纯粹审美关系与其他生态关系，既各自独立，相互平等，又彼此促进，耦合共生。这就实现了共生性审美关系在所有生态域的逐一形成，达到自主性与整生性的统一，高质性与广域性的共进。这种辩证性的生发，使共生性审美关系逻辑地历史地中和了依生性审美关系和竞生性审美关系，也超越了这两种审美关系。

共生性审美关系的拓展与增强，遵循了历史的规程和逻辑的序性，形成了动态平衡的整生性审美关系系统。走向独立的纯粹审美关系，以自主平等的姿态，返回生态关系大家庭后，依次与科学认知关系、文化伦理关系、实践功利关系、消闲娱生关系耦合，构成了序列化展开的共生性审美关系。这样，共生性审美关系也就遍布了生态关系的所有时空。生态审美关系发展至此，其生态性与审美性、质性与域性走向了动态平衡的发展，其生态性与审美性、质性与域性都在走向整生性的联动，都在走向整生性的耦合，整生性审美关系成焉。

5. 整生化审美关系

生态审美关系的发展，在走过了合——分——合的规程后，凭借共生性审美关系的全域性发展，形成了平等耦合的整生性审美关系，可生发整生性美感。这种整生性审美关系走向一化，可提升为整生化审美关系，并相应地生成整生美感。

伴随着整生性审美关系的形成，序态展开的共生性审美关系，还有了质的整生性叠加，这种叠加的回环往复，生态审美关系质走向了一化，或曰整生化。具体说来，纯粹审美关系在与科学认知关系结合后，再与文化伦理关系结合，积淀了此前的成果，形成了美、真、善的生态审美关系质的耦合，共生性审美关系向着整生性审美关系跨进了一步。当它进而与实践功利关系结合，积淀也就更丰厚，达成了美、真、善、益的生态审美关系质的耦合，离整生性审美关系更近了。当它最后与消闲娱生关系结合，在完备的积淀中，实现了美、真、善、益、宜的生态审美关系质的耦合，具备了整生态审美关系的基本要素。消闲娱生的审美关系，在成为整生化审美关系后，反哺回馈此前的共生性审美关系，使之一一走向了整生化。这样，生态审美关系的各种形态，都具备了美、真、善、益、宜中和的生态审美关系的整生质，达成了"万万一生"的整生，成为具体的整生化审美关系，能够持续不断地生发整生美感。

审美关系整生化的极致是天化，它是审美关系的生态空间遍及整个自然，美、真、善、益、宜的质性走向自然，两者同步地天化。这种天化审美关系，可生发相应的整生美感。

（二）整生化审美关系的中介性

整生化审美关系是纵横生成的。从纵向看，它是生态审美关系的历史积淀所致，是整生化审美活动的反哺与回馈使然。从横向看，它为艺术人生和全美世界所共生。在整生化审美关系系统生成的机制中，读者与文本的同构与交往，是最重要的。审美关系在读者与文本的交往中形成，整生化审美关系在艺术人生和全美世界的整生化交往中生发。交往，是一种相互生成的活动。正是在交往中，读者与文本相互提升，走向了动态平衡，走向了动态的同质与同构，最后在高端的耦合中，生发出整生化的审美关系。可以说，读者与文本动态平衡的交往与耦合，必然形成整生化的审美关系。

既然整生化的审美关系是在艺术人生和全美世界的双向交往与动态耦合中生发的，它就结晶了双方的最优品质，理所当然地成了双方生发整生化美生活动，形成整生美感的中介。著名美学家周来祥先生，认为审美关系连接美与审美者，形成审美整体。"美学是研究审美关系的科学。审美关系作为人与现实对象（自然、社会）的一种关系，它有客观的方面：美的本质、美的形态；也包括主观方面：美感、美感的类型、审美理想；也包括主客观统一产生的高级形态的艺术。也就是说，审美关系包括美、审美、艺术三大部分。以审美关系为轴心、为中介把这三个方面辩证地统一起来,而不应把美和艺术人为地砍成两橛。"① 这是对审美关系的十分辩证的论述。顺着这一辩证的思路走下去,我们认为,读者(艺术人生)与文本(全美世界)在物质、能量与信息的交往中,所共生的整生化审美关系,作为中介,耦合双方,生发出整生化的美生活动,汇成美活生态,触发整生美感。这就显示了整生美感完整的生发路径,形成了整生美感系统生发的规律。

  审美关系和审美活动是对应并进的,两者互为因果。凭借这种同一性,审美关系通过规约审美活动,来规约美感的质与性。也就是说,审美关系的整生化,规定了由审美活动转换而出的美活生态的整生化,进而形成了相应的美感。美生活动包含在美活生态中,以美活生态的整体面貌出现。整生化的美活生态,从三个方面显示出整生性。一是美生活动促成美活生态的圈进旋升。美活生态是在各种位格的序态生发中圈态运行的。居首位的美生世界,第次生发美生欣赏、美生批评、美生研究、美生创造,最后旋回美生世界,这就在生生不息的超循环中,彰显了美活生态的整生化,使整生美感的生发有了可能。二是具体美活生态的复合性。基于一般美活生态的圈进旋升,处在其中的各种具体位格的美活生态,彰显与提升了自身的品质,兼含了其他具体位格的美活生态乃至民族和人类美活生态的品质,走向了网络化复合的环进,实现了"万万一生"的整生。这样,各种美活生态的超循环,也就成了互文性的超循环,强化了整生性,提升了整生美感。美活生态圈的复合式超循环整生,不是封闭的,而是在层层开放中,耦合了相应的文化生态圈、社会生态圈、自然生态圈的超循环,形成了最大复合的超循环整生,整生美感自当相应增长。三是审美价值的整生化。伴随着美活生态圈的整生化运行,真善益宜智美的整生化价值在潜生暗长,并相应地实现为整生美感。由整生美感的生成机制与路径,可以看出整生化的审美关系的中介性价值。没有它,艺术人生和全美世界难以耦合,难以对生出整生化的美活生态圈,整生美感当无由生发。

  美活生态各种位格的整生化,总是在相互联系中,相互促进并共同提升的,进而形成系统整生的,生态审美关系就是它们相互联系的桥梁,就是它们

---

① 周来祥:《论美学研究的对象》,《东岳论丛》1982 年第 2 期。

共成系统整生的中介。此外,生态审美关系还是美活生态圈耦合其他生态圈的机制,是美活生态圈实现超大系统整生化运行的机制。鉴于此,审美关系的整生化,成了美活生态的整生化和美感的整生化的关键。

(三) 对生中的整生美感

何谓整生美感?就是美活生态圈运生的真善益宜智美中和的整生化价值,向艺术人生的快悦化、情境化和韵像化持续实现。它虽然存在于审美者身心,然却是艺术人生和全美世界的对生品与结晶体。

整生美感的全程与全域,乃至生发的基础与前提,都离不开读者与文本的对生。整生化的审美关系,也是由他们历史地、逻辑地对生出来的。整生化的美生活动,也是他们对生的"杰作"。整生美感每个环节的生发,都靠的是艺术人生与全美世界的对生耦合。这样,艺术人生和全美世界的对生,成了整生美感生发的基本规律。

这一基本规律的核心是对生。对生,是对互为因果双向往复的生态关系、生态规律的概括与提炼。它既是一种独立的生态,又存在于所有生态中,成为所有生态基本的和基础的生发机制。像依生、竞生、共生、整生,都包含着对生,都凭对生而生发。对生也因此发展了自己的内涵,形成了多种形态,提高了普适性。当它发展出"以万生一"和"以一生万"的整生化对生,特别是走向了"万万一生"的网络化对生,也就成了生态系统动态平衡、超循环跃升的深刻机理和重要机制。与此同理,艺术人生与全美世界实现了上述网络化对生,整生美感也就源源不绝了,整生美感结构也就相应地圈进旋升了。

在生态谱系的展开中,每一个环节的形成,都显示了系统内外的对生,生态位的第次延展,都有纵横的对生贯穿其中。整生美感形成后,艺术人生和全美世界的对生仍在继续,推进了它的谱系性展开,环节性生长,螺旋性提升。实际上,艺术人生和全美世界在持续对生整生美感时,转而发生的是艺术人生、整生美感、全美世界的三维对生与耦合并进。在这种三维对生中,整生美感双向转换为艺术人生与全美世界,艺术人生和全美世界又对生出更高位格的整生美感。如此回环往复,良性旋进,显示了整生美感系统生发的规律,显示了审美生态的系统生发规律,显示了美生文明的圈进环升规律。

二、整生美感的生发规程

整生美感从快悦身心的审美感触开始,进入娱生、乐生、美生情景的审美感应,抵达全美和至美生态的审美感发,构成了持续生发与第次提升的美感系统。

(一) 审美感触结构

审美从人感触美物始,这是常识。整生美感的生发,也以此为起点,只不过它的审美感触有着整生性的要求与特点。

1. 贯通身心的审美感触

审美感触有生理和心理两个方面。整生美感的形成,要求生理和心理的审美感触贯通流转,具备整生性。审美感触分两个紧密联系的环节:一是身心感知,二是这种感知对身心的触发。感知是触发的前提,感知的整生性,规约了触发的整生性。感知,是感觉和知觉的关联。感觉是各种感官分门别类地感受事物的相应属性,知觉是统合感觉形成对事物的整体感知。感觉经验形成通感,在此基础上,形成生理感官和心理感官的贯通,形成整生性感官系统,去感受事物的生态美,感受它们的美生,形成相应的审美感触。审美初始,在审美通感中,形成的往往是生态美或美生者的形貌结构及属性系统,触发的是身心的贯通性快悦,形成的是美生感触,初成整生性美感。

2. 身心快悦

一般的审美活动,审美者往往置身美外,静观默察,有着明显的主客体之别,所形成的美感,主要是精神的愉悦感。这就形成了主流的美感论,仅认可心理的愉悦感,忽视甚至排斥生理快感。生态审美则在美生场中进行,审美者与美物身触心会,从而身快神悦。这就形成了身体俱快和精神俱悦的整生性美感。这样,身体快适感,不仅进入了生态美感系统,而且达成了眼、耳、鼻、舌、身的快适性通转,显示出超循环的整生化。精神愉悦感,更在情、志、意、神、韵中流转,也有了超循环的整生化。人的身心是贯通的,快悦是合流的,并在身心系统中环进周升,形成更大结构的超循环整生。具体言之,快适感既在眼、耳、鼻、舌、身之中环流,也进入心理系统,在情、志、意、神、韵之中圈升；愉悦感也既在情、志、意、神、韵中周走，也跨进生理结构，在眼、耳、鼻、舌、身中旋升。快适感和愉悦感在身心中的逐位对转，实现了合流。凭借这种合流，形成了整体的生态美感——快悦感。这种快悦感，周走于身心，在眼、耳、鼻、舌、身和情、志、意、神、韵中旋回，构成了超循环的整生化美感模型。①

整生美感不仅不排斥生理快适感，也非简单地将其纳入，视其为一个层次，而且让其和心理愉悦感融会，共成整生质：身心周走的快悦感。这就形成了整生美感独特的本质规定，显示了整生美感与以往美感的本质区别。

3. 一生快悦

整生美感不仅仅是快悦周走身心，而且是快悦周走身心一辈子，不间断，形成生命全程的超循环整生，可以称之为美生体验。之所以如此，乃在于支撑它的审美关系是整生的，生发它的美活生态是整生的，形成它的审美价值是整生的。整生美感的这一特性，更是其他美感难以望其项背的。我曾经说过，传统意义上的美感，遭遇三大难题，难以实现整生性。一是审美距离的局限。中外美学家都强调审美时的澄心静虑，抛弃功利心和利害心，形成超然的审美心境，这就保持了审美距离，维系了审美关系，持续了美感。然审美距离的保持是阶段性的，人无法时时刻刻都摈斥功利心和利害心，审美关系也就时断时连，美感也就无法一生不断绝。二是审美时空的局限。人要进行各种生态活动，才能生存与发展，也就无法一辈子处在审美时空中不出来，美感也就难以一世持续。三是审美疲劳的局限。审美者长期欣赏一个文本，容易厌倦，形成审美疲劳，形成审美注意的转移，也就中断了美感。这三大难题，在整生化审美中，在美生活动中，都迎刃而解了，实现了整生美感的一辈子的持续生发。

（二）审美感应结构

整生美感的第一个阶段，曰审美感触，即感受美物和美生之境，触起身心快悦。随着整生审美的深入，整生美感进入第二个阶段，曰审美感应，即感悟

---

① 关于快悦感的身心环生，此前笔者曾做过探寻。参见袁鼎生：《生态美感的本质与结构》，《中南民族大学学报》2008年第5期。

与和合美物及美生之境。刘勰所说的"情往似赠，性来如答"，① 应该是一种审美感应。阿诺德·伯林特说："审美欣赏是交互的"，审美者在"知觉融合"中，"为环境赋予秩序和结构，从而为环境体验增加意义"②。这种"知觉融合"，可以成为审美感应的重要内容与形态。艾伦·卡尔松说："将感受与知晓、情感与认知结合在一起并使之平衡，正是审美体验的核心内容。"③ 这也说明，审美感应是情感与理智中和的。吸纳以上论述，我认为：审美感应是对审美感触做出身心的应对和应答，形成与文本对生耦合的娱生、乐生和美生的情景与意象。

1. 娱生的审美感应

在整生美感结构中，前一阶段的美感成果常常积淀在后一阶段中，成为后一阶段的生发的起点。在审美感触阶段，一生快悦的整生美感，以娱生的形式进入审美感应阶段。审美者的娱生，是一种审美感应。感应是双向的，既接受美，又回应美，是双向对生的，实现了整体的动态同构。也就是说，在审美感应阶段，首先是美使审美者娱生，再而是审美者见美娱生，接着是两种娱生的对生，最后是审美系统娱生。一生快悦，无疑形成了娱生。"以我观物，物皆著我之色"，娱生之人观美，美当呈现娱生情景。我观美之娱生，美观我之娱生。我之娱生和美之娱生，相互生发，走向生态系统的整体娱生。辛弃疾讲："我见青山多妩媚，料青山见我应如是。"李白说："相看两不厌，只有敬亭山。"这就在物我娱生中，形成了整体娱生的审美情境。

娱生是一种快活、惬意的美感生态，是读者"眼"中的"文本"生态，是"文本"眼中的"读者"生态，是读者"眼"中的自身生态，是读者"眼"中的自身和文本一体的生态，即两者耦合的美生状态。在白居易的《琵琶行》中，他"眼"里的琵琶女，"老大嫁做商人妇"，"商人重利轻别离"的孤苦生态，激起了自身遭受贬谪的离弃生态，形成了"同是天涯沦落人"的一体生

---

① 周振甫译注：《文心雕龙选译》，中华书局1980年版，第184页。
② 〔美〕阿诺德·伯林特著，程相占译：《都市生活美学》，参见曾繁仁、〔美〕阿诺德·伯林特主编：《全球视野中的生态美学与环境美学》，长春出版社2011年版，第17页。
③ 〔加〕艾伦·卡尔松著，刘心恬译，程相占校：《当代环境美学与环境保护论的要求》，参见曾繁仁、〔美〕阿诺德·伯林特主编：《全球视野中的生态美学与环境美学》，长春出版社2011年版，第46页。

境，显示了追求欢娱生态与平和生境的趋向与理想。举这个例子，既是想说明在审美感应中形成的美感结构生态，也是想通过美感生态的转换，显示娱生的审美感应生态的普适性。其实，随着生态的恢复与美化，在审美感应阶段，更多的情形是直接生成娱生美感结构。

2. 乐生的审美感应

娱生是一种欢娱的美感生态与生境，是一种基础层次的审美快悦，它第次走向乐生与美生层次的审美快悦，构成审美感应的发展性。处在审美感应结构中间层次的乐生，是一种快乐的美感生态与生境。

它同样由美之乐生、我之乐生、整体乐生构成。庄子与惠子游于濠梁之上，对其说，鱼很快乐。惠子答曰："子非鱼，安知鱼之乐？"庄子说："子非我，安知我不知鱼之乐？"（《庄子·秋水》）仅从审美的角度看，庄子在天人相通中，形成了人与鱼相互感应，共同乐生的美感情境。梭罗进入瓦尔登湖，化入自然，与之为友，与之乐生。他说："能跟大自然做伴是如此甜蜜"①，"只要生活在大自然之间而还有五官的话，便不可能有很阴郁的忧虑，对于健全而无邪的耳朵，暴风雨还真是伊奥尼斯的音乐呢。"② 他成了大自然的组成部分，感受了自身与自然同一的乐生，构成了自然自在的乐生美感。

乐生的审美感应，也有着要素多样的构成。安闲感、舒和感、泰怡感、欢愉感是其基本的成分。安闲与舒和，表现为生理的舒适和心理的宽和，是一种优雅、平和、自然的美感生态，是一种身心轻松自如自在的美感生态，是美、我、生境和谐自由的美感生态。范仲淹的《岳阳楼记》，写出了乐生的安闲舒和美感："春和景明，静影沉璧，上下天光，一碧万顷，登斯楼也，宠辱皆忘，把酒临风，其喜洋洋者也。"在范仲淹的眼里，人与湖共同地走向了安闲与舒和，构成了物我一体的悠然清和的美感生态。泰怡，是一种身心的安全、舒坦、如意的美感生态，是美、我、生境的和乐、安逸、惬意、超然的美感生态。它既是一种持续生发的和谐的美感生态，也可以是一种面对崇高形成的美感生态，还可以是一种崇高美感过后的超然美感生态。毛泽东主席观庐山仙人

---

① 〔美〕亨利·梭罗著，徐迟译：《瓦尔登湖》，上海译文出版社2006年版，第116页。
② 同上。

洞，处崇高而泰然："暮色苍茫看劲松，乱云飞度仍从容。天生一个仙人洞，无限风光在险峰。"面对崇高的生态，劲松的从容自在、主席的安然若怡，形成了整体的泰怡超越的美感生态。当然，普通人很难像毛泽东主席那样，超然看崇高："五岭逶迤腾细浪，乌蒙磅礴走泥丸"，直接形成泰怡的美感生态，但可以像康德说的那样，面对数学崇高，无法感觉其无限巨大的整体时，可以通过想象去整体地把握它；面对力学崇高，无法抵抗其威力时，可处安全之地从容观赏。当然，康德所主张的是主体超越客体的超然美感，我们追求的是美与我共通的超然而泰怡的乐生审美感应，是两种不同时代的美感结构。欢愉感，是一种自我实现后的身心满足感、快感、优越感、超然感，同样可以在美与我的贯通中，形成整体乐生的情景。生态美，特别是整生之美，有着真善益宜智美的价值结构，既系统地自我实现，又系统地向审美者实现，这系列化贯通与和合的欢愉感，也就显得特别的充盈与丰厚。毛泽东主席的《沁园春·雪》，上半阕写雄奇瑰丽的雪景："北国风光，千里冰封，万里雪飘。望长城内外，惟余莽莽，大河上下，顿失滔滔。山舞银蛇，原驰蜡象，欲与天公试比高"。下半阕转而写冠绝千古的风流人物："江山如此多娇，引无数英雄竞折腰。惜秦皇汉武，略输文采，唐宗宋祖，稍逊风骚，一代天骄，成吉思汗，只识弯弓射大雕。"江山伟人，一气贯穿，是何等的高蹈与超然。"须晴日，看红妆素裹，分外妖娆"，是江山回到人民手中的快意感。"俱往矣，数风流人物，还看今朝"，流露的是共产党人超越前贤的优越感。文本、作者、读者的快意感和优越感，在对生中耦合贯通流转，形成了整体的超越的乐生美感情态。这就在审美感应中，形成了三位一体的超拔性系统美生意态。这种蕴含深厚的文本，还可和相应的读者，进而形成悦生的审美感应。

3. 悦生的审美感应

悦生的审美感应，是娱生与乐生的美感生态的发展，它包含与提升了娱生与乐生，又超越了娱生与乐生，显得丰盈系统和雅正超拔。悦生，是一种适、舒、快和怡、乐、愉，特别是爱、慕、敬的生命体验和生态感受。它也是由欣赏者眼中之美的悦生、自己与美同一的悦生、整体美感意象的悦生所构成的系统美生情态。

我作为一个较早从事生态美学工作的教师，就时常有这样的美感体验。20

世纪90年代,我和同仁为完成大桂林景观生态的研究课题,时时醉心山水,形成相感互应的进而与其同一的美感生态。我对广西资源县浪田竹影的欣赏,就形成了这种美感生态:

  这是一个弧形的潭,一律白沙铺底,潭水浅处绿,深处碧,刚擦拭过的镜子没有它明净。与其说它是水潭,还不如说是竹潭更贴切。它的岸上,岸边山坡上都栽种着毛竹,竹浪从弧形潭的所有方位涌上山脊,涌上空中,融进那无穷的碧色里,竹浪又从四面八方涌下潭来,争着把清影投进潭里,和碧水,和水中碧天融成一体。
  它把游客迎进清虚的审美境界,消除了主客体的审美距离,相互融成一体,更加造就了亲和。正是在这种融会中,它用竹梢轻轻地扫去了主体的凡俗凡趣,它蘸着碧水刷去了主体心灵的尘垢尘埃,使其心胸清虚,含冰蕴玉。这样,浪田竹影就以迎候聚合融会游人为中介,进而同化了后者,和后者产生了同构。
  竹影投人以木桃,游人报之以琼瑶,将自身为竹影清流碧空所洗礼的一片冰心,合在这巨大的"玉壶"里,和竹影、清流、碧空的"清魂"聚而为一体,成为这一"玉壶"般清虚的审美大境界的神韵,从而充实升华了这一境界的审美蕴含,提高了它的审美品格。①

  在这段对浪田竹影的清雅生态的审美感应的描述中,可以看出,竹影的清雅的美生态,生发了游人的清雅美生态,合成了"玉壶"的清雅美生境界。这就形成了清雅超拔形态的悦生感应结构。
  上述美感生态,有着生态自由性的逐步提升。娱生、乐生特别是悦生,是生态自由的彰显,是生态规律性和生态目的性的确证。这就形成了有意味的美感生态。
  悦生作为审美感应的集大成,深化了整生美感的本质规定。它形成的美感生态,不再仅仅是文本的转换,而是文本与读者的娱生、乐生、悦生情景,持

---

① 袁鼎生:《美海观澜——环桂林生态旅游》,广西师范大学出版社2008年版,第82—84页。

续对生交融，形成的整生化快悦意象。这种整生化的快悦意象，不再仅仅是审美者身心快悦通转的意态，而更是审美者的娱生、乐生、悦生情状和文本的娱生、乐生、悦生情态，在对生耦合中环回旋升的快悦意域。至此，我们可以给整生美感做一个具体一些的规定：艺术人生和全美世界对生环回旋升的悦生意域。简而言之，整生美感，就是悦生美感场，它凭借审美感应形成。

（三）审美感发结构

审美感应，使美的娱生、乐生、悦生和审美者的娱生、乐生、悦生，在对生耦合中环流，形成快悦意域，基本完成了整生美感场域的建构。这一整生美感场域的完善，有待审美感发去进行。

审美感发继续生发悦生美感场，使其中的快、悦、意、域以及整体走向完美。悦生美感场的完善，遵循审美者的审美天性与审美理想展开，凭借审美经验、审美想象、审美创造的机制，实现大美化、完美化、至美化的整生目标。

1. 悦生美感场的大美化

大美，是中华民族的审美追求，诸如天地有大美而不言，道行天下成大美，都属国人对大美的诉说与求索。进而，还形成了含蓄、意境的大美创造原则，所谓含不尽之意见于言外，所谓万取一收，均是大美创造之法，都是美感整生之法。悦生美感场的大美化，运用这些整生原则，并通过联想、集约等方式，以丰盈、拓展悦生美感场，使其走向大美化，提高整生化。这种大美化，在美感场域的扩容中，快、悦、意的蕴含随之走向深邃、博大、系统，从而使具体的悦生美感场，在以一生万和以万生一的对生耦合中，持续地走向整生化。1991年，我考察桂林地区资源县八角寨的景观生态，就有过晨闻鸟鸣、感发与拓展悦生美感场的体验，并写成短文，现摘引如下：

八角寨的美景殷勤留人，我们借宿在云台山下的彭家村。潺潺的溪水声，嘤嘤的鸟鸣声，伴随着一幅幅山水画面，一夜不停地流进了梦里。

"听鸟叫声去！"老唐一声喊。我们穿衣起床来到屋外。

幽谷中的几家木屋从晨曦中探出头来，望着屋顶上的群山，见它们还扯着几片轻纱般的白雾，盖在身上浅睡。画眉鸟醒来了，亮开嗓子在唱。那歌声特别的清亮，大概是穿过林梢传过来时，经过滴滴露珠的浸润，片片白雾的揩洗，已经没有丝毫的杂质和尘垢了。那歌声特别的婉转流畅，逐着晨风，在盘龙般的山谷中穿行，无阻无碍，无滞无涩，一如行云流水。那歌声是那样的质朴，一声声发自肺腑，出乎天性，源乎本真，你怎么也听不出三等歌星的扭捏作态，变腔变调，几可接近庄子十分推崇的天籁。

我顿悟了，画眉鸟的歌声那摇曳不尽的神韵，就是自然。

它的歌声自然，它一句句歌唱着自然，它一声声呼唤着自然。宋代欧阳修早就在《画眉鸟》中说了：

> 百啭千声随意移，
> 山花红紫树高低。
> 始知锁向金笼听，
> 不及林间自在啼。

杜甫也说过：

> 留连戏蝶时时舞，
> 自在娇莺恰恰啼。

从两位伟大诗人的美感里，完全可以见出：天物之美，美在它们自由自在的天性。"走，去拜望一下林中歌手。"王兄建议。靠着画眉歌声的指引，我们见到了这大自然的"表演者"。它欢快地从这一棵树杈，跃上另一棵树梢，抖下点点晶亮的露珠。我这才发现，它的演唱风格是这样的潇洒，一边自由自在地跳动，一边旁若无人地歌唱，怪不得音韵如此自然质朴，节律那样的流转自如。不仅我们屏住了声息，连树梢都一动不动，似乎支着耳朵在听，群山虽然醒了，但不肯用云彩擦脸，用风梳头，生怕打扰了画眉的清唱。淡雾也悄悄地围了过来，凝成一团不愿流走。有了这么多观众，画眉也不拘谨，一任歌声从心底流出，一任舞步随机跳动，不拘章法却自合章法，不循曲调却自有曲调。我感叹，这是平生所欣赏到的最为自然最为真纯的歌舞曲。

真可谓好戏还在后头。画眉鸟一曲未完，一舞未终，竟有一只不知名称的鸟儿自动来起了联唱。画眉鸟清脆的鸣声在前,它浑厚的叫声随后,一唱一和,一起一落,配合得那样默契,转换得那样巧妙,且音韵和谐,成曲成调。好像是经过专门训练的老搭档,却又是随意为之,自然结合的。这一台好戏连唱,直听得我"兀然心似醉,不觉有吾身。"

淡雾消退。主家在喊我们回去吃早饭了,那声音似乎融进了鸟的奏鸣曲,而且顺当协调。我从鸟与鸟、鸟与人的合鸣中,悟出了一个道理,人与人的"合奏"也贵在自然与和谐。昨晚来到村中,素不相识的邓家信夫妇,把我们迎进家中,倒茶递烟,添饭进酒,铺被让房,句句话说得真诚,件件事做得自然,你拿着放大镜,都找不出半点客套、做作、虚假,完全是顺着山里人的本性而言而为的,直让你觉得回到了自己的家里。多年来,我对庄子说的无声的"天籁",超过丝竹之声的"人籁"和风吹洞窍发出的"地籁",成为最高的审美境界,一直有些模糊。翻了好些资料,也没见人家讲得透切。倒是这亲身的审美体验使我消除了疑窦。老邓一家接待我们,除了有声的"音乐"外,那举手投足,携情带意,节律自然,不就是一曲无声的"天籁"!这是不待演奏,就从心坎里顺顺当当地流出来的。再灵的耳朵听不出来,但再笨拙然而真诚的心灵却可以明明白白清清楚楚地"听"出来。我这才明白,心灵的感官是专为"天籁"而设的。"天籁"对于心灵的感官,只有一个要求,就是一样的真诚与天然。否则,将是不同构的,不对应的,照样"听"不到"天籁"。

有了这一番审美认知,再来听二鸟和鸣;我更感到了它们对自然与真诚的歌唱与呼唤。从林间下到山脚,我还在想,陶渊明"少无适俗韵,性本爱丘山","久在牢笼中,复得返自然",极力追求山林田园的自然与心灵的自然。中国古代的知识分子,一旦不得意,大都喜欢逃遁山林,恢复心灵的平衡自由与自然。现代人也是那样急切地向往山林,回归自然。这都说明人的心灵深处,人的本性,均是自然的,均是渴望自然的。他们来八角寨听听林中的鸟鸣,听听山民的"天籁",那心灵深处当自然而然地涌起共鸣,那品性自当渐渐地回归到本真的状态。[1]

---

[1] 参见袁鼎生:《美海观澜——环桂林生态旅游》,广西师范大学出版社 2008 年版,第 108—110 页。

从上述文字中，可以看出：我在与画眉鸟的审美交往中，悦生美感场在感发，在拓展，在深化，在升华，即从人与鸟对生的天籁场，发展为文化生态的天籁场，社会生态的天籁场，自然生态的天籁场，形成了各种天籁场对生和合的天态大美场，感发了天态美生场。天籁中的快、悦、意、域都在序态增长与提高，走向大快、大悦、天意、天域的高端统合与整生。这可谓力趋悦生美感场的大美化，力趋有限美感场的无限化，力趋具体美感场的超越化，达成了美感场以一生万和万万生一的大整生。

2. 悦生美感场的全美化

悦生美感场的全美化整生，从两个方面展开：从缺陷态走向完美态；从局部美态，走向整体美态。先看第一个方面，美感有着动态性，在某种情景下，显现出不足与缺陷，在另一种情景下，最为传神与生韵，呈现出完美化的整生。使原本有缺陷的悦生美感场，在审美感发中，找到传神处和生韵处，生发与变换出最佳情景下的完美状态，可实现美感的全美化整生。罗丹为巴尔扎克塑像，脑海里留存的美感意象不甚完美。这乃因为现实中的巴尔扎克，前额突出，与脑顶几近直角，不显饱满圆润，且身材胖矮，又大腿短粗，难以形成完美的感触与感应。在审美感发中，罗丹脑海里闪过各种情景与条件下的巴尔扎克意象，最后定格出最具悦生美感的图景：深夜，巴尔扎克披一袭垂至脚跟的睡袍，伫立窗前，仰望星空。睡袍直上直下，不仅遮掩了身材的缺陷，更显出了他的沉实厚重，昂头仰望，脖子显长了，个头显高了，额角宽和圆润了，眼神高远了，凸显了与伟大雕塑家对生的伟大作家智慧、深邃、高远、超拔、伟岸、凝重的形神与气韵，构成了完美与全美的美感意态。这一悦生美感场全美化整生的例证，彰显了以形传神、形神兼备、形神俱美的悦生美感场全美化整生的路径与机制。

悦生美感场全美化的第二个方面，是从局部性美感意象走向系统性美感意象。在审美感触和审美感应中形成的悦生美感场，也是一个召唤结构，即召唤整生美感的结构。凭借局部性美感意象的召唤，审美者调动丰富的美感经验，启动创造性想象，感发出整体性和系统性美感意象，形成全美化整生的悦生美感场。我在欣赏桂林资江荷花石时，就形成了这方面的经验：

资江一过浪田村，脚步儿急匆匆的，溅起了一江浪花。它这样慌慌张张地赶路，是因为下游飘来一股清新的香味，并蒂莲已经开放了。

我敢说：这是世界上最大的莲花。君不信，可在浪田顺江下望，但见半里之外，一座石山凌江而起，高两百余米，底部浑圆，中间微鼓，然后逐步收缩，顶部成尖状，活脱脱一个方圆周正的莲包。更让人称绝的是：环绕着它，几块扁状巨石向外斜立，好像是这莲苞正在绽开的第一轮花瓣。目睹此景，游者顿生巨莲初绽的审美意象。

在这巨莲一侧，还有一朵略小的石莲，紧紧相依，含苞待放。它们并蒂而生，且将次第绽开，颇有两者"商量细细开"的情趣和韵味。

资江莲花为静态的石山，且如弹头竖立，显得十分沉稳，有很高的静态值。两处莲花倒映碧水，风涌浪动，荷晃莲摇，一派动意。再有，莲苞上尖下圆，容易使人产生向上生长升腾的错觉，形成动感。还有，当莲花的整体意象在游者的脑海中形成后，因审美移情的作用，产生变异，形成浪涌风荷，莲叶翩翩，荷苞摇摇的灵动意象。这就形成了多重动态值。

资江的并蒂莲，小者隐隐透红，含苞欲放，大者英华初露，清香幽幽。小荷与大荷的情态，显示了莲花生长的不同阶段。两者结合，形成了动态的过程，使人看到小荷是大荷的昨天，大荷是小荷的明天，还从大荷的今天，看到它花瓣层层开放，霞光灿灿，蜂蝶联翩的明天，更感到对象的风韵生动，灵气如虹，气象万千。

资江的并蒂莲，"以少总多，情貌无遗"（刘勰《文心雕龙·物色》），视而可见的只有两个莲苞，无茎无叶，十分精粹，但游者想而可见的却是："接天莲叶无穷碧，映日荷花别样红"的整体境界。可谓实少而虚多，实"精"而虚"全"。可见，这种实景，有着巨大的生"虚"能力，能通过对游者的"提示"与"暗示"，启动他们的审美想象力，形成丰富的象外之象，建构涵天蕴海的审美大境界，其美感也就有如潮升浪涌，生生不息了。

资江莲花不仅部分中暗合全体，一斑中隐汇全豹，而且形态中深藏着无穷无尽的神韵，意趣里对应着优异高级的生态。游者从它的清新皎洁，看出了不染纤尘，不假雕饰；从它的圆润花苞，看到了秀雅丰盈，藏珠蕴贝；从它的幽幽暗香，感到了清和淡雅，韵淳趣远；从它的荡漾摇曳，看到了玉树迎风，仙子驭云：从它的绿叶红花，看到了主从相和，整体凝聚；从它的并蒂而生，看到了鱼游比目，鸟飞比翼；从它的荷叶田田，看到了玉色罗裙，舞姿翩跹；从它的"濯清涟而不妖"，看到了纯朴端庄，高贵典雅；从它的中通外直，看到了虚怀聪颖，耿介挺立；从它的不枝不蔓，看到了抱冰守玉，独葆清正；从它的碧色无边，想见了玉宇澄清，乾坤无埃；从它的溢绿飞霞，看到了青春如火，朝气蓬勃。①

我欣赏资江荷花石，在审美感触阶段，快悦环涌身心。在审美感应阶段，形成了荷与人贯通的悦生美感场。在审美感发阶段，这荷人一体的悦生美感场，其快、悦、意、域均形成了系列化的拓展，形成了天地物人融通聚合的系统化美感境界与蕴含。这种美感场以少生多的全美化，包含着以实求虚的整生化机理。资江莲花有限的实感，包蕴了无限的虚景与意蕴，在虚实统一方面，有着广大的空间。清代画家笪重光说："空本难图，实景清而空景现。神无可绘，真境逼而神境生"（笪重光：《画筌》）。资江莲花正是凭着实感的逼真、传神，感发了欣赏者的联想与幻象，洞开了一个空灵无限、神妙无比的美感境界，形成了实与虚、显与隐、少与多、局部与整体、有限与无限、个别与一般的辩证统一的美感生态，走向了悦生美感场的全美化整生。

资江荷花石悦生美感场的全美化整生，还显示了一条从"粹"到"全"的整生化路径。荀子说："不全不粹之不足以为美"②。"全"与"粹"是对立的，矛盾的，在悦生美感场的全美化整生中，又必须是辩证统一的。否则，将"不足以谓之美"，将不足以从"粹"的悦生美感场，走向"全"的悦生美感场。在审美感应阶段，我脑海里的资江莲花，仅有两个莲苞浮立水面，可谓精矣、粹矣，但在审美感发阶段，我发现它隐汇着碧海连天的空阔境界，繁星丽空的无穷意韵，可谓全矣、丰矣、整生矣。这种显者粹，隐者全，实者精，虚者丰的悦生美感场的整生化，颇合审美感发之规律，颇含中国传统美学之真谛。

---

① 参见袁鼎生：《美海观澜——环桂林生态旅游》，广西师范大学出版社 2008 年版，第 85—87 页。

② 安小兰译注：《荀子》，中华书局 2007 年版，第 16 页。

3. 悦生美感场的至美化

悦生美感场的至美化，是审美感发的必然要求。艺术是美感的物态化，现实生态美的发展，以整生美感为蓝本。这都要求悦生美感场，必须走向至美化。自然至美的定律，为悦生美感场的至美化，提供了规范与路径。也就是说，悦生美感场在走向大美化整生和全美化整生之后，还需走向自然化整生。人的悦生和美的悦生，以及双向贯通环升的悦生场，均是自然而然的，出自本性的，显现本真的，以天和天的，以天通天的。《老子·二十五章》中说的"道法自然"，我赞同理解为道的法则是自然。美感场中美的悦生、欣赏者的悦生、双方共通环升的悦生，各循本性而行，各按天性而发，共守天性而通，也就在"道法自然"中，使生态之道和审美之道统合地走向天然，整体地走向至美化。我在20多年前，看过广西恭城县一位年仅7岁的小孩子作的一张名叫《快下来》的画。画面上，小猴子趁妈妈不注意，攀上高高的树杈荡秋千，急得猴子妈妈在树下招手大喊："快下来"。我觉得，在小小画童的审美经验中，猴与人贯通的悦生美感，一派童真与天然，臻于天化的至美境界，可为我们的悦生美感场的至美性升华，提供天道化、本真化、自然化的借鉴。

美感场的自然化，贯通了生态大道，蕴含了生态公理，显现了生态本性，实现了生态至美性和美感整生性的顶端同一，实现了至真至善至益至宜至智至美的的同形共态，是悦生美感场质与量耦合整生的极致。

整生美感的生发，有一个循序渐进的过程。在审美感触中，绿色阅读者形成了悦生情象，流转了身心快悦，有了通体美生的体验，初成了整生美感；在审美感应中，绿色阅读者与绿美世界互阅互乐，实现了快悦通转，形成了耦合美生的意象，增长了整生美感；在审美感发中，耦合的美生意象臻于大美化、全美化、至美化，实现了快悦旋升，形成了自然美生的韵象，提升了整生美感。

至此，可以对整生美感给出一个更具体的界定：绿色阅读者在审美感触、感应、感发中形成的悦生通感，递进地显现了身心快悦通转的美生情象，与文本对生耦合快悦通转的美生意象，与经验和想象快悦旋通的自然美生韵象，构建了一个超循环整生的美悦图景。

绿色阅读对审美欣赏的发展，引发了审美趣味、审美修为、审美关系、审美感受的整生化转换,形成了绿色美生乃至自然美生的审美诉求、审美观念、审美规范,实现了推进世界整生的价值目标,产生了发展绿色美生甚或自然美生的价值效应,提高了生态批评的基础,促成了美生文明圈后续环节的整生化与自然化的递进性生发。

第五章
生态批评

　　生态批评作为一门学科，于20世纪中后期在美国兴起，迅即席卷全球。它从文学艺术的生态批评出发，呼唤着生态文化的繁荣，呼唤着生态文明的昌盛，呼唤着生态系统的重建，呼唤着世界的整生，以生发生态审美化的世界，强劲地显示了整生性的绿色审美诉求。

　　生态批评既是一种文学作品的趣味趋求，也是一种文学批评的实践，还是一种文学创作与阅读以及研究与教学的理论，统领它们的是生态批评的范式。这一范式的主要形态或曰典型形态是共生批评；其前，有同生批评和竞生批评的基础与前提；其后，有了整生批评的萌发。整生批评将在全球范围内成为生态批评的主导和主潮。

　　生态批评范式的序列化问世，凝聚了生态批评的西方经验，中和了中国生态批评的机理，标志了人类生态批评逻辑与历史的统一生发。

　　将生态批评纳入整生论美学的体系，使其成为美生文明圈中的位格，紧随绿色阅读运行，可强化美生文明的生态化与艺术化的耦合圈进。生态批评是所属生态美学逻辑系统的调控机制，成为美生场及其各部分整生化和自然化运行的机理。

第一节　西方生态批评共生范式的生发

西方生态批评范式的生发，标志和凝聚了西方生态批评的历程与经验。其同生批评，在自然主义文学思潮中形成；其竞生批评，在人文主义文学思潮中产生；其共生批评，在绿色主义文学思潮中显现。共生批评是西方生态批评学科自觉建构时期的范式，它第次展开了生态真理、生态伦理、生态诗理的批评，达成真善美的绿色价值规律的三位一体，可望形成生态诗学。共生批评应走向整生批评，世界当凭此实现真善益宜智美中和的绿色诗化。

一、同生批评——自然主义思潮

生态批评作为一种文学现象，早在19世纪就已出现，并形成了同生批评和竞生批评的范式，奠定了生态批评学科自觉生发的基础。

资本主义社会，高度发展了以科学技术为内核的生产力，形成了以剥削掠夺为本质的生产关系，造就了严重的生态危机，引起了文学艺术家的深切反思，批判现实主义的文学艺术思潮应运而生。

西方19世纪以来，在文学艺术领域，形成了浪漫主义、现实主义、自然主义、现代主义、新感觉派、先锋派、黑色幽默、照相现实主义、魔幻现实主义、后现代主义诸多思潮。这些形形色色的主义，你方唱罢我登台，各领风骚三五年，令人眼花缭乱，目无暇接。在这走马灯式的变幻中，我们看出了贯穿其中的线索：对异化社会的否定与批判和对和谐自然的向往与回归。也就是说，批判现实主义，既是西方19世纪中期形成的一种文学艺术流派，也是其前和其后各种文学艺术流派的共性，构成了西方近现代文学艺术的主潮。换言之，批判现实主义，是自然主义和人文主义共生的，在资本主义时代，有着文学艺术原型的意义，其后各种各样的主义，均是它的分形，均是它的谱系中的一员。这个庞大的谱系，所显示的同生批评和竞生批评的价值取向，是生态批评共生范式的基础与前奏。

自然主义思潮，包括文学史上所谓的消极浪漫主义和积极浪漫主义，它们具有早期生态文学回归自然的色彩。人来自自然，对自然的向往，是一种天性，是一种投身母亲怀抱的情愫，有一种天然的亲和之美。自然主义的文学趣味和文学理论，规约文学追求天人一体，形成了生态批评的同生范式。亨利·梭罗的《瓦尔登湖》，表现了人类与自然同生的理想，成为这种批评范式的确证。他离开社会，置身世外的瓦尔登湖，听鸟语虫鸣，和大地交流，与自然一体："我在大自然里以奇异的自由姿态来去，成了她自己的一部分。"[①] 这种同生，与中国古人"天地与我并生，万物与我齐一"，"上下与天地同流"，"独与天地精神相往来"，"花鸟虫鱼吾友于"的主张，以及"一水护田将绿绕，两山排闼送青来"的自然亲近感，极度相似。这是一种经历了人间社会的冷酷竞生以后，回到温馨的大自然，与其同一的状态。它已不是远古人类在依从、依存自然的状态下，与自然同生的情景，而是一种历史地经历了依生又怀疑竞生的同生。这种同生批评，包含着依生批评与竞生批评，是共生批评的初级形态，或者说是前共生批评。较为成熟的共生批评，当是在竞生批评充分发展后，经由历史的辩证中和，方能产生。

二、竞生批评——人文主义思潮

西方近现代以来，主体性高扬，人类中心主义高涨。人力求改变以往依从依存依同客体的生态关系，形成以自身为主体、为目的的生态结构，这就生发了竞生，造就了灾变。生态批评规范文学以人文主义的立场，表现这种竞生与灾变，以求生态和谐，显示了竞生批评的原则，透出了共生批评的向性。

西方批判现实主义的文学艺术思潮，对现实社会的生态失衡、失序、失绿，进行了生态批判，显示了人文主义色彩，生发了竞生批评的范式。这一主要针对社会生态的竞生批评范式，经历了三个历史生发时期。第一个时期是以文学艺术的形式，对社会生态丑的批判，形成了崇高。这一时期，资本主义处于上升阶段，原始积累的血腥、资本的贪婪、掠夺的残暴，使人类与自然、殖

[①]〔美〕亨利·梭罗著，徐迟译：《瓦尔登湖》，上海译文出版社2006年版，第114页。

民者与殖民地、个体与社会、精神与肉体形成了尖锐的矛盾冲突，社会组织结构、自然生态结构、主体身心结构从和谐走向震荡，进而扭曲变形，形成了崇高的审美特征。对之，文学艺术家敏锐地觉察到了，他们从现实主义、自然主义、浪漫主义的角度，揭露了资本主义社会的丑恶生态，展示了现实的残酷生境，表达了对自由自然之生态的追求。雨果的《悲惨世界》、巴尔扎克的《人间喜剧》、托尔斯泰的《复活》，对社会生态的丑恶和精神生态的病变作了深刻的揭露与辛辣的讽刺，表达了否定与改良现实生态的崇高理想。这就见出：浪漫主义和现实主义联手奠定了资本主义时代批判现实主义文学艺术主潮的基础，共成了文学艺术的竞生批评范式。

生态悲剧，构成了批判现实主义文学艺术思潮的第二个时期，也是文学艺术竞生批评范式的发展时期。这一时期，可以称为现代主义时期。进入20世纪，资本主义走向了帝国主义时代，两次世界大战的爆发，跨国公司的垄断，贫富差距的拉大，进一步加剧了社会矛盾与生态危机。社会组织结构、自然生态结构、主体身心结构在不可调和的对立对抗中，在极为猛烈的震荡摇晃中，从扭曲变形，走向颠倒错乱，从崇高的生态丑走向悲剧的生态荒诞。在荒诞派戏剧《未来在鸡蛋中》里，雅各和长有三个鼻子的姑娘罗品特第二结婚，生下一筐鸡蛋。雅各在丈母娘的逼迫下去孵蛋，孵出了楼梯、皮鞋、银行家和猪猡。这是一个没有生态序的结构，荒诞不经，不可理喻。这一再造的文学生态世界，隐喻着人类生态、社会生态、自然生态和精神生态的无序与失序，表征了这种种生态世界的无规律无目的，确证了人类生态和环境生态的相互异化。对生态异化的揭示与批判，成了各种形式与体裁的现代主义文学艺术作品的共同主题。戏剧如此，小说也如此。卡夫卡的《变形记》，写推销员一夜之间变成一只大甲虫，无法出门，最后被家人抛弃，冻饿而死。这就典型地演绎了一个人生异化的生态悲剧。

生态喜剧是批判现实主义文学艺术思潮的第三个时期，即后现代主义时期，也是文学艺术竞生批评范式的高峰时期。人类与自然、殖民与反殖民、个体与社会、肉体与精神之间的生态矛盾，在回环往复中持续加剧，社会的、自然的、精神的生态结构，将由变形、异化走向解体。后现代主义的文学艺术，以十分警醒的笔致，展示了生态结构解体后，一切化为虚无的生态喜剧情态。

文学艺术家是高度敏感的，他们从生态结构变形与异化后，生态冲突的你死我活与不可调和中，看出了生态解构的喜剧结局，展示了这种结局的虚幻生态。后现代主义的文学艺术作品，描述了失去生态结构和生态联系后的主体，呈"个体化"存在的茫然生态：他们没有姓名，没有历史，没有背景，不知从何来，不知往何去，只知道发问："我是谁?"他们"等待戈多"，不知道"戈多"是什么？也不知道"戈多"什么时候来？更不知道"戈多"会不会来？这就演绎了一切归于空幻的生态喜剧，这当是一种生态悲剧后的生态喜剧。如果这还不足以引起人类的觉悟，那这个自以为是的狂妄无羁的物种，不知道还能在地球上存活多久？

从崇高时期生态结构变形的丑，经由现代主义时期生态结构异化的荒诞，走向后现代主义时期生态结构解体的虚幻，西方批判现实主义文学艺术思潮，一步接一步地深化了对生态危机的揭示，对生态灾变的资本主义社会的批判，表达了对生态和谐的追求，展示了文学艺术竞生批评范式的共生指向。

批判现实主义文学艺术对资本主义的生态批判，闪耀着人文主义的光辉，间杂着对人类中心主义的怀疑，显示出主体间性哲学的向性。西方近代，是主体性勃起的时代。文艺复兴时期，伴随着人的觉醒，人的主体性全面高扬，人的感性和理性相生互长，显示了初步的整体主体性。达·芬奇本人是科学家和艺术家，他的《蒙娜丽莎》，那沉静而自信的微笑，也放射着理性的光辉和感性的魅力。这时的文学艺术，是歌唱整体主体性的艺术。启蒙运动张扬了人的理性，推崇了工具理性，加速了人的主体化和自然的人化，它将解放了的人，纳入形而上学的片面主体性之路，推进了人类与自然、殖民与反殖民、个体与社会、肉体与灵魂、感性与理性、现实与理想、此岸与彼岸的矛盾冲突，启动了生态灾变的按钮，打开了潘多拉的盒子，成了批判现实主义文学艺术的生发背景与根由。康德、黑格尔以后，人的理性主体性，让位于感性主体性。尼采和叔本华的意志、柏格森的生命、弗洛伊德的潜意识、荣格的集体无意识等等，相继成为世界的本体与本源以及文学艺术的机制与原型。它们成了现代主义文学艺术感性主体性本质的哲学基础与心理学机制。萨特的存在主义，主张选择就是本质，宣扬了选择的个体性，即超阶级性、超社会性、超历史性。这种弘扬个体主体性的哲学，为后现代主义文学艺术个体主体性本质的生发，提供了理论依据。

　　从上可见，在竞生批评范式的规约下，批判现实主义文学艺术的发展，与主体性哲学的演变是一致的、耦合的、同步的。第一步，现实主义与浪漫主义的文学艺术对生态崇高的揭示，对生态变形和生态丑的批判，对应了理性主体性的哲学，其艺术形象既依据了理性主体性哲学，又潜含了对它的怀疑，在形象大于思想中，显示了独立性与超越性。第二步，现代主义文学艺术对生态悲剧的表现，对生态异化和生态荒诞的批判，对应了、依据了同时也潜在地批判了感性主体性的哲学。第三步，后现代主义文学艺术对生态喜剧的揭示，对生态解构和生态虚幻的批判，即遵循了又否定了个体主体性的哲学。这就显示了文学艺术的竞生批评范式的相对独立性。

　　竞生批评框架中的批判现实主义文学艺术，对资本主义的生态批判，还耦合了对自由理想的批判，包含了艺术哲学的意义。自由，是生态关系的表现。在近代以来的生态系统中，人类力求处于生态结构的主位和上位，力求成为生态关系的主宰和生态发展的目的，在驾驭、征服、同化自然与客体中，形成自身充分的生态自由。西方近代以来的文学艺术，在主体性哲学的规约下，表现了人类对生态自由的追求，形成了主体自由的审美理想。这种审美理想，在文艺复兴时期的文学艺术中，表现为整体主体的自由；在现实主义和浪漫主义的文学艺术中，嬗变为理性主体的自由；在现代主义的文学艺术中，转换为感性主体的自由；在后现代主义的文学艺术中，更换为个体主体的自由。自由是一种自主、自在、自然的状态，以合规律合目的为前提。批判现实主义的文学艺术，表现的主体自由理想，在理性自由阶段，只合自身规律与目的，不合对象与整体的规律与目的，初显了不自由的迹象；在感性自由阶段，既无自身的规律与目的，还无对象与整体的规律与目的，走向了非自由的境地；在个体化的自由阶段，既反自身规律与目的，更反对象与整体的规律与目的，完全走向了自由的反面，形成了自由理想的悖论。

　　19世纪以来，由各种各样的批判现实主义文学艺术理论凝聚而成的竞生批评范式，规约西方批判现实主义文学艺术，遵循人文主义的原则，对资本主义生态做了层层深入的批判，集否定性、反思性、探索性于一体。这是一种展示主体化的形成与解构过程的文学艺术批评。竞生批评范式对自身的主体性哲学基础的态度是矛盾的，在遵循中显示出怀疑与否定，这也是它的深刻性、辩证性与超越性所在。它把生态否定性与生态建构性统一的文学艺术的生态批评，留给了后起的共生批评。

三、共生批评——绿色主义思潮

生态批评规范文学的生态美与生态真、生态善耦合并进，生发绿色主义思潮，促成世界走向真善美的绿色和谐，这就形成了共生批评的范式。共生，既是生态平衡的生态真理，又是生态平等的生态伦理，还是生态中和的生态诗理，达成三位一体，有着系统的绿色品格。西方的生态批评，从共生批评范式入手，进行学科构建，起点较高。

共生批评的出现，标志了西方生态批评的学科自觉。这种自觉主要从以下方面体现出来：一是有了生态哲学的理论基础；二是提出了生态批评的明确范畴，界定了生态批评的本质；三是标划了生态批评的疆域。

1. 主体间性哲学的基座

竞生范式框架中的批判现实主义文学艺术的思潮，基于人本主义和人道主义的伦理哲学和价值哲学，对资本主义的生态变形、生态异化、生态解构进行了揭示与反思。这些揭示与反思主要集中在社会生态、人类生态和精神生态的危机方面。这就既为生态批评的共生批评范式提供了前提与背景，又为其预留了更大的发展空间。

生态批评的共生批评范式，以主体间性哲学为理论基座。哈贝马斯说："纯粹的主体间性是由我和你（我们和你们），我和他（我们和他们）之间的对称关系决定的。对话角色的无限可互换性，要求这些角色操演时在任何一方都不可能拥有特权，只有在言说和辩论、开启与遮蔽的分布中有一种完全的对称时，纯粹的主体间性才会存在。"[①] 主体间性的本质是生态平等，主体间性哲学也就成了一种伦理哲学和价值哲学。更具体地说，这是一种承上启下的生态伦理哲学和整体价值哲学。近代哲学的主潮，是伦理实践哲学和主体价值哲

---

① 转引自周宪：《20世纪西方美学》，高等教育出版社2004年版，第230页。

学。它呈圈态发展，形成超循环结构。文艺复兴时期，感性和理性统一的人类，成为价值主体和价值中心，形成了整体主体性的价值哲学，构成了主体性价值哲学的元点。这一元点，依次生长出理性主体性、感性主体性、个体主体性价值哲学，直至形成主体间性的价值哲学。主体间性，认同个体主体独一无二的、不可替代的、不可或缺的价值，主张各种个体主体既相互独立，又相互尊重、相互兼容，进而在相互关联和相互作用中，形成共通性和共趋性。这就在主体理性、感性、个体性充分发展的基础上，形成了历史的中和，构成了新的整体主体性价值哲学，实现了对元点的螺旋复归，实现了对近代主体价值哲学的终结。主体间性哲学进而主张人类与自然互为主体，有着平等的地位，有着同样的价值，有着协同共进的生态关系，形成了更广普适性的整体主体的价值哲学，进入了生态哲学的领域。

人与人、人与自然的互为主体性，使主体间性哲学具有终结近代主体价值哲学范式、开启现代整体价值哲学范式的意义，成为两个时代接壤处耸起的高峰，成为两个时代哲学的共生物与结晶体。它为生态批评提供了整体哲学的基座，提供了竞生的批判对象，提供了共生的审美范式，提供了生态平等的伦理文化质域，确立了生态和谐的价值功能指向，使生态批评走向了自觉。

2. 共生批评范式的本质展开

西方生态批评，作为一门学科提出后，经历了生态环境批评、生态伦理批评，自当走向生态审美批评。这诸种批评，均是在共生范式中展开的，遵循真善美的逻辑深化的。

——生态环境批评。生态批评作为文学倾向早已存在，作为学科主张却较为晚出。1978年，美国人威廉·鲁克尔特在《衣阿华州评论》（冬季号）上，发表了论文《文学与生态学：一次生态批评试验》，明确提出了生态批评的概念与主张。[①] 相当长的一段时间内，生态批评的本质与功能，在文学与环境的关系中生发，形成了探索与遵循生态规律，以绿化世界的生态真理批评的原则。彻丽尔·格罗特费尔蒂就说过："生态批评是探讨文学与自然环境之关系

---

① 转引自王诺：《欧美生态批评》，学林出版社2008年版，第12页。

的批评。"① 布伊尔说:"生态批评通常是在环境运动实践精神下开展的,换言之,生态批评家不仅把自己看作从事学术活动的人,他们深切关注当今的环境危机,很多人——尽管不是全部——还参与环境改良运动。他们还相信,人文科学,特别是文学与文化研究可以为理解和挽救环境危机作出贡献。"② 1998年美国出版的生态批评文集,书名就叫做《生态环境:生态批评与文学》。1992年,在美国成立的生态批评方面的学术组织,就叫做"文学与环境研究学会"。该学会 2003 年在波士顿召开的第五次学术会议,主旨直接定为:"生态文学如何促进环境保护运动"③。这种种主张与看法,都说明生态批评在相当长的一段时间内,都把生态环境作为焦点,成为名副其实的环境批评,或曰探索生态关系、生态规律方面的生态真理批评。

这种环境批评,呼吁文学表现生态环境的恶化,想象人类失去绿色家园以后的命运,反思自然失绿的根由,探究自然生绿复魅的路径。它着眼的虽是自然的健康,思考的却是人类的安全,目的是为了重建人类的绿色环境。这样,自然环境的生态平衡,人类与自然的生态和谐,就成了这一时期生态批评的主题;探求人与自然的和谐之路,也成了这一时期生态批评赋予作家与读者的神圣职责;自然的生态真、人类与自然关系的生态真,也就成了这一时期生态批评的本质要求。可以说,生态环境批评,本质上是生态真理批评,它和其后的生态伦理批评和生态诗理批评形成了有机的结构,显示出共生批评完整生发的质域。

文学的增绿,是为了世界的生绿,最终是为了人类绿色生态环境的恢复与发展。这就见出,共生批评在生态环境批评或曰生态真理批评时期,尚处在竞生范式向共生范式发展的中介时期,是一种改良了的人类中心主义时期,或曰生态人本主义时期。生态自由从生态规律和生态目的的统一中体现出来。近代以来的人类,形成了很强的主体意识,把自己看成是规律与目的的化身,其生

---

① 转引自杨理沛:《回顾与反思:生态学批评及方法论研究》,《大连大学学报》2007 年第 5 期。
② 〔美〕劳伦斯·布伊尔:《为濒临危险的地球写作》,转引自曾繁红:《西方现代文学生态批评的产生发展与基本原则》,《烟台大学学报》2009 年第 3 期。
③ 〔美〕彻丽尔·格罗特费尔蒂:《环境危机时代的文学研究》,转引自曾繁红:《西方现代文学生态批评的产生发展与基本原则》,《烟台大学学报》2009 年第 3 期。

态行为，只合自身的规律与目的，不合行为对象的规律与目的，也不合整体的规律与目的。这样，主体的生态自由，取代和否定了客体和整体的生态自由，引发了生态灾难，形成了生态环境的恶化。生态环境的失序、失衡、失稳、失绿，使主体的生态自由走向了悖论。现实的惩罚，使人们认识到：合规律是合目的的前提，不合规律，是不能走向合目的的。为了自身的利益，人类的生态行为，必须既合乎社会规律，也合乎自然规律，以恢复和优化适合人类生存发展的绿色环境。这就在合规律方面实现了人类与自然的共生，初步形成了生态批评的共生范式。这是在生态真的基础上形成的共生范式，这是在改良了的人类中心主义即绿色人本主义基础上形成的共生范式。

本来，与生态批评的共生范式最为对应的是主体间性哲学，然这一哲学总体上是一种生态伦理哲学，而生态批评共生范式的第一个位格是人类与自然合规律的共生，第二个位格才是人类与自然合目的的共生，所以，它也就不可能提前出场了。这说明，新范式一般是在旧范式的褪褓中生发，一般有着亦此亦彼性。马克思所说的但丁，就是旧世纪的最后一个诗人和新世纪的第一个诗人，王国维以"无我之境"终结古代客体美学，以"有我之境"开启近现代主体美学，也属这种情形。生态批评共生范式的第一个位格，带有亦竞生亦共生的特性，是科学范式发展的规律所致，是为历史和逻辑双重规定的。

生态批评共生范式的第一个位格，带有人类中心主义的竞生痕迹，当然还与环境美学有关。环境美学是西方现当代美学的主潮，共生批评的第一个形态——环境批评，可以纳入环境美学的框架。环境美学是近现代的主体美学，向当代的生态美学过渡的形态。它坚守人类在世界中的中心地位和目的地位，认为自然是环围周绕人类的，自然的美化是为了人类更好地生存服务的，自然从本质上是人的生存环境，自然美相应地成了人的环境美。环境美在人类与自然和谐共生的关系中形成，这种凭借人类与自然合规律的共生，指向人类审美生存的目的，是审美维度上的人类中心主义或曰生态人本主义。共生批评的环境批评维度，也同样是审美关系的共生性与审美目的的竞生性的统一，有着环境美学打下的烙印。

概而言之，共生批评的环境批评位格，在生态关系和审美关系方面，合共生规律，在合生态目的和审美目的方面，显竞生特征，明显地缺失了生态伦理和生态审美伦理的维度,以致人类中心主义或曰生态人本主义的色彩尚为浓郁。但是,在它的内部,已经产生了否定竞生之善的共生之真,形成了脱离人类中心主义的态势与趋向。

西方的竞生范式和人类中心主义毕竟源远流长,共生批评的第一个位格,挣脱它的怀抱,"破茧而出",也就相当艰难。曾繁仁教授说:"生态批评作为一种文学的理论形态直到1978年才真正出现,而且直到今天在理论上还不太成熟……是由于文学理论和文学批评领域中'人类中心主义'的力量太过强大,难以突破"①。这种分析,显示了生态批评的生发背景与历程。生态批评的独立发展,还有一个难度,就是受仍然处于西方当下美学主潮地位的环境美学的规约。只有当它突破了哲学上、美学上的传统规约,才能走向独立自主的发展。这种双重突破,在共生批评的生态之真批评阶段有了长时间的酝酿,在生态之善批评时期走向实现。

——生态伦理批评。合规律与合目的之间,有着必然的联系,两者有着耦合发展性。生态批评的共生批评范式所倡导的合人类与自然的共生规律,必然走向合人类与自然的共生目的,生态批评的共生批评范式也随之走向生态伦理批评时期。这意味着生态批评共生范式的基本形成,意味着生态批评有了主体间性哲学的基础。

生态伦理批评结合了生态真理批评,共生性突出。生态伦理批评的基础,利奥波德早在19世纪上半叶就奠定了:"只有当人们在一个土壤、水、植物和动物都同为一员的共同体中,承担起一个公民角色的时候,保护主义才会成为可能;在这个共同体中,每个成员都相互依赖,每个成员都有资格占据阳光下的一个位置。"②他阐述了人类与其他物种,在大自然的共同体中,都是公民的角色,处于同等的地位,有着同等的责任,有着同等的权益,有着相生互发的共生关系。这就从生态科学和生态伦理统一的角度,论述了人类与其他物种在自然整体中的共生性,启迪了生态批评共生范式的辩证生发。

就像诸多理论家所概括的那样,西方的生态批评在主体间性哲学的规约

---

① 曾繁仁:《生态美学导论》,商务印书馆2010年版,第93页。
② 〔美〕利奥波德著,侯文蕙译:《沙乡年鉴》,吉林人民出版社1977年版,第216页。

下，有序地拓展了质域和疆界。生态伦理批评的展开，更显有机性。首先，在人与自然的领域里，人种和其他物种互为主体，生态平等，在耦合并进中，达成共生。其次，在人类社会的领域里，男性与女性同为主体，有着平等的生态地位，在相互促进中实现共生。再有，在人种的范围内，白色人种和有色人种均为主体，其政治、经济、文化、社会地位是平等的，相互尊重，团结互助，共生共长。[1] 这种种共生，均发生在生态矛盾、生态对立、生态冲突原本尖锐的领域，通过共生的生态批评，以求走向生态和谐，对实现世界的整体绿化，富有现实意义。

在生态真理批评的基础上形成的生态伦理批评，实现了生态真和生态善的统一，使生态批评的文化功能更强。这种功能的生发，有一条由诸多节点构成的绿色环路。布伊尔说："如果没有绿色思考和绿色阅读，我们就无法讨论绿色文学。"[2] 他所说的绿色思考、绿色阅读、绿色文学，在生态伦理批评的框架里，真善兼具、相生相发、互为因果，并在作用与意义的前后延伸中，连接相关节点，形成绿色文学运动良性环生的价值功能圈。具体说来，绿色文学，是世界的绿色需求、作家的绿色创作、读者的绿色阅读、批评家的绿色批评、理论家的绿色思考、社会的绿色实践共生的。绿色文学运动的环路，呈现出如下图式：世界的绿色呼唤——作家的绿色创作——文学的绿色文本——读者的绿色阅读——批评家的绿色批评——理论家的绿色思考——社会的绿色实践——世界的绿化。在生态批评等等的作用下，逐渐恢复绿化的世界，生发了更高的既真且善的绿化要求，形成了更新的绿色呼唤，形成了下一轮绿色文学的绿化运动。如此回环往复，世界不断地走向绿色的复魅，人类也就有了绿色的家园、宜生的环境。绿色文学绿色运动的超循环，关键是绿色文学的逐圈增绿造成的。这种增绿是一种系统效应，即循环圈中的每个环节都产生了这种加速功能。而生态批评却产生了辐射后的聚合效应。这是因为生态批评不仅对生态文学文本展开，还对世界、作家、读者、批评本身、理论家、社

---

[1] 王晓华在《鄱阳湖学刊》2010年第4期发表的《西方生态批评的三个维度》一文中，介绍了西方生态批评的"物种批评之维"，"性别批评之维"，"种族批评之维"。

[2] Buell Lawrence, *The Environmental Imagination：Thoreau, Nature Writing, and the Formation of American Culture*, Cambridge, Ma：Harvard University Press. 2001, p. 1.

会展开，全方位地探求它们为文学增绿的意义，探求它们为文学增绿的方法与规律，最后将增绿的合力集中在文学绿色的发展与提升上，实现在世界的既真且善的绿化上。

——生态诗理的批评。生态批评，作为文学批评，重点应该是生态审美的批评。威廉·鲁克尔特在提出生态批评的范畴时，就有了建构生态诗学的想法："尝试通过一种将生态学概念应用于文学的阅读、教学与写作方法，发展一种生态诗学"[1]。然由于生态批评家的责任感和使命感十分强烈，以至专注于生态真理和生态伦理的文化功能批评，而时不时忽略了生态审美的本体价值批评。这就使得生态诗理的批评，一度声音较为微弱。生态诗理的批评，整合生态真理和生态伦理的批评，达成真善美的绿色统合，当可形成结构较为完整的生态批评的共生批评范式。

生态批评是一种生态美学的批评，生态诗理批评应该作为主导，统合生态真理批评和生态伦理批评。具体说来，共生范式中的生态批评学科，所形成的元范畴，以生态诗理的形式，包含生态真理和生态伦理。它作为生态诗学的最大概念，所含的生态审美的普遍规律，同时又是生态科学的普遍规律和生态伦理的普遍规律，实现了三位一体。这个一体，就是生态诗学元范畴，而不是生态科学或者生态伦理学的元范畴。这一元范畴，所生发的三位一体的范畴网络，也应该是以生态审美意义为主的。只有这样，生态批评的理论结构，才会是生态诗学的，而不是生态伦理学的，或者是别的相关学科的。当前的西方生态批评，被视为文化功能批评，离开生态诗学的要求甚远，关键在于生态诗理批评尚未形成主导作用。

生态诗学以美含真、以美蕴善，规约生态文学的超循环运动，直指世界可持续的既美、且真还善的绿色诗化，形成包含文化功能的生态审美功能。

3. 共生批评的拓展

围绕文学的批评，构成了生态批评的基本领域。然生态批评的文本，早已不仅仅是文学与艺术了。布依尔认为：生态批评所"批评的对象不仅是自然写

---

[1] 〔美〕威廉·鲁克尔特：《文学与生态学：一项生态批评的试验》，载《生态批评读本》，美国乔治亚大学出版社 1996 年版，第 107 页。

作、环境写作和以生态内容为题材的作品,还将包括一切'有形式的话语'。"[①]生态批评形成了超文学的范围,艺术、社会、自然文本均在其中。

凭借批评对象的普适性,西方生态批评的共生批评领域有着无边的开放性。此外,民族与民族的共生、国家与国家的共生,也可与人种与其他物种、男性与女性、白色人种与有色人种的共生一起,形成更系统的共生批评。生态益和生态宜,也当和生态真、生态善、生态美一起,构成更完整的共生批评质构。

西方生态批评的共生批评范式,从同生批评范式和竞生批评范式走来,还应该朝着更高形态的一生批评范式和整生批评范式发展。如果说,主体间性哲学主要是共生批评的理论基座,那深生态学则可为生态批评的一生批评范式提供哲学基础。比较文学从影响研究的同生范式,经由平行研究的共生范式,抵达整体研究的一生范式,趋向总体研究的整生范式,可以为生态批评由共生批评范式向更高平台的生态批评范式转换提供参照。仅就一生批评范式来说吧,比较文学早就形成了"世界文学与比较文学"的观念,强调在世界文学整体规律的规约下,考察各民族文学的特殊规律和相互影响的普遍规律,形成了"以大观小"、"以小见大"的一生研究范式。西方的生态批评,在共生批评的位格停留稍嫌久了一些,可提炼体现生态批评整体规律的范畴,使之分形为理论网络,进入一生批评的境界。一生批评是一种整体批评,是共生批评走向整生批评的中介。在一生批评的基础上,进而提炼体现生态批评总体规律的范畴,形成立体旋升的理论系统,可趋向整生批评的领域。

整生批评一旦在全球范围内形成,当可规约生态文学在超循环运动中,促进世界的整生,促进世界持续地真善益宜智美中和的绿色诗化。在生态文明全球化的背景下,中西生态批评范式的对生与中和,可促进整生批评范式的世界性生成,以更好地生发世界美生化效应。

[①] 鲁枢元:《生态批评的空间》,华东师范大学出版社 2006 年版,第 12 页。

第二节　中国生态批评绿色审美范式的拓进

中国的生态批评，依据本土源远流长的生态审美文化，借鉴西方生态批评经验，结合生态美学而生发。中西方生态文化的交流，人类生态文明的全球化生发，是中国生态批评的生发机制；生态文艺学草创了生态诗学；生态诗学和生态美学一起，为生态批评提供了绿色审美范式；民族的传统的生态审美化生存特别是生态艺术化生存，拓展了中国生态批评的独特空间。中国的生态批评与西方的生态批评，在全球化的平台上对生耦合，会增强生态批评原理、原则、方法、机制、效应的普适性与整生性。

一、中国生态批评在中西方生态文明的交流中生发

自近代以来，西方学术在中国的现象比比皆是。这有两种情形：一是用西方的思想方法特别是学术范式，诠释中国现象，使后者成为前者的确证与注脚，使前者成为后者的航标与路向。这是一种世界观和学术观方面的根本性影响，是一种更有持续性的西方学术在中国的现象，更符合西方强国在后殖民时代推行的西方文化全球化的战略。后一种是在中国学术"失语"的想象中，成套引进西方学术话语，全盘照搬西方概念结构，形成系统的学术移植。这均造成了学术生态的"侵入"，当与植物生态侵入的后果相似。如果这两种情形得以持续，中国学术恐怕真的要"失语"了。

生态批评的学科于上个世纪 70 年代形成于美国，和建设中的中国生态批评学科，有时间上的先后，然两者发生的主要是"平行研究"的关系，而不是上述的"影响研究"关系。比较文学的平行研究，要求比较诸方，不分尊卑，不论主次，生态平等，互为因果，形成对生关系，在平等交流与平和对话中，实现共生并进。这种异质学术文化的互动，当更有生态伦理性与生态文明性。

中国生态批评的生发未走前述影响研究的路子，有各方面的原因。一是中国的生态审美文化源远流长，根基深牢，具备了与西方生态批评对话的家底。

中国古代的天人合一思想，是生态哲学、生态美学、生态文艺学、生态伦理学、生态工程学、绿色养生学的元范畴，集真善益宜智美的核心价值于一体。较之西方哲人的生态存在思想和主体间性思想，更有生态文化乃至生态文明方面的整体性和本源性意义，更有生态审美的本体意义。天人合一的元范畴，在历史和逻辑的分形中，形成了门类多样的生态文化思想。仅就生态哲学来说吧。庄子是这样来标志天人合一的路径的：道生万物，道存万物，构成了道的生发环节；他通过"庖丁解牛"、"吕梁丈夫蹈水"等寓言，意在说明把握各种各样的"以鸟养养鸟"，即洞悉和运用各种生态活动的具体规律，实现各种生态活动的具体目的，最后"蹈乎大方"，通达自然大道，把握与实现世界的整体规律与整体目的，形成了以天合天的道的回升环节；最后在至人、圣人、神人的逍遥游中，达成了与道整体合一的天人整生环节。庄子天人合一的逻辑路径，显示了超循环生发的辩证轨迹，具有原型的意义。在漫长的历史时空中，它成为中国人与天同生、与天竞生、与天共生、与天整生的实践路径，衍生出了多学科的生态和谐思想，构成了网络化的生态文化，推进了中华民族生生不息的生态文明。正是这种生态文明，既成为中国生态批评生发的丰沃土壤，又成了它与西方生态批评进行对话的学理支撑，更成了世界生态批评共同的理论前提。

二是中国生发生态批评，有着现实的内在需求。如前所述，在中国漫漫的天人合一过程中，天人同生是主潮，然现当代以来，形成了天人竞生的环节。垦荒种粮、围湖造田、大炼钢铁、资源型经济模式，国外境外以及国内东部高污染产业转移、全球生态灾变的循环，凡此等等，竞相在这块原本天人和谐的土地上出现，生发了天人对立的生态关系，直接造就了国人的生态危机。借助生态批评，唤醒国人的生态意识，重回自然怀抱，再造天人同生，进而步入天人共生与天人整生，成了时代的呼唤。这样，中国的生态批评，也就成了一种自觉的生态审美文化内需，而不是一种外来的被动的文化范式影响。

三是比较文学平行研究的规约。生态批评作为全球性的文学、艺术、科学、文化、文明的批评现象，早已突破了影响研究的线性因果的同质化的竞生模式，形成了多元耦合的共生模式。比较文学平行研究的意义，有如下几个方面：首先是比较双方或诸方对生，互为因果；其次是跨文学比较，即文学还可以与艺术、科学、文化、文明比较，在双向往复中达成耦合共进；三是平等比较，比较诸方互为主体，和谐并生。前两重意义，创立平行研究的美国学派已有透彻阐释，且成共识。后一种意义，是中国学派对平行研究的深化与生态人文化，是中国学派消化吸收美国学派后的再创新。王宁指出：既研究文学与其他相关学科相互影响的关系，扩大比较研究的文本，又"平等对待文学与其他相关学科及其他艺术门类的关系，揭示文学与它们在起源、发展、成熟等各阶段的内在联系及相互作用。"① 改革开放以来，中国比较文学界"开展了以沟通、对话、尊重、理解、共建人类多元文化为宗旨的各种学术活动"，"促进互识、互补"，"以求改进人类文化生态和人文环境"。② 乐黛云教授更直接提出了比较文学的人文要求："这种既保障对个人的尊重和个人的平等权利，同时又要求个人有同情和尊重他人的义务，既保障不同个人——社群——民族——国家之间的各种差异，又要求彼此对话、商谈、和谐并进、共同发展"的新人文精神，"正是未来比较文学的灵魂。"③ 生态批评的文化功能要求，与比较文学平行研究的跨学科、跨文化、跨文明和谐共生，有着意义上的相通；从文学批评走向文化批评的生态批评在全球范围内生发，本就属于比较文学的范畴；乐黛云教授和王宁教授的主张，也就自然地影响了中国生态批评的态度，使之从本民族的生态文学、生态文化和生态文明出发，和西方的生态批评进行平等的交流与对话，以建构民族性、世界性、时代性兼具的中国生态批评学科。这样，中国的生态批评就不是"舶来品"了，更不是西方生态批评在中国了。

改革开放以来，中国人文学者通过留学、参加和举办国际会议、任职国际学术团体、参与国际课题研究以及邀请国外及境外著名学者来中国大陆讲学等众多平台，实现诸如中国文学、诗学、美学、哲学与世界各国相应相关学科的平行研究、平等比较，平和相生，努力创造跨学科、跨文化、跨文明的和谐共生环境。像20世纪80年代以来，世界美学学会举办的国际会议，包括2010年在中国北京举办的学术会议，均把环境美学作为重要的议题，均邀请中国学

---

① 王宁：《比较文学与当代文化批评》，人民文学出版社2000年版，第5页。
② 刘献彪、刘介民主编：《比较文学教程》，中国青年出版社2001年版，第28—29页。
③ 乐黛云：《比较文学与21世纪人文精神》，见刘献彪、刘介民主编：《比较文学教程》，中国青年出版社2001年版，第33页。

者参加。像山东大学的周来祥教授就曾任国际美学学会和国际比较美学学会的执委会委员，多次在国际美学会上做题为中国和谐美学和中西比较美学的学术报告，践行了包括生态批评在内的中西诗学、中西美学的和谐比较。又如近年来，中国举办了多次生态文学、生态美学、环境美学的国际学术会议。仅山东大学文艺美学研究中心，就于 2005 年和 2009 年举办了两次这方面的会议。2009 年的会议主题是生态美学与环境美学，美国学者阿诺德·伯林特、加拿大学者艾伦·卡尔松、芬兰学者约·色帕玛等世界环境美学大家与会，中国的生态美学、环境美学、生态批评专家与他们进行了平等的讨论。这于中国生态批评的跨学科、跨文化、跨文明的和谐共生很有意义。再如，国学功底深厚的徐恒醇教授，于 20 世纪 80 年代和 90 年代两次去德国访学，在中西生态审美文明的融会中，写出了中国第一本《生态美学》，对中国生态批评的绿色审美化生发，提供了理论参照。

这就说明：中国的生态批评，主要不是某些留学欧美的中国学者从国外带回来的物件，也不是国外侵入的物种，而是有着中华民族生态审美根性和世界生态文明通性的前沿学科。它隶属于生态审美文化学科群，可以成为整生论美学的四大子学科之一。它凝聚了生态审美的重要规律，可以参与整生论美学的范畴运动，成为后者逻辑体系的有机部分。

二、生态诗学生发了绿色审美范式

在中西生态文明的对生中，中国生态诗学，在新旧世纪的交替之际面世，生发了绿色审美范式，凸显了生态批评的理论自觉。鲁枢元教授于 2000 年，在陕西人民教育出版社出版了《生态文艺学》。同年，曾永成教授在人民文学出版社出版了《文艺的绿色之思——文艺生态学引论》。他们和徐恒醇教授一起，草创了中国的生态诗学，初成了生态性与审美性结合的绿色审美范式。鲁枢元教授提出了生态批评的重要规律："自然的法则、人的法则、艺术的法则三位一体"[①]。他将这一规律作为全书的理论总纲，"分形"于各个部分，形成

---

① 鲁枢元：《生态文艺学》，陕西人民教育出版社 2000 年版，第 73 页。

了一个生态性与审美性统一的理论结构。他认为：呼唤生态文艺学产生的时代，是生态性和审美性统一的时代，即审美的生态学时代。他说："人类的乌托邦之思，已经处于新的起点。""在这个起点的路标上写着：精神、自然——走向审美的生态学时代。"① 生态文艺学的研究对象，即人类所有的文学艺术，也是生态性与审美性的结合。"作为人类重要精神活动之一的文学艺术活动，必然全部和人类的生存状况有着密切的联系。优秀的文学艺术作品更是如此，因而都应当归入生态文艺学的视野加以考察研究。"② 此外，他从生态性与审美性结合的视角，持续展开了文学艺术与自然生态、文艺家的个体发育、文艺的精神生态价值、艺术物种延续、文艺史的生态演替等一系列命题，显现了绿色审美的多种形态，多维地拓展了生态批评的规律与意义，形成了一个生态诗学的理论结构，可规约生态批评的实践合规律合目的地展开。

曾永成教授的生态诗学建构，有三个方面的特征。一是马克思主义生态观的基础。他主要从马克思《1844年经济学——哲学手稿》中概括出人本生态观、实践唯物主义的生命观，作为文艺绿色之思的理论来源与学术底座。二是将马克思主义的生态精神贯穿于文学艺术活动的各个方面，实现生态精神与艺术精神的多维统一，形成诸如文艺学的绿化、文艺的生态思维、文艺的生态本性、文艺的生态功能等生态诗学的命题。三是在上述命题的展开中，形成了诸如生态气象美、生态秩序美、生态功能美等方面的范畴研究，搭建了绿色审美的生态诗学体系。这就形成了一个绿色审美的逻辑总纲逐步分化和具体化的理论构架。

徐恒醇教授探求的是绿色艺术哲学。他提出了生态美学的理论基础是整体有机、有序和自然进化的生态世界观，③ 从而与主体美学形而上学的世界观形成了分野，从理论元点上规约了生态美学的生态辩证法特质。进而，他明确生态美学的逻辑起点是人的生命观。"生态美学对人类生态系统的考察，是以人的生命存在为前提的，以各种生命系统的相互关联和运动为出发点。因此，人

---

① 徐恒醇：《生态美学》，陕西人民教育出版社 2000 年版，第 200 页。
② 同上书，第 28 页。
③ 同上书，第 44 页。

的生命观成为这一考察的理论基点。"① 他认为：生态美学的对象是生态的审美价值，即人的生态活动和生态系统的美学意义；生态美学的核心范畴是生态美。凭借上述理论界定，他展开了一系列生态美学的命题，形成了诸如人的生命活动、生活方式、生存环境、生存状况的美学研究，构造了一个生态性与审美性统一的绿色审美的逻辑平台与发展空间，形成了不同于一般美学的逻辑体系。这就使中国生态批评的生发有了相应的绿色美学的理论支撑，就像西方生态批评有环境美学的理论支撑一样。

上述中国生态诗学，集约地生发了绿色审美的范式，使起步虽然较晚的中国生态批评，较快地形成了理论自觉和全球视野，进一步彰显了中国生态批评的特点，形成了与西方生态批评平等对话互补交流的学术基点和理论基础。

这种学科自觉和全球视野，在生态诗学的层面上有着多维的生成。首先，理论路线明晰，形成了完整的逻辑生发历程。全球生态文明的呼唤，成为这一逻辑历程的现实基点。生态世界观或曰马克思主义生态观成为其理论元点。生态化与审美化统一的研究对象、基本命题、核心范畴、逻辑起点、概念系统的确立，成为其理论构造的蓝图。这样的绿色审美的理论范式和逻辑制式，是一般学术体系建构方式和生态诗学学术体系建构方式的统一，在既合生态规律与审美规律又合生态目的与审美目的方面较为充分。

其次，绿色审美的精神结成了耦合共生的范式，并与西方生态批评的共生范式同中有异。在人与自然平等和谐方面，中国生态批评的耦合共生范式，有着主体间性的意义，有着世界性的色彩。像徐恒醇所说的生态美学的生发背景就如是："一种新的生态文明的曙光已经呈现，这便是人与自然和谐共生的生态文明时代。"② 在理论制式方面，中国生态批评的耦合共生，有了自己的色彩。中国学者采用的策略有两种。一种是传统诗学构架的生态化，即对传统诗学进行生态化的改造，在生态学与一般诗学的统一中，或曰耦合共生中，形成生态诗学的雏形，初成绿色审美的精神。这在理论建构之初，虽然难免有一些嫁接的痕迹，需要进一步走向自然。然嫁接本身就是一种物种发展与创新的方

---

① 徐恒醇：《生态美学》，陕西人民教育出版社2000年版，第14页。
② 同上书，第7页。

式，不可厚非。第二种是生态性与审美性的序列化耦合。中国生态诗学的对象、疆域、命题、范畴、概念以及规律、功能、价值、意义等等，均是生态性与审美性的耦合，具有生态审美性的内涵，分有绿色审美的精神。这两种耦合共生的理论制式，不仅使耦合共生的生态批评范式走向了具体化，还避免了西方生态诗学一段时间内诗理诗律未到场的缺陷，从而真正形成了生态诗学的完整内涵，充分显现了绿色审美范式的辩证机理。

中国的生态批评因有生态诗学提供的绿色审美范式，起点虽高，但还有较大的发展空间。一是促使元范畴的生成与生长。理论结构的系统性，在很大程度上取决于元范畴的运动。这种运动，大致可分为两个阶段。一是从事实具体走向理论抽象，生成包含整体理论意义的元范畴。这就要求生态批评的学者，从包括文学在内的一切生态审美现象、事实、活动、价值、关系中，概括提炼升华出包含整体性生态审美意义的元范畴，作为生态批评理论网络的网纲。进而，他还须从理论的抽象走向理论的具体，使元范畴逐级分化与分形，形成纵横推进的逻辑网结，构建持续增长的理论网络，创造整一的生态批评学。这样的生态批评学，元范畴结晶了生态审美的所有规律，表征了总体的生态审美规律。其分化的各系列各层次的范畴，包含了相应的等级分明的内涵，诸如整体的、普遍的、类型的、特殊的生态审美规律。这样的生态批评学，当可超越当下共生批评范式的生态批评学，走向整生批评范式的生态批评学。

三、绿色审美范式的整生性升华

中国的生态诗学，与生态美学一起，生发出绿色审美范式，规约了相应的生态批评实践。一般来说，学科范式萌生于逻辑研究，成熟于元学科研究，对学科系统的五维研究起总体的规约作用。中国生态批评的绿色审美范式，有较高的学术品格，主要有两方面的缘由。一是生态诗学多维度地实现了生态性与审美性的耦合，构成了整体的生态审美精神，可升华出绿色审美范式。西方的生态诗学，因极力凸显生态功能性要求，极力展开生态文化性批评，而一度缺失审美价值性规定，两者的辩证统一不尽如人意，整体的生态审美精神微弱，绿色审美范式相应淡漠。二是生态批评进入生态美学的学科圈，在超循环运行中，获得了生态美学范式的品质。和其他完整的学科系统一样，生态美学也由应用研究、历史研究、逻辑研究、比较研究、元学科研究的依次生发与良性环行构成动态稳定的学科系统。生态批评是生态美学众多的应用研究之一，它在生态美学的学科运行中，分有了生态美学系统的生态审美精神和绿色审美范式。我在拙著《超循环：生态方法论》的第151至154页说过，当代美学前沿，由生态审美文化的学术高原构成。进入这一高原的学科，既有注重人类审美生存的新实践美学、生命美学、审美人类学、艺术人类学、文学人类学等等，还有注重世界审美化存在的环境美学、景观生态学等等，更有耦合人类审美化生存与世界审美化存在的大众文化和生态美学。显而易见，前两类生态审美文化，分别强化了生态审美精神的两大侧面质，第三类生态审美文化，获得了生态审美精神的整体质。其中，大众文化，仅在日常生活的生态空间形成生态审美精神的整体质，因而是一种局部性的整体质；生态美学，则在所有的生态方面、生态领域、生态时空形成生态审美精神整体质，自然是一种系统的整体质。这样，生态美学成了生态审美文化高原上的高峰，成了高峰的峰尖，引领了生态审美精神的发展，引领了绿色审美范式的进步。生态批评参与生态美学学科五维的超循环运行，也就分有了学科持续发展的品质优异的生态审美精神和绿色审美范式。西方的生态批评，在环境美学的学科五维中良性循环，其生态审美精神和绿色阅读范式的生境，当不及中国的生态批评，其品质也就有了差异。

在绿色审美范式的规约下，作者、读者、批评家、理论家、生存者走向生态性与审美性的统一，成为绿色审美人生；文学文本、艺术文本、科学文本、文化文本、社会文本、自然文本走向生态性与审美性的统一，成为绿色艺术世界。绿色审美人生与绿色艺术世界的耦合持续递进与拓展，达成人类整体和世界整体对应的美生，实现包括人类社会在内的大自然的美生。这不仅形成了生态批评的元范畴，还显示了生态批评系统价值的形成与整体功能的实现。

绿色审美范式既是生态诗学和生态美学共生的，还是人类生态审美文化和生态审美文明的结晶，在不同的批评家那里，显示出多样的分形与各种具体的创新与整生化提升。曾繁仁教授的"生态存在论美学观"，有绿色审美范式的整生性意义，可以理解为是一种人类与世界生态地审美地存在的主张。他把这种主张，贯穿于对《诗经》等古典文学作品的批评，对《额尔古纳河右岸》等中国少数民族文学作品的解读，对《查泰莱夫人的情人》、《白鲸》等西方文学作品的赏识，均发掘了文本包含的或潜含的生态性与审美性耦合存在的意义和价值指向，实践了诠释了确证了丰富了自己的学术主张。[①] 鲁枢元教授所揭示的生态批评规律："自然的法则、人的法则、艺术的法则三位一体"，包含绿色审美范式的基本精神与复合整生性意义。他也将其应用于具体的生态批评实践中，特别是精神生态的批评中，既确证了理论主张，又延展了学术价值，实现了生态功效。

我在《社会科学家》2001年第5期发表的《人类美学的三大范式》，从审美生态观的角度，将人类审美范式具体化为依生之美、竞生之美、整生之美，可分别对应古代、近代和现当代的生态批评。这种分形，拓展了绿色审美范式的本质规定性，增强了生态批评实践的针对性。我尝试用其评说了桂北狩猎习俗的依生之美、竞生之美和共生之美，彰显了审美范式和批评对象的对应性，突出了批评主旨与文本蕴含的同构性。与此同时，还揭示了绿色审美范式逐级走向整生平台的历史规程与逻辑轨迹，显示了绿色审美范式整生化的机理与途径。

中国生态批评的绿色审美范式，没有沿用西方生态批评的绿色阅读范式，有两方面的考虑。一是显示共生性。即更加明确生态性与审美性的平衡耦合，强化双方的平等匹配，实现彼此的均匀统一。二是生发不同的系统性，走向整生性升华。西方生态批评对文学的绿色阅读，还关联艺术、科学、文化、社会、自然文本，后者一般是比较文学平行研究意义上的文本。此外，它还关联地形成了物种共生、性别共生、人种共生文本的绿色阅读。中国的绿色审美文本，除文学外，艺术、科学、文化、社会、自然都可以当做独立的文本来欣赏，并实现良性环生。我认为：一个生态审美者，应从经典艺术的绿色阅读始，接着展开科学与文化的绿色审美，再而进行实践活动与日常生活的绿色审美，进而深入哲学和美学的绿色审美，旋而回归文学艺术的绿色阅读，在绿色人生和艺术人生的耦合旋升中，践行绿色审美范式。中西生态批评的审美范

[①] 曾繁仁：《生态美学导论》，商务印书馆2010年版，第371—449页。

式,有互补性,可在对话交流中,实现自己的发展,促进对方的完善,最终形成各自系统的整生性生长。

四、生态批评的整生性空间结构

西方的生态批评形成了两大关联的空间,一是借助比较文学的共生范式,在绿色文学与艺术、科学、文化、社会、自然的平行研究中,形成了批评空间的系统化,显示了整生批评的向性。二是以人与自然的共生批评为基座,相继展开男性与女性的共生批评以及白色人种和有色人种的共生批评,形成了有机关联的系统空间。中国的生态批评,创造性地借鉴了西方经验,进而拓展了自己的地盘。这种拓展,有着多维性。一是西方生态艺术的中国批评。二是精神生态批评。三是艺术的生态批评、审美文化的生态批评、艺术哲学的生态批评的贯通。四是民族生态批评的系列化。五是景观生态批评的系统化。凡此种种,使中国生态批评绿色审美范式,实现了多维的整生性升华。

王诺教授带领厦门大学的生态批评团队,力求在生态批评的中西合璧中,形成完整的空间结构。他从一个中国学者的视野,透析欧美生态文学,在"以我观物"中,盘点西方生态文学显示的生态批评主旨,形成"着我之色"的西方生态批评介绍。[①] 他还探究中国生态批评的理论,形成相应的批评实践,生发中国生态批评维度。他也表现出了贯通中西生态批评的努力,以生发中西耦合的生态批评空间结构。这种学术系统的建构路线,有民族视角和国际视野,有整生性趋向,表现了一个留洋学者的学术自信与宏观意识。

鲁枢元教授对生态批评空间结构的搭建,是从精神生态批评开始,继而走向社会生态批评,最后走向自然生态批评,达成三维生态批评空间结构的整生性生发。他认为精神生态的病变,导致社会生态的病变,最终导致自然生态的病变。通过生态批评,促进生态系统的恢复,应参照上述生态系统逐位病变的逻辑,即从精神生态的绿化始,再到社会生态的绿化,最后到自然生态的绿

---

① 参见王诺:《欧美生态文学》,北京大学出版社 2003 年版。

化，当可形成生态系统的整体绿化。① 有了这两大生态逻辑的依托，他的生态批评空间结构实现了规律性与目的性统一，有了较强的系统整生性。

地处南国的广西民族大学的学者，以生态和谐的生发为生态批评空间拓展的机理，主张形成艺术的生态批评、审美文化的生态批评、艺术哲学的生态批评的整生性空间结构，并在相应的生态批评实践中，搭建了别具特色的民族生态批评和景观生态批评圈进旋升的空间结构。民族生态批评空间结构有着多环节的生发路径。第一个环节是形成广西世居民族的生态批评。黄秉生教授在探求壮族文化根系和生态审美范式的基础上，形成壮族生态批评的著作。张泽忠教授和朱慧珍教授形成侗族生态批评的著作，其他学者——形成广西其他世居民族的生态批评著作。第二个环节是广西 12 个世居民族的生态比较。第三个环节是广西世居民族与国内相关民族的生态比较。第四个环节是广西世居民族与东南亚相关民族的生态比较。这就形成了逐圈扩大的民族生态批评的整生性空间结构。景观生态批评的空间结构也是多环节有机生发的。第一个环节是桂林景观的形态研究，一批学者对桂林的主要景点做了生态批评，形成了《天下第一美山水》、《珠环贝绕大桂林》、《美海观澜——环桂林生态旅游》、《景观美的描述与探析》等系列著作。第二个环节是桂林景观的域态研究，形成了资源景观区域、漓江景观区域、灵川景观区域、全州景观区域等等的专门性研究著作。第三个环节是性态研究，袁鼎生对桂林山水的各种景观特征形成了系列研究，出版了《簪山带水美相依》。第四个环节是质态研究，由袁鼎生、龚丽娟形成桂林景观生态学，由蒋新平、龚丽娟撰写桂林景观环境生态学。经历 20 余年的持续探索，桂林景观生态批评的空间结构在有序地环扩与旋长，留下了整生化演进的轨迹。

中国生态批评在中西生态文明的交流中生发，与西方生态批评构成了平行研究的共生关系。在生态性与审美性的耦合中，鲁枢元等学者初成了生态诗学，显示了中国生态批评的理论自觉。中国的绿色审美范式较之西方的绿色阅读范式，避免了生态诗理和绿色诗律的缺失，实现了生态性与审美性的平衡，有着走向整生批评的潜能，汇入了人类生态批评的发展潮流。中国生态批评的

---

① 参见鲁枢元：《生态批评的空间》，华东师范大学出版社 2006 年版。

空间结构较之西方生态批评的空间结构，有着多维整生性时空的重合，可为人类生态批评空间更完备的整生化建构，提供更多的贡献。

生态批评的空间结构，涉及到生态批评的对象、疆域和逻辑体系的系统性确立，涉及空间总体的有机布局和空间位格的有序分布，于生态批评整生范式的生发，提供了理论原料。目前，中国生态批评在这方面的探索虽然走在了前面，然尚需寻求表征整体甚或总休空间的范畴，并以其为坐标，形成网格化的空间分布，方可促进学科进一步体系化与整生化。也就是说，将中国生态批评绿色审美范式多维整生性拓展的成果，加以中和与升华，并创造性和发展性地融会西方生态批评精神，形成整生批评范式，形成凝聚整生批评范式基本精神的元范畴—绿色美生，是中国生态批评的发展方向，也是世界生态批评的走向。换句话讲，绿色美生，是中西生态批评的交集点，是整生批评的生长点。

第三节　生态批评的整生范式

每门学科都有本体，以相互区别。学科本体的展开，形成疆域，生发质构，显现知识系统。生态批评的疆域，突破了传统文学批评的界线，形成了超越文学艺术批评的一般规范。这个规范的核心是，生态性、审美性、科学性、文化性、文明性的中和与整生。这个核心规范，或曰整生范式，在中西生态批评的交流与互补中，将走向世界性的生成，生发出本体性的价值疆域，一般性的价值准则，普遍性的价值规律。

生态批评，在本质上是绿色审美价值的批评。生态批评的整生范式，也主要在这一价值生发的空间里显现；在这一价值本体、价值疆域、价值准则、价值规律的整生化中，走向深刻与具体。

一、生态批评圈进旋升的质域

生态批评的质域和疆界统一，在系统生发中，显出价值本体的整生向性。

也就是说,生态批评的疆域、质域、价值生发域是三位一体的。生态批评疆域的拓展,始终不脱离生态性与审美性结合的绿色诗律,始终不脱离生态世界的起点,始终不脱离绿色阅读的基点,始终指向绿色审美世界的终点,始终伴随文学活动生态圈的超循环运行,方可能实现结构张力和结构聚力的耦合生发,形成整生化提升的质构,实现本质与功能的同步整生。

(一) 生态批评的伦理文化质构

首起于西方的生态批评,基于环境科学与生态伦理学。其质构的形成,以生态之善为中心。生态伦理学把伦理疆域从人间拓展到自然,主要基于意志与目的结合的普遍性。意志与目的统一,是伦理的本质规定,是伦理学的精要。人类社会有追求稳定、和谐、可持续存在与发展的意志与目的,从而形成了相应的社会伦理。自然界的有机物,有自己的生态发展向性,有调节自身的结构与特性和所属系统的结构与特性,以适应环境变化,实现个体与物种优化的意志、功能和目的,符合伦理的本质与要求。同样,自然中的无机物,也经历了从无序到有序的生态过程,凸显了孕生有机物的生态目的,有了非线性序态发展的向性与意志,也可视为实现了意志与目的的一致性。这说明,伦理不是人类社会的专利,而是大自然有序生发的普遍要求,体现为从无机物到有机物再到人类社会的整生目的。基于生态伦理在大自然历史上的普遍显现与递进生发,社会伦理学也就相应地走向了生态伦理学。这种哲学层次的生态伦理,和人源于自然应该尊重和反哺母亲的情感伦理一起,搭起了生态伦理学的框架,成为生态批评的理论基石。

和生态伦理学相对应,主体间性哲学主张在两个领域拓展生态和谐的疆界。一是在人类社会,自己与他人互为主体,都应保持与发展各自独立的个体性和不可重复的个别性,同时又要兼容与尊重他人的个体性与个别性,并实现相通、互补、共进,形成共同的趋向性,生发主体间性。二是在大自然里,人与自然物也互为主体,两者之间同样形成了独立性、相生性、共趋性。凭借主体间性,世界普遍形成了独立性、平等性、相生性、共通性和共趋性的生态关系。

这两种生态伦理文化和生态哲学文化,为生态批评提供了理论基础、理论方法、理论视角、理论视域。实际上,生态批评是上述生态文化的功能要求,在文学批评领域的实现与具体化。彻丽尔·格罗特费尔蒂就说过：生态批评"一只脚立于文学，另一只脚立于大地。"① 这就从生态文化和生态文明的视角，阐述与张扬文学艺术的生态意义、生态功能与生态价值取向，诉诸人类的生态伦理情感与意志，调节人与自然的生态关系，形成与发展现实的生态和谐。

西方的生态批评，在人与自然的领域，主张双方互为主体，形成主体间性，形成生态平等；在人类社会当中，男性与女性、白色人种与有色人种，也应消除等级差异，达到生态平等，生发主体间性。在西方的生态批评家看来，女性承担养育功能，有色人种贴近土地，两者均更加具备自然性。这样，男性与女性、白色人种与有色人种间的生态矛盾，也就成了人与自然的生态矛盾的延展与变迁，三种矛盾有着同质性。与此相应，这三个方面主体间性的生发，也就一气贯穿了人与自然和谐的主旨，搭建了生态伦理文化的系统质构。概言之，人与自然平等的诉求，构成了西方生态批评的完整性疆域；天人共生的向性，构成了西方生态批评的集约化宗旨。

西方生态批评虽然提出了建构生态诗学的主张，虽然阐述了生态性与审美性共生的理论意义，但在实际的生态批评实践中，因凸显生态道德的责任意识，因强调生态功能的价值取向，忽略了文本绿色审美批评的基础，忽略了生态文化批评与绿色审美批评的结合，偏离了文学艺术本体批评的宗旨与规范。离开了价值本体的批评，实际上是游离于对象质域的批评。这种批评，看似拓展了文学艺术批评的疆界，实际上脱离了文学艺术欣赏的基础，偏移了文学艺术的生态审美价值本体，离弃了传统的审美批评的疆域，形成的多半是非文学艺术批评的疆域。究其原因，主要是生态性与审美性的分离。

这种情形是可以避免和弥补的。如经认真分析和深度发掘，是可以找到生态文化批评和生态审美批评的结合点的，是可以在这种结合中，整生化地拓展生态文学艺术本体批评的质域和疆界的。我们应为生态批评补上文学审美价值的品鉴层次，使绿色阅读成为绿色审美阅读，并将生态功能的层次审美化，再升华出生态艺术哲学的层次，以系统生发绿色审美本体的生态批评质域。

---

① 杨理沛：《回顾与反思：生态学批评及方法论研究》，《大连大学学报》2007年第5期。

(二) 生态批评三位一体的整生化质域

生态批评，应在绿色地寻求、感悟、体验、赏析文学对象的基础上，对其生态审美蕴含，作价值特征的判定、价值理想的体认、价值目标的肯定、价值规律的确认、价值原理的探究，方可形成整生性质域。也就是说，生态批评是在相应的绿色再造性欣赏的基础上系统化展开的。以绿色的再造性欣赏为基础，展开多维整生的生态审美价值的批评，是生态批评从规范走向自由的机制，是生态批评不离开绿色审美质域的前提。恰恰在这一点上，西方生态批评有意无意地忽略了，从而背离了文学批评的一般规范，形成了绿色诗性的起始性残缺和过程性流失以及终端性离散。

文学艺术批评的空间与质域，应由文本的审美批评、审美文化批评、艺术哲学批评构成。生态批评，则相应地由文本的生态审美批评、生态审美文化批评、生态艺术哲学批评构成，形成三位一体的整生化质域。只有这样，生态批评才不会逸出文学艺术现象的质域，才不会逃离文学艺术活动的范围，才不会仅仅成为生态伦理批评的样式，才不会仅仅成为生态文化批评的形态，才不会仅仅形成生态恢复与发展的效能。

生态艺术是人与生境审美潜能的非线性整生，直接呈现的是作者与世界对生的共和美境。它潜含审美文化共生的中和美境与艺术哲学整生的太和美境。也就是说，生态批评整体质域的三大层次，是包含在文本生态中的，是其完整的生态审美意蕴的序态显现。

西方伦理价值维度的生态批评，所指向的目标，与作为生态文学本体的生态和谐，特别是生态中和是一致的，是能够实现文化批评和审美批评之间的结合的。这种结合点就是共生。共生，是意志与目的统一的生态伦理观、主体间性的生态哲学观、生态平等的生态批评观、生态和谐的生态审美观的共同本质，是科学之真、伦理之善、实践之益、生存之宜、哲学之智、生态之美的共同价值形态。也就是说，共生，是真、善、益、宜、智、美的统一体，是上述诸者的同形共质。生态批评在对文学文本作生态文化共生之善的评介、肯定与倡导时，应以其绿色共生之美的品鉴、评价与弘扬为基础，应将共生之善的生态文化批评和共生之美的生态审美批评结合起来，形成整体的生态审美文化批评，以系统地阐释生态审美文化真、善、益、宜、智、美统一的中和价值，使生态批评的质域走向贯通而整一，显现整生性。

共生是生态和谐的形态与境界，也是生态中和的基础与机制，还是生态中和的初级阶段。生态批评应阐述与阐释共生的生态审美文化，揭示其走向生态中和的趋势与途径，以升华生态文学本体批评的核心价值，以便在现实时空中，合规律合目的地恢复和发展生态中和，形成整生化的世界。

从文本的审美批评，到审美文化批评，再到艺术哲学批评，显示了文学批评空间拓展和质域生发的序性。就生态批评来说，它要抵达生态艺术哲学批评的高端，需要有生态哲学的支撑，需要生态哲学与相应审美境界的结合。

生态哲学的初级形态是共生哲学，主体间性的价值哲学和生态伦理哲学是共生平台的生态哲学，深生态学，是共生哲学走向整生哲学的过渡形态、中介形态。深生态学，提出了高于共生的原则，然尚待形成整生的原理与范畴。整生，是生态系统四维时空超循环运生的原理。它包括系统生成性、系统生存性、系统生长性的原则，包括以万生一的聚合性整生、以一生万的分形性整生、万万一生的网络化整生、一一旋生的超循环整生等范型，包括真善益宜智美统合、非线性有序、混沌中生理、复杂性协同、动态衡生、生态中和等模式。整生哲学可形成多层次统一的理论系统。它的理论核心，是发展了的当代马克思主义的生态辩证法，即网络生态辩证法。

整生，是大自然系统生发的大真形态，大善形态，大益形态，大宜形态，大智形态，大美形态，更是这些系统生发的高端价值的复合环升形态。研究整生之大美和整生之大真、整生之大善、整生之大益、整生之大宜、整生之大智的统合发展，探求生态系统的审美化，进而艺术审美化，直至在宇宙膨胀中拓展与提升审美天化，构成了生态艺术哲学的理论结构。整生的审美形态，是生态大和的境界。它是生态和谐，经由生态中和发展而成的。在生态文学艺术的批评中，发掘与提升文本的生态审美价值，揭示其走向生态大和的趋向与潜韵，揭示这种大和与大真、大善、大益、大宜、大智、大美整生的意蕴，也就实现了生态艺术哲学的批评。

对生态文学艺术文本，做生态艺术哲学的批评，揭示文学艺术文本中的生态和谐境界，从生态共和出发，经由生态中和的发展，进而向生态大和提升的规律，以利现实生态系统的整生与大和。

生态批评整体质域的三重境界，形成了超循环性。三重境界都展示生态和谐，形成了循环；第二重境界审美文化的共生之和，高于第一重境界艺术文本的对生之和，第三重境界艺术哲学的整生之和，是一种在生态中和基础上提升的天态大和，高于文化形态的共生之和，这就形成了递进的超越；循环性和超越性统一，构成了超循环。循环性，保证了生态审美批评的稳定性与封闭性，超越性，形成了生态审美批评的递进性与开放性。这就使生态批评有了生态辩证法的品格，有了超循环的大整生疆域。

生态批评质域三位一体的超循环，显示了生态审美化的生发格局，形成了审美整生的态势。生态批评的质域，由本体性质域——生态文学艺术，拓展性质域——生态审美文化，提升性质域——生态艺术哲学序态构成。这种生发，既拓展了生态批评的空间，提升了生态批评的境界，又承接和创新了生态批评的本质规定性，使质的张力和质的聚力耦合并进。疆域的扩大和质的深化统一，使生态批评不仅未被异化，生态审美的根性反而更为深牢壮实。这比死守文本之美的固有疆域，不仅更有活力，而且更能在生态审美本体的系统整生方面，凸显和发展独特本质，形成独一无二性、不可替代性、不可或缺性。凭此，生态批评也就可以自立于文学批评之林，并成为文学批评的当代形态和主流形态。

一切生态文化和生态文明，都将价值目标定位于生态和谐。然实现目标的途径每每不同，生态哲学走的是生态之智的路子，生态科学走的是生态之真的路子，生态技术走的是生态之益的路子，生态伦理学走的是生态之善的路子，生态旅游学走的是生态之宜的路子，生态批评走的是生态之美的路子。生态之美统合了生态之智、生态之真、生态之益、生态之善、生态之宜，形成了生态共和之美、生态中和之美、生态大和之美，生态批评的价值功能，也凭此而走向诸种生态价值的美态整生。

也就是说，生态批评的三重境界，是文学艺术审美本体的绿色批评和生态科学批评的统一，是生态审美批评和生态文化批评的结合，是生态艺术批评和生态哲学批评的融会，实现了质域张力与聚力的耦合并进，形成了开放的文学艺术本体的整生批评态势。

（三）生态批评超循环的价值运动

生态批评构成了圈行环进的质域，又和圈行环进的生态文学欣赏一起，进入生态文学活动圈，参与更大系统的超循环，在更高的平台上和更广的联系中生发自身的功能与意义。生态批评的价值运动，在整个生态文学活动结构中圈态行进，共成生态世界——生态文学——生态文学欣赏——生态批评——生态文学研究——生态审美人生——生态审美世界的周走旋升的价值整生格局。或者说，源于生态世界，依据生态文学文本，承接生态文学欣赏的基础，展开生态批评，推进生态文学研究，共成生态审美人生，回馈生态审美性的世界，形成了生态批评价值在整体结构中的回环生发；再依据美化了的生态世界和发展了的生态文本，承接提高了的绿色阅读，对持续发展的整个圈态结构和各位格展开生态批评，也就有了文学活动新的圈进旋升，显示了生态批评超循环的价值运动态势和价值生发格局。这也见出：伴随着生态批评的价值生发，整个生态文学活动圈及其七大位格，进入了生态批评的疆界与质域，生态批评有了更为系统的超循环整生的对象。

处在生态文学活动圈中，生态批评的价值运动，有两种向性。一是促使整体结构中各生态位的审美性与生态性耦合递进地发展，推动生态文学活动的绿色审美性圈进旋升。二是通过文学活动绿色审美性的圈进旋升，推动集起点位格和终点位格于一体的世界，朝着艺术化和生态化耦合并进的方向发展，形成生态审美性世界——生态艺术化世界——天生艺术化世界的递进格局，使生态文明经由生态审美文明，走向生态艺术文明，抵达天态艺术文明，让天态艺术文明之花，开遍地球，并向膨胀的宇宙无穷无尽地蔓延。

生态批评既是上述文学活动超循环结构的有机环节，也是它的自组织、自控制、自调节的机制之一，是这一结构之所以能够超循环运行的机理之一。这也见出：生态批评只有进入生态文学活动圈，才会形成更为系统整生的质域，才能实现持续再造和永续提升生态审美世界的终极性功能。

生态批评的质域和功能，是成正比的，是耦合生发的。生态批评质域拓展的边界，也就是它的功能生发的边界。这样，生态批评的质域和功能，伴随着文学活动的周走圈升，同步走向了超循环整生。

二、生态批评中和标准的整生性生发

英国哲学家怀特海说："雪莱与华滋华斯都十分强调地证明，自然不可与审美价值分离"。① 马尔库塞说：艺术可"在增长人类幸福潜能的原则下，重建人类社会和自然界"。② 他们精辟地指出了艺术超越自身范围的审美建构价值，暗合了生态批评审美地绿化世界的宏大主旨与系统目的。艺术的审美功能与生态功能中和，成为世界生态审美化生发的蓝本与机制，是生态和谐特别是生态中和作为生态批评的理想与标准的前提。

在文学批评中，品鉴评判作品审美价值的尺度，聚焦于审美理想。审美理想聚合与提升了审美欲求、审美嗜好、审美标准，成为审美价值要求的集中表现，成为审美价值准绳的最高形态。于生态文学来说，生态和谐，是其普遍的审美价值形态，也是其生态审美功能普遍实现的形式，具备审美生态的最高位格——审美整生的价值品质。生态和谐发展出生态中和，形成复杂性非线性审美整生，成为生态批评的最高标杆。抓住了生态中和，也就有了整生性的价值尺度，也就等于抓住了生态文学文本的核心意义与高端功能，可执生态审美批评的牛耳，可使生态批评的整生范式落到实处，成为实践的准则。

（一）生态和谐的标准

品鉴评价生态文学和生态艺术，需要相应的标准，以显示理性与自觉。以往文学批评的种种标准，诸如政治标准第一，艺术标准第二；真善美统一的标准；思想标准和艺术标准统一等等，都可以为生态批评标准的形成提供借鉴。但不宜直接套用，也不宜在它们上面，贴上生态的标签，通过改头换面，变为生态批评的标准。确定生态批评的标准，应和对生态批评的本质与功能的认识结合，力求两方面统一。如果说，生态文学的本质与功能，是寻求与实现生态审美价值，那生态批评的本质与功能，则是品鉴、评判、肯定、弘扬生态文学文本的生态审美价值和生态审美价值规律，力主实现这种价值，呼唤社会遵循这种价值规律，进行相应的价值创造，实现精神、社会、自然的生态审美化。生态和谐，作为生态文学与生态艺术的价值理想，和生态文学艺术的欣赏与批评的本质要求和功能定位高度对应，完全可以成为生态批评的价值标准，以利

―――――――――
① 〔英〕怀特海著，何钦译：《科学与近代世界》，商务印书馆1959年版，第85页。
② 〔美〕马尔库塞著，李小兵译：《审美之维》，生活·读书·新知三联书店1989年版，第245页。

提高生态批评的规范性与科学性的统一度，提高生态批评的规律性与目的性的耦合度。

　　在生态文学艺术中，生态和谐是以审美价值为中心为整体的多重价值的复合体，有成为生态批评价值尺度的潜能。周来祥先生说：和"是孔子和儒家的世界观和方法论"，有着多样统一的价值指向。"从道德观念看，'和'是善，中和、中庸曾主要地表现为伦理学的原则。""从哲学认识论看，'和'也是真。""从生物学和医学的观点看，'和'是生命，是健康。""从社会学的观点看，'和'是君子，是完人。"① 我曾在一篇文章中说过：生态和谐成为多学科的整合点，乃因它聚焦多重价值，具有价值的整生性。真、善、益、宜、智、美，均是价值，均是构成价值整生系统的基本要素。真，作为人的认识与客观存在的一致性，是客观规律和人的认知智能的统一，是人类实践的前提，在人类实现自由的生态行为方面有着重大的意义与价值。生态和谐，是人类研究生态系统的形成与发展时，所达到的主体认知性与客体实在性的一致。作为主客体统一的科学成果，不容置疑，它是一种生态"真"（目前，我主要在认知关系方面和特定的时空及语境里，有限度地使用主体与客体这一对范畴）。真，表征了人的认知的合规律性。善，确证了系统行为的合目的性。生态和谐是人类、其他物种、大自然生态系统稳态生发的内在需要，是人类行为的目的，也是其他物种存在和发展的目的，更是包括人类在内的整个大自然生态系统整体存在与发展的目的，即大自然整生的目的，是一种系统的生态善。益是实践与生存的功利；宜是物种生存的合适合度；智是一种聪慧的精神生态，是生发和谐生态的保证；生态和谐有这三方面的属性，能够形成这三种价值。美，是主客体潜能的对应性自由实现；生态美是人与生境潜能的整生性自然实现，生态美的高端本质和当代美的一般本质融会，形成了美是整生的普遍规定。这种种美的本质规定，都是在主客体潜能的对生性自由实现的基础上形成与发展的。生态和谐作为生态系统中主客体潜能以及人与生境潜能自由地对生物，特别是大自然潜能的整生物，有着系统生发性，也就不容置疑地成了一种生态美。

---

　　① 周来祥：《中国传统文化思想是中和主义的》，见《三论美是和谐》，山东大学出版社 2007 年版，217—218 页。

真、善、益、宜、智、美聚焦生态和谐，形成多位一体的价值整生物，形成生态审美价值系统。[①] 这样，生态和谐成了生态美学的高位范畴、代表性范畴、普遍性范畴，应从生态审美的角度进行综合研究，形成整生的价值规律结构，以成为生态批评的参照物，使生态批评有章可循，有理可依。生态和谐还有生态研究的母题性，对它的审美研究和生态批评，更应该放宽视野和提高视点，即从生态审美文化的大视角切入，从生态艺术哲学的高视角俯视，系统把握其生态审美意义，彰显其拓展与提升整个大千世界生态审美文明的功能。有了上述生态审美意义的系统集合与多元整生，生态和谐完全可以成为生态批评的一般标准，进而成为生态文学和生态世界持续进步对应发展的航标。

现实性的生态和谐，既是生态艺术性的美，又是真、善、益、宜、智形态的生态美和生态价值物，成为一个生态审美的价值系统。生态美有一个突出的特点：审美价值和功利价值不但不相互排斥，而且相生互长。这样，生态和谐的生态审美价值系统和真、善、益、宜、智的生态功利价值系统就走向了统一，形成了一体两面的价值结构，形成了耦合并生的价值生态。生态文学和生态艺术中的生态和谐，提升了生态审美价值系统，潜含了生态功利价值系统，同样形成了两大价值系统的共生。这就为生态批评，肯定与张扬生态文学和生态艺术一体两面的生态审美价值功能和生态价值功能奠定了基础。也就是说，生态和谐成为生态批评的价值尺度，与生态文学艺术的价值生态相对应、相匹配，具备有的放矢性。

生态和谐，是生态批评的一般标准，是真善益宜智美整生的标准。这种整生，是生态艺术美和真善益宜智的生态美的耦合并生；是真善益宜智美的生态审美价值结构和生态功利价值结构以及生态文化价值结构特别是生态文明价值结构四位一体的耦合整生。这种整生的标准，是一个中和的价值规则系统，和包括生态文学生态艺术在内的一切绿色文本的价值蕴含与发展向性，有着同构对应性，适合于普遍性的生态批评。

（二）生态中和的标准

生态中和是理想的生态和谐，是生态系统的有序运动趋向高级阶段的产

---

① 参见袁鼎生：《生态和谐论》，《广西社会科学》2007年第2期。

物，是生态关系历史和逻辑统一发展的结晶。从辩证推进的生态历程来看，古代的中和，主要是一种"执两用中"、"不偏不倚"的中庸之和，以及化解矛盾协调冲突的折中之和，还有诸如金木水火土相生相克的制衡之和。现当代的中和，主要是一种生态有序和生态无序统一形成的生态非线性有序之和，是一种依生性的统一与竞生性的对立相结合，所形成的共生性之和，是一种生态稳定性和生态变化性统一形成的动态平衡之和，是一种在序态轮回中螺旋发展的超循环之和。显而易见，后一种中和，有着更复杂的辩证生态性，是更高的生态审美规律与目的和生态运动的规律与目的的统一，是生态艺术之美和真、善、益、宜、智的生态之美的高端统合，是生态审美价值系统和生态功利价值系统耦合并进螺旋环升的最佳形态，也就自然而然地成了现当代的生态理想，进而成了生态文学和生态艺术的审美价值理想。

生态中和，是生态批评的高位标准，是多真多善多益多宜多智多美整生的标准，是大真大善大益大宜大智大美整生的标准，是至真至善至益至宜至智至美整生的标准。这是一种多位和高位价值的复杂性整生结构。其价值系列的耦合并生，在质值量度方面均超越了一般的生态和谐。它作为一种理想形态的价值准则，既可用来评价优秀的生态文学和生态艺术现象，也可对一般的生态文学和生态艺术现象进行价值导引，同样具有普适性。

生态中和有自己的递进性生发规律。它由静态的衡生性中和，经由动态的对生性中和、并生性中和、共生性中和，走向非线性的超循环性的整生性中和，形成序态提升，达成了历史与逻辑的耦合并进。生态中和有三种发展模式：一是从静态中和走向动态中和；二是从简要的中和走向复杂的中和；三是从线性中和走向非线性中和。

衡生性中和，是生态中和的发展基础。它产生于古代，虽然是一种静态的中和，但奠定了平衡、稳定与有序的和谐基础，揭示了这种和谐的形成机制——矛盾双方的相互约束，所形成的制衡。这就为静态中和向动态中和的发展，提供了启迪。动态中和，即衡生性中和之后的各种生态中和，承续了矛盾双方相互约束的制衡性，强化了它们的相互促进性，形成了发展的中和性。更为重要的是，它在共生特别是整生的规约中，引进了竞生的机制，在制衡的前提下，展开了对生双方或各方的相竞相胜性，相争相赢性，进一步构成了稳态发展性和动态平衡性。动态中和是深刻的整体的生态规律和生态目的的表征，显现了自然进化和生态发展的轨迹，成了生态批评高位标准的核心层面。

动态中和形成后，显示出位格性发展。诸如对生性和并生性中和，处在线性中和向非线性中和发展的中介阶段，有着线性的动态中和的痕迹，有着从简要的动态中和结构向复杂的动态中和结构发展的动向。共生性中和特别是整生性中和，是非线性的复杂性的生态中和。它把依生、竞生、对生、共生等生态关系，有机地纳入生态结构的关系网中，成为整生关系的组成部分，成为网状生态结构的张力与聚力实现动态平衡和非线性有序的要素。可以说，整生性中和，是对各种生态关系和生态格局实施辩证性"中和"的结果。它显示了生态系统的整生规律与目的，成了生态批评高位标准的最高层面：生态大和，或曰太和。

生态中和的递进性发展，构成了一个可以分形的生态批评标准系列，可以适应不同质态的生态文学艺术作品的评价，形成了批评标准的价值尺度和批评文本的价值蕴含之间的序列化匹配性。这种序列化的匹配，有着历史与逻辑的一致性，表征了生态批评标准与生态批评对象的历时空序态耦合，生态批评的历史天空和逻辑质域得以全景性的次第展开。生态批评的标准与生态批评对象在广泛的适应性与具体的对应性的辩证行进中，显现出科学先进的学术品质与可操作的实践特性。

生态批评的高位标准，是逻辑递进性与历史发展性的统一，与其对应的文本有了相应的特质。凭此，生态批评的对象，就不仅仅是当代的绿色文学艺术，而可以是古今中外的一切文学艺术，一切生态现象，所有生态系统。也就是说，生态批评，凭借高位标准，导引一切文艺与生态，向生态中和发展，向高端的生态中和发展，生态批评的疆域也就走向了全生态时空的开放。这也说明，生态批评的疆域是和生态批评的本质、功能、标准对应发展的，耦合整生的。

（三）生态批评标准的辩证整生性

运用生态和谐和生态中和的批评标准，评介生态文艺和生态审美现象，应遵循生态辩证法，力戒形而上学。也就是说，要注意耦合整生性，避免主观机械的分离和简单片面的分析，力求做到内容与形式的耦合整生性，思想和艺术的耦合整生性，历史和逻辑的耦合整生性，规范与自由的耦合整生性，生态与审美的耦合整生性等等，不再走用支离分散的标准，去拆解性评说活体性的整生性的文学艺术的老路。

内容与形式的耦合整生性。内容与形式是文本有机的组成部分。在美是整生的框架里，美的内容是大自然整生的潜能，美的形式是大自然整生的潜能的实现状态，也就是生态系统结构力的整生。美是大自然的整生，美的内容与形式是大自然整生的有机构成。美的内容与形式一旦分离，就会影响美的整生，就会影响各自的整生。这就决定了内容与形式，须以耦合整生的态势，进入批评标准，进入对文本的辩证整生的批评实践。

在传统的文学批评中，内容标准和形式标准是分离的，各自列出一些框框条条，分别评价内容的得失高下与形式的成败优劣，这就造就了对文本形式与内容要求的脱节，形不成完整的批评与系统的导向。生态批评的标准，不管是一般标准，还是高位标准，都是内容与形式统一的生态审美尺度，都是对文本内容与形式的整体要求。生态和谐也好，生态中和也好，都是既可以用来评价作品的内容，也可以用来评价作品的形式，更可以用来评价作品内容与形式的整体特质。这是因为它们本来就是对作品内容与形式共同的价值，共同的价值目的与规律，共同的价值潜能与理想的概括。整体的标准如此，整体标准的分形也如此，均是既适应内容，又适应形式的。如生态中和的标准，可分形为：耦合并进、动态平衡、圈进旋升等具体模式，它们都属于对作品内容与形式生态审美特质的共同要求。只不过，在评价内容的生态中和时，它们侧重真善益宜智美的复合整生以及耦合并进、动态平衡、圈进旋升，在评价形式的生态中和时，它们侧重结构张力与结构聚力的对应整生与耦合并进、动态平衡、圈进旋升。它们还有着互文性，侧重形式的要求，也就可以用于内容的评说，即倡导真善益宜智美的多样性与统一性的中和整生；侧重内容的要求，也就可以用于形式的规范，即文本的多质一体的意蕴，应实现差异性矛盾性甚或对抗性的张力与共通性共约性共同性聚力的耦合并进；同时，更可以用于整体，即从不同的侧面，去评价与深化文本的系统整生性。这样，生态批评也就自然而然地生发了多位一体性，构成了辩证整生性。

思想和艺术的整生性。孔子评价一些风诗，说其尽美而未尽善，进而生发了尽善尽美的整体文学批评要求，这当是思想与艺术整生的评判标准的发端。在中国革命的特殊年代，文学批评形成了思想标准第一，艺术标准第二的主张，这当是文艺服务阶级斗争和民族解放的生态功能所致，这当是主流意识形态对文艺的价值要求所致。在文学艺术中，特别是生态文学艺术中，思想和艺术是结合在一起的，思想的价值和艺术的价值是统一而不可分的。这就应该找到一个思想和艺术的契合点，去形成共同的规则与要求。生态批评找到的生态和谐的普遍标准和生态中和的高端标准，是符合这一要求的。生态和谐，特别是生态中和，既是生态规律和生态目的，包含着深刻的生态理性，凸显了前沿的生态自觉；也是艺术规律和审美目的，凝聚着生态审美的理性与自觉；既是生态艺术性的形态，也是生态文明性的形态，是绿色文本尽善尽美的统合状态。也就是说，它是科学先进的生态思想、生态观念和精湛典范的生态艺术性、生态审美性的结合点。在生态批评中，思想标准和艺术标准的统一，可以具体化为生态性和审美性的一致。像生态中和的最高层面，是太和形态的天态中和。它是生态的质与量和艺术的质与量，在相互联系中发展到最高的状态，所形成的顶端统合，或曰极点中和，是生态性和审美性自然中和的状态，是思想标准和艺术标准天然合一的状态。天态，是生态量最大——绿色覆盖自然界的状态，是生态质最高——生态系统遵循本性天然生发的状态；是审美量最大，即整个生态系统和生态环境系统走向艺术化的状态，是审美质最高，即生态艺术不假雕琢自然天成的状态。天态中和，作为上述四者的统合，显然是生态性与审美性融会如一的最高境界，显然是思想标准和艺术标准浑然一体的最高情景。这就说明：生态和谐，特别是生态中和，在思想标准和艺术标准的统一方面，达到了以天合天的化合境界、浑然一体境界。它作为生态批评的标准，有着广泛的适应面，可以衡量、评价、规范一般的生态文学艺术和极品形态的生态文学艺术，可以衡量、评价、规范过去、当下乃至未来的生态文学艺术，显得精粹而又丰盈，缜密而又宏阔。

历史标准和逻辑标准的统一。这实际上是一个历史真实性和艺术真实性统一的标准。它要求文学艺术既要揭示历史发展的规律性和必然性，又要显示人物情感逻辑和性格逻辑的规定性和既定性，实现两种真的一致，实现后者之真对前者之真的准确表征。生态批评的标准，特别是高位形态的生态中和，其非线性有序的生态规程，其不和而和与不和生和的辩证逻辑，可以统合历史的逻辑和艺术的逻辑，使作品的历史生态、逻辑生态、关系生态都聚合在辩证生态的框架内，实现历史标准和逻辑标准的耦合整生，避免顾此失彼。生态批评的标准之所以能够实现上述历史与逻辑整生的要求，还在于它的历史的环节性和逻辑层次性是一致的。从生态和谐到生态中和，是生态发展的必然，是历史规程和逻辑规程的统一推进。如果加以细分，生态和谐和生态中和，都关联地实现了两个平台的生态规律与目的从简单到复杂、从线性到非线性、从静态到动态的递进性发展，显示了历史与逻辑更加具体的耦合同行。用这样的标准，去评价和导引文本，当可以实现文本生态对现实生态更为准确的书写，更为真实的表达，当可以实现文本与世界更为有序地对生，更为理想地并进。

规范与自由的统一。生态和谐与生态中和，一旦作为生态批评的标准，无疑凸显了批评的规范性、规则性和规程性，似乎是与批评的自由，形成了矛盾、冲突与对立。其实，两者是统一的，规范保障了自由，促进了自由，实现了自由，自由确证了规范的合度性、合理性、必要性与必然性。我曾经标划了自由的生发层次：自主、自足、自律、自觉、自慧、自在、自然，指出它是一个与规范耦合的超循环的规程。表面看来，自主和自足的自由，是生态行为的自发性，似乎不受规范制约，然它是一种潜能与本性的必然实现，有一种植入基因的内在设计性和规定性，还有一种外在环境的许可性与规约性。也就是说，自由的生发，自始至终包含与结合着规范，遵循与接受了规范。自律、自觉与自慧，是生态行为与创造，自愿的、主动的、理想的合规律合目的，合自身的规律与目的，合共生的规律与目的，合整生的规律与目的。从中可见，规范的发展拓展了自由，提升了自由，双方对生而并进。自在和自然，是随心所欲不逾矩的，其自律、自觉、自慧，走向天然而自为地显现，规范也就更为内在，更为本然，更加成为自由的本身。这就在规范与自由的同一方面，回到并超越了自主与自足，显示了规范与自由耦合为一的圈进旋升。生态和谐与生态中和，是对生态系统自主、自足、自律、自觉、自慧、自在、自然地超循环运动的抽象，有着规范与自由统一地周行圈进的品质，能够规约文本与世界，走向相应地辩证生发。

生态和谐与生态中和，以生态规范与生态自由对生并进的内核，显示出整生性持续生发的特质，表征了世界普遍的辩证生态，可以用来评价与导引一切文艺生态，精神生态，社会生态，自然生态，彰显了普适性，彰显了生态批评标准的辩证整生性。这就进一步深化了生态批评的整生范式。

三、生态批评的价值整生规律

生态批评的价值整生规律，既是生态批评整生范式的功能机制与机理，还是生态批评整生范式意义的深化与彰显。

生态批评的价值规律，体现为三大超循环整生的规律：一是生态批评推进绿色文本超循环生发的规律，二是生态批评促进文艺活动生态圈超循环运行的规律，三是生态批评促进艺术、生态、自然逐轮对生环进的规律，即推动审美生态超循环整生的规律。这三大规律，有着递进性，形成了生态批评价值整生的规律系统。

鲁枢元说："生态批评不仅是文学艺术的批评，也可以是涉及整个人类文化的批评。"[①] 从他的论述中，可以得到这样的启示：生态批评价值规律的整生，与生态批评的规则、对象、疆域的整生关联。也就是说，生态批评的价值规律，从批评的理想与标准的整生、批评的质域和疆界的整生、批评对象的价值目标和价值运动的整生体现出来，在多种整生的辩证中和里，增长与提升普适性。这也说明，生态批评整生范式的三大具体模型——质域整生、标准整生、价值规律整生是相互包含与相互促进的。

（一）绿色文本的超循环生发

这一价值规律的生发，跟生态批评质域拓展的规律相关。遵循比较文学的规范，艺术文本与科学、文化、文明对生环升，形成了三方面的文本发展效应。一是艺术吸纳了科学、文化、文明的审美质，实现了自身审美本质规定的系统化。二是艺术影响了科学、文化、文明，提升了它们的审美性，使之成为艺术审美性文本。三是艺术、科学、文化、文明第次生发，环生圈长，形成了艺术化的文本系统。比较文学的这一文本生发规律，为生态批评所承接与发展，随着生态批评疆界的扩大，生态艺术文本与生态科学、生态文化、生态技

---

① 鲁枢元：《生态批评的空间·前言》，华东师范大学出版社 2006 年版，第 2 页。

术、生态工程、生态哲学、生态美学、生态文明对生旋长,续生与升华了上述三方面的价值。绿色艺术文本接受了生态科学、生态文化、生态技术、生态工程、生态哲学、生态美学、生态文明的生态审美质,实现了生态真、生态善、生态益、生态宜、生态智、生态美的中和,增长了整生化的生态审美本质,成为全绿全美、大绿大美的艺术文本。与此同时,生态科学、生态文化、生态技术、生态工程、生态哲学、生态美学、生态文明既相互生发,更接受整生化艺术文本的影响,成为序列化的、整生化的生态艺术性文本。它们与同质异态的艺术文本逐位递进圈长,构成了超循环整生的文本系统。在这种超循环中,艺术文本、文本系列、文本系统持续地生绿长美,生态审美质的整生化程度不断提升。

文本是审美价值源。生态批评在借鉴比较文学文本生发规律的基础上,促进了文本质与量的整生化增长,提升了生态审美价值源,为其价值的整生化生发与实现,奠定了基础。

(二) 文艺活动生态圈的超循环生发

绿色文本的超循环生发,形成的生态文明文本,是整生性最高的文本,它在生态系统中生发,使世界成为绿色审美价值源,成为文艺活动生态圈的起始性位格。这样,文艺活动生态圈的超循环生发也就承接了绿色文本的超循环生发。整个文艺活动生态圈,包括圈中各位格以及生态批评本身,均是生态批评的对象。生态批评促使生态世界、绿色阅读、生态批评、生态审美研究、生态审美创造,遵循生态和谐特别是生态中和的规范,逐位逐圈递进地生绿长美,实现了生态审美价值的可持续整生。

(三) 审美生态的超循环生发

审美生态超循环生发的规律,是生态批评总体性的价值生发规律,它体现为艺术、生态、自然三位一体多平台旋升的运行规律。鲁枢元教授关于文艺的生态研究,要达成"自然的法则、人的法则、艺术的法则三位一体"的看法,可以作为生态批评的借鉴。生态批评的规范,包括生态批评的标准,包含生态批评的价值规律,是生态审美本质的凝聚,是对生态文学艺术规律的抽取,有着深刻系统的价值理性。生态文学艺术,是对世界的审美化再造,表征了社会与自然美生化运行与发展的理想；生态文学艺术的规律，耦合了生态系统的运行与发展的规律，进而耦合了自然界的运行与发展的规律。生态批评总体的价值规律，即审美生态的超循环生发，也就相应地达成了审美规则、生态规则、自然规则三位一体的多平台旋升。凭此，生态批评对世界的审美反馈功能，也就符合世界本身的运行规律，反映了世界本身的美生化要求。它从艺术领域的批评，全面地走向生态领域和自然领域的批评，促使艺术在生态域和自然域的整生，促进生态域的艺术性与自然性整生，达成自然域的天态艺术化整生，所显示的审美生态超循环生发的价值总规律，也就有了内在的依据和深刻的机理。

生态批评总体性的价值规律，是生态美学基本规律——审美生态旋升化的体现，并递进地关联着绿色诗律系统：艺术生态化，生态景观化，景观艺术化，艺术天生化，有着丰富的理论含量，显示了生态批评的价值和意义的集大成生发。

生态批评的整生范式，是在生态辩证法的规约下，从生态批评的实践中总结与升华出来的，是现实性和理想性的结合。生态方法正在走向横断学科的方法，进而走向网络生态辩证法，它所含的生态批评规律，也就相应地拓展了适应范围，显示出通约性，升华出普遍性的意义，可以为所有学科的生态批评、生态研究所借鉴。

生态批评的整生范式，集约与升华了中西方生态批评的经验与规律，成为普适性的学理、大道与理想，成为生态批评学科发展的结晶，成为所属基础学科基本范畴的理论来源和主要内涵。作为学科的生态批评，是生态美学的四大子学科之一。作为范畴的生态批评，是整生论美学理论结构圈中的基本范畴。独立学科形态和子学科形态的生态批评，其持续发展的理论意义，升华为生态批评范畴的核心内涵——旋态美生，形成了生态批评的整生性规范。凭此，生态批评的旋态美生规范，在整生论美学体系的形成中，有了多重的规约性意义。首先，它规约美生场从美生经由绿色美生和绿色艺术化美生向天态艺术化美生超循环运行，规约审美人生和审美世界也形成相应的对生化运行，即促使双方对应耦合地走向美生——绿色美生——绿色艺术化美生——天态艺术化美生的环路，规范整生论美学逻辑链环上的各环节，即世界整生——绿色阅读——生态批评——美生研究——生态写作——自然美生，也遵循上述规程，序态旋升，以提高美生质，拓展美生域。凭此，生态批评形成了美生场和美生文明圈合规律合目的生发的机理，形成了整生论美学理论境界第次提升的机制。

第六章
美生研究

　　生态批评的学理深化，引发美生研究，促成美生场和美生文明圈的自觉运进。

　　美生研究，是对审美场特别是美生场生发规律的求索，是对美生文明圈超循环运生机理的探究。它以生态艺术规律的寻求为基点，进而走向世界的绿色艺术化规律的探讨，再而走向美生文明圈绿色艺术化和自然艺术化运进机理的叩问，从而与整生研究同质。整生研究，探整生之道，问美生之路，求绿色诗律，成美生文明圈的绿色诗范。其实，这三种求索是统一的。整生，生发美和绿，成就美生和绿生，统合美生和绿生，造就绿色审美生态的系统生发，显现绿色诗律结构和绿色诗学体系，形成世界美生的规范系统。顺理成章，整生规律的核心部分和高端部分就是审美整生规律。

　　审美整生律是自然整生律的分形，是生态性与审美性统一、绿性与诗性一致的规律，是艺术规律、生态规律、自然规律三位一体的规律，是审美生态系统的超循环规律。它作为审美生态运行的大道、正道与整道，其主干是审美生态旋升律。此外，它还包含美生律、审美旋生律和艺术天生律。这三者，都是审美整生律的具体形态，均是审美生态律的高级形式，均从不同的路径，走向审美生态的旋升，或者说，均成为审美生态旋升律的不同样式，均成为审美生态旋升律的确证与聚形。凭借这种整生关系，审美整生律生发了审美生态观统摄的生态审美规律系统，内在地规范了美生场的运转，集约化地显示了美生文明圈超循环生发的机理。

在整生研究中形成的绿色诗范，是美生规律系统。它内在于美生场的逻辑中，是美生场自生发、自组织、自调控的机制，是美生文明圈理性化运行的机制，为美生文明圈所有位格的运生提供了参数、规范与轨道，特别是为其后的生态写作，提供了理论基础和理论指导。

第一节　整生律

整生律的最高形态是自然整生律。自然整生律是包括审美整生律在内的一切形态的整生律的生发背景、生发依据、生发基础。有了自然整生律给出的最高规律性与目的性，审美整生律也就有了审美定理和审美定律的意义。

一、自然整生律

自然整生律源出于世界的系统有序性。戴维斯说："宇宙之井然有序似乎是自明的。不管我们把目光投向何方，从遥远辽阔的星系，到原子的极幽深处，我们都能看到规律性的以及精妙的组织。我们所看到的物质和能量的分布并不是混乱无序的，相反，它们是按照从简单到复杂的有序的结构安排的，从原子到分子，到晶体、生物，到行星系、星团等，莫不是井井有条，按部就班。而且，物质系统的行为也不是偶然的，随机的，而是有章法、成系统的。"① 宇宙是生成的，其生发的规程，彰显了有序性与整一性，形成了整生性。

自然整生律，是哲学意义上的世界生发规律和万物生发规律。在生态世界

---

① 〔英〕戴维斯著，徐培译：《上帝与新物理学》，湖南科学技术出版社1992年版，第158页。

观和生态方法论的指导下，理论家从宇宙的生发格局中、万事万物的联网化联系中、生态系统与环境以及背景的复合圈进的态势中，抽象出世界的系统生成、系统生存、系统生长的规程，显现它们的逻辑秩序，以成自然整生律。

自然整生律是由世界系统生成、系统生存、系统生长的整生环节，序态关联而成的。我写过一首名为《整生律》的诗，显示了其环环相扣以成宇宙大道的全景。诗是这样的：

　　以万生一元范畴，
　　以一生万大结构。
　　万万一生成网络，
　　一一旋生长宇宙。

就宇宙生发大道这一整生律来说，以万生一，是各种生态条件的集合，形成宇宙的基因，即大爆炸的极点。在这个极点里，隐含着宇宙生发的全息图景，包蕴着宇宙生态第次展开的全部情形。无疑，它是宇宙的设计与蓝图，是一种潜在的系统生成。以一生万，是大爆炸的膨胀，形成序态环扩的宇宙构造，形成了星系棋布的和谐宇宙格局，实现了显态的系统生成。宇宙万象相生，星系内和谐守常，星系间制衡守恒，形成了整体平稳的生态关系。在其序态生存中，个体的作用分布到所有个体，所有层级的局部，并集于整体；整体的作用，逐级影响局部，直至所有个体；这就在纵横对生中，形成了动态平衡的宇宙网络。网络中的所有个体，兼有了其他个体质，聚结了不同层级的局部质，获得了宇宙整体质，实现了万万一生，即所有个体走向了网络化整生，完成了系统生存。俗话说，天旋地转，宇宙各星系呈旋升式扩展，并在相互环接中，成一一旋生的态势，显现了宇宙旋扩式膨胀的大整生格局。宇宙的极点——爆炸——膨胀——收缩——极点——爆炸的回环往复，显现了生生不息的一一旋生的最大整生格局，构成了系统生长。上述四大整生环节的贯通，构成了宇宙在系统生成、系统生存、系统生长中，首尾相衔而旋升不息的整生律。

宇宙整生律，简而言之，就是大自然系统的超循环生发律；具体言之，就是大自然在系统生成、系统生存、系统生长中周而复之、圈而升之的规律；详而言之，就是大自然以万生一和以一生万的系统生成、万万一生的系统生存、一一旋生的系统生长，在周而复之、圈而升之中超循环生发的规律。最简约的说法，宇宙整生律，就是世界超循环生发范型。

宇宙整生律，即自然整生律，是对宇宙全部生态质的抽象，是对宇宙生发历程的探因，是对宇宙生发机制的索由，是对宇宙整体存在的求理，是对宇宙系统联系的问道，最后形成的超循环范型，是表征宇宙本质的图式与范式，是表征大自然万事万物运生机缘的图式与范式，成为整生哲学的元范畴。

探索宇宙的整生律，须运用辩证思维。周来祥先生提出了当代辩证思维的两种形式：矛盾思维与和谐思维。"在矛盾思维中，着重从矛盾出发，通过解决矛盾，在达到暂时的和谐时，又出现了新矛盾，然后又重复着从矛盾到矛盾的新的螺旋式发展。而在和谐思维中，着重从和谐出发，经过缩小矛盾，化解矛盾，达到更高的和谐，然后再开始由初步的和谐到新的更高的和谐的持续发展。"[①] 思维是对存在的反映与表征。矛盾思维表征了世界从无序到有序再到新的无序的发展规程，和谐思维则表征了世界从有序到无序再到更高的有序的生发图式。这两种辩证性思维的统一，构成了更系统的复杂性辩证思维，可以形成"双向逆反、纵横交错、网络式圆圈形的思维模式"[②]，从而更完整地揭示世界非线性有序的生发大势，表征宇宙的超循环整生规律。

自然整生律，或曰超循环范型，作为最集约的世界整生图式与范式，有着原理和定律的意义。作为一切逻辑的前提，它有着普遍的分生性。世界的所有事物，都处在宇宙的整生运动中，都最终按照超循环的宇宙大法生发，都最终分有了宇宙整生律。也就是说，世间一切事物的生发，都遵循着宇宙整生律的法则，通过分形宇宙整生律，形成了自身的整生律。老子说，大道运行"远曰反"的情形，[③] 佛家倡导的"圆通"境界，跟宇宙的环进相关。审美整生律也如此，它是审美生态系统在对宇宙整生律的分形中构成的。

---

① 周来祥：《辩证思维·矛盾思维·和谐思维》，见《三论美是和谐》，山东大学出版社 2007 年版，第 76 页。

② 周来祥：《三论美是和谐·后记》，山东大学出版社 2007 年版，第 543 页。

③ 饶尚宽译注：《老子》，中华书局 2006 年版，第 63 页。

二、审美整生律

审美整生律，或曰审美系统整生律，是审美系统的超循环生发规律。跟其他系统的整生一样，审美系统的整生，也遵循了宇宙整生或曰自然整生的四大环节，相应地形成了审美整生的四大图式：以万生一，形成审美系统的整生原型；以一生万，形成审美系统的整生结构；万万一生，形成审美系统的整生网络；一一旋生，形成审美系统的整生大势。这四大审美整生图式的序态关联，显示了审美系统超循环生发的轨迹、路径、态势、图景，显示了审美系统超循环生发的机制、机理、规范与规律，构成了审美场特别是美生场运生的原理。

审美场组成审美系统。审美场的生发与运行，显现了审美整生律。审美场覆盖了一切审美现象，一切审美领域，一切审美历程，一切审美规律，在以万生一中，成为审美系统的元范畴。这一元范畴，是在收万为一中形成的，也就达到了以一含万，从而有了以一生万的潜能，成为审美系统的整生原型。整生化的元范畴以一生万，形成了三大逻辑层次圈，其底层的审美活动生态圈，生发出中层的审美氛围生态圈，升华出顶层的审美范式生态圈，进而在双向对生中，实现三大生态圈的复合，形成审美文化生态圈的周进旋升。这就显现了审美系统完整的逻辑生态，形成了审美系统整生的逻辑结构。这一逻辑结构的各层次各部分各个体，纵横对生，形成了网络整生。在网络整生中，所有的个体、部分、层次，既能以一生万，又被以万生一，均形成了系统质，均走向了整生，即实现了万万一生。网络整生的审美系统，循环运行，周进圈升，在一一旋生中，实现向原初审美整生状态的回升，形成逻辑化的历史整生。审美场在古代形成的客体化审美系统，是审美系统历史整生的元点，它的审美文化生态圈，呈天态周进旋升，环接近代审美系统人态旋进的审美文化生态圈，进而环接现当代绿态旋进的审美文明生态圈，或曰美生文明圈。这就在一一旋生中，创造性地回至元点的上方，实现了审美通史性的整生和审美全域性的整生。

审美系统的历史整生化，将形成当代和未来的美生场。这一审美系统的逻辑结构，是这样整生的，美活生态和愉生氛围、整生范式对生复合，形成美生文明圈的天态旋升。它是这样旋升的：世界整生是逻辑首位，继而是绿色阅读，进而是生态批评，再而是美生研究，然后是生态写作，最后是自然美生；自然美生的逻辑末位，螺旋地回归了世界整生的逻辑首位，提升了世界整生的美生质与美生量；这就实现了审美逻辑的整生与审美历史的整生的耦合发展，内含了自然整生的精神，包蕴了自然整生的灵魂。

由整生审美场转换而出的美生场，其逻辑结构的自然化旋升，还在审美历史的时空里，螺旋地回归了审美系统的整生性元点，与古代审美场审美文化圈的天态运行形成了对应，从而有了源远流长的大整生。显而易见，审美整生律是按照自然整生律给出的制式生发的，给出的范型运进的。

三、走向审美整生的路径与机理

审美整生，是生发审美系统的最高规律，是生发美生文明圈的最高规律，是绿色诗律的核心，是美生研究的重点。以自然整生为背景，探索走向审美整生的路径，揭示形成审美整生律的机制，分析审美整生律的形成机理，以利形成审美系统的绿色诗律体系，以利审美系统的整生化建设，可使美生场更为自由自觉自然地生发与运进。

从对生经同生到整生，是形成审美整生律的重要途径。对生，是事物的相互生发。它使事物在互补与互利中，在相互的规约与制衡中，形成共通性、共趋性、共同性，构成同生性，进而生发整生性。在西方古代的生态系统里，神生发人，人回归神，在神与人的对生中，构成了双方的同生，进而生发神的整生。像普罗丁认为，在太一流溢精神与物质的背景下，灵魂数度超越肉体、精神、下界，终于回归太一神境，达到与太一同生，实现了审美系统的神态整生。在中国古代的生态系统里，道生发人，人回归道，道与人对生，构成了上下与天地同流，万物与我并生，形成了天人一体的同生，实现了审美系统的道态整生。在现当代的审美系统里，生态性与审美性的对生，使各种要素共成审美生态，实现了审美同生，最后形成了网络化的审美结构的超循环整生。

从耦合经中和到整生，是形成审美整生的另一重要途径。事物在相互匹配与彼此对应中，实现联动与共成，是谓耦合。耦合的事物，共生整体质，进而趋向中和，生长整一质，达成整生。在整生论美学视域中，审美生命与景观生态耦合，形成美生活动；在美生活动中，生命的审美活动，逐步与生命的科技活动、文化活动、实践活动、日常生存活动等等中和，相应地形成了诗态美生、真态美生、善态美生、益态美生、宜态美生、智态美生的式样。美生也就通过一切生命形式表现出来，覆盖了一切生命时空和生命形式，也就切切实实地形成了审美整生。此外，在生命的审美活动与其他活动的中和里，美生形成了真善益宜绿智美的中和内涵，实现了质的审美整生。这种质的审美整生，经由分形的机制，为一切美生形态所具备。不管是真态美生，还是善态美生，抑或益态美生，均有了真善益宜绿智美中和的整生化美生内涵，均成了整生化美生的形式。

　　审美生态的发展形成审美整生。审美整生是当代审美系统的理想生态，它由以往的审美生态，辩证地发展而成。在古代审美系统里，人依生于神，人依生于天，此岸依生于彼岸，审美依生成为主导性审美生态。到了近代，人与神竞生，人与自然竞生，形成了人类生态主导自然生态的审美系统，审美竞生成为其主导性审美生态。到了现代，初成了人与自然和谐发展的审美系统，审美共生成其为主流审美生态。当代与未来，审美系统与生态系统同一，形成生态审美系统，审美整生相应成为核心审美生态。审美整生由审美依生、审美竞生、审美共生依序发展而来，成为审美生态历史发展的成果，成为审美生态逻辑进步的必然。

　　审美整生，作为最高历史位格和最高逻辑位格的审美生态，将以往审美生态包容其中，并使之接受整生的安排，接受整生的规约，接受整生的陶塑，成为整生化审美系统的有机成分。审美整生在多样审美生态的统一中与融会里，形成了动态平衡的结构，有了非线性有序的格局，呈现出辩证整生的品质。

　　审美系统和其他系统的整生化耦合，拓展与提升审美整生。在自然整生律的通约下，一切系统如未受到破坏，都会呈现整生化运行的格局，都会生发审美整生性。审美系统在做超循环运行时，与所属文化生境系统、文明环境系统、自然背景系统耦合同运。凭此，四大系统在审美同生中，形成了更大疆域和更高质地的审美整生。审美整生的理想形态是与自然整生同质同构，审美整生的最高目标是实现自然美生。审美系统的上述耦合运行，是实现自然美生理想，抵达自然美生目标的机制。

审美整生律是生态审美的基本规律，是美生文明圈运行的基本规律，诸如绿色美生律、审美旋生律、艺术天生律是它的具体形态和深化形态。

第二节 美生律

美生，是审美生态的核心与理想，它的本质生成与发展提升，表征了社会进步的规律与自然进化的目的。生态规律和审美规律走向同一，成为美生律。美生律，其真善益宜智美的规则，贯穿了绿理与诗法，在多位一体的整生中，呈现了审美生态的旋进规程，显现了超循环的曲韵。审美生态的曲进旋升，是美生律的集中规定。

事物的整生，成就美生；事物的整生律，包含美生律。真善益宜智绿美的统一，生成生态规律系统与生态目的系统，整合为生态理性系统。绿，进入理性系统，使真善益宜智美生态化。生态真，主要表征了生态规律；生态善、生态益、生态宜侧重统合了生态目的；生态智特别是生态美，融会了生态规律与生态目的。它们的多位一体，构成了生态系统的整生，孕发了美生；它们多位一体地超循环运行，显现了整生律和美生律的对应提升。

一、依存性美生律

真善益宜智绿美，作为生态的本质与价值要素，有着不同的结构关系，生发不同的结构形态，呈现不同的整生模式，形成不同的美生律。

生态系统真善益宜智绿美地并成与共进，可形成差异性整生，初成美生，初显美生律。在审美未走向独立之前，生态系统的真善益宜智绿美，未形成平等的生态位，谈不上系统整生。物质功利的益，和人类的生存直接相关，在生态系统的规律和目的结构中，占据着核心地位和主导地位，真善宜绿智美，都是依从益的，都是为益的生成与增长服务的。特别是美，是依附和依存于益的，甚至是通过依和真善宜智绿来依从于益的。这种非平等、非平衡的真善益宜智绿美的整合，形成了以益为中心为指归的统合性整生，形成了对益的依存性美生，显示了依存性美生律。在当时的历史条件下，突出益在生态系统的规律与目的结构中的主体性、主导性与宗旨性地位，使美和其他要素的规律与目的，统一于益的规律与目的，形成非平衡的整生律与美生律，有着历史的必要性和逻辑的必然性。如果不是这样，美生充其量是局部的，不可能随益生而拓进，不可能随益生对真生、善生、宜生、智生、绿生的统一而扩大疆域，也就势必缺乏整体时空性，势必形成不了整生值。

二、竞争性美生律

生态系统真善益宜智绿美的生发，呈显隐交替的格局，形成竞生态势，形成了独立的然而间隔的断续的美生，显示了美生律的转换，即从依存性美生律转型为竞争性美生律。基于人类文明的进步，随生态系统运行的审美活动，从依生物质功利活动和宗教文化活动中解放出来，走向独立。这就形成了新的结构关系：真善益宜智绿美照样是统一的，但已不统一于益，而是统一于美。美是显态的，真善益宜智绿是隐含在美之中的，是生成美的要素。真善益宜智绿的价值与功能，是包含在美的价值与功能之中的，是通过美的价值与功能的实现而实现的。凡此种种，是美与真善益宜智绿竞生的结果，是美在竞生中成为真善益宜智绿的主导与宗旨的见证。在竞争中走向独立的美生，在自身活动的疆域里，在自身存在的时段中，内化了真善益宜智绿，显现了精湛与精纯。然在生态系统的整体生发中，它与真生、善生、益生、宜生、智生、绿生脱离，不再共享生态时空。这种共享性的失去，使各种生态形成了争夺存续时空的竞生。美生者排斥真生、善生、益生、宜生、智生、绿生的欲求，使美生活动不为真生、善生、益生、宜生、智生、绿生活动干扰，不被后者替代，不向后者转换，以增加美生的量度，延长美生的时度，提高美生的质度，拓宽美生的域度。真生、善生、益生、宜生、智生、绿生，也要增加自身在整体生态活动中的份额，也要挤占包括美生在内的他者的生态时空，以拓展自身的生态足迹，这就构成了生态竞争的多向性。在生态系统内部，多种生态网状竞生的背景下，美生既内化真生、善生、益生、宜生、智生、绿生，形成质的整生化；又与之争夺生态时空，努力趋向量的整生，从而形成了竞争性美生律。

较之质低而量高的依存性美生律，竞争性美生律是质升而量减的，美生律显示了非线性生发的趋势。

三、耦合性美生律

耦合性美生律，是依存性美生律和竞争性美生律的历史综合与逻辑提升。生态系统的真善益宜智绿美，既保持自身的独立生态，又在相互生发中，兼有他者的生态，进而均成为整体性的生态，这就形成了耦合性整生态。耦合性整生。是耦合性美生律的前提。

耦合性美生，既不再依存其他生态，也不再与真生、善生、益生、宜生、智生、绿生争夺生态时空，而是相互开放，兼容并蓄，同生并进。具体言之，美生以平等和友善的姿态，进入真生、善生、益生、宜生、智生、绿生的领域，与它们一一结合，形成真生、善生、益生、宜生、智生、绿生状态的美生。美生也就从之前的分数维度走向了整数位格，成了整体性生态。这种耦合是多向展开，网态集结的，真生、善生、益生、宜生、智生、绿生也在广纳并进中，相互成就了整生性。它们和美生一样，实现了共生共赢，和美生一起，共成了共生性生态律，或曰共生律。所谓共生律，指的是生态系统的各种生态，相互生发，耦合并进，同生共长的规律。耦合性美生律，与耦合性真生律、善生律、益生律、宜生律、智生律、绿生律一样，都是在共生律的背景下形成的，都是对共生律的分形。也就是说，没有共生律的前提，没有其他生态的共生化生境，是不可能单独形成耦合性美生律的。

保持美生的独立性，是耦合性美生律对竞争性美生律的承接；自主的美生进入真生、善生、益生、宜生、智生、绿生的时空，获得整生的意义，是耦合性美生律对依存性美生律的发展；美生与真生、善生、益生、宜生、智生、绿生平等交往，相互兼备，形成生态中和的整生质，是耦合性美生律趋向质的整生化；美生与真生、善生、益生、宜生、智生、绿生的时空复合，是耦合性美生律趋向量的整生化。在这两种整生化的对应生发中，美生律得以基本形成。

凭借共生律，耦合性美生律同步地趋向质、量、域的整生，在正——

反——合的运动中,彰显了生态辩证法,确证了美生律的基本形成,是历史与逻辑统一行进的结晶。

四、圈进性美生律

生态圈是生态系统的组织结构形态;生态圈的良性循环,是生态系统存在与发展的方式;生态圈中的各种生态,在持续对生中,形成动态中和,实现周进旋升,构成超循环整生,这就显示了圈进性美生律。立体旋升的生态系统,其美生、真生、善生、益生、宜生、智生、绿生达成了纵横对生,实现了以一生万和以万生一的系统整生。与此同时,各种生态走向了整生化,即自身独特质的生发,交汇与融和了他者质与系统质,成为自身质、他者质、系统质的多层次整生体,实现了万万一生的网态整生。这些整生化的美生、真生、善生、益生、宜生、智生、绿生,随生态系统的圈行,实现了网态周进,达成了一一旋生的超循环整生,凸显了圈进性美生律。

圈进性美生律的背后,有着完备的整生律支撑。各种整生,自成节点,依次生发,形成整生律。在生态的系统生发中,以万生一的聚质整生,是以一生万的分形整生的前提。两者的相互生发,实现了万万一生的网态整生。万万一生的周行,成就了一一旋生,显现了旋态整生。这样,以万生一、以一生万、万万一生、一一旋生的无缝关联,构成了生态系统如行云流水的整生律。旋态整生,是其前各种整生造就的,是整生律的核心位格和最高形态。它以周走圈进的大整生格局,凸显了圈进性美生律。圈进性美生律,因有整生律的背景,包蕴了整生律的精义,颇有艺术哲学的品位和绿色诗律的真谛。

超循环生态,是多元一体旋升不息的整生态。超循环,是生态大道,是宇宙及其万物的生发模式,特别是生态系统的运生格局。基于此,超循环生态,是最高的整生态,实现了最高的美生、真生、善生、益生、宜生、智生、绿生的同形共相。也就是说,走向极致的美生态、真生态、善生态、益生态、宜生态、智生态、绿生态,均是超循环生态。系统的整生态,势必是美生态、真生态、善生态、益生态、宜生态、智生态、绿生态耦合地走向超循环统一的,即一一旋生的。这里的一一旋生,有两方面的意义:一是整生化的美生态、真生态、善生态、益生态、宜生态、智生态、绿生态,耦合并进地旋生;二是这耦合化的整生态一个旋升环接一个旋升,形成生生不息的圈进。

超循环生态,实现了整生性和诗性的同一。诸种生态耦合一体,持续旋升,在整生性的呈现中,涌现了动态中和、非对称平衡、非线性有序的曲韵与诗律,实现了整生与美生的妙和无痕,显示了整生律和美生律的同质同构同形。

圈进性美生律,成为美生律的集中形态与典范形态。从历史来看,它是以往各种美生律的发展与结晶,呈现了美生律从依生形态到竞生形态再到共生形态,最后抵达整生形态的逐级进步,形成了生态位的有序推移,显现了系统生成性;从逻辑来看,圈进性美生律,融会并提升了依生性、竞生性、共生性美生律,使其整生化,使其成为自身的有机组分,显现了以万生一性。

生态性与审美性是结伴而行的,生态律和美生律是耦合并进的,双方的正比性共生是自然而然的。在两者的关系中,生态更有基元性意义。美出于生态,美成于生态,美的发展基于生态的发展。与此相应,美生律源出于生态律,诗化的美生律基于超循环的整生律。美生本在生态中,是生态大家庭中的一员,后在相互生发中,促成了其他生态的美生化,与此同时,美生律也就促进与提升了生态律,这就显示了双方对生并进的辩证法。

圈进性美生律,是系统生发的美生律,是生态整体以及各部分全域全程美生的规律,是生态整体以及各部分在超循环中全域全程发展美生和提升美生的规律,是与系统整生律走向结构性与过程性同一的规律,从而成为美生律发展的极致,成为以往美生律的集大成。

第三节　审美旋生律

曲进旋升的美生律,与生态律的同一过程,是它的系统生成过程。它融入审美系统、生态系统、自然系统的过程,是它提升与耦合审美律、生态律、自然律,达成系统生长的过程。在美生律的系统生长中,有审美旋生律的机理与基础。审美旋生律,含审美对生律、审美更生律,审美环进律。

审美旋生律，是对生态系统良性循环的运行规律的抽象，是对审美生态系统圈进旋升的生发格局的表征，是对耦合行进的生态发展规律和审美发展规律的中和，是美生律的最高形态——圈进性美生律的生发机制。审美旋生律是审美场、生态审美场特别是美生场的生发规律。当审美旋生律在第次发展中，成为美生场的生发规律，它也就成了圈进性美生律了。也就是说，审美旋生律的高端，是圈进性美生律，是圈进性美生律在美生场中的具体显现，是美生场的生发机理。

一、审美对生律

随着审美场转换为美生场，美生律进入审美生态系统，读者和文本对应地走向美生，显现了审美对生律。审美对生律是读者与文本相互生发的规律。在这种对生中，文本的美生变换为增强为读者的美生，转而融入并创新了文本的美生，形成了两种美生在互为因果中耦合并进的格局。凭此，审美不仅仅是一种美生的消费与消耗，更是一种美生的增长与共长。通过美生活动的机制，读者与文本的美生，在对生与共长中，初成了美生场。这就进一步显示了审美对生律的本质与功能。

读者和文本的审美对生，是序列化展开的，他们初成的美生场，也有了相应的发展，这就深化了审美对生律。审美者是一个多位一体的角色，与文本逐位耦合，对生并进。随着美生活动的展开，他由审美阅读者走向审美批评者、审美研究者，最后抵达审美创造者，文本也相应地成为审美欣赏、批评、研究、创造的文本，这就形成了序列化的审美对生，显现了序列化生发的美活生态场。

读者和文本的序列化对生，是一种递进增长式的对生。首先，审美者与文本的对生，由阅读式对生，依次走向批评式、研究式、创造式对生，显示了审美对生逻辑的逐级深化，显示了美活生态场的逐级提升。再有，所有环节与形态的审美对生，都从欣赏式对生开始，都纳入了欣赏式对生，这就形成了复合式的序列化审美对生格局，使递进展开的美活生态场更为丰盈。还有，依次展开的审美对生，有着历史的逻辑的结晶性，其后展开的审美对生，依次吸纳和融入了其前各环节的审美对生,实现了累进式审美对生。终端的创造式审美对生,成为全部审美对生样式的集合,包容了阅读式、批评式、研究式对生的序列化成果,成为整生性的审美对生,其美生质和美生量耦合地走向了高端。

读者和文本的序列化对生,还是双向展开的,在回环往复中,所有位格的审美对生,都有了双向的累进式整生。当审美创造式对生形成后,它带着此前各种审美对生的成果,依次反哺回馈,直至起点形态的审美阅读式对生,形成了反向的递进式对生。随着各种审美对生的顺反双向的整生化,审美环节形态的整生式审美对生,走向了审美结构形态的整生式审美对生,实现了万万一生式的审美整生。正是读者与文本之间这种双向往复的累进式、叠加式、复合式审美对生,奠定了审美生态系统——美生场——持续圈进环升的基础,显现了审美旋升律的生发机制。

二、审美更生律

读者和文本之间的审美对生,形成了三维耦合递进的审美再生,显示了美生场的节律性更生。读者与文本的对生,各自提高了对方的美生,更新与再造了对方与自身的美生,这就关联地形成了双方的审美再生。这种审美再生,随审美对生的递进,依次形成了阅读式、批评式、研究式、创造式形态,造就了读者与文本持续对应的审美再生,显示了有序化的审美更生,形成了生生不息和绵绵生长的审美生态的沛然活性。

审美对生不仅形成双方的审美再生,而且共成了新的审美生态,有了共生态的审美再生。在读者与文本的审美对生中,形成了审美意象形态的文本。这一欣赏意象形态的文本,是读者与文本共同再造的。它的美生形态,是文本的美生形态和读者的美生形态的中和,是两者共同的衍生态,是双方合作的再生态。它就像儿子是父母的共生品一样,与共生的双方是同又不同的。它集中了双方的美生,实现了审美更生。与此关联,批评者与文本的对生,形成了批评意象的美生状貌。紧接着,研究者与文本对生出了研究意象,形成了审美意象的递进与更生。创作者与文本的对生,共成的创作意象,是此前审美意象的发展与更生。它的物化和物态化,就形成了新的文本。新文本的形成,构成了新一轮审美对生和审美更生的新起点，显示了螺旋发展的审美更生律。

意象的美生，既由读者和文本的美生共成，又耦合了读者与文本的美生，形成三维对生共进的美活生态场。这一美活生态场，从欣赏形态始，依次走向批评形态、研究形态，最后抵达创造形态，形成了第次再生与更生，显示了更为宏观的周进旋升的审美更生律。

审美更生律进而在美生场的三个层次之间，回环往复地展开，使其生生不息地发展。意象耦合文本与读者，生发了美活生态圈的运动，初成了美生场的第一个层次。美活生态圈的运动，生发了愉生氛围圈的运转，形成了美生场的第二个层次。愉生氛围圈的运行，升华出整生范式圈的运生，形成了美生场的第三个层次。这就实现了审美生态系统的逐级再造与更生。最高形态的整生范式圈，依次向愉生氛围圈和美活生态圈反哺与回馈，促成了它们的发展与更生。

大尺度审美更生律的顺逆双向展开，在持续的回环往复中，构成了美生场圈进旋升的内在机制。

三、审美环进律

审美者与文本的依次对生，形成了逐位发展的审美更生，形成了递进环升的审美生态，显示了审美环进律。

审美环进律，内含着审美对生律和审美更生律。或者说，审美对生成就了审美更生，审美更生成就了审美环进，它们依次构成了审美环进的机制，共同生发了审美环进律。审美环进律是审美旋生律的基本形态，是审美场的生发机理，是审美场、生态审美场、美生场递进运生的图式。

——规约审美场运转的审美环进律，是整观形态的。审美场的逻辑生发与历史生发，呈一一旋生格局，显示了统观形态的审美环进律。这种一一旋生的态势，也是在大尺度的审美对生与审美更生中形成的。一一旋生中的一，在万万一生中形成，是整生化的结构圈。诸多整生化结构圈的对生耦合环进，是一一旋生的形态；对生耦合环进的结构，是更大的系统整生的"一"，它们一一旋接，生生不息，构成了更大时空的一一旋生。审美场的逻辑环进与历史环进就如斯。

审美场的逻辑环进。审美场的逻辑环进与历史环进是互文的，逻辑环进是历史化的，历史环进是逻辑化的。审美场有三大层次：原生层次为审美活动环进圈，是审美对生形成的"一"；次生层次为审美氛围环进圈，是审美更生形成的"一"；再生层次为审美范式环进圈，是递进的审美更生形成的"一"。凭借"一""一"对生，审美场形成了三大层次耦合旋升的审美文化生态圈，在自身本质的系统生成中，彰显了审美环进律。

——贯通生态审美场的审美环进律，是统观形态的。生态审美场在审美场和生态场的对生耦合中形成。审美文化生态圈是开放的，它与人类文化生态圈和人类社会生态圈对生耦合环进，形成了更大时空尺度的——旋生，形成了人类审美文明生态圈，审美场的本质由此深化，趋向了生态审美场的本质规定，审美环进律凭此提升。

审美场和文化场、社会场对生，更生出的人类审美文明生态圈，与地球生态圈和天宇生态圈对生耦合，进而更生出生态审美文明圈，生态审美场的本质规定走向了更高形态的理论具体，审美环进律的内涵与外延也相应地臻于极致。

生态审美场的高级形态——整生审美场——的逻辑生态，是最为集中、概括、典型的审美生态，它的本质生发，呈现出历史化和逻辑化高度一致的——旋生。审美文化生态圈的运转，旋接审美文明生态圈的运行，再而旋接生态审美文明圈的运生，内含了两种形态的——旋生，通显了审美环进律。

——贯穿美生场的审美环进律，是通观形态的。美生场由审美场特别是生态审美场发展而出，是审美历史的结晶，浓缩了审美生态的全部运动。它的逻辑生态，是包括人类所有审美生态在内的过去、现在、未来一切审美生态的本质概括与理论升华，简而言之，它是美活生态、愉生氛围、整生范式对生耦合天态演进的美生文明圈。美生场的这一本质规定，是由全部审美生态的历史系统生成的，呈现出更有时空具体性的——旋生格局。原生的生命审美场，是动植物的美生活动参与推动的物种优化的审美生态圈。古代审美场，是客体化的审美活动、审美氛围、审美范式对生耦合天态演进的审美文明圈。近代审美场，是主体化的审美活动、审美氛围、审美范式对生耦合人态演进的审美文明圈。现代审美场，是整体化的审美活动、审美氛围、审美范式对生耦合生态演进的审美文明圈。当代特别是未来的美生场，是生态系统的美活生态、愉生氛围、整生范式对生耦合自然演进的美生文明圈。这五大审美生态圈的环接旋升，构成了宇宙审美生态史，最后形成的自然演进的美生文明圈，是对最初形成的物种优化的审美生态圈的发展性回归，审美环进律由此走向了宇观形态的呈现。

第四节　艺术天生律

艺术生态是审美生态的主干。与此相应，艺术生态律，构成了审美生态的主旋律，艺术生态的天生化运动，构成了审美生态的运动趋向，表征了审美生态的运行格局。艺术天生律，是艺术起于天成归于天生的生发规律。这一规律和审美生态的超循环规律是同一的，或者说，前者是后者的核心与骨架。

艺术天生律，是艺术的非线性运动规律，在起于天成和归于天生之间，不是直接的因果相连，而是穿插着诸多的中介环节，关联着诸多的辩证因素，呈现出历史的逻辑的螺旋态势。它的运生图景是这样的：艺术生态化——生态景观化——景观艺术化——艺术自然化。

一、艺术生态化

艺术的生态起源、生态存在和生态发展，显示了艺术生态化的三个阶段，形成了完整的历程，显示了艺术生发的普遍规律。

（一）艺术的生态化起源

艺术的起源，有三种形态。一种是自然艺术的起源，另一种是生命艺术的起源，再一种是人类艺术的起源。不管是自然艺术、生命艺术还是人类艺术的生发，都基于大自然的生态有序化运动和生态自由化发展，这就形成了艺术的生态化起源的共性。

1. 自然艺术起源于自然的序化

大自然由混沌到整一、由无序到有序、由生命个体到生态系统的发展，形成了非线性整生与复杂性有序的自然艺术。刘勰说:"云霞雕色,有逾画工之妙;草木贲华,无待锦匠之奇。夫岂外饰,盖自然耳。"① 自然艺术的出现,是大自然生态有序性发展的结果。刘勰看到了自然艺术的成于天然,借此表达了艺术创造的去做作求天然的要求。除此以外,他的论述似乎还有艺术起于天然的潜在意味。从宇宙发生学的角度看,大爆炸后的宇宙,在总体空间的膨胀与物质聚合的辩证运动中,在张力和聚力的对应作用下,形成了星系的有序分布,构成了虚实合度、有无相称、格局平衡、动态有序的天宇空间艺术。这一总体的自然艺术,是应大自然系统生发的规律与目的形成的,是在宇宙大爆炸的以一生万的序态整生中形成的,是在宇宙以一生万的张力和以万生一的聚力的平衡对生中形成的。不容置疑,自然艺术起源于和成长于大自然的整生运动,是这一运动的必然结果。各种形态的自然艺术,存于这一总体的自然艺术之中,它们的生成,有着大自然整生运动的宏阔背景,接受大自然整生关系的规约,特别是接受其万万一生的网络整生关系的制约,从而是不同层次与级次的自然整生化运动的结果。从神话学的角度看,不少民族关于世界起源的神话,都有世界从混沌到整一的序化过程的描述。万物在世界序化的过程中得以定位,形成自然界和谐的结构与关系,显现艺术化的美态。佤族神话说:"最远古最远古的时候,宇宙间其实什么都不存在。那时候既没有星星和月亮,也还没有地球和太阳,更没有人类和万物。那时候,宇宙间只是灰蒙蒙的一片。后来轻的东西往上漂浮,重的东西渐渐往下沉落下来,然后聚在一起。不知过了多少年多少代,轻的东西飘到顶上变成了天,重的东西聚在一起就是今天的地球,留下中间是空的,它就是我们现在生存的空间,也就是天空。"② 自然的序态生发,也是自然艺术和自然美的同步生成,这似乎成了人类各族远古的集体记忆,成了自然艺术源于自然整生的佐证。

2. 生命艺术的物种进化式起源

生命艺术起源于物种进化的需求,形成于物种进化的机制,显现于物种进化的结果,同样有着多方面的生态发展的根由与机理。世界的发展,形成了由

---

① 周振甫译注:《文心雕龙选译》,中华书局1980年版,第20页。
② 王学兵:《司岗里传说》,远方出版社2004年版,第2页。

无机物向有机物进化的向性。生命的出现，是无机世界潜能的整生性实现，即大自然整生的结果，从而成为大自然进化的形式，成为大自然进化的里程碑。也就是说，大自然的整生，造就了生命，形成了生命艺术的基础。从此也可见出，自然艺术作为大自然的整生化形态，于生命艺术的产生，有着前提性意义。

优胜劣汰，适者生存，是大自然的生态法则，也是生命进化的机理与机制。生命艺术在生命的竞生中胜出，成为生态发展的成果，成为生态发展的必然。也就是说，只有那些适应生境与环境，并为其整生的生命，在生态竞争中胜出，发育良好，生态优异，才展现出生命艺术。直观地看，生命艺术源出于生命的竞生力，本质上是出于生命对大自然的适应，出于生命与大自然的和谐整生，出于大自然持续进化的需要，是大自然生态规律性与生态目的性之体现。

生命艺术实现了物种生态发展的功能。动植物的生命艺术，多与物种繁衍的生态存在和生态发展的目的相关，或者说，是应后者的需要起源的。追溯到最早，艺术的起源，首先是前述的自然序化的起源，继而是生态进化的起源，再而是人类生发的起源。生命艺术的起源，显现了更明确的生态发展向性，使艺术起源的整生规律，逐步从隐态走向显态。花果满枝的植物，生发生命艺术。它们的鲜艳花果，多为灵巧健壮的昆虫和鸟兽所采食，这就形成了动植物生态组合的生命艺术。凭借这种艺术组合，优异的植株得以授粉与再生，优异的动物因食品的优质而得以更好地发育，物种的优良基因得以选择与传承。这样，生命艺术成了物种优化的机制，成了生态发展的需要，服务于生态发展的目的。

动物生命艺术的起源，物竞天择的生态规律性和适者生存的生态目的性指向尤为明确。

动物繁殖时节，雌雄之间常生发生命艺术和行为艺术，性生理和性心理成为这种艺术生发的机制。它大致可以分为两类：一是优雅型，二是壮美型甚或崇高型。每到生育时节，雄性飞禽或在同类的雌性面前，亮起婉转的歌喉，迈开灵巧的舞步，舒展眩目的长羽，凸显殷勤的意态，或为其构筑精美的巢穴，准备漂亮的新房，尽现聪慧勤劳，以形成生殖竞争的优势，谱写了优雅的生命之曲。雄性走兽往往通过争斗，争夺群落的性霸主地位，以力与勇和巧与智保持或获取生殖权，形成了壮烈的生命之剧。在这两种风格迥异的竞生性艺术活动中，基因优异的雌雄相互选择，并在审美愉悦中繁衍下一代，同样指向了物种优化的生态目的，同样满足了生态发展的系统需要。这就从生物学和生态学的角度，揭示了艺术的生态化起源。或者说，物种进化、生态发展的需要，成了生命艺术生发的根由与机理。

3. 人类艺术的生态探索式起源

人类艺术应该有多种起源形态，最有代表性的当数神话。《辞海》界定神话："反映古代人们对世界起源、自然现象及社会生活的原始理解的故事与传说。"① 马克思说：神话"是已经通过人们的幻想用一种不自觉的艺术方式加工过的自然和社会形式本身"。② 这些经典的论述，深刻地揭示了神话表征世界本原的本质与形式。从艺术起源与生态进化的角度，我认为，神话是人类对生态本体的艺术化探索与解释，其目的是寻求人类的生态自由，实现人类的生态发展。

艺术的三种起源，有关联性，形成有机的节点，递进地说明艺术起源于生态发展的规律与目的。自然艺术起源于宇宙生发的有序化，形成了生命艺术的前提。生命艺术起源于自然的进化特别是物种的进化，显示了整生与竞生的机理。生态发展的规律性和目的性，成了自然艺术和生命艺术的根由。人类成了自然发展的更高目的，人类的艺术思维，更是成了生态进化的更高成果。艺术思维，是艺术创作的前提，它的出现，合乎自然由自发的生态有序走向自觉的生态有序的规律与目的。这也说明，人类艺术的起源，在根上是由这一规律与目的规约的。生态发展的规律与目的，本就是一个生态自由的问题。三个平台的艺术起源，都基于生态自由。自然艺术，基于自然合规律合目的发展的生态自由，生命艺术，基于物种合规律合目的发展的生态自由，人类艺术，基于人类合规律合目的发展的生态自由。生态自由成了艺术起源的共同机理。神话以艺术思维的方式，探求生态自由，合乎艺术起源的系统规范，也就成了人类艺

---

① 辞海编辑委员会编："神话"条，见《辞海》缩印本，上海辞书出版社1979年版，第1583页。
② 马克思：《〈政治经济学〉批判导言》，《马克思恩格斯选集》第二卷，人民出版社1972年版，第113页。

术起源的主要形态。

　　想象的艺术思维,是先民认知世界的形式。艺术思维的成果——神话,是先民探究生态规律和生态目的,寻求生态自由的方式。生态本源的探索,是人类神话的母题。几乎所有民族的神话,都想象性地解释了宇宙的由来、人类的由来、本族群的由来,形成了世界由无序到有序,由无规律无目的到有规律有目的的生态发生图景,揭示了生态自由本体的生成,显示了生态主宰的确立。生态自由生发机制的探索,是人类神话的基本内容。各种神话无不形成了世界的主宰、各类自然事物和自然现象的主宰的想象,创造了各种各样的神。在古希腊神话中,宙斯是众神之首,是世界生态的主宰。其他诸如海神、雷神、爱神等各种各样的神,各自控制了相应事物的生发。他们成了生态规律和生态目的本身,成了生态自由的化身。这种情形,也出现在中国的神话体系中。天帝总控天上人间,龙神、山神、雷神、地神各司其职,同样形成了一个生态控制系统,同样构建了一个生态自由的机制体系。人类生态自由的获取,是人类神话的主要目的。先民将其艺术想象的神话世界,当做真实的存在,以神人沟通、神人和谐以及神的人化和人的神化等方式,以认识、掌控、运用生态规律和生态目的,实现生态自由,实现生存与发展的目的。神人沟通,有两种情形。一类是探究自然,认知生态规律与目的。《夸父追日》,属于此类。另一类是向神表达更好地生存与发展的意愿。神人和谐,是神满足人类的需求,使人的生存合规律合目的,获得生态自由。神的人化,是神与人的生态谱系同一,神是人的祖先,人是神的后裔,人的发展成为神的意志,人的生态自由成为神的生态自由的延展。人的生存与发展因神而规律化和目的化。像在古罗马神话中,罗马人成了爱神的后代,是神的人化形态。罗马帝国的强盛,是爱神的意志与要求。罗马因此而威震四方,国势如日中天。人的神化,是人走向神,成为神,直接掌控自然的运动,直接实现人的规律与目的,直接形成人的生态自由。神话探究了世界生态的形成,生态自由的机制,走向生态自由的途径,成为人类合规律合目的生存与发展的图景,表征了人类生态规律化和生态目的化生发的愿望与理想,成为艺术起源于人类生态发展诉求的确证。

　　神话的逻辑有三个节点,一是对世界规律性和目的性生成的探索,二是对世界规律性与目的性生存机制的探索,三是对人类规律性和目的性生发路径的探索。千里来龙，到此一穴，最后归结到人类的生态自由化生发。人类的生态自由化生发，是神话乃至人类艺术起源的根由。

自然艺术起源于宇宙的规律化与目的化生发，生命艺术起源于生态的规律化与目的化生发，人类艺术起源于人类生态的规律化与目的化希冀。三种艺术的相继起源，都归于生态自由的递进生发。艺术起源于生态发展的规律，既是艺术生态化规律的重要部分，又是这一规律的生发前提与基础。

4. 艺术的自然整生化起源

艺术的生态化起源，具体化为三种形态：一是自然艺术的同生化起源，二是生命艺术的竞生化起源，三是人类艺术的依生化起源。这三种不同的艺术生态化起源，都基于和归于自然的整生化起源。自然艺术同生化起源，是艺术的自然整生化起源的原型。

——自然艺术的同生化起源。自然艺术和自然生态同形同构，它与自然的同生化起源，也就成了自然的整生化起源。这有多方面的意义。首先，自然艺术的生发，与自然生态的生发同步。自然艺术的基因存于自然生态的基因中，或者说，两者的基因是同一的。也就是讲，宇宙的大爆炸极点，是自然生态的起源点，也是自然艺术的起源点，它们有着起点的同生性，共同具有起点的以万生一的整生性。按照整生哲学的观点，事物是系统生成的，鸡生蛋和蛋生鸡之间的互生与环生，是发生在生命系统生成以后的事情，不具备起源性意义，仅具备起源后的衍生意义。大爆炸的极点，是爆炸体自身因素、生境因素、环境因素、背景因素的系统集约。正是这一系统集约，同时孕育了自然生态和自然艺术的基因，实现了自然生态之源和自然艺术之源的同一性、同生性和整生性。概言之，大爆炸诸要素的系统集约，整生了自然生态和自然艺术共同的基因，设计与规约了它们的同生和同长。在元之源的意义上，自然艺术凭借与自然生态的同一，有了自然整生性。

其后，自然艺术和自然生态在形成了元点、元点之源方面的自然整生性同一的基础上，其后，展开了系统生成性的同一。自然艺术和自然生态同一的元点，是浓缩的自然整生态，元点的规程性生发，是展开的自然整生态。自然整生态的展开，意味着大爆炸后，形成了宇宙空间的整一性布局，意味着自然艺术实现了整生，完成了起源。

最后，艺术与自然在元之源、元点、元点展开上的同生共运，形成了全生态的同一，成就了自身的起源。这就说明，自然艺术与自然生态的全程性同生、整生性同一，是自然艺术起源的机理，是自然艺术整生化起源的机制。离开了与自然的同一化整生，自然艺术无由形成，无法起源。

——生命艺术的竞生化起源。竞生是生态发展的机制，生命艺术在生态竞争中起源，也就成了生态发展的机理，进而有了自然整生化的意义与根由。也就是说，生命艺术的起源，直接的原因是生态竞争，然而，生态竞争形成的物种发展性，却导出了更为深刻的根由和更为系统的机理：自然整生性。生命艺术起源的生殖竞生化缘由，是由物种进化的要求给出的。物种的进化，显示的是物种的整生化活力，与生生不息的发展，这本身就是一种自然整生化的形式。也就是说，生命艺术应所属物种的整生化需求而起源，是所属物种的整生化机制。

生命艺术促成的物种整生化，还表征了生态系统整生化的要求与向性。物种内的生殖竞争，实现了整个物种生发的优化，所有物种的持续优化，实现了相互制衡与相互促进，形成了生态系统的动态平衡与协同发展，构成了生态系统的整生化。这样，各物种的生命艺术，是应所属生态系统的整生化而协同起源的。生态系统万万一生的整生化和一一旋生的整生化需求，成了系统内各物种经由生殖竞争而协调地形成生命艺术的根由。这说明了各物种生命艺术是关联性起源的，这种关联性起源，是生态系统的中和化整生需要，是生态系统非线性整生的机理。

各物种生命艺术的协同起源，经由生态系统的整生化需要，进而指向了自然的整生化需求。自然孕育出生命，发展出生态系统，形成了自身规律化与目的化发展的新平台，呈现了自身有机地整生化的新境界。生态系统的循环运行，与其无机环境和宇宙背景耦合运行，形成了更高序性的自然整生化。生态系统的运行，成了自然更高系统整生化的机理。各物种生命艺术的协同起源，促进了生态系统的整生，进而促进了自然的整生。不难看出，生命艺术的起源，归根结底是出于自然更高程度整生化的需要。

——人类艺术的依生化起源。神话表征的人类艺术起源，是以依生神、依生自然为机制，以实现人类的生态自由，标志其合理性、必要性和必然性的。

神话起源的依生化机理，指向的是生态自由，建构的是生态和谐，归结的是自然整生。

　　神话意义的三大节点，均显示了人与神、人与自然之间的依生关系与和谐机理。对世界生态形成的探索，得出了人为神生、人为神造的结论。对自然生态控制者的探索，得出了神主宰万物与人的看法。对人的生态自由途径的探索，得出了人依生于神的认识。这层层深化的依生意识，全都指向了生态和谐。首先是人人以和。族人，各族之人，都从神出，有着共同的由来，理应相依相生，和谐共存。再有是神人以和。神是世界的本源、本体与主导，人要获得与发展生态自由，必须与其和谐。再有是天人和谐。自然为神生发，被神控制，是人的衣食之源和栖息之所。人须通过和于神，进而和于自然，方可自由生存。

　　神话意义的三大节点，显示了环回的生态逻辑。神生发并主导世界与人，人和于神，再而和于世界。这就形成了神——自然——人的和谐环生，显现了超循环的和谐整生。人要获得与发展生态自由，须置身这三点环回的和谐生态圈。可以说，神话起源或曰人类艺术的起源，直接的诱因是人的生态自由的诉求，最终的缘由却是神——自然——人超循环和谐整生的机理。

　　艺术的三个阶段的起源，一脉相承，机理一致，即自然整生的规律性与目的性。这样，艺术起源于生态发展的需要，也就成了一种新说；艺术的生态性起源，也就成了艺术生态化的逻辑起点，成了艺术天生律的元点。

　　（二）人类艺术的生态化存在

　　人类艺术应生态发展的需要起源后，还因生存的目的与其他生态活动结合，形成了生态化存在，进一步显现了艺术生态化的规律。早期人类的艺术活动，主要的直接的目的，不是指向审美，而是为生存服务的。它或者作为通神、悦神、求神的机制，进入宗教魔法活动和图腾崇拜活动，或者作为组织劳动、传授劳动经验的方式，进入生产过程，提高劳动效率、效用和效应，发挥出服务生存的功能。艺术走进宗教文化，走进物质生产，呈现出生态存在的图景。艺术与其他生态同生共在，是艺术生态化的第二个阶段，第二种方式。它主要体现了艺术为人类生存服务的生态功能与生态规律。

1. 艺术同生于劳动

走向独立前的人类艺术，与劳动结合，依附劳动而存在，是其主要的生态存在形式。劳动是人类维持生存的直接形式，成为人类主要的生态活动。艺术与其一体，也就有了宽大的生存空间，有了较长的存续时间。普列汉诺夫考察了诸多保持原始生活方式的部落，发现他们的艺术与劳动，普遍地同生共存。每种劳动都有一种歌，歌的节拍与劳动的频率一致，形成了共同的节奏，歌与劳动一体，形成了生态艺术。劳动艺术化和艺术劳动化，是先民的劳动智慧、艺术智慧和生存智慧的综合体现。劳动艺术化，是一种很高的劳动智慧。它使原本维生的劳动，有了乐生的品质，有了自我实现的乐趣，有了创造的价值。劳动的过程，成了身心愉悦的过程，这就激发了劳动的热情，提高了劳动的自觉自愿性与协同协作性，提高了劳动的效能，实现了美感效应向劳动效应的生成。艺术劳动化，相应地显现了很高的艺术智慧。艺术进入劳动，使劳动成为艺术的形式，成为艺术的场域，这就增强了艺术的活力，拓展了艺术的生态时空性。凭此，艺术的规律与目的，劳动的规律与目的，劳动对象的规律与目的，劳动环境的规律与目的，劳动背景的规律与目的，走向了统合。正是在这种统合中，真善益宜智美的意蕴进入了艺术，形成了艺术的整生性，初成了生态艺术的本质规定。劳动与艺术同生，即劳动艺术化与艺术劳动化统一，形成了很高的生存智慧。以艺术创造的方式劳动，以劳动的方式进行艺术审美和艺术创造，从而在劳动的领域，实现了审美化的生存。这就在特定的生态领域，实现了审美生态化和生态审美化的合一，初成了审美整生的规律，初成了审美整生的模型。当代大众文化倡导的审美日常生活化和日常生活审美化，实现日常生活领域的审美整生，当可在这里找到原型，找到先声，找到先导。审美整生，是最高境界的生存，是理想境界的生存，先民在劳动领域里，草创了这种生存方式，这不能不说这是一种很高的生存智慧，这不能不说这是一种超越性的生态智慧，这不能不说这里已经有了生态艺术哲学的意味。

先民还有一种间接地同生于劳动的艺术，进一步丰富了艺术生态性，拓展了审美整生性。劳动之余，先民聚在一起，跳起狩猎舞，以艺术的方式，记忆了猎获野兽的经过，再现了劳动场景，总结了劳动经验，向部落成员特别是后代显示了劳动的规律，传授了劳动的经验。这可以看作劳动艺术化和艺术劳动化的继续,然实现了劳动、休闲、学习、审美的一体化,拓展了艺术生态化的时空,增长了审美整生化的内涵。

2. 艺术同生于文化

原始先民的艺术,以同生于劳动为基点,与文化同生,进一步发展了审美整生性。这种艺术,与宗教魔法和图腾崇拜等结合在一起,成为宗教魔法和图腾崇拜的形式,成为原始仪式化的艺术,成为原始制度化的艺术,成为原始文化型艺术。它的出现,意味着艺术生态化的足迹,从劳动领域,进入了文化领域,这就拓宽了艺术生态化存在的疆界。文化型艺术,相应地成为文化的艺术化与艺术的文化化的统一。在文化的艺术化中,文化获得艺术的形式,平添了审美愉悦功能,增强了文化的教化力、陶冶力,增强了氏族和族群的认同力,增强了人与神的沟通力、亲和力,提升了文化的效能与效益。在艺术的文化化中,艺术成为审美文化,获得了文化的审美蕴含与审美意义,提升了审美质地,丰盈与拓展和推进了生态审美的本质规定性。文化的艺术化与艺术的文化化统一,在文化领域,实现了审美生态化与生态审美化的结合,形成了新的审美整生图式。从劳动领域的艺术化审美整生,到文化领域的艺术化审美整生,标志了艺术的生态化存在的发展。

艺术的生态化存在,有着历史的叠合性,也就持续地生长着审美整生性。文化疆域的艺术生态化存在,叠合着劳动疆域的艺术生态化存在。原始文化和生产劳动的关联甚为密切,甚为紧要。原始文化最终是为了生产劳动而生发的,最终是为生产劳动服务的,或者说,它是生产劳动的规律化与目的化机制。宗教魔法也好,图腾崇拜也好,均是文化以艺术的方式沟通神、取悦神、感动神,产生超自然的神力与魔力,提高物质生产和自身生产的效能,实现更好地生存与发展的目的。这样,艺术通过与原始文化的同生,再而实现了与生产劳动的同生,实现了生态效应与审美效应的序列化的衔接与耦合,实现了文化形态的审美整生与生产劳动形态的审美整生的重合。

原始文化结晶了原始文明,文化形态的审美整生得以进一步升华。宗教魔法和图腾崇拜作为典型的原始文化,是原始文明的融合与表征。在其中,聚合着原始的物质文明、制度文明、精神文明、环境文明和生态文明,成为原始氏族和原始族群的百科全书。这样,原始文化形态的审美整生背后,融合了原始文明的审美整生图景。这样，文化形态的审美整生，也就成了以万生一的审美整生，成了以一通万的审美整生。艺术的生态化存在的疆域，凭此走向了生态全域，天地神人贯通流转的审美整生尽在其中。

3. 艺术的依存性同生

原始艺术同生于生产劳动，形成了审美化劳动和艺术化劳动，达成了实践领域的审美整生。艺术同生于文化，形成了审美文化，形成了审美文化凝聚的审美文明，形成了文化和文明领域的审美整生，实现了艺术的生态化存在。

艺术生态与劳动生态同一，进而与文化生态和文明生态同一，实现了自身存在的生态化。这有多方面的学理与意义。一是显示了艺术本质的整生机理。艺术从实践、文化、文明那里，获得了审美生态质，形成了丰富的本质规定性，形成了多样统一的内涵，进而形成了与实践、文化、文明同生共长的审美创造规律，在自身特殊的艺术创造规律之上，依次形成了类型层次、普遍层次、整体层次的艺术生发规律，形成了艺术生态化存在的规律系统，提升了审美创造力。二是显示了艺术种群的生发格局。艺术凭借开放，形成了多样的生态，生发了多种系列化的艺术形式，即形成了多种多样的劳动艺术系列，多种多样的文化艺术系列，多种多样的文明艺术系列，形成了艺术形式和艺术形态的整生化，提升了艺术谱系的繁衍力。多量化和多样化艺术种群的形成，形成了艺术杂交优势，符合艺术生态规律和生态目的。三是显示了艺术生态化存在的轨迹。艺术生存疆域的拓展，使劳动领域、文化领域和文明领域都成了艺术存活之地，艺术生发之疆，显现了艺术整生化拓展的路径，显现了艺术整生化的规程，显现了艺术整生化存在的机理。四是形成了艺术生态化存在的同生机制。艺术凭借与劳动、文化、文明的同生，实现了自身的生态化存在，显示了实现这种存在的根由——审美同生。艺术与其他生态的同生，是审美同生，而不是其他形态的同生。这种审美同生的质与量，决定了艺术生态化存在的品位与疆域。同生的审美性强，亲和度高，疆域广阔深邃，样式丰富多彩，艺术生态化存在当愈发质高量巨，当更有审美整生性。

审美同生，是艺术生态化的普遍规律与整体机制。艺术生态化起源的机理也是审美同生，是一种同一性尤为突出的审美同生。自然艺术的起源，凭借的是艺术与自然同构序生的审美同生，生命艺术的起源，凭借的是艺术依存物种繁衍的审美同生，人类神话艺术的起源，凭借的是艺术依同神的审美同生。艺术的生态化存在，显示的审美同生，是一种依合性审美同生。审美同生，因生态关系的不同，显示出不同的质态。它主要有依生性、竞生性、共生性和整生性四种质态。艺术的生态化起源和艺术的生态化存在，凭借的是依生性审美同生。依生的强度，按依同、依合、依和逐级减弱。三种艺术生态化起源，审美同生机制均为依同型，只不过依同性按序些微减弱。艺术生态化存在，审美同生的机制为依合型，依生强度居中。它表明，审美同生的主体、主导、目的不是艺术，而是劳动、文化与文明，艺术与其同生，与其依合，主要是为其服务，主要是增其效益与效能，自身的价值与发展，是在这种服务的实现中生发的。它服务得越好，依合性也就越强，所形成的依合性审美整生也就越好，自身的存在与发展也就越好。

艺术依合相关生态，实现审美整生，是其策略，也是必然。从策略看，社会发展处于低级阶段时，人们的生存是基本需求，需要付诸更多的力量与时间来满足它，艺术加入满足生存的活动，依合劳动、文化、文明，以审美同生的方式，共同服务生存，也就有了存在与发展的合理性，也就有了存在与发展的友好环境。这种策略之所以成功，在于它合乎艺术存在的生态规律，有必然性。此外，艺术生态化起源，所形成的依同性审美整生的历史背景，也规约了艺术生态化存在的依生性，规约了这种生态化存在，是一种依合型审美整生的存在。再有，古代审美场，是一种人和于天的天态审美场，也规约了艺术对神化的文化与文明的依合性。

（三）艺术的生态化发展

艺术的生态化发展，未紧接艺术的生态化存在而出现。艺术走出与其他物种同生共在的生境，走向独立发展的轨道，奠定了艺术的生态化发展的基础。

独立发展的艺术，与其他生态形成了竞生性审美同生。它在这种竞生中胜出后，改变了以往审美同生的关系与结构，即以美生价值为主体和主导，让其他生态的真生价值、善生价值、益生价值、宜生价值、智生价值，和于美生价值，同于美生价值。其他生态价值在依和性审美同生中，走向了美生化，成为美生价值系统的具体形态。

独立发展的艺术，在审美同生中，提升了纯粹审美质，提升了审美整生规律。它花开两枝，一枝继续向纯粹艺术生发，另一枝与其他生态活动结合，走向生态化发展，形成艺术的整生化态势。艺术整生化，表征了艺术生态化的发展形态，发展格局，发展路径。

1. 艺术整生化路径

艺术的生态化发展，呈现出多种整生的路径。一是艺术活动依次走进人类所有的生态活动，与其耦合共生，从而延展艺术的生态足迹，拓宽艺术的生态疆域。具体来说，艺术活动——与科学活动、文化活动、生产活动、日常生活结合，使这些人类的生态活动，同时成为审美活动；使这些生态活动的对象，同时成为审美的对象；使这些生态活动的领域，同时成为审美活动的疆域。这就实现了审美的生态活动化和生态活动的审美化统一。

二是艺术生态圈依次与人类文化生态圈、人类文明生态圈对生耦合，立体运行，实现更大生态疆域、更多生态维度的审美化，实现艺术生态化的系统增长。艺术是文化的一种形态，是文化系统的有机部分。文化系统有自己的运生圈，大抵由应用文化、历史文化、理论文化、比较文化、元文化的周走环升构成。这一总体文化圈分形的各种具体的文化圈，诸如哲学文化圈、政治文化圈、伦理文化圈、艺术文化圈等等，均按上述格局良性循环。在艺术生态化的背景下，在总体文化圈的运生中，艺术文化圈与所有形态的文化圈对生耦合共旋。其结果是，各种文化凸显与生发了审美性，艺术文化有了多样的和整体的审美文化性，文化生态圈将逐步生发出审美文化生态圈的系统质。

人类文明包含了文化，并形成了圈态运进的结构。这一结构，由精神文明、物质文明、制度文明、生境文明、环境文明的周走环进构成。审美文化生态圈，与人类文明形成了两个方面的对生，使艺术的生态足迹在遍及文化圈后，进而印向文明圈。首先是艺术生发的审美文化，进入文明圈后，与各种文明对生，使其形成艺术审美性，形成了审美文明的系统质。再有是艺术生态圈生发的审美文化生态圈，与人类文明生态圈对生耦合，在复合式超循环中，形成了审美文明生态圈。

在艺术生态化的步步推进中，形成的审美文明生态圈，与社会生态圈、地球生态圈、天宇生态圈依次对生耦合，促其审美化，艺术的生态足迹也就最终印遍了整个生态系统，整个自然系统，使整个生态系统和自然系统有了艺术审美性。艺术生态化走向了量的最大化，走向了量的拓展的极致，形成了生态全美和自然全美。

从上可见，艺术整生化的基本路径，是艺术生态与其他生态对生耦合旋进的路径，是艺术生态圈和其他生态圈在对生耦合中复合化超循环的路径。艺术生态是一种高级的审美生态，它与其他生态对生耦合，实现了审美流和生态流的交合与互补。在这种交合与互补中，双方分别形成了审美生态流和生态审美流，增加了同构性与亲和性。在接下来的对生耦合中，审美生态流和生态审美流，自然而然地融通为一，形成了美生流。美生流的形成，意味着审美生态和其他生态形成了审美同生，构成了审美整生。

艺术生态与更多类型的生态，形成多维的耦合对生，美生流相应增大，审美同生域相应扩大，审美整生性相应提高。当艺术生态与一切生态对生耦合，美生流将流遍生态系统，审美同生和审美整生也将在整个生态系统生发。

当艺术生态圈与所有的生态圈及其环境圈和背景圈对生耦合旋进，美生流持续纵横增生，水网化流淌，遍及整个世界，遍及一切时空，审美同生和审美整生也就趋向了顶端。

2. 艺术生态与其他生态的中和化审美同生

对生耦合是审美同生的机制，审美同生是审美整生的机理。对生耦合的关系，也就规约了审美同生的性质，进而规约了审美整生的性质。在艺术生态化起源与存在的时期，艺术生态依生和依存其他生态，形成了非平等和非平衡的生态关系，形成了以其他生态为主体为主导的非平等非平衡的对生与耦合，形成了依同式和依存式审美同生与审美整生。在艺术生态独立化时期，其他生态依和艺术生态，形成了另一种形态的生态关系的不平等和不平衡。在艺术生态化的发展时期，经由了历史的辩证发展，艺术生态和其他生态，都走向了独立，都有了自主，相互之间实现了生态平等。凭借这种生态平等，它们实现了平衡的对生与耦合，形成了中和化审美同生，趋向了系统性审美整生。

艺术与生态的平衡对生，实现了审美生态化和生态审美化的平等对应与合理匹配，实现了审美生态流和生态审美流的均匀耦合，这就生发了中和的美生流。美生流，是审美生态流和生态审美流耦合生发的，是双方审美同生的形态。中和的美生流，是审美生态流和生态审美流均衡耦合形成的，是双方中和化审美同生的形态。

艺术生态与其他生态逐一平等对生，平衡交合，生发了各种各样的中和态美生流。这些美生流的平等耦合，构成了更高中和化的审美同生。艺术分别与科学、文化、实践、生存、哲学平等对生，平衡耦合，逐一形成了真态美生流、善态美生流、益态美生流、宜态美生流、智态美生流。这些美生流，都是在艺术生态化的推进中，逐步形成的，相互之间，平等亲和，自然而然走向耦合，形成了多样中和的系统美生流，形成了系统中和化的审美同生，趋向了系统中和化的审美整生。

艺术生态和其他生态逐一的平等对生，是序态推进的，是递进性平衡交合的，或者说，是动态平衡状耦合的，这就形成了各种动态中和的美生流。具体言之，艺术和科学对生，形成了基础性和起点性的真态美生流。接下来，艺术和文化平等对生，形成的善态美生流，是包含了中和了真态美生流的善态美生流。以此类推，直至艺术与哲学的对生，已经是一种最高累进性的对生，是一种积淀了艺术与其他生态对生成果的对生，是一种最高的动态平衡的对生。它对生出的智态美生流，包含了中和了真态、善态、益态、宜态美生流，成为一种整生性的美生流。当这种整生性的美生流，与其他美生流中和时，反哺回馈之，使其整生化。这就达成了各种整生性美生流的动态平衡性中和，形成了系统中和的美生流，形成了相应的审美同生与审美整生。

3. 艺术生态与其他生态的绿色审美同生

当艺术生态经由与社会生态的对生，走向与自然生态的对生时，所生发的美生流，在数量和形态方面出现了变化，并带来了审美同生与审美整生的相应发展。

艺术生态与社会生态平衡对生，逐一形成了中和化的真态、善态、益态、宜态、智态美生流，整体地形成了系统中和的美生流。当它带着这些系统发展的成果，与自然生态平衡对生，不仅形成了绿态美生流，还使此前形成的美生流，换上了绿装，进而使审美同生与审美整生变成了和增长了绿色。

这就从总体上形成了艺术与生态新的对生格局。首先是绿色艺术生态与生态文明的平衡对生，使整个世界形成中和化整生化的生态审美文明，审美同生与审美整生的质与量相应提升。再有是绿色艺术生态与绿色社会生态、绿色自然生态平衡对生，使整个生态系统，环回着中和化的美生流，在整个生态系统里，形成中和化的绿色审美同生和绿色审美整生。还有是在上述两种格局中，达成绿色艺术生态与各种绿色生态的平衡对生，形成组织化的绿色审美同生与审美整生。在生态文明的背景下，科学、文化、实践、生存、自然、哲学相应地生态规律化和生态目的化，一一趋向绿化。生态艺术与它们平衡对生，第次生发了真态、善态、益态、宜态、理态、智态的绿色美生流。根据递进性对生的规则和高位对生反哺下位对生的法则，即动态环回的平衡对生机理，各种形态的绿色美生流，均具备了整生性。它们的耦合，形成了系统中和的绿色美生流，整个生态系统也就在自组织中，形成了更为具体的动态平衡的绿色审美同生和绿色审美整生。

当然，这样的审美同生与审美整生，目前仅是一种趋向，需要经过更多的生态审美的中介环节，方能走向实现。艺术生态化是一个与自然生态同始终的过程，其高位环节出现之前，穿插着诸如生态景观化等中介性环节。这说明，艺术生态化的推进，是复杂的，非直线的。

艺术生态化，不仅仅孕生了艺术，扶持了艺术，发展了艺术，还实现了艺术与生态的对生互进。在这种对生中，双方实现审美同生，实现审美整生，实现绿色审美整生。艺术走向审美整生，生发了完备的本质规定性，它走向绿色审美整生，形成了生态艺术的本质规定性。与此相应，生态走向审美整生，走向绿色审美整生，走向绿态美生，凸显了审美本体的规定性。这样，生态成了艺术的场域，成了生态艺术的场域，成了艺术化美生的场域。这些丰富的绿色诗化内涵，是艺术生态化的潜能，将在与生态艺术化的耦合中，第次走向实现。

二、生态景观化

艺术生态化的层层拓展，审美领域从艺术天地走向了整个生态疆界。艺术生态化，增加了审美量和审美域，同时也不可避免地和不可厚非地降低了审美质和审美度。解决这一生态审美质与量矛盾的方法与方式是非线性的，即生态回归艺术，进而实现艺术和生态的高端并进，须经历一些中介环节。生态景观化是其一。它指的是生态系统在生发艺术审美性的基础上，进一步中和发展，达到景观化的要求，形成一个个相互关联、整体流转的生态审美的文本结构。

（一）环境设计是实现生态系统景观化的机制

生态景观化，把美的生态世界，进一步组分化，结构化，美生化，以形成整生化的审美系统。它要求对生态系统的设计，总体上达到生态性与审美性、科技性与人文性的统合发展，以实现动态的审美同生。[1] 它分两步走，第一步是对环境的生态性设计，应追求设计对象的生态完整性，形成生态结构的系统性，形成生态系统的整生性。卡尔松说："如果我们要适当地审美欣赏人类环境，我们就不能仅仅将目光放在文化上，如同设计者的景观途径和传统建筑美学所做的那样。我们必须将目光投向生态。这便导向一种所谓的人类环境美学的'生态途径'。"[2] 美是整生，在世界的生态性设计与实施中，城市生态系统、乡村生态系统、大地生态系统、海洋生态系统，均恢复和发展了整生，整个社会生态和自然生态，也就生发了整生之美，提升了艺术生态化所形成的普遍之美，使之有了景观的整生之构和整生之质。第二步是实现景观要素的整生化中和。景观的生态性达到了整生化的高度，与之结合的审美性、科技性、人文性也要走向生态化，进而走向整生化，以实现景观生态性、审美性、科技性、人文性四大要素的整生性中和，以提升景观系统的整生之美。

艺术生态化，实现了生态全美。生态景观化，使全美的生态进而走向组分化、结构化、网络化的整生之美，即所有层次与样式的生态系统和整体生态系统，在环境设计和景观设计中，走向系统整生之美。

（二）景观的绿色审美生态

景观的审美同生，是景观审美整生的前提。生态景观化的目的，是形成生态景观系统。生态景观系统的生发，要形成绿美生态。这首先要求各种景观要素，既是绿色的，又是审美的，还是两者的和谐统一，形成绿色审美化的同一。地理学家索尔说"景观"（landscape）是"一个由自然形式和文化形式的

---

[1] 参见龚丽娟：《科技与人文的分合——景观生态学的生发研究》，《广西民族大学学报》2009年第6期。

[2] 〔加〕艾伦·卡尔松著，陈李波译：《自然与景观》，湖南科学技术出版社2006年版，第60页。

突出结合所构成的区域。"[1] 我认为构成景观的主体性要素，主要有五个方面：一是自然要素，二是文化要素，三是科技要素，四是文明要素，五是艺术要素。它们均应是绿色生态的和绿色审美的，形成绿美的同生。再有是要求各景观层次的绿美化同一。景观层次是景观系统的有机组分，是景观结构的有机单元，是景观系统中的小系统。系统的性质，既由要素决定，更由结构关系决定。将景观要素组织成景观层次时，其生态性匹配，审美性匹配，以及生态性与审美性的耦合化匹配，都要遵循绿的要求，特别要遵循绿美的要求，实现景观层次的绿美化，实现各景观层次的绿美态同构。还有是景观系统质的绿美化。景观绿美化的系统质，要大于和优于各要素和各层次绿美质的集合，其结构须走向动态中和。绿美质态的各部分各层次，种类、数量、比例、尺度、位置合理适当，在空间结构的摆布、安排、搭配上，符合动态中和的规律性与目的性，符合绿美中和生发的要求。中和结构中的各要素各部分各层次，既相关相连相生相长，还相隔相分相克相抑，形成制衡与平和的机理；进而相竞相胜相争相长，走向动态平衡；再而以一生万和以万生一，走向中和整生。这里的以一生万，是个别形态的局部，作用所有的局部，这里的以万生一，是所有的局部生发整体，这就在网络化的动态中和里，形成了系统的绿美整生质。

景观的绿色审美生态，从要素经由层次再到整体的生成，也是其本质规定性的系统生成。景观的整体质，是绿色审美整生质。它是景观系统的绿色审美依生、竞生、共生质的非线性中和，是上述各种质以万生一的复杂性整生。

（三）景观的绿色审美整生

生态景观化，实现了生态与景观耦合的组分化、结构化与系统化，实现了景观系统与生态系统的合一。这就奠定了景观绿色审美整生的基础。

1. 生态的绿色系统化与景观的绿色整生化并进

景观生态的设计者，在组分大地与环境时，坚持以相对独立与完整的生态系统为景观单位，这就使生态系统与景观系统有了大致对应的匹配，初步实现了两者的同构。芬兰美学家色帕玛认为："在自然中，当一个自然周期的进程

---

[1] 〔美〕史蒂文·布拉萨著，彭锋译：《景观美学》，北京大学出版社2008版，第3页。

是连续的和自足的时候,这个系统是一个健康的系统。"① 生态系统健康了,景观系统也就相应地和谐了。之后,对景观的生态规划与建设,和美态规划与建设,进一步走向了同一。这种同一,有多方面的意义。首先,这种具体规划的整体和所有部分,既是生态的,又是美态的,而不是将生态规划与美态规划分开来,变成两张皮,相互牵扯,顾此失彼。继而,这种生态和美态一体两面的景观规划,遵循了绿色设计的要求,可同步推动绿色生态和绿色美态的耦合并进。还有,这种规划的实施,同步实现了景观的生态与美态的序化、多样统一化、完整化,形成了生态的绿色系统化和景观的绿色系统化的重合,使景观的生态系统和美态系统在同形共相中,实现绿色的超循环。凭此,景观的绿色审美整生成焉。

景观绿色生态的系统化和绿色美态的系统化,复合运行,成就了绿色审美整生。随着春夏秋冬的时序更替,阴晴雨雪的气象转换,景观系统的绿色审美生态,在周期性的演进中,呈现出超循环的整生。

2. 景观系统的序进化绿色审美整生

在景观系统中,有自然景观层次,艺术景观层次、文化景观层次、科技景观层次、文明景观层次。天造地设的自然景观层次,是最早形成的。它是景观系统的生态基,形成了自然生态良性循环的整生化运行底盘,形成了与其同形共运的自然美态基座。在这个底盘和基座上,依次长出了艺术、文化、科技、文明景观层次,显现了景观系统的绿色审美整生规程。这后起的四大景观层次,随底盘和基座环进,形成了景观系统超循环的绿色审美整生。桂林城区景观系统,就是这样整生而出的。多圈型环扩的自然景观,耦合着生态循环,形成了生态审美的底盘与基座。在其上,依次生发的诸如山水神话、山水诗、山水画等生态艺术,诸如尧山、舜庙等儒家审美文化,诸如岩溶研究与开发等科学技术,诸如人杰地灵状元辈出等科举文明,都不乏山水之美的本源性,都几乎是从山水之美的本体上生发出来的。这就形成了桂林景观系统多样统一的整生,多元复合的超循环运进,显现了绿色审美整生。这种序态生发的绿色审美整生,使景观有了活脱脱的生命结构,有如托尔斯泰所说:"在真正的艺术

---

① 〔芬〕约·色帕玛著,武小西等译:《环境之美》,湖南科技出版社2006年版,第221页。

——诗、戏剧、图画、歌曲、交响乐中,我们不能从一个位置上抽出一句话,一场戏,一个图形,一小节音乐,把它放在另一个位置上,而不至损害整个作品的意义,正像我们不可能从生物的某一部位取出一个器官来,放在另一部位,而不至毁灭该生物的生命一样"①。景观的序态生成,自然形成了各得其所、各安其位、各司其职的景观层次,其整体结构也就有了完备协同的整生性,有机成长的整生性。

"时运交移,质文代变","歌谣文理,与世推移。"② 景观系统的序进化绿色审美整生,往往是逻辑化地历史形成的,除了保护基点性层次外,其他层次均有着不可缺少、不可替换、不可挪动的生态位,保护了它们生态的完整性和有序性,也就保持了它们特别是整体的绿色审美整生性。像英国的伦敦,自中心向外圈态扩展,形成了有不同历史时期建筑风格的九大审美圈,像一棵大树一样,有了历史的年轮,形成了整生化的城市审美生态。如果实施旧城改造,打乱了城市的生态序性,伦敦也就没有了积淀深厚的城市景观的审美整生了。

3. 景观神韵的系统整生

每一个景观,都是一件具有独立性的整生的作品,除了外在的边界,显示其系统整生的区域与区位外,它还有内在的神韵,显示出其独特的审美精神和审美气韵的系统整生,构成内在的景观间性。形态的系统整生和神韵的系统整生,构成了其完备的绿色审美整生。景观神韵的系统整生,是景观所有审美特质的动态中和。核心景观的审美质,常常奠定了景观神韵的基调,主要景观形态之间的中和,常常给出景观神韵的基点,序态生发的景观层次的对生,中和出景观神韵。这就见出,景观神韵,确是景观的审美整生质。桂林城区景观,其俊逸的神韵,就是如上整生而出的。其核心景观层次,由处在景观中心的独秀峰、伏波山、叠彩山构成,它们亦秀亦雄,中和出俊逸的神韵,奠定了景观整体的审美基调。山与水,是桂林城区主要的景观形态和主要的景观元素,漓江抱城而流,飘逸舒放,山峰拔地而起,俊秀洒脱,自成俊逸的审美神韵。核心景观之外,依次形成两江四湖的媚秀景观圈、象鼻山等的婉秀景观圈、七星

---

① 〔俄〕托尔斯泰著,丰陈宝译:《艺术论》,人民文学出版社1958年版,第128页。
② 周振甫译注:《文心雕龙选译》,中华书局1980年版,第269页。

山等的俊秀景观圈、尧山等的雄伟景观圈，达成了由秀而雄的序态的景观层次生发，再而形成了由雄而秀的景观层次回收，这就在由秀而雄和由雄而秀的对生中，中和出了雄秀相间的俊逸神韵，完成了桂林景观神韵的系统生发。

以生态系统的完整性为标尺，景观的形制，显示了外在的边界，景观的神韵，生成了内在的边界，三者统一，达成完备的审美整生。

4.景观网络的全球性绿色审美整生

景观间性，构成了景观的独立存在性和相互关联性，以形成景观网络，覆盖各地区，各个国家，乃至全球，形成逐级扩展的审美整生。同一区域的景观，凭借审美神韵的关联性共通性，乃至共同性，形成景观群落的绿色审美整生性。像桂林市和所辖各县的景观，各成系统，各呈殊态，各有神韵。就景观神韵来说，漓江为清秀，阳朔为幽秀，桂林市区为俊秀（俊逸之秀），兴安灵渠为文秀，资源的资江为彩秀，它们均有灵神秀韵，趣味相通相投，再加上景观廊道的纵横网接，共成了大桂林景观区域灵逸秀雅的整体审美神韵，达成了景观群落形态的绿色审美整生。

覆盖国家疆域乃至全球空间的景观系统，也据上述之理生发，形成国家景观系统和地球景观系统的审美神韵，显现逐级扩大和逐位提升的绿色审美整生。

国家和地球景观系统，走向绿色审美整生，是历史的趋势与时代的要求。生态系统是大区域和全球性循环的，所有的生态系统，都分布在国家特别是全球的生态网络中，成为大系统和巨系统中的有机部分，或曰小系统。国家格局和全球格局的生态恢复和生态建设，正在成为地球人的共识，也必将成为共为。当这一天到来时，全国和全球生态系统，恢复了发展了超循环运行，与之复合同构的全国和全球的景观系统，也就相应地有了绿色审美整生性，有了进一步提升这种绿色审美整生的基础与条件。与各层次的景观复合的生态系统，因所处生态网络和大生态系统，恢复与发展了整生化运行，也相应地恢复与发展了整生度，景观系统的绿色审美整生也有了同步进展。全球性的生态文明，也促进了全球景观网络整体及其局部的绿色审美整生。伴随生态文明的脚步，艺术的发展，也迈进了生态时代，生态艺术将成为当代艺术的主流，景观的绿色审美整生，势必全球化。

（四）景观整生范式

生态景观化，不仅仅实现了生态系统的景观化布局，还进而实现了景观的生态性与审美性的耦合发展与动态中和，形成了绿色审美整生之景观，形成了景观的理想生态。

景观生态，是景观生态学的核心范畴与逻辑基点。在生态性、审美性、人文性、科技性的耦合里，形成审美同生，进而生发绿色审美整生，使景观生态有了系统的生态审美内涵，有了明确而又整一的最高本质规定性，也就提高了景观生态学的逻辑平台，从而与整生论美学相匹配，实现基础学科与子学科的协同发展。或者说，基础学科的一些重要范畴，是靠协调发展的子学科的系统意义的升华而形成的。绿色审美整生，是当代发展了的景观生态学的核心内涵，也是它的学术范式的内核，更是它进入整生论美学逻辑系统的介质。

随着美是整生观的拓展与升华，景观整生，同步成就了景观绿生与景观美生，成为景观生态学的学术范式。它分形了整生论美学非线性整生的范式，促成世界的绿色审美化涌现。而与之相应的美生人类学，则主要生发了人类美生。这两者对生，形成了美生活动圈的全球化旋升。将景观整生放在整生论美学的逻辑发展中，方可见出它与人类美生耦合发展的意义，方可见出它与人类美生共成地球美生场的价值。

景观整生范式的形成，标志景观生态学整合与提升环境美学、大地艺术、园林学、园艺学等学科，成了整生论美学的基本子学科，成了跟另一基本子学科——整合与提升生命美学、新实践美学、审美人类学、艺术人类学而成的美生人类学——对应发展的基本子学科。这说明，整生论美学的逻辑发展，是统筹其基本子学科的逻辑发展，达到系统推进的。由于整生论美学的四大基本子学科，几乎统合了当代生态审美文化的各种形态，整生论美学也就在动态的集万为一和收万为一中，实现了逻辑的持续整生，从而不愧于自身的名称。

三、景观艺术化

景观艺术化，是生态艺术化的第二个环节。生态景观化，使全美性的生态，走向系统化的整生之美，继起的景观艺术化，使之走向生态艺术化的整生之美。这种美，是在非线性有序、复杂性中和、动态性平衡、规律性曲进等所生发的超循环整生中形成的，可以称为生态艺术美。景观系统的生态设计，从一般的整生，趋向非线性整生，生发生态艺术，是以生态基的进一步完备为条件的。在环境设计中，景观系统首先是一个生态系统，应形成生态圈的构造，生发周走环进的生态流。在景观艺术化阶段，这种生态流的曲走旋升，是景观中各种生态的非线性有序、复杂性中和、动态性平衡、规律性曲进的生态关系、生态运动造就的，这就实现了生态规律性和生态艺术性的高端同一。

景观艺术化，有两种基本模式。第一种是景观园林化。园林的景观生态性和生态艺术性结合得很好，是精雅的景观生态和典型的生态艺术的统一。园林景观是一个活气环回、灵韵迁绕的生态场，方寸里藏天地，景换中显四季，微格中流大千，有限中连无限，当下里有古往未来，实景中有虚景群和虚景团，景构外有借景序列和借景系统，这就形成了景观的非线性、复杂性、无穷性整生，显示了生态艺术源源不绝变化无穷的衍生性。一些发达国家，城市在园林中，牧场形成了园林性格局，生态景观正在趋向生态艺术化，透出了人类生境与大地环境将步入生态艺术王国的信息。当景观艺术化以景观园林化的方式推进时，不少精雅的纯粹艺术进入园林景观，提升了后者的审美整生性。诸如题匾、对联、诗词、书画，进入园林化景观的楼台亭阁，或者以摩崖碑刻的方式立于景道，它们画龙点睛，凸显了景观神韵，雅化了景观的整生质。像昆明滇池的长联，就韵化了、提升了、丰厚了滇池的审美整生。上联为："五百里滇池奔来眼底，披襟岸帻，喜茫茫空阔无边。看：东骧神骏，西翥灵仪，北走蜿蜒，南翔缟素。高人韵士何妨选胜登临。趁蟹屿螺洲，梳裹就风鬟雾鬓；更苹天苇地，点缀些翠羽丹霞，莫孤负：四围香稻，万顷晴沙，九夏芙蓉，三春杨柳。"下联为："数千年往事注到心头，把酒凌虚，叹滚滚英雄谁在？想：汉习楼船，唐标铁柱，宋挥玉斧，元跨革囊。伟烈丰功费尽移山心力。尽珠帘画栋，卷不及暮雨朝云；便断碣残碑，都付与苍烟落照。只赢得：几杵疏钟，半江渔火，两行秋雁，一枕清霜。"这字字珠玑的长联，写尽了滇池胜景，阅尽了千古兴亡，吐尽了人生感慨，沉积了荣枯更替的哲思，深藏了万象转换的玄机，旋回着一任自然的余韵。凭此，滇池更加走向了时空无限的韵味无穷的审美整生。此外，它还作为召唤结构，唤起了一系列的艺术记忆，关联了群落化的艺术文本，园林景观的审美整生，凭此而质升量长。

第二种是景观衍生艺术。景观是元生态的文本，通过生态审美的中介，衍生出艺术文本群系，并在元生态与衍生态的对生中，形成超循环整生的艺术结构。像桂林自然山水景观，在千百年的生态审美中，接连生发出数不清的山水神话传说、山水故事、山水诗歌、摩崖石刻与碑刻、山水摄影与山水画，以及舞蹈戏剧乃至山水实景演出，形成了山水艺术的生态链环。它们与母体对生，将自身的生态艺术蕴含，回馈自然山水景观，这就形成了周走旋升的生态艺术圈。

四、艺术自然化

景观艺术化，形成了生态艺术。艺术自然化，促成了生态艺术的天然化，实现了向元生态的自然艺术和生命艺术的螺旋式回归，全景式地显现了曲走旋升的天生律。

艺术的自然化，是一种经由人工而又不露人工痕迹的超然性艺术境界，形成了超越原生态艺术的天然艺术和天生艺术。它在人的自然化和自然的生态文明化的对生耦合中形成与发展。

人的自然化和自然的生态人文化的统一，是艺术自然化的机制。这和马克思主张的"自然主义与人道主义的统一"是一致的。"这种共产主义，作为完成了的自然主义，等于人道主义，而作为完成了的人道主义，等于自然主义"。[①] 马克思讲的自然主义形态的人道主义，是一种生态人文主义，是人的自然化与自然的人化的生态文明化同一，也是艺术自然化的机理。

人的自然化，是新实践美学极力倡导的命题，也是具有普适性的生态美学规律。人的自然化，包括人的本真化、生态化、天生化和人与物的天态同构化。本真化，是人的自然化的起点形态和基础形态。生态化是人的自然化的发展形态和生发机制，生态化中的生态人文化和生态文明化，是实现人的天生化

[①] 马克思：《1844年经济学哲学手稿》，《马克思恩格斯全集》第42卷，人民出版社1979年版，第120页。

和构成人与物天态同构化的机理与缘由。生态自由的生发,展示了人的自然化的路径,显现了人的自然化的全景。生态自由,从生态自主始,依次走向生态自足、生态自律、生态自觉、生态自慧,最后抵达生态自然,并螺旋地回归了起点性环节：生态自主。人的生态自由过程,内在于人的自然化过程之中,推动其系统生发,超循环曲进。

  人的自然化,在当代生态艺术中已经初步呈现。在易嘉勋教授的爬山虎系列画中,人的攀越姿态成爬山虎的意态,直观的人的自然化中,显现的是人的天然活力与天态气韵；还有一位画家,用花山崖画中的屈腿曲肢之人做元素,组合成画幅。画中人成欲跃之蛙形,并在形的缩小、数的增多、域的拓展中,构成花树缤纷之态,从而走向了双重自然化,自然的丝丝缕缕活韵与生命的生生不息气象,跃然纸上。

  自然的生态人文化,特别是天态人文化,是自然的人化的修正、改造与转换,是人与自然从矛盾对立走向和谐统一的机制。艺术与文学,曾一度被称为人学,这当然不全面。但艺术是一种审美的文化与文明,人文必然在其中,文化必然入其内,文明必然成其魂。虽然近代工业文明背景下产生的艺术信条,诸如艺术的人化,自然的人化,人的本质力量的对象化,已经成为历史形态,但它们作为人类特定时代的艺术范式,还应该有如凤凰浴火而重生的转换,即以生态文化和生态文明的风貌进入自然。这样,艺术中的自然也就有了生态文化的意味,有了生态文明的情调,有了生态性的人文化。在中国传统的山水画中,其荒漠苍茫深远亘古的境界,显现的是道家文化灵虚的氛围,灵逸的气韵。画中的自然被道家文明陶冶了,成为人文性的山水。我看过广西民族大学艺术学院一位老师的现代山水画,构图辽阔,骨有古架,不乏典雅风神,着色鲜活,韵有生气,颇有当代生态文明气味。中国山水画的这种探索,或许有着从传统走向现代的气性、气息和气象,或许有着从人类中心主义的人化,走向生态整生主义的人文化的态势与迹象,似乎有着当代天生艺术的自觉。

  纯粹艺术和景观艺术的天态人文化,和人的自然化统一,当可形成天态中和。这种天态中和的形成,有赖于艺术家的天态人文化和天态自然化的融为一体。我曾在一首题为《中秋月》的诗中写道：

月进中天兮，
寰宇清冽；
万象生心兮，
灵台澡雪；
吞吐古今兮，
淡对圆缺；
蹈乎大方兮，
齐物忧悦。

艺术家具备了这样的超然生态和自然心境以及雅素本性，也就可以书写天态艺术了。易嘉勋教授的修为臻于天然，人生几近自在，在上述爬山虎的画面中，也就做到了人的自然化和物的天态人文化的同形同构与同质，有着浓郁的以天合天的意味。黄宾虹身心为川中山水所化，其作品"雨淋墙头月移壁"，出乎自然，胜乎自然，有了天态自然的境界，这当体现了天态艺术或曰自然艺术的理想。

艺术的自然化，使艺术的生态足迹遍及整个生态域，即全部自然界，使艺术的生态质深入自然本源，臻于自然本体，契合宇宙大道，它还使艺术的审美质趋向天然，内含大法。一言以蔽之，艺术的自然化，使生态艺术量与质的发展同步地走向了极致。

艺术生态化，使生态全美；生态景观化，使生态尽趋系统整生之美；景观艺术化，使生态系统的整生之美，成为生态艺术世界；艺术的自然化，使生态艺术世界走向天态艺术世界，这就形成了超循环的艺术天生律。

美生律、审美旋升律、艺术天生律，从不同的侧面，体现了丰富了提升了审美整生律，促进了这一生态美学总规律的发展，使之与自然整生律走向同一。当审美整生律与自然整生律实现了同一，自然美生的完备实现也就有了可能。这也见出，美生研究探求美生文明圈的运生规律，为世界整生、绿色阅读、生态批评、生态写作、自然美生提供规范，归根结底是为了世界整生和世界美生的天态生发，归根到底是为了实现自然美生这一宇宙生发的终极目的。

第七章
生态写作

　　生态写作是创造绿色美生形象的活动，它应绿色阅读的需要，响应生态批评的倡导，遵循美生研究的规范，即按照绿色诗律特别是美生律和艺术天生律而展开。它从艺术创造的领域，走向整个生态领域，最后抵达全部自然领域，成为大写作。其写作者，可以是人，可以是自然，也可以是人与自然协同的集体；其写作的目标，既是创造想象的美生世界，更是创造现实的美生世界；其写作方式，既是一种语言符号的书写，更是一种生态符号的书写。基于此，各种培育和提升人类美生的活动，各种创造与促进美生世界的行为，各种促成和发展美生场的机制，都进入了生态写作的范围。诸如生态美育、诗意栖居等等，也就成了生态写作的重要形式。诸如狂欢、生秀、天雅，也可视为生态写作的主要范型与重要样态。

第一节　生态写作原则

　　就现有的资料看，学界关于生态写作，主要涉及两个方面：一是指学生的绿色作文，二是指生态文学艺术的创作。我认为，进入整生论美学范畴的生态写作，有狭义与广义之分。前者指的是纯粹艺术的生态写作，后者指的是生存艺术的生态写作。它们都属于美生场的创造活动。纯粹艺术的生态写作，创造精纯和精粹的美生世界；生存艺术的生态写作，创造全美的生态人类与生态世界。它们本质相通，并相互生发，共成生态写作的普遍本质。

生态写作在很多方面，形成了新的观念：作者不仅仅是人，还是生态系统及其各部分，是系统化的集体创作组织；写作方式，既有伏案挥笔，更有绿色审美化的生存与实践，行为写作和身体写作成为主要形态；作品有书画等物态化的艺术文本，更有绿色审美生态，特别是绿色美生场等现实存在的文本；其基本原则是整生化创造、美生化构建和自然生态化书写。

一、整生化创造

整生化，是宇宙和万物系统生发的过程与方式，也是生态审美创造的至理与大法。整生化创造，也就自然而然地成了生态写作的基本原则，并贯穿其全过程。从根本上讲，所有的生态写作，都可以归于整生化创造；所有的生态写作，都不能背离整生化的原则。或者说，失去了整生化的规约，离开了整生化的轨道，偏离了整生化的方向，迷失了整生化的目标，生态写作也就没有了既定的本质规定性，不再成其为生态写作。

生态写作的整生化原则，有着多元的要求，形成集约化的规范效应。

（一）作者的整生化

具体的生态作品，可能会署名某位作者，但这并非意味这是他一个人的创造。接受美学认为，艺术作品是艺术家和读者共同创造的。生态美学更是认为，审美创造活动处在审美活动圈的末端，积累了其前的审美研究活动、审美批评活动、审美欣赏活动的成果，是审美生态超循环运进的集大成。也就是说，美的文本，虽然在审美创造活动中形成，虽然由某位艺术家具体完成，实际上，它是审美活动生态圈超循环运行的结果，是这一生态圈上的审美欣赏者、批评者、研究者、创作者共同生发的。毋庸置疑，其完整的作者，是由审美欣赏者、批评者、研究者、创造者组成的审美创作集体。

大量的生态作品，生长于生态系统中，是人与物潜能的整生，是生态系统潜能的整生，其作者的整生性也就更强了。非书面的生态作品，即以审美化生存与实践的方式呈现的作品，往往是自写作的作品，直接的作者常常是作品本身。自写作的作者后面，有三大作者系列：一是民族的、国家的、时代的、人类的生态文明与生态审美文明；二是所属物种的生态链，所处生境的生态网；三是它所在的生态系统，关联的生态环境系统和生态背景系统。这三大方面，成就了自写作的作者，使其成为多系列耦合化整生的结果。

美是整生的本质观，决定了创造美的作者，必须是整生的。生态写作的作者，可以分为三类，即书面写作者，行为写作者，身体写作者，均是整生的。第一类是创造它者的写作家，第二类和第三类是书写自我的写作家。书面写作者，大都为艺术家，他为人类的民族的时代的生态文明特别是生态审美文明所陶塑，所整生，是生态文明和生态审美文明之万所生成的一。此外，他在生态审美活动圈的运行中，集生态阅读者、生态批评者、美生研究者、生态写作者于一身，进而达成了生态审美素养的整生化。行为写作者，可以是人，也可以是其他形态的生命和其他类别的物种。他们的行为，一方面为生态文化所规约，践行了生态审美文明，另一方面合乎所属物种的生态尺度、其他物种的生态尺度、人类的生态尺度，特别是合乎生态系统的整生尺度，成为整生化了的行为艺术家。身体写作者，有三种情况：一是作家特别是青年女作家暴露身心隐私的写作，这和书面写作形成了交叉；二是人的身形之美的塑造与展示，诸如模特表演和健美表演等；三是自然物形体与结构的审美生发。约·色帕玛说："自然也是个讲述者。""地理者，'大地之写作也'，它是一种系统性的努力，它要描写大地表面，它是对大地的科学描绘，而这也是一种环境批评的形式。"[①] 身体写作者的形成，需合乎物种的伦理尺度和生理尺度，合乎生态文明的尺度，合乎生态系统整生化的结构尺度与关系尺度。

（二）艺术书写的整生化

在生态写作的三种方式中，其一的伏案书写，不可能永不停歇，有着生态

---

① 〔芬〕约·色帕玛：《环境的故事：能说会写的大自然》，李庆本主编：《国外生态美学读本》，长春出版社 2009 年版，第 225—226 页。

间隔性,然其所写,有着逻辑的接续,显示整生性。其一生所写,是其艺术生命的系统生发,有着整生态。另两种书写,则是审美化生存与实践的本身,书写活动与生命活动同一,生命生发形式和生命活动形式的连续不断性,决定了行为写作和身体写作的整生性。

行为写作和身体写作,不仅仅是写作自我的身体与行为,还写出了与此相关的生境、环境与背景,有了多系统的整生性。海德格尔的存在主义哲学,说在,是众多之存在的统一。此在,含有它在、已在、将在。显然,这和一中有万,收万为一的整生观是相通的。事物行为与身体的生发,不是孤立的生发,它为他者和整体所生发,同时又生发他者和整体;它为历史生发,同时又生发未来;它为所在的生境生发,为支撑生境的环境生发,为影响环境的背景生发,又同时逐一反哺与回馈生境、环境与背景。整生网络中的自我写作,写出了我处其中的历史、当下、未来的纵向整生,写出了我在其列的物种、生命、生态的纵横时空的整生,写出了我在期间的生境、环境、背景的复合时空的全维度整生,成为一种全息性的生态写作。

(三) 作品的整生化

作品,作为生态写作的成果,它的整生化,集中地表现为生态系统的审美生态化,特别是审美整生化。生态写作的对象,是生态系统,生态写作的目的,是把生态系统变成一个作品,使其整生化。

生态系统是众多有序排列的生态位,既各安其位,各司其职,又相互协调,紧密配合,更整体关联,循环运生的结构。所有生态作家,各自写作的具体对象不同,完成的具体作品也不同,然他们的所写,均是生态系统的审美生态,他们的作品,均是生态系统美生结构的有机部分。也就是说,他们的作品,成了生态系统中生态化和审美化耦合并进的生态位,既是独立的美生物,又组成了良性环生的美生结构,整生出一个大作品——审美整生化的生态系统,甚或自然系统。

自从人类出现以后,自然生态系统已经不是原生形态了。人类的精神生态、文化生态、社会生态、文明生态,汇入自然生态,组成大自然生态系统自发与自觉统一的运行。生态写作,成了大自然生态系统的自觉运行协调与协同自发运行的机制,生态作品,不管是书面形态的,还是行为和身体形态的,都成了大自然生态系统的有机成分，成了这一系统持续走向整生化美生的缘由，成了这一持续走向整生化美生的系统本身。在所有生态写作的聚万为一、收万为一、以万生一中，形成了美生化旋升的生态系统，写出了一个大作品。毋庸置疑，这个大作品，是系统整生的，或者说，它是生态作品整生化的最高形态。

组成上述大作品的各种生态作品，也是整生化的。它们或呈依生之美，或呈竞生之美，或呈共生之美，然在复杂性的联系中，形成了共通性，生发了通约力，增强了合塑力，升华了整生性。凭此，各种具体的生态作品，也就成了受整生之美规约的审美生态，成了生发生态系统整生之美的审美生态。也就是说，它们是整生化的依生性、竞生性、共生性作品，是万万一生的作品。

二、美生化构建

生态写作，是写作美生化的生态系统。美生化与整生化同义，可以互文。生态写作整生化，成了生态写作美生化的前提与条件、机理与规律、方式与机制。

按照西方环境美学大家的看法，人类未涉足的自然，是全美的。人类文明兴起之前，大自然自发地形成了生态有序，自发地构成了生态循环，构成了生态系统的整生化，完成了生态系统纯自然的美生化构建。

人类文明形成后，特别是工业文明的勃发，引发了非生态写作，破坏了生态系统的整生化运行，相应地破坏了它的审美生态。人类的生态文明出现后，将系统地形成共生化特别是整生化的生态文化、生态科技、生态艺术、生态政治、生态经济、生态哲学，在社会生态领域形成整生化的生态写作，形成整生化的生态审美文明构建。共生化和整生化的生态文明，从社会生态领域，进入自然生态领域，停止了以往非共生非整生的社会生态与文化生态，对共生性和整生性自然生态的破坏，恢复与优化了自然生态的整生化运行，构成了文化生态、社会生态、自然生态耦合并进的复合式超循环整生。这就同时写出了生态系统的大整生之美，达成了生态系统的美生化构建。这就说明，生态系统的整生化与美生化是同步推进的，生态写作写出了生态系统的整生化，也就同步地写出了它的美生化。

　　生态写作从书面形式走向了生存与实践形式，生态文明整体和其一切具体形态，均成了生态写作的形式。融入社会和融入自然的生态文明，也就在协同实现生态系统的整生化运生的同时，形成了它的美生化运行。与此相应，生态文明的各种具体形态，只要包蕴了共生质特别是整生质，也就成了共生化特别是整生化的生态文化写作、生态科技写作、生态经济写作、生态政治写作，生态社会写作、生态自然写作，也就写出了相应的审美生态，也就形成了相应领域的生态审美化建构，最终形成生态系统的美生化建构。

　　整生化形态显示了美生化形态。发展与提升整生化，成了发展与提升美生化的途径。非线性整生、动态中和式整生、超循环整生，是生态系统高级的整生形态，也相应地成了高级的美生形态，成了生态写作的高层目标。

　　生态文明是恢复与发展生态系统整生性的机理。生态文明的整生化程度越高，真善益宜绿智美的中和越好，就越能形成精神生态系统的整生，就越能促成社会生态系统的整生，进而达成自然生态系统的整生，最后实现整体生态系统的超循环整生与美生。这样，生态文明就成了生态系统美生化写作的主要方式和核心形态。

三、自然生态化书写

　　对生态系统的美生化写作，经由了从无为到有为再到无为的过程，显示了自然生态化书写的非线性发展。生态系统是自然形成的，其系统整生性也是自组织、自控制、自调节的结果，是一种纯粹的自然生态化书写，形成的是自然美生化作品。这是第一个无为形态的自然生态化书写。

　　从自然生态中生发出人类生态后，整体的生态系统进入了无为和有为结合生发的时期。由于人类文化和人类文明有一个发展与超越的过程，不可能一蹴而就，迅速臻于生态文化和生态文明的境界。这就势必在一段时间内，形成了大自然无为的整生性，与人类文化与文明有为的竞生性的矛盾。竞生性的人类文化和人类文明呈现了两个方面的狭隘性。一是对自然认识的狭隘性。近代分门别类的学科与知识，未达相互沟通与融会的境地，有如盲人摸象一般，认知的是学科对应的局部性自然，难以把握生态系统的整生性联系，难以通识生态系统的整生规律和整生目的。二是自身目的更显狭隘性。近代以来，相当长的一段时间内，人类只认识到自身是自然发展的最高目的，享有主宰与支配自然的至高无上的权利，从而肆无忌惮地心安理得地榨取自然，完全不顾其他物种的权益和大自然整体的死生。大自然系统在这种极端人为的竞生中，生态秩序打乱了，生态结构破碎了，整生性联系隔断了，自然生态之美随之受损。生态系统的非整生化，使人类陷入了生存危机。时代呼唤着生态文明，后者也就应声应时而出了。这是一种超越性的文明，为这种文明所陶冶的人类，逐步深化了对自然的整生性认识，尊重、维护、发展自然的完整性与整生性，将人类自身的权益与其他物种的权益特别是生态系统的整体权益联系起来，将自身的权益和其他物种的权益平等看待与对待，并置于生态系统整体的权益之中，并认识到自然生发人类的目的，是为了实现生态系统更高境界的整生化。与此相应，生态系统的自写作，也就从纯自发的自然写作，经由人为的非自然写作，进入了自觉性的自然写作，提升了生态写作的境界。

  生态文明背景下的自觉性自然写作，以大自然的整生化发展为目的，是一种超越性的写作。人类的社会生态写作、文化生态写作、科技生态写作，所形成的人类生态整生化，是为了恢复与发展自然生态的整生化，是汇入和提升大自然生态的整生化。这就从总体上确定了这种生态写作的自然性。

  生态文明有着自然整生化方面的要求，形成了相应的生态伦理和生态智慧。它从社会生态领域和人类生态领域，进入自然生态领域，既尊重了自然生态的整生化发展，又自觉自然地调适了自然生态的整生化发展，使这种发展更加符合大自然生发的公理和大道，使大自然有了自发与自觉水乳交融的整生之美。

  生态文明引导社会生态的发展，服从自然生态总道的规范，进而融入后者，共同构成大自然的超循环整生，形成智慧大自然的自写作，以形成生态系统超然的整生之美。

  生态系统的自然化写作，因人类文明的介入而消减而散失，因人类生态文明的融入而恢复而发展，形成自觉的自然化写作。自觉的自然化写作，基于自发的自然写作，和于自发的自然写作，最后高于自发的自然写作，成为自然化写作的高级境界。

自觉的自然化写作，是生态写作的最高原则，它虽由生态文明造就，然未出大自然生态系统的自写作范畴。这是因为人类社会，包括他所创造的一切文明，特别是生态文明，均由大自然所生发，均是大自然自写作的形式，均是大自然生态系统中的一种生态。自觉的自然化写作，是大自然的生态系统发展到一定阶段，形成的一种写作形式。由此可见，所有的生态写作，均可以看做是大自然的自写作。

上述的自然化生态写作，是从生态系统自写作的通观视角提出与论述的，它构成了各种具体的自然化生态写作的背景性要求。有了这样的要求，一切形式的生态写作，除了直接促进所在系统的自然化整生外，还要最终促进整体生态系统的自然化整生，以实现生发自然美生场的最高写作目的。

第二节　生态美育

如果沿着界定美育的思路，来解释生态美育，自然会得出它是生态审美教育的看法。生态美育，确实有生态审美教育的意义，然不是它的全部意义。它的全部意义是生态审美培育，即培育美生人类和美生世界，培育自然美生场。基于此，将其归于生态写作的范畴，比让它继续留在审美教育的故地，似乎更为合适一些。

生态美育，以生态审美培育的方式，进入生态审美创造的范畴，以书写绿色美生者，书写绿色美生世界，书写绿色美生场，从而成为生态写作的重要形式与形态。

一、生态美育的目标

作为生态写作重要形式的生态美育，它的总体目标是培育绿色美生场，特别是培育自然美生场。这一目标的确立，是美育的本质与功能转向促进生态发展的必然，特别是美育的价值与意义朝向生态发展的必然。

（一）美育的目标

美育的目标，是其本质的凝聚，是其功能的指向。培育审美人，是美育的基础性目标。它可以分解为：培育广大的爱美者、审美者、造美者；培育他们爱美、审美、造美的情趣、品质与能力。凭此，它趋向系统性目标：促进人类的审美性生存与发展。这就和生态审美创造有了联系，显示了美育促进生态发展的功能向性，埋下了一般的美育走向生态美育的伏笔。

美育内含生态化的价值向度。美育走向大众，走向所有人，是人类美化自身以提升社会文明的举措。用艺术熏陶一切人，是美育的质量与数量同步发展的机制，是人类走向美态生存的路径。提升社会文明，使美育有了普适性的价值和系统性功能。所有的社会文明，都是人与自然协同创造的。人的文明形态和文明程度，决定了它与自然关系的文明形态与文明程度，进而决定了社会文明的形态与程度。通过美育，人类美化了自身，强化了自身文明的审美性，奠定了提升社会文明的基础。人类的文明，以真善美为价值形态和价值本质，以三者的协同发展，为价值诉求和价值目标。这三种文明有着对生关系，进而形成耦合发展的格局。人类经由美育提升的美态文明，来自真态文明和善态文明，包含了真态文明和善态文明，或者说，它是真态文明和善态文明共生的。与此同时，它又反哺与回馈了真态文明和善态文明，提升了这两种文明的质地与品位，进而作为中介，耦合了真态文明和善态文明，实现了三种文明的携手共进，实现了社会文明的系统发展。基于美态文明在社会文明中的核心地位与耦合功能，美育经由美化人类以提升美态文明，也就有了系统提升社会文明的作用，也就有了系统提升社会生态的价值。

实现人类美态生存，是美育意义的整体实现。人类凭借真态文明，实现规律化生存，是人类得以存续和进化的前提、机制与保证。真态生存，是人类自律生存的形态，是人类文明生存的起点。人类凭借善态文明，得以目的化生存，得以自觉地生存，得以意义化生存，得以价值化生存，得以高贵化生存，这就提高了文明生存的境界。人类凭借美态文明，得以诗意地生存，得以高雅地生存，得以自慧地生存，得以超然地生存，这就进入了文明生存的理想领域。美态生存，包蕴和超越了真态生存和善态生存，成为人类文明生存的高端形态与系统形态。

美育在上述目标的实现中，显示出生态写作性。创造源于现实又美于现实的形象，是写作的使命。美育多方面地完成了这种使命，显示了它作为写作的本质，确立了它作为写作的地位。美育把广大群众塑造成美好之人，塑造成审美之人，塑造成想审美、能审美、会审美的人，塑造成鉴赏家、批评家、美学家、艺术家。美育还进而塑造了人类的美态生存状貌和美态文明样式，形成了时代的历史的审美画卷。凡此种种，多维地显示了美育的审美创造特质，显示了它作为写作的本质规定性，显示了它的生态写作性，显示了它进一步走向生态写作的可能性与必然性。

从传统美育的目标设置与追求，已经看出了它的生态美育的向性，已经看出了它由一般的写作走向生态写作的趋势。跟传统美学一样，传统美育也有三大局限：首先是美育时空的局限，再有是美育距离的局限，还有是美育疲劳的局限。社会对人的教育和培育有着多方面的指标，需要受教育者在德智体美劳方面协调发展。这就需要统筹安排各种教育和培育的时间与空间，交叉地进行各种教育和培育的活动，美育也只能和其他教育形式一样，间隔地断续地进行，不可能达到生命全程全域的展开，这就显示出了时空的限制性。在各种教育形式中，德智体劳的教育直接关乎民生，受教育者的主动性、自觉性容易激发，抗干扰的机制好，容易形成稳定的持久的专注力，容易保证教育活动的持续进行。美育则缺乏直接的功利性，接受者须排除功利性教育的欲求，压制功利性教育的冲动，保持跟功利性教育的心理距离，形成平和冲淡的心境，在澄心静虑中维持求美的心理定力，方能持续美育活动。这就有了美育心理距离的局限。德智体劳的教育，跟立身和维生直接相关，跟生存的全时空欲求关联，因而能够源源不断地生发心理动力，消解疲惫，维系受教的兴趣。美育跟维生缺乏直接的关联，相应的心理动力弱一些，也就容易生发疲劳，影响教育的效应。上述三种局限，形成了跟美育目标的矛盾。美育的高层目标，是促进人的美态生存和社会的美态文明，显示了塑造全美人生和全美社会的生态性写作蓝图，这就有了超越美育三大局限的内在要求，形成了生态美育的向性。可以说，生态美育是传统美育的高端目标托举出来的，是传统美育潜能的实现，是美育发展的必然；传统美育高端的生态性写作任务，也就历史地落在了后起的生态美育身上。

(二)生态美育目标：审美生态的绿化与场化

生态美育的目标跟其本质和功能直接相关。Н. Б. 曼科夫斯卡娅在谈到生态审美教育时说："这种教育的形式有：培养审美需求和审美情趣；掌握大自然的审美语言及其象征（符号）；培养对大自然的审美关系和伦理关系；培养美化环境的习惯；培养景观建筑、园林艺术领域的职业设计师、建筑师、都市设计师、自然保护区工作者及其他专家。"① 丁永祥说：生态美育的"宗旨是建立健康的生存观，培养新一代'生态人'和'诗意栖居者'。"② 这一看法，有了生态文明建设的旨趣，超越了一般美育的人类中心立场。季芳指出：生态美育"较之以往艺术美育更富实践意义的广阔内涵，培育生态审美主体、优化生态审美对象，让新的生态审美主体按照生态美的规律生存、实践，自觉推进自然—社会生态美的创造，在这一系统生存的过程中最终实现生态审美世界的创造。"③ 龚丽娟主张"生态美育通过培养审美主体的绿色审美兴趣、生态中和理想、绿色阅读能力与绿色艺术实践风尚，引领审美主体在审美、造美活动中构建绿色艺术世界。"④ 她们的见解，有一个共同之处，就是主张对人与世界关联地进行生态的、绿色的审美培育，未局限于对主体的生态审美教育。

生态美育的目标是培育审美生态。审美人生和审美世界的对应性培育，可形成审美生态的系统性培育。审美生态，是一个包蕴丰厚的范畴，它指审美的生发状貌、结构、关系、历程，既包括审美的生态化规程，也包含生态的审美化态势，更包含审美的生态化与生态的审美化耦合并进的行程。生态美育，在审美的生态化中，培育了审美人生；在生态的审美化中，培育了审美世界；在审美人生和审美世界的对应性生发中，培育了系统的审美生态，形成了系统化的审美生态的写作，形成了美生场的写作。

---

① 〔俄〕Н. Б. 曼科夫斯卡娅：《国外生态美学的本体论、批判和应用》，见李庆本主编：《国外生态美学读本》，长春出版社 2009 年版，第 24 页。
② 丁永祥：《生态美育与"生态人"的造就》，《河南师范大学学报》2004 年第 3 期。
③ 季芳：《论生态美育》，《广西民族大学学报》2009 年第 3 期。
④ 龚丽娟：《从生态教育到生态美育——生态审美者的培养路径》，《社会科学家》2011 年第 7 期。

跟传统美育相比，生态美育形成了系统的目标：培育审美生态，写作审美生态。传统美育的高层目标：美态生存和美态文明的培育，也只是在人类社会领域里实施，未涉及美态世界特别是美态自然的培育。显而易见，这是一种主体论美育。生态美育则是一种整体论美育，其审美生态的培育，是审美人生和审美世界的对应性培育和耦合性培育。这不仅仅是美育领域的扩大与延伸，而更是一种美育范式的变更与转换，即由一种片面的割裂的形而上学形态的美育，转换为系统的关联的辩证形态的美育。审美生态是一种系统质，是审美人生和审美世界对生共成的，反过来，它又统领和规约了审美人生与审美世界的相生互长与共进。生态美育培育和写作审美生态，也就有了共生性写作特别是整生性写作的意义。

生态美育的辩证性，是从解决传统美育的三大难题中生发出来的。它通过美育活动与其他教育活动的结合，使美育活动，不仅在艺术欣赏活动中展开，在其他专门性的审美教育活动中进行，而且还在一切教育活动中实施。这就实现了所有教育活动的专门化和美育化的统一。所有的教育活动，既各自实现了自身特定的教育目标，又协同地实现了美育的目标。其他教育活动，有着一体两面性：既保持了原先的门类教育特性，又生发了新的审美教育特性，更形成了生态美育的整体特质。也就是说，它们在不失原质的基础上，凭借新质与审美教育的本质形成了同一性，进而凭借整质与审美教育共成了生态美育的系统质。这样一来，德智体美劳的教育，都成了不同样式的生态美育，消除了审美教育和其他教育争夺教育时空的竞生，消除了审美教育的需求和其他教育的欲求争相满足的矛盾，消除了单一审美教育的持续性与疲倦性的对立，一揽子地破解了传统美育的三大难题，有了一石三鸟之效应。正是在对传统美育三大难题的破解中，生态美育形成了生态写作的整生性，实现了对人与世界的各种品质的审美整生性塑造。

生态美育在教育领域里，实现了审美教育和其他教育的结合，初成了辩证本质，初步趋向了培育和塑造审美生态的系统目标。继而，它走向了生态领域，实现了美育活动与生态活动的统一，使一切生态时空成为生态美育时空，使一切生态活动样式成为生态美育样式。审美培育的生态化，不仅仅是审美培育向生态领域的拓展，也不仅仅是把生态培育成审美生态，而是绿色美育性与绿色生态性的对生与共进,是绿色生态的培育和绿色美态的培育的耦合为一与辩证发展。总而言之,生态美育,将生态培育和塑造成审美生态后,进而使之同步地发展绿与美,走向绿色审美生态,其生态写作的目标也就无形地提升了。

生态美育对审美生态的培育和塑造,进而对绿色审美生态的培育和塑造,均是天人并进的,其目标也就走向了辩证的深化。人类的审美生态不可能脱离世界的审美生态孤长,生态美育必须统筹兼顾人类审美生态的培育和世界审美生态的培育,实现两种审美生态的相生并长,实现两种审美生态对应耦合地绿色提升,最后培育出绿色的审美生态场。对绿色审美生态场的培育,形成了生态美育的系统目标,并相应地形成了大生态写作。更明白不误地说,生态美育作为生态写作的形式,它的目标是"写"出人类审美生态和世界审美生态的对应生发,"写"出审美生态的绿化与场化的进程与图景,"写"出绿色审美生态场。

(三)整生美育的目标:美生的场化与绿化

生态美育的理想形态是整生美育。整生美育由共生美育发展而来。共生美育的特征,是对应地培育人类审美生态和世界审美生态,进而培育出绿色审美生态场。这种绿色审美生态场,是由人类审美生态和世界审美生态对生并进共成的,因而是一种共生形态的绿色审美生态场。

整生美育的目标,定位于全美生态的培育,或曰美生者的培育。美生者,是全美者,是全审美者,是全审美生成者,是全审美生存者,是全审美生长者。这里的全,指的是美育接受者的一切生命时空。这里的美生者,既指人,也指世界,更指两者统一的场。美生场,作为美生者的系统形态,整生性更强,是美生之人进入美生世界,所达成的一体旋升的四维时空化格局。

美生场的绿化,是一个生态自然性、生态人文性、生态文明性协同发展的指向。绿,是一种良好生态,是生态自然性的表征,即生态未受污染、损伤、破坏,一如本然的生机勃发的状况。美生场的绿化,是一个美生度更高的整生美育指标,即美生者的状态,是生态存在和审美存在浑然天成的状态,是生态自然性存在、生态人文性存在、生态文明性存在共同趋向自觉性自然的状态。这种绿化的美生状态,是一种基于自发性的自然美生状态,经由整生美育,所达到的自觉性自然美生的超然状态。

抵达整生美育的目标，有几个环节是不能缺失的。这就是培养大众绿色阅读的眼光、生态批评的意识、绿色诗律的修为、生态写作的能力。有了上述三个方面的基础性修为，美生的场化与绿化才有可能。

生态写作以整生美育的形式，书写自然美生的图景，构造自然美生场的天地，契合宇宙审美生发的规律与目的，从而有着广阔深邃的生态审美创造前景，或曰美生创造前景。

二、生态美育的基本路径

生态美育的路径，通向生态美育的目标，成了生态美育的实施图式与生发轨迹，成了生态美育的形成机理和生发规律。与此相应，它也就同时成了生态写作的规范与途径。生态美育的主要途径，可以归纳出三条：从艺术美育始，经由学科美育，抵达生存与实践美育，旋回至生态艺术美育；从竞生美育到共生美育，再到整生美育；从人的美育到审美生态的培育，再到美生场的培育。其中第一条路径是基本路径，其他路径由它分生而出，进而成为它的组成部分。生态美育的路径，展现了生态写作的步骤与过程，凸显了生态写作递进的境界，凸显了生态美育和生态写作的动态同构性，或曰有机运动的一体两面性。

生态美育的路径，包括形成生态美育的路径和展开生态美育的路径。这两种路径是衔接在一起的。从艺术美育到学科美育再到生存与实践美育，最后回到生态艺术美育，是生态美育的生成路径。从生态艺术美育始，持续地生发超循环，是生态美育的展开路径。生态美育的生发路径，同时也是生态写作的生成规程，这就耦合地显示了生态美育和生态写作的同一性规律。

（一）艺术美育

艺术美育是一种传统的美育，生态美育以艺术美育为生成起点，说明它是在承接美育历史成果的基础上发展起来的，两种美育是一线承传的。艺术美育为生态美育提供了高起点，学科美育为美育的生态化准备了系统的条件。有了前面两个环节的完备形成与一气贯通，生态美育自当水到渠成。

艺术美育主要培育群众的审美心理图式。审美心理图式由艺术趣味、艺术修养、艺术能力与生态视野诸层次构成，是一个整生化的审美个性系统。艺术美育激发了群众强旺的审美欲求，形成持久的审美心理动力，形成高雅的审美心理趋向，形成整生性的特异的审美趣味结构。群众的审美趣味结构，是在激发与培育的统一中生发的。审美趣味是通过遗传获得的审美潜能，它是人类的、人种的、性别的、民族的、国家的审美文化和审美文明的范式在个体身上的留存，是共通性存于个体性的痕迹，是整生性存于个别性的记忆。潜能形态的艺术趣味，一方面为其所对应的艺术美育所激活，另一方面成为选择艺术美育的机制，实现了群众艺术趣味的向性和艺术美育功能特性的一致。这种一致，起码有三方面的意义。一是艺术美育的自主性。群众天然的艺术趣味中，含有艺术美育的需求，形成了艺术美育的内动力；群众艺术趣味的特性，选择了艺术美育的方式与文本；这就从根本上决定了接受者既是艺术美育的主体，还是艺术美育的主导，艺术美育归根到底成了群众对本己艺术趣味的自我培育、自我塑造与自我书写，是群众艺术趣味的自显现和自生长的机制。二是艺术趣味的整生性。在自主性的艺术美育中，群众艺术趣味的显现与生长，按照其潜能态或曰基因态的元设计展开，一如本性地生发、优化与升华，有了可持续的整生性。艺术文本对群众的艺术趣味有着塑造性，但这种塑造，对应了基因态艺术趣味的元设计，是其艺术趣味的根性与本性的实现与成长，促进了其整生。

艺术修养主要包括艺术文本、艺术知识、艺术原理的系统把握。艺术修养同样是整生性与个别性的统一。整生性主要由艺术文本、艺术知识、艺术原理的经典性与普适性构成，个别性主要由大众艺术接受的嗜好性与选择性构成，在它们的统一中，所生发的艺术修养，同样是一种审美本性的整生化实现。也就是说，这是一种系统生成的艺术文本、艺术知识、艺术原理，在个体发育中的实现。它起码有两方面的意义。第一，艺术修为，虽是由外而内修成的，但也是由内而外选择的，还是由内而外实现的。系统发育可分为显态和隐态两种。文化和文明的现实生发，为显态的系统生发；文化和文明通过遗传的机制，在隐态的系统生发中，形成了个体的生理性心理遗存，即个体的文化与文明的基因。个中的艺术基因，是个体后天艺术修养生发的设计与蓝图，经由艺术趣味的选择机制，达成整生化与个性化统一的实现。这就说明，艺术美育对群众艺术修养的培育，在本质上是一种自育，是群众艺术本性的生发，是群众艺术根性的生长，是群众艺术天性的抒发。第二，从生态写作的角度看，艺术美育对群众艺术修为的培育，是群众的自我书写。"腹有诗书气自华"，群众以艺术美育的形式，书写了自身的艺术神韵，创造了自身的艺术气象，使自身成为一个艺术修为化的美生文本，成为一个自我创造的作品。

艺术能力主要是一种艺术感受与创造方面的整生力。艺术美育培养了群众欣赏音乐的耳朵和观照形式美的眼睛，使之有了基础的艺术能力。这种艺术感官，内化成艺术心觉，产生艺术通感力，构成艺术整生力。这种艺术整生力，是一种艺术完形的能力，它能以一生万和以万生一，形成系统的艺术画卷。这种艺术完形的整生力，首先是象的整生，它既指象的显态性关联生发，形成完整的艺术图像，显现完整的美生图景，也指象的隐态性关联生发，即序列化的显象，潜连着相关的图像群、图像系，形成更为整一的美生图景。其次是意的整生，它指群众在艺术图像的整生中，同步地直觉、顿悟出其关联性的情趣、意味、神韵，形成意义体系，并在意义体系的以万生一中，实现图像美生意义的最高觉悟，形成艺术哲象的升华。再有是意象的整生性实现。上述整生化艺术意象的生成，实现了眼中之竹向胸中之竹的转换，确证了群众整生性与个体性结合的艺术通感力。这种艺术意象，有着向手中之竹转换的向性，促成了艺术实现的完形力。群众可不约而同地依据艺术的美生意象，内塑自身的精神与灵魂，外显美生的言行，外造美生的世界。这样，艺术美育，写作出了群众美生的内心世界，并为他们写作美生的社会与自然准备了条件。

艺术美育为生态美育所做的基础性准备是全面的，生态视野的养成也是其中之一。艺术文本，总是依据一定时代的社会生态、环境生态与背景生态创造出来的，艺术图景特别是经典艺术的图景，也就同时成了精神生态图景、文化生态图景、社会生态图景、自然生态图景的统一体，成为生态百科全书。群众从中直觉顿悟出的义理，也是一种生态精神和生态规律。久而久之，群众也就形成了集约化的生态视域，有了贯通古今连接天人的全息性生态经验，艺术美育走向生态美育的可能性也就更为充分了。

为了实现走向生态美育的目标，艺术美育必须整生化。这种整生化，可以通过全面、系统、经典等元素显示出来。全面，指要满足与实现群众多样的艺术趣味，尽可能地使每一个人自主地接受多种艺术形式的熏陶与培育，自足地激发与生长艺术才能。系统，指每一个人根据自身的艺术天性，集中地接受某个或某些方面的艺术美育，以培育专门化的艺术优势，形成某个门类的卓越的艺术特长，为形成生态写作的强项做好准备。经典，指人类每一个体，应反复地接受民族的人类的各类艺术经典的陶冶，接受古今中外各种类型的艺术大师的通力合塑与集体书写，以生长和提升高平台的博而通的正而雅的艺术品质，完成对自身的高水平的美生写作，为其后身心之外的生态写作的美生化奠定基础。

艺术美育实现了对大众审美性与生态性统一的陶塑，完成了对它们的生态审美性的书写，既构成了生态美育的基础，又成为了生态性的美育。这再次说明了一般美育完成了对生态写作者的基础性塑造，不容置疑，生态美育是从一般美育中生长出来的。

（二）学科美育

在事物的发展过程中，任何环节，都既有独立的生态位，又是其前与其后环节的中介形态与过渡形态，这就增强了事物生长的有序性和整生性。生态美育的生发也是一样，艺术美育既是一般美育走向生态美育的中介，又是生态美育的起点性环节。学科美育既是生态美育的生长环节，又是艺术美育走向生存与实践美育的中介。

学科美育是艺术精神艺术法则与科学精神科学法则、人文精神人文法则、生态精神生态法则融会贯通的整生化美育，是生长环节的生态美育。进入学科美育中的学科，主要有如下六类：第一类是科学特别是生态科学，它们以真特别是生态真为内涵；第二类是人文学科特别是生态人文学科，它们以善特别是生态善为内涵；第三类是技术科学特别是生态技术科学，它们以益特别是生态益为内涵；第四类是社会科学特别是生态社会科学，它们以宜特别是生态宜为内涵；第五类是哲学类学科特别是生态哲学类学科，它们以智特别是生态智为内涵；第六类是文艺学美学类学科特别是生态文艺学和生态美学类学科，它们以美特别是生态美为内涵。在学科教育中进行学科美育，使群众从真善益宜智美的文明陶塑，走向生态性的真善益宜智美的生态文明陶塑，最后走向生态艺术性的真善益宜智美的生态审美文明陶塑,培育出系统的生态文明化的人类审美生态。

学科美育统一了学习时空与美育时空,成为生态美育的重要环节。经由这一环节,大众系统地经受了自然义理、生态义理与审美义理同步的熏陶与洗礼,成长为绿色美生者。诺贝尔生理医学奖获得者沙利文说:"一个科学家理论成就的大小,事实上就是它的美学价值的大小。"① 泰戈尔说:"哲学是观察的艺术,是思想。"② 儒家主张"里仁为美"、"充实之为美"。这就说明,科学、人文、生态、美学的义理是相通的,真善益宜智与美是同一的。科学的至真处、人文的至善处、技术的至益处、管理的至宜处,哲学的至智处,也就是生态和谐处与系统整生处,因而也就成了生态最美处。自然科学、人文科学、技术科学、社会科学、文艺学最深的逻辑图景,与生态美的图景同一。凭此,学科教育和生态美育实现了逻辑顶端的同构,学科教育也就内在地成了生态美育的形态,学科美育成了生态美育的关键形态与核心环节。经由这一环节,大众系统地接受了美生的塑造与书写,形成了整生性的美生质和美生力,成为美生者和美生创造者,可望在生存与实践的时空中拓展美生化的写作。

(三) 生存美育与实践美育

艺术美育是生态性美育;学科美育是系统生成的生态美育;生存美育和实践美育则是展开了的生态美育。这种展开,体现在如下方面。一是内外耦合地生发。艺术美育和学科美育,主要是一种由外而内的修心与修身统一的生态美育,它把大众培育成美生者,塑造成美生创造者。生存美育和实践美育,则主要是一种先由内而外再由外而内的修心修身与修行结合的生态美育。在艺术美育和学科美育中内功通成的美生者和美生创造者,在生存和实践中,外向地实现美生,显示美生,创造美生,发展美生,形成了内外俱修并进的生态美育和生态写作。二是由己及他地生发。大众在生存活动与实践活动中显美生美造美与审美,美化自己的生态,美化自己的生态关系,美化自己的生境,美化自己

---

① 梁国钊主编:《诺贝尔奖获得者论科学思想、科学方法与科学精神》,中国科学技术出版社2001年版,第34页。

② 同上书,第130页。

的环境，美化自己的生态足迹所及的事物与场所，形成了由己及它的美生培育和美生写作。三是由局部到整体地生发。生态美育是一种全态的美育，有着从局部生态时空的美生培育与美生写作，走向全部生态时空的美生培育和美生写作的过程。欣赏、学习、生存、实践，构成人的四种基本生态。人的整体生态大致由这四种生态构成。这意味着从艺术美育经由学科美育，走向生存美育和实践美育，可以形成全生态美育，即在一切时空和一切场域实施生态美育，培育全生命时空和全生态时空的美生者和美生写作者，以实现整生化的生态写作。

艺术美育是在专门的审美时空中培育美生者；学科美育是在专门的学习时空中培育美生者；生存美育与实践美育是在前两种生态时空以外的一切生态时空中培育美生者。前两种生态美育，是培育艺术化美生之人和系统化美生之人，是培育能美生之人和会美生之人；后两种生态美育，是培育全美生之人和全美生之场，是能美生之人和会美生之人的实现、确证与提升。前两种生态美育培植了后两种生态美育，生发了后两种生态美育。如果没有艺术美育的前提，生存美育和实践美育培育不出高品位的美生者，形成不了高水平的生态写作；如果没有学科美育的系统化美生，生存与实践时空中的人不会美生，不会创造美生，不会写作美生。这就说明，生态美育的生发是一环扣一环，既不能错位，也不能越位，更不能缺位，充满了生命系统的有机性。

（四）生态美育圈的旋升

生态美育的生发，显示了超循环的规程。从艺术美育经由学科美育抵达生存美育和实践美育，实现了全时空的生态美育，完成了对美生者、美生物、美生场的系统化培育和写作，走完了一个周期的规程。生态美育从艺术美育走来，走遍了所有的生态域，形成了完整的本质规定性。带着系统生发的成果，末位的生存美育和实践美育反哺回馈艺术美育，使其获得了生态美育的完整质，形成生态艺术美育。这就构成了生态美育螺旋发展的新起点，形成了新一轮的生态艺术化的美育，即在学科场域、生存与实践的场域，依次展开生态艺术化的美生培育和写作，整体地形成了绿色艺术美生场的培育和创造，全面地提升了生态美育的美生塑造和美生写作本质。

上述超循环，构成了生态美育生发的基本路径，显示了生态美育的基本规律，搭建了生态美育的基本构架，可以分生出诸多生态美育的具体路径，形成诸多相应的生态美育规律，形成生态美育的本质系统，并相应地形成了生态写作的机理。艺术美育和学科美育，主要培育和塑造人类美生者；生存美育和实践美育，对应耦合地培育和塑造人类美生者和自然美生者。这就显示了从人类美生到自然美生的生态美育和生态写作轨迹。艺术美育是独立于其他教育活动并与其争夺生态时空的竞生式美育；学科美育是耦合教育活动的共生式美育；生存美育和实践美育是生态性与审美性并进的整生式美育；这也划出了生态美育从竞生美育始，经由共生美育，抵达整生美育的行进路径。这些具体路径，拓展与丰实了生态美育的基本路径，完善了生态美育塑造美生和写作美生的本质规定性。

三、生态美育中的生态写作

塑造美生形象，创造美生世界，是生态美育和生态写作的共同任务、共同目标和共同效能，也是生态美育成为生态写作样式的依据。

(一) 生态写作中的作者与作品

生态美育往往是自育和它育以及育己和育他的统一，这就相应地形成了生态写作中作者与作品的同一性。美生者，是生态美育的受育者，是成果，是生态写作的作品，同时，他还是生态美育的施育者，是生态写作的作者。这种四位一体的情形在生存美育和实践美育中尤为明显。

从书写自我到自我书写，是生态写作达成作者与作品一致的机制。在艺术美育中，大众书写自我，即把自己塑造成艺术家，书写成艺术美生者。在学科美育中，大众进一步书写自我，即把自己塑造成文人艺术家，书写成学术美生者。经由这两轮塑造自我与书写自我，大众既把自己塑造成了一个艺术作品，一个生态艺术作品，一个生态人文性、生态科技性、生态艺术性走向统一的作品，还把自己塑造成了一个艺术家，一个生态艺术家，一个懂得按照生态规律和艺术规律欣赏美、形成美、创造美的行为艺术家。至此，他基本完成了书写自我和塑造自我，转而在生存美育和实践美育中展开自我书写。这种自我书写，主要是一种生态艺术家的行为书写，他遵循整生律和美生律，按照绿色诗律的规则与规范，通过生态艺术化的生存与实践，书写自身的美生理想，美化自身生态足迹所及的生态关系，生态场域，用自身的美生，去书写他者、关系、整体的美生，创造出生存场域和实践场域的美生，形成对世界的生态审美化的创新与创造。这就拓展了深化了生态美育进行美生创造和美生书写的本质规定性。

（二）个性化书写与通约化书写

生态写作，主要是一种生态行为的写作，有着与生俱来的多样性、特殊性、个别性、个体性。大众经历的生态美育不同，其生态审美背景与生态审美修为不同，也就有着各自相异的生态审美创造个性，从而书写出千姿百态的美生作品。大众与生态美育结合的生态写作还有着多层次的通约性，以形成生态审美创造的类型性、普遍性、共同性、整体性、整生性，实现所有个体化生态写作的协同，实现社会美生场和自然美生场的系统化创新与创造。个性化书写与通约化书写的统一，实际上在生态美育对作者的书写中就形成了。每一个人都是被写作和自写作的结合体。从被写作来看，出生前，他是在系统发育中被塑造的，为自然进化史、人类文明史、民族文化史等等所通约，所通造，所书写；其个性化的潜质与潜能为整生化、整体化、普遍化、类型化的潜质与潜能所通约，所通塑，所书写。出生后，他是在个体发育中被书写与自书写的。在生态美育中，他接受自然的、社会的、科技的、人文的、生态的、艺术的塑造，形成共性化和通约化的生态审美潜质与潜能。他选择性地接受自然的、社会的、科技的、人文的、生态的、艺术的塑造，形成个性化和独立化的生态审美潜质与潜能，从而成为一个个性化与通约化结合的生态写作者。这样，他也就可以在生态美育中，写出相应品质的作品，也就可以相互通力地集体合作地创造出社会的自然的美生场，形成世界美生的大作品。

第三节　诗意栖居

诗意栖居既可作为生态美学范畴，也能成为生态写作的方式。如果说，生态美育既培育了生态写作，又成为生态写作的形式，那诗意栖居也是生态美育的结果,是生态美育培植的生态写作样式。由此可见,生态美育有着元写作的意味,它写作出了写作者,再经由写作者写出满世界的生态作品。诗意栖居的写作目标,定位于绿色艺术美生场的创造。它的生态写作逻辑是这样的:创造绿色艺术人生——创造绿色艺术生境——创造美生场。这和生态美育形态的生态写作,有着异曲同工性,并有了一般生态写作的本质规定性。

一、创造人类的美生

诗意栖居,表达了人类艺术化生存的愿望与理想,描写了人类的美生追求与图景。

(一)诗意栖居的美生性

诗意栖居,从字面看,它主要指人类日常生活的艺术化,是一种生存形体的生态写作。陈望衡教授说:"诗意,只是一个比喻,它强调的实际上是审美的生存。"[①] 周来祥教授说:"海德格尔理想着'诗意的栖居',所谓'诗意的栖居'、审美的生存,实际上不过是和谐的栖居、和谐的生存。"[②] 诗意栖居的背景是人类的创造性实践,它也就成了一个充满张力的生态美学范畴,可以进入整生论美学的体系,丰富与提升生存与实践形态的生态写作。

海德格尔提出的诗意栖居的主张,来源于德国诗人荷尔德林的作品《人,诗意的栖居》中的句子:"人充满劳绩,但还诗意的栖居在这片大地上"。联系上述语境,诗意栖居起码潜存着三个方面的意义:一是可以将日常生活的艺术化,拓展到人类生态,书写艺术人生;二是拓展到充满劳绩的大地,书写艺术生境;三是在大地上对应地创造艺术人生与艺术生境,书写美生场。这样,诗意栖居也就有了整生性生态写作的意味了。海德格尔的"天地神人四方游",就是一种整生化的诗意栖居:"四种声音在鸣响:天空、大地、人、神。在这四种声音中,命运把整个无限的关系聚集起来。但是四方中的任何一方都不是片面地自为地持立和运行的。在这个意义上,就没有任何一方是有限的。或没

---

① 陈望衡:《环境美学》,武汉大学出版社2007年版,第83页。
② 周来祥:《和谐社会与和谐人生》,《人民日报》2007年1月6日。

有其他三方，任何一方都不存在。它们无限地相互保持，成为它们之所是，根据无限的关系而成为这个整体本身。"① 这样，诗意栖居，也就有了审美整生的意义，成为普适性的生态写作样态。海德格尔还区分了"筑居"与"栖居"，显现了诗意栖居的精神性。他还说："立于大地之上并在大地之中，历史性的人类建立了他们在世界之中的栖居"，② 突出了诗意栖居的自然性，应该有着自然美生的潜在意义。

阿诺德·伯林特在谈城市景观生态时，也显示了诗意栖居的向性："我们将城市景观理解为生态系统，并认定城市景观不应该压抑居住者，而是应该有利于居住者审美地融合于城市景观中，从而提高其生命质量"③。城市越来越成为人类主要的居所，城市生态景观化，市民诗意栖居化，于全民的美生意义十分重大。

相比城市，村庄更在自然中，更在自然景观中，更易实现诗意栖居。然城市化的浪潮已席卷乡村，富有地域文化与民族文化底色的民居，融入自然景观的诗意流转的民居，正在快速地消失，代之而起的是城市版的"筑居"，村民诗意栖居的美生性受损。中新网 2012 年 10 月 20 日登载罗鬼皞的文章：中国文联副主席冯骥才接受媒体采访时，援引官方公布的数字说，过去十年，中国总共消失了 90 万个自然村，"比较妥当的说法是每一天消失 80 至 100 个村落。""传统村落中蕴藏着丰富的历史信息和文化景观，是中国农耕文明留下的最大遗产。"冯骥才指出，随着社会的发展，村落的原始性，以及吸附其上的文化性正在迅速瓦解。因此，保护中国传统村落已经迫在眉睫。④

村民和市民有着不同风格的诗意栖居，有着不同韵味的美生，不宜趋同。然亲近自然，融进绿色，融入景观，形成审美生态应是全民共同的追求，应是全民公共的生态写作和系统的美生创造。

---

① 〔德〕马丁·海德格尔著，孙周兴译：《荷尔德林诗的阐释》，商务印书馆 2000 版，第 210 页。
② 〔德〕马丁·海德格尔著，孙周兴译：《林中路》（修订本），上海译文出版社 2008 年版，第 28 页。
③ 〔美〕阿诺德·柏林特著，程相占译：《都市生活美学》，见曾繁仁、阿诺德·柏林特主编：《全球视野中的生态美学与环境美学》，长春出版社 2011 年版，第 23 页。
④ 罗鬼皞：《冯骥才：中国每天消失近百个村落》，中国新闻网 2012 年 10 月 21 日。

（二）以诗意栖居方式书写人类审美生态

人类生态的审美化，是按照美真善益宜的逻辑及其对应的生态领域序态推进的。美，对应的生态领域是艺术。艺术是对人类生态和自然生态的审美化书写，成了人类生态审美化的起点。真，对应了科技领域，人类从艺术领域的生存，进入科技领域的生存，达成了美态生存与真态生存的统一，形成了以艺术化生存为背景的科技审美化生存，拓展了人类美生域，丰厚了人类美生质。善，对应了文化领域，人类在文化领域生存，是一种美态、真态、善态耦合的审美化生存，美生域的叠合与美生质的中和又进了一步，人类审美生态在趋向系统形成。益，对应了实践领域，人类在实践领域的生存，是叠合着艺术领域、科技领域、文化领域的生存，是美真善益的规律与目的走向统合的生存，是一种几近完备的审美生态。宜，对应了日常生活领域，人类在日常生活领域的存在，是以艺术领域、科技领域、文化领域、实践领域的生态审美性存在为前提的，为背景的，是一种美真善益宜系统生成的生态审美化存在。人类的宜态生存，处在人类生态审美化运动的末端，积淀了这一运动的全部成果，成为完备的审美生态。凭此，诗意栖居成了美真善益宜中和的美生形态，书写了人类系统的审美整生样态。

诗意栖居表征了人类日常生活的审美化，其宜的审美生态，已然整生化，有了完整的生态审美意义，有了真正的诗韵。日常生活要实现宜态，达到诗意栖居的境界，必须包含艺术的美态，科技的真态，文化的善态，实践的益态，必须实现上述诸种审美生态的统合与整生，舍此，是无法实现日常生活的宜态美生的，也无法实现诗意栖居的。诗意栖居成为整生化的审美生态，也就有了"以少总多，情貌无遗"的诗韵。它能够让人在宜态的审美生存中，体验与想见真态、善态、益态的审美生存，形成系统的美生感悟，从而确证了诗意栖居对人类审美生态的整生化写作。

诗意栖居成为人类审美生存的普遍形式。人类审美生态的逐一生发，结晶了诗意栖居，形成了整生化的宜态美生。宜态美生反哺回馈其他审美生态，使之一一审美整生化，具备美真善益宜中和的系统美生质，有了诗意栖居的品格。诗意栖居也就成了审美整生化的书写形式，既在日常生活领域，写出了人类宜态的审美整生，也在实践领域、文化领域、科技领域和艺术领域，一一写出了人类相应形态的审美整生。诗意栖居获得了普适性，在人类所处的各种生态场域里，都可以实现。诗意栖居的无处不在，人类的整生化美生和艺术化美生也就可望成为常态。

诗意栖居，写出了艺术人生。艺术人生以审美人生为基础。人类生存的审美化，从量的方面，与生态足迹相应，覆盖人的生命全程与生态全域；从质的方面，不断地形成艺术化的品格，显现生态诗理，盘旋生态诗律，升华生态诗韵，艺术人生的出现，自当水到渠成。当诗意栖居成为审美整生的形式，遍及人类生态域，形成艺术人生也就不在话下了。到那时，人们除了在艺术领域和日常生活的领域里诗意栖居，谱写艺术人生外，还——在科学的领域、文化的领域、实践的领域，实现真善益宜美统合地生存，整一地生存，达成诗意栖居，续写艺术人生。这样，诗意栖居也就等同了艺术人生，挥写了艺术人生，成为艺术人生的样式，成为艺术人生的形态。

（三）诗意栖居写出了绿色艺术人生

诗意栖居是系统生成的，决定其品位与程度的主要有如下因素：审美性与生态性；审美时域和生态时域。全时空的诗意栖居，挥写了完备的审美人生与艺术人生。出现这种全生态写作，是人的生态与审美全程全域耦合并进的结果。全时空的生态化诗意栖居，挥写了完备的全程全域的绿色艺术人生。

审美化生存，是人类普遍的理想与追求。与此相应，诗意栖居也就有了不同的历史形态，成为一个持续发展的生态写作范畴。狩猎文明时代，人类生态顺应自然生态，人类生态律进入自然整生律，自发地形成了自然化的诗意栖居；农耕文明时代，人类生态遵循自然生态，在人和于天中，自然地形成了生态性诗意栖居；工业文明时代，人类生态同化自然生态，诗意栖居丧失了生态性；生态文明时代，人类生态自觉自然地合于跟融于自然生态，将走向生态化诗意栖居，进而会走向自觉的自然化诗意栖居。生态化的自觉自然的诗意栖居，写出的是绿色艺术人生，写出的是人的绿色美生。

生态化诗意栖居，是一种生态和谐的诗意栖居。它要求人的一切生态活动，首先要合生态规律与生态目的，形成生态和谐，进而实现生态规律与目的跟审美规律与目的的统一，可望实现生态化诗意栖居，创造出绿色艺术人生。生态和谐是一个真善益宜绿智美兼具的七位一体的价值结构，是生态性与审美性走向同一的形态。生态和谐中的诗意栖居，自然地成了绿色的诗意栖居，自然成了有意味的绿色诗意栖居，自然地谱写出了绿色艺术人生的乐曲。

人的行为的生态规律化和生态目的化，有自律、自觉、自慧之别。自律，指人的行为，在合自身与对象的规律中，实现自身目的。人自律的生态行为，可形成共生之和，构成生态性的诗意栖居。自觉，指人的行为，合自身、他者、整体的生态规律和生态目的，可形成生态大和。自慧，指人的行为，更合生态系统及其各部分的生发规律与目的，导引和调适生态系统更佳地运行，形成整生之和。这可望实现深绿和至绿的诗意栖居。

生态和谐是一个生态性与审美性统一的范畴，是诗意栖居的生发机制。生态和谐性的高低强弱，直接影响了诗意栖居的生态性与艺术性的融会程度。可以说，生态和谐性越好，诗意栖居的绿色性与艺术性也就越能在更高的平台上统一。整生之和，实现了诗意栖居最高的绿色性与艺术性的统一，可使其写作出相应的绿色艺术人生。

生态和谐决定了诗意栖居的存在与发展。从生态写作的角度看，先创造生态和谐，诗意栖居的谱写，绿色艺术人生的描绘，可望水到渠成。生态大和与整生之和是各种生态的复杂性统一。在这种统一中，人类文化的自律、自觉特别是自慧起着举足轻重的调适作用。精神生态、社会生态、文化生态、自然生态的复杂性统一，可形成整生之和，支撑起诗意栖居。这四种生态的统一，文化生态有着中介的功能。文化生态揭示了精神生态、社会生态、自然生态的规律与目的，探求了各种生态在统一中形成与发展整生之和的条件、机制与方式，实现了文化生态的自律、自觉与自慧，从而耦合与调适各种生态，使其在相互作用中，形成生态系统的自控制、自调节，实现动态平衡和非线性有序，生发整生之和，托载起深绿的诗意栖居，刻画出深绿的艺术人生。

生态文明时代深绿的诗意栖居，应是大众化的生态写作样式，应是普及性的生态艺术作品。只有这样，才能形成人类的美生、人类的绿色美生、人类的深绿美生的宏大画卷。基于此，文化生态的提升与普及，也就显得举足轻重。各民族、各国、全人类都应发展共生态，特别是整生态的文化，增强这种生态文化的自律、自觉与自慧，使之能够揭示生态系统的整生规律和整生目的，全民族、全国、全人类乃至整个生态系统实现整生之和，也就有了可能。接着，在全球范围内，普及这种整生文化，增强全人类践行整生文化的自觉自愿性，使人人都成为深绿的诗意栖居者，个个都成为深绿艺术人生的书写者，也就可以通力创造出全人类深绿色美生的宏大作品。

（四）诗意栖居写出天态艺术人生

诗意栖居的形态与艺术人生的形态对应。整生性和谐中的诗意栖居，写出的是绿色艺术人生的华章。天生性和谐中的诗意栖居，写出的则是天态艺术人生的至文。所谓天生和谐，指的是人类文化对生态系统自律、自觉、自慧的调适，达到了"虽由人作，宛自天开"的境界，乃至胜却天然的境界，这可以叫做自然和超然的调适。这样的调适，所形成的生态和谐，是一种天生和谐。天生和谐是生态和谐的最高形态，是整生和谐的极致。天生和谐的生态性与艺术性，其质与量都走向了顶端，且实现了同构性统一。天生是生态和艺术的最高质态，生命体顺其本性生发，生命体之间、生命群体与生境及环境之间是一种本然化的联系，形成了天生质；艺术在"既雕既琢"中，"复归于朴"，走向"无法而至法"的天生态。天生，还是生态和艺术的最大量态。生态和艺术的生发，遍及自然，覆盖地球和天宇，是谓天生。天生和谐，内涵了生态性与艺术性的极致发展与同形共态的统一，也就托出了天态的诗意栖居者，描出了天态艺术人生，挥写了人类最高形态的美生，形成了自然美生的作品。

天态的诗意栖居者，达成了最高的生态自由和最高的审美自由的统一。这种自由生态，就是和自然同行共运的整生态。所谓"天地与我并生"，"上下与天地同流"，显现的就是与自然整生的自由。我写过一首名叫《学术田野》的诗：

  吐纳潮涨落
  呼吸月升沉
  人与天地化
  身同宇宙行
  神通整生律
  意接自然根

这通篇说的都是学者与自然一体运生，感通与参悟宇宙本体，所抵达的天态诗意栖居境界。人如何与自然整生，庄子提出了他的看法：先把握万事万物的具体规律，践行各种各样的"以鸟养养鸟"，然后"蹈乎大方"，遵循自然的整生规律，实现"逍遥游"的天态诗意栖居。庄子的这种逍遥游理想，凭借现代科技，已然逐步实现。"蛟龙号"7000余米的深海下潜，神九飞船与天宫1号在太空的人工对接与分离，使"可上九天揽月，可下五洋捉鳖"不再是神话。逍遥游是一种超脱人的物种局限，所抵达的整生自由境界。人类起码有四种形式，通向自由整生，实现天态诗意栖居。一种是前述的科技形式。它使人的生态足迹，抵达海底，抵达天心，摆脱了时空局限，实现了鲲鹏般的逍遥游。再一种是宗教形式。宗教哲学说它可使人摆脱现实的身心羁绊，回归至真至善至美的本体，实现天态的诗意栖居。像普罗丁认为，人源自太一的流溢，有着回归母体的向性。他超越肉体，回归精神；超越灵魂，回归理式；超越下界，回归太一，实现了与真善美本体的同在与整生。另一种是哲学形式，它使人识道和法道，最后与大道同一。老子说："人法地，地法天，天法道，道法自然。"（《老子·二十五章》）这最后实现的是与道的本然的合一。还有一种是审美的方式，以摆脱一切束缚，实现天态的诗意栖居。"观古今于须臾，抚四海于一瞬"[①]，这是一种审美思维的逍遥游。康德认为：人通过审美理性，可以超然地欣赏力学崇高；通过审美想象，可以系统地把握数学崇高，形成美生自由。柏拉图也说过，通过审美，也可抵达理式本体。这四种通向自由整生的途径，以不同的方式臻于天态诗意栖居，挥写天然的生态至文。其中宗教的方式，可能会有些争议。然宗教有四种境界，一是迷信的境界，二是信仰的境界，三是生存超然与心灵解放的境界，四是灵虚玄奥的艺术哲学境界。其中后两种境界，经过改造与超越，是可以通向天态诗意栖居的。中国古代的知识分子，诸如陶渊明、王维与李白，就以淡远的玄态、静虚的佛态和飘逸的道态，进入了天态诗意栖居的境地。

---

① 徐复观：《陆机〈文赋〉疏释》，《中国文学精神》，上海世纪出版集团2006年版，第266页。

二、创造美生世界

诗意栖居有两个相互关联的必要条件：一是诗意栖居者，二是诗意栖居所。诗意栖居作为生态写作的形式，它同步地书写出诗意栖居之人和诗意栖居之地，关联地创造出美生之人和美生之境，整体地创造出美生之场。也就是说，诗意栖居是一种系统化的生态写作。

（一）生境的景观化

诗意栖居之所，为美生之境。要创造出美生之境，须遵循景观生态学的规律。诗意栖居之所，由生境的景观化而来。生命体的生态足迹抵达之所，是谓生境。生境的景观化，是前章所述生态景观化的具体形式，它使欲想诗意栖居之人，有了诗意栖居之所。

景观是景观生态学和环境美学的核心范畴。著名的环境美学家阿诺德·伯林特的一部环境美学著作，书名就叫《生活在景观中》[1]，陈望衡教授在他的环境美学著作中，也明确地提出景观是环境美学的本体性范畴。[2] 与此相应，在生态美学视域里，景观可以成为美生的场域，成为诗意栖居之地。生境的景观化，也就成了生态写作诗意栖居之所的规律。

生境的景观化，形成不同篇幅的生态作品。生境的景观化，使栖居之所成为景点。可栖居的景点，是空间结构性的美所。它的审美构造：一方面须因地制宜，自然天成，与所属的生态系统协调，另一方面须与栖居之人的生态特性与审美特性适应，达成双向的生态和谐与审美和谐。栖居之所的景点化，是在天人互适中完成的，具备中和的生态审美特征。这种互适表现为，人通过选择，以生境的生态性与审美性为前提为基准，结合自己的生态特性与审美特性，来建构作为栖居之所的景点，形成大体的天人互适性。在栖居过程中，人与景点互动互生，景与人也就实现了一体化贯通，从而实现天人同运，趋向整

---

[1] 〔美〕阿诺德·伯林特著，陈盼译：《生活在景观中》，湖南科学技术出版社2006年版。
[2] 陈望衡说："艺术美的本体在意境，环境美的本体就在景观。它们是美的一般本体的具体形态。"见其著《环境美学·序》，武汉大学出版社2007年版，第7页。

生态美生。

　　生境的景观化，使栖居之地成为景区。景点与景点之间有机关联，众多的"斑点"经由"廊道"贯通，形成景区，诗意栖居之地凭此扩展。景区首先应该形成完整的生态格局，成为一个相对完备的生态系统。在这个系统中，生态流圈进旋升地运行，并促进景观流的相应发展，实现了两者的耦合并进环升。

　　由景点到景区，生境的景观化，有着更高程度的整生性。其斑点经由廊道连接，形成景观层次。景观层次在有序的连接与发展中，形成景观系统，方形成景区。景观区域中的各组分，生态性、审美性、人文性、科技性相生互发，耦合复进圈升，走向整生。这种系统运生，是以生态系统的良性循环为底座的，审美流、人文流、科技流和于生态流，达成四位一体的圈进旋升。像桂林城区景观，山水构成了景区的生态性构架，显出周走环长的景观运生图式。独秀峰处于城市中心，叠彩山、伏波山与其成三足鼎立之势，强化了俊秀生态，形成了景观核心圈。两江四湖环其周，形成秀逸的景观生态层次。猫儿山、象鼻山、隐山等环水景而生，形成婉曲的景观层次圈。婉曲之景以外，七星山、穿山、南溪山、西山、老人山、鹦鹉山、马鞍山形成雄秀的景观生态圈。其外，尧山、奇峰镇峰林、猴山峰群、长蛇岭形成雄伟的景观圈。这就形成了由秀而雄序态环进的桂林城区自然景观生态，人文景观和科技景观以其为载体，附诸其上，实现了审美流、人文流、科技流、生态流的合一与环涌，显示了景观系统超循环的整生图景。

　　从生境的景点化，到生境的景区化，显示了诗意栖居之所的拓展，显示了美生世界的扩大，显示了生态写作篇幅的增长。对景区的生态写作，一方面要实现自然的生态人文化、生态科技化和生态艺术化，另一方面，则要贯穿人的自然化，实现两者的绿色艺术化统一。自然之地成为景观，经由了人的选择、设计与创造，也就是说，有了人的化入。生态文明时代的这种人的化入，不同于工业文明时代人的征服自然，驾驭自然，改变自然，同化自然。前者是人走向自然化后的与自然合一，后者则是通过人的本质力量的对象化，以实现自然的人化，以形成一统的人态美生世界。人的自然化，是一个人的生态化、生态艺术化、生态人文化、生态文明化的过程。显而易见，它不是一个回归到原生态自然的过程，而是一个螺旋地回到超然的自然的过程，即通过生态文明的陶冶，趋向理想自然的状态。人的生态化，指人遵循生态科学的规范，按照生态规律生存与实践。人的生态艺术化，指人在整生律和美生律的规约下，遵照生态规律和艺术规律生存与实践。人的生态人文化，指人通晓生态科技、生态文化、生态艺术的规律与目的，使自身走向生态真、生态善、生态美的三位一体，实现整生性生存与实践。人的生态文明化，指人在生态哲学的统领下，贯通生态科技、生态文化、生态社会、生态自然，调适生态系统，使自身、他者与整体的生存，更加符合真善益宜绿智美中和的审美整生规范，实现人与自然一体的整生化运行。人的生态文明化，既是人的自然化的高点，也是人的自然化、自然的生态人文化和生态文明化的结合点与统一点。正是凭借这种统一，作为诗意栖居之地的景区，实现了整生化的美生，成为审美整生样态的作品。

由景区到景域，人的诗意栖居之处，已拓展到地球生态系统，将来会进入天宇生态系统。以地球生态循环的格局为骨架，可形成地球景域，即地球景观全域。地球是生态系统和景观系统的统一。它的景观系统以生态系统为载体，景观结构附丽于生态结构，景观结构的生发与运行，服从与跟随生态系统的生发与运行。地球景观全域，即景域，是由景区逐一关联而成的。要建构系统的景域，使整个地球成为人的诗意栖居之处，需实现景区生态与美态的同一。景区的生态由三大元素构成，一是自然生态，二是文化生态，三是社会生态，自然生态是一种基础性生态，它生发文化生态和社会生态，社会生态和文化生态反哺与回馈自然生态，形成共生关系。文化生态为自然生态与社会生态所共生，成为自然生态和社会生态相互作用的中介，成为调适自然生态和社会生态的机制。正是在文化生态的调适下，景区三种生态走向了整生，成就了景区的美生。所有景区的文化生态，有着地域的、民族的、国家的、人类的文化生态的背景，这就强化了景观间性。即每一个景区既是相对独立的，自成景观系统，自成不可或缺、不可替代、不可置换的景观生态位，又是相互关联的，逐位延展的，直至形成全球景观系统，形成全球化的诗意栖居场域。

目前，人类正在探究天宇的可居住场所，生态足迹进入天宇，力求形成蓝色的诗意栖居场域。我觉得人类可以走进天宇景域，形成友好访问式的蓝色诗意栖居，但要大规模的移民天宇，须以不侵犯别的物种的生态位和不影响宇宙生态序为前提，须以不破坏宇宙和谐的生态布局与协调的生态关系为条件。

三、诗意栖居挥写的美生场

诗意栖居的美生场，是由诗意栖居者和诗意栖居地对生而成的，是由这两者对生的诗意栖居活动构建的。诗意栖居活动形成的美生场，是生态写作形成的系统作品。

陈望衡教授在论及环境美的功能时，提出过"乐居"和"乐游"的看法。① 与此相关，诗意栖居的活动，有住进景观的活动，还有走进景观的活动，更有活进景观的活动，这就形成了丰富多样的美生场，呈现出绚丽多姿的四维空间形态的生态文本。

（一）住进景观

住进景观是直观的诗意栖居，也是最为基本的诗意栖居。住进景观，也就是海德格尔说的"在之中"。"'在之中'不意味着现成的东西在空间上'一个在一个之中'；就原始的意义而论，'之中'也根本不意味着上述方式的空间关系。'之中'〔'in'〕源自 innan-，居住，habitare，逗留。'an'〔'于'〕意味着：我已住下，我熟悉、我习惯、我照料；它有 colo 的含义：habito〔我居住〕和 diligo 即〔我照料〕。"② "在之中"式的住进景观，有对应、交往、亲和的意味。如此，方能臻于诗意栖居。住进景观，有住进景点、住进景区、住进景域，住进景观系统等多种形态。

住进景点，实现了诗意栖居之人与诗意栖居之所的真切对应，形成了日常起居的美生。住进景点，室内室外均为景观，居住者举手投足都与景触，均与景会，都在形成美生，都在写作美生。居住者张耳展目，都与景接，都在生发美生，都在创造美生。也就是说，住进景点的人，只要不离开住处，时时刻刻都在与绿色文本对生，都在形成美活生态，都在形成愉生氛围，都在凝聚整生范式，都在构建具体时空的美生场。

---

① 参见陈望衡：《环境美学》，武汉大学出版社 2007 年版，第 112—135 页。
② 〔德〕马丁·海德格尔著，陈嘉映、王庆节译：《存在与时间》，生活·读书·新知三联书店 1987 年版，第 67 页。

住进景区，意味着美生之人与美生之地形成了更大时空的对生。人们的衣食住行劳，都成了具体的美生活动，都在一个宽大绵长的美生时域中展开，可形成全时空的诗意栖居，可形成全时空的美生写作，可写作出全时空生发的美生场。住进景区的人们，置身美舍，是一种诗意的存在；走出家门，也身处美生之地；来到工作场所，也跨入了美生之境。也就是说，只要他的生态足迹未出景区，他所从事的任何活动，都是与美生结合的活动，都是美生活动的具体形态；他所生发的一切生态关系，都是生态审美关系，都是生态审美关系的具体样式；他进入的任何时空，都是美生化的时空，都是美生时空的具体格局。总而言之，他每时每地，每言每行，都在显现美生，都在享受美生，都在创造美生，都在写作美生场。像桂林市区，是桂林的精华景区之一，常住此地的市民，养成了诗意栖居的趣味与能力，实现了全生命时空和全生态场域以及全生态活动的美生，共同挥写了整生化的美生场。

住进景域和住进景观系统，意味着形成了更大规模的美生化写作，意味着形成了民族化、全国化乃至全球化的系统美生场。住进景点，以一家人为单位显现美生，欣赏美生，品评美生，研究美生，写作美生，创造美生场；住进景区，以众多人为单位显现美生，欣赏美生，品评美生，研究美生，写作美生，共造美生场；住进景域和住进景观系统，以全民族人、全国人、全球人为单位显现美生，品评美生，研究美生，写作美生，共造美生场。住进景观的人越多，景观空间越大，美生活动的整生化程度也就越高，美生写作的系统性也就越强，美生场超循环整生的时空跨度也就越大，立体耦合的复进度也就越高，越能写出全球化和宇宙化的天态美生场，即最高形态的整生化与自然化美生场。这当是最高境界的诗意栖居与生态写作。

（二）走进景观

住进景观，是诗意栖居者进入自己的家里，进入自己的家园，人的生态和境的生态在相互交往中，早已适应，素成亲和；人的审美生态和境的审美生态早已实现耦合；从而极易形成美生场。走进景观，则能促成景观生态和景观审美生态的动态平衡，和住进景观者，共同挥写新的美生场。

生态适应性。人走进景观，是进入他者的家里，进入他者的家园。这就有了人与境的生态适应的问题。随着人的生态足迹的延展，人与生境、人与环境的生态性适应在逐步强化，就是一些极端生境与环境，诸如高原与深海，凭借现代科技形成的生态保护和生态屏障，也能形成生态适应性。生态适应性，是人走进景观，与他者共赏其诗意栖居之所，共成美生场的前提。

生态尊重性。生态尊重性，是人走进景观，与他者共成诗意栖居的态度。人走进的景观，是他者的家园，是他者的诗意栖居之所，进入者应以客人的态度，尊重主人，形成生态和谐。不管家园的主人，是人还是其他生命形态，甚或无生命的存在，都应尊重他们的生态习性，对于智慧生命形态的主人，还要进一步尊重他们的文化习性，尊重他们的审美制度，在客随主便中，融入他们的生态运行，融入他们的文化运行，融入他们的审美运行，形成生态和谐。

生态位格性。生态位格性，是客人走进景观，与主人共写美生场的原则。生态位格性，是生态秩序性的保证，是生态平衡性和生态稳定性的基础，是生态环生性和生态旋进性的前提。经过自然生态、文化生态、社会生态持续的双向调适，生态位的设置与衔接，趋向合理，生态圈的运生，趋向动态稳定与动态平衡。进入景观，是人暂时离开原先所居的生态位，进入他者的生态位，这就涉及生态稳定和生态平衡，涉及原居民的生态权益的保护和景观生态承载力的计量。原居民诗意栖居于景观中，是他的生态权益和生态审美权益，进入景观者，不能损害、侵犯、侵占和剥夺他们的这种权益。否则，进入景观者，就成了生态侵入者。电影《阿凡达》，写地球人类侵入别的星球，抢夺其他人类与物种的生态位，破坏宇宙生态秩序，损害宇宙生态平衡和生态和谐的情景，应成为进入景观者之教训。每一个生态位，都有一定的生态容量，凭此与其他生态位形成合理的比例关系，形成整体协调的组织结构，实现生态系统的良性循环。这样，进入景观者的数量，应调控在其生态承载力许可的范围内。否则，将会破坏景观生态，最终影响生态系统的有序性。

共同挥写美生场。遵循上述各种生态规则，进入景观者和住进景观者实现了生态交流与互补，进而实现了审美生态的交流与互补，形成了多样的美生效应。首先，走进景观者，在别样的美生场中，与审美生态背景不同的原居民对话，与本质不同的景观生态交流，促进了自身审美生态的发展，更新了自身的审美生态。人们每走进一个景观，实际上走进了一个新的美生场，感受了由不同的自然生态、文化生态、社会生态耦合共生的审美生态，接受了多样审美生态的陶塑。人们走进的景观越多，就越能接受更多异质的审美生态的影响，就越能在以万生一中，形成与展现自身整生化的审美生态。当他从无数的景观中走出，回到原地，重新住进景观，所形成的诗意栖居更加整生化，所书写的景观美生场，就越能实现审美生态的整生性、整体性、普遍性、类型性、特殊性与个别性的统一，就越能形成万万一生的景观生态。这样的景观生态，与环链上其他位格的景观生态整生性更强，关联性更多，互恰性更好，更能形成景观系统的超循环运行。再有，一个景观，为不同生态背景特别是不同审美生态背景的他者走进，实现丰富多彩的生态交流和审美生态的交流，可促进自身审美生态的整生化发展，可亲和其他位格上的景观，有利景观系统的圈进旋升。总而言之，走进景观，是生发整生化诗意栖居的重要途径，是写作整生化美生场的主要法则。

共同挥写美生场，还应遵循三个规程，即入乎其内，出乎其外，高乎其上。入乎其内，是以主位的立场，理解景观的审美文明，交流美感经验，形成共通性，强化亲和性。出乎其外，是以客位的立场，理解景观的审美文明，并与主位者交流这种感悟和其他审美经验，达成和而不同的审美书写。高乎其上，是双方以时代的国家的人类的审美立场和审美范式，理解交流景观的审美文明，融通其他审美经验。如此共同挥写美生场，可强化其审美意蕴的整生性，可强化其与景观系统的关联性和同构性，以利全国和全球景观系统的网络化联系与整生化运行。

（三）活进景观

活进景观是诗意栖居的重要形式，是人与自然整生的状态。人在自然中，是环境美学的共识，然不同的环境美学家有不同的解释。约·色帕玛持人类中心主义的态度，说"'环境'这个术语都暗含了人类的观点：人类在中心，其他所有事物都回绕着他"[1]。阿诺德·伯林特的看法与中国传统的天人合一观颇为一致："我们同环境结为一体，构成其发展中不可或缺的一部分。"[2] 阿诺德·伯林特形成了人与环境同生共运的看法。活进景观是在自然中诗意栖居，

---

[1] 〔芬〕约·色帕玛著，武小西等译：《环境之美》，湖南科技出版社2006年版，第151页。
[2] 〔美〕阿诺德·伯林特著，张敏等译：《环境美学》，湖南科技出版社2006年版，第12页。

进而有了生态化的要求与绿色审美化的旨趣。

活进景观是住进景观和走进景观的生态化样式,特别是整生化形态。它有三方面的意义:一是全生态地住进与走进景观,二是自然态的住进与走进景观,三是人与境活成美生场。

活态是生态的直观表达,活进景观,也就有了全生态地住进与走进景观的意义。这有两方面的要求,一是人们在景观中的存在,是一种系统化的生态存在,是一种合乎自身、景观、景观系统的生态规律与生态目的之存在,进而是一种系统化的审美生态存在,也就是一种合乎自身、景观、景观系统的生态审美规律与目的之存在。二是人们在景观中的存在,全部的生命活动,全部的生活时空,全部的生存关系,全部的生态足迹,均是生态审美化的,均是诗意栖居的,均在书写美生场。这就从两个方面确证了生命,特别是人们在景观中的生存,是一种整生化的审美生存。

活态是生命的本然状态,是生态的本质状貌。活进景观,也就成了自自然然地、本本真真地地住进与走进景观,从而形成了超然的美生。超然的美生,是一种顺乎本性的全生态诗意栖居,是一种随心所欲不逾矩的生态审美化存在。这种"矩",是系统整生的规律与目的与审美整生的规律与目的之统一,是人高度的生态自觉与审美自觉的统一,是人充分的生态自由与充分的审美自由的结合。这种"矩",从外在的必然,内化为心灵的本然需求和欲望,成为人的生态习性和审美习性,进而成为人的生态天性和审美天性,人也就随即进入了天态的美生境界,也就在不经意之中挥写出了天态美生场。"矩"的内化,是一个长期的过程:先是对"矩"了然于心,自律地遵循;再而体悟其意义与价值,达到自觉遵循;进而在不知不觉中,"矩"由规范成了生命运行的轨道,也就有了自愿遵循;久而久之,习惯成自为,也就到了对"矩"自然遵循的境界;对"矩"的自然遵循走向极致,也就是一种无法而至法的超然遵循了。这当是一种返璞归真、文而后质、绚而后淡的天然美生之境。

从活进美生场到活成美生场,是整生化美生和本真化美生的更高结合,是美生之人与美生之境的天态同构。本然整然美生之人与本然整然美生之境对生耦合,以天合天,一体运生,形成天然的美活生态,生发天态愉生氛围,升华天态整生范式，也就形成了天然美生场。形成天然美生场，是诗意栖居的系统形态，是生态写作的自然整生画卷。

天然美生场中的诗意栖居者，是生态系统中的所有成员；写作天然美生场者，也是生态系统中的所有诗意栖居者。使生态系统成为天然美生场，使地球和天宇成为天然美生场，离开诗意栖居的人不行，光有诗意栖居的人不行，它需要诗意栖居的人协同所有种类的诗意生存者，按照天态审美整生的蓝图，进行集体创作，方能成功。

第四节　生态写作范型

事物的属性从个别到一般，再从一般到个别，形成对生活动。这种对生，除深化与丰富个别性以外，更多的是形成了不同层次的共通性与共同性。类型性、普遍性、整体性、整生性是逐级增长的共同性。高位的共同性形成事物的范式，低位的共同性可形成事物的范型。生态写作也一样，它在个别性和一般性的对生中，凝聚了类型性，形成了几种基本的范型。这些表征生态写作基本规律的范型，大体有三类：生态和谐、生态自由、生态文明。生态和谐已多处论及，可以互文，这里从略。生态自由的范型含狂欢、作秀，生态文明的范型集中于生秀。

一、狂欢

古希腊神话中有酒神和狂欢之神狄俄尼索斯。为纪念他，希腊妇女通宵达旦酗酒跳舞、裸体游行，一派狂欢无羁。巴赫金主要总结了西方中世纪以来的民间狂欢活动，形成了系统的狂欢理论。他指出了民间狂欢文化与官方正统文化的分庭抗礼："所有这些仪式和演出形式，作为以取乐为目的的活动形式，同严肃的官方的——教会和封建国家的——祭祀形式和庆典都有明显的区别，可以说是原则性的区别，它们显示了看待世界、人和人的关系的另一种角度，绝对非官方、非教会和非国家的角度；可以说，它们在整个官方世界的彼岸建立了第二世界和第二生活"①。他进而认为狂欢是平民世界对权利世界的蔑视与否定，是底层群众对现有秩序的反抗与破坏。"狂欢节语言的一切形式和象征都充溢着更替和更新的激情，充溢着对占统治地位的真理和权利的可笑相对性的意识。"② 狂欢潜在的生态平等趋向，被大众文化理论和主体间性哲学所承接，所提升，从而有了进入生态美学的可能。

当代的狂欢，在生态文明的背景下，有了辩证的审美意味。它作为群众性的节庆活动、集会活动、广场演出活动等等，有着崇高与荒诞结合的特性，有着以往狂欢的形式特征。但因它已经进入了生态审美领域，也就老瓶装新酒，生发了美生精神。当它伴随审美生态化的大潮，从特殊走向一般，拓展了审美时空，也就成了当代生态美学的重要范畴，能够用以表征生态审美的重要形式，能够用以框架审美生态的主要范围，从而成为美生的基本位格与生态写作的基本样式之一。

从生态审美范畴看，狂欢与作秀、生秀有着对应性。狂欢，是系统美生的形态，是近代主体论美学自由范畴的发展，它呈现于一切生态领域，有着普适性。

（一）狂欢是系统美生的形态

狂欢是生态系统潜能的整生性实现，是系统美生的样式。巴赫金说："狂欢节具有的宇宙性质，这是整个世界的一种特殊状态，这是人人参与的世界的再生和更新。"③ 狂欢，是在群体性的美生活动中形成的，是群体的生态审美趣味的集中显现。不管是纪念英雄的游行式狂欢，抑或是世俗性的游戏态狂欢，还是节庆性、仪式性狂欢，都有着群体美生性，都是群众某种共同的审美情趣的集约性表达。总而言之，它是群体的生态写作，是系统整生的作品。

在美是整生的视域里，狂欢，作为生态系统潜能的整生性实现，从多个方面体现了本质规定的特殊性。从直观看，它是集体的写作，是很多人去共同地完成某一特定主题的生态作品的创造，甚或是身体作品的创造。所有参与狂欢

---

① 〔俄〕巴赫金著，佟景韩译：《巴赫金文论选》，中国社会科学出版社1996年版，第100页。
② 同上书，第106页。
③ 同上书，第102页。

的人，其生理的心理的生态机能与审美机能均充分地调动起来，达成了整生性的高峰态实现。所有狂欢者，在仪式与活动的审美规程的规约下，其整生性的生态审美潜能，实现了过程性的协同与整合，成为系统整生的生态审美潜能，完整地实现为全过程的狂欢，成为系统的审美生态，凸显了审美整生性。从审美人类学的角度看，狂欢是族群审美制度的显示，是族群审美记忆的显现，是族群审美文化的积淀，是族群生态文明的折射，因而是族群审美生态历程的结晶，可以看做是族群审美文化生态的整生性显现。凭此，狂欢也就有了族群生态审美文明源远流长的整生性，更加成为系统美生的形态，成为族群生态写作的形态。狂欢，是生态系统审美整生的形式，各种狂欢之间，有着互文性。每种狂欢的后面，都有着生态系统的整生性狂欢，人类的整生性狂欢，各族群的整生性狂欢，生态系统各种样式各种形态的整生性狂欢，与其相接，形成狂欢系列和狂欢群落，这就达成了各种狂欢的大整生，拓展了狂欢的系统美生的图景，深化了狂欢作为生态系统审美潜能整生化实现的本质规定。

狂欢，作为系统美生的形态，它统合了生态写作者和生态审美者，统合了文本与作者、读者、评价者、研究者，从而形成了多位一体的系统美生。狂欢者，创造着自己、他者、系统的美活，又欣赏、评价、研究着自己、他者、系统的美活；狂欢中，旋生着美活的欣赏、批评、研究、创造活动，弥漫着系统愉生的氛围，闪烁着系统整生的精神，环长着系统美生场。不容置疑，狂欢的系统美生是四维时空旋进的，有着立体环升的生态审美整生性。

（二）狂欢是系统自由美生的形态

狂欢，是生态系统潜能的整生性自由实现，是系统自由美生的形态。狂欢的本质与特性的深化，是生态审美自由的生发。生态审美自由，是生态自由与审美自由的统合。狂欢，是生态潜能的迸发，它在特定的时空里，以力量和数量的巨大，以超越常规的形态与意象，甚至以超脱伦理与制度的举措与行动，群体性的挥写了生态自由，系统性的显现了自由美生，体现出崇高与荒诞乃至虚幻的生态审美特性。

狂欢的系统自由的美生特质，与近代竞生的审美范式有着一定的关联性。主体生态自由，是近代人的生态追求与审美追求。近代人本主义的确立，使主体形成了生态自由的理想。主体不再满足和于客体的生态自由，力求通过自身的本质力量，打破原有的客体统一主体的生态规范，确定主体的生态本体、生态本原、生态核心、生态目的、生态主导的地位，以形成主体统一客体和同化客体的生态秩序和生态格局。这就引发了主体与客体的生态矛盾、生态对立、生态冲突、生态对抗，生态系统原有的和谐格局消失了，代之而起的是主客体争夺生态首位与生态主位的竞生。这种竞生，有如拉锯，在你争我夺中，原本协调稳定平衡的生态结构，扭曲变形了，动荡失稳了，变态失常了，这就形成了生态崇高。生态崇高是主体力求使生态系统主体化或曰人化的第一种生态自由状态。

生态崇高是主客体的生态对立处于势均力敌的状态，是生态系统失去了生态和谐的状态。随着双方生态冲突的加剧，生态系统的结构从丑陋的崇高状态，进一步走向颠倒错乱的荒诞阶段，生态规律性与生态目的性消失，生态系统走向了无序。这种生态结构的无序性，是主体本质力量加诸于生态关系造就的，从而成了主体争夺生态自由的第二种形态。

生态荒诞之后，形成了生态虚幻。生态虚幻是主客体的生态对立走向极致的形态。生态崇高，显示出失序的生态结构；生态荒诞，显示出反序的生态结构；生态虚幻，显示了无序无构的生态。主客体持续加剧的无休无止的生态冲突，使颠倒错乱的生态结构，失去了聚力，走向了解体。生态系统在分崩离析中，成为一堆碎片，成为无机的零件。这种生态失构所显现的生态虚幻，是主体争夺生态自由的无声的结局，是主体生态自由的悖论形态。

近代主体与客体竞生的生态自由理想，在生态虚幻阶段，失去了生态系统，失去了生态结构，最终失去了生态自由，形成了生态自由的悖论。这种情形的出现，是背离生态规范的生态自由的必然结果，是竞生脱离依生基础，脱离共生与整生背景的必然结果，同时也为狂欢的生态自由提供了借鉴，使其始终不脱离整生的规约发展。

有了近代生态审美自由生发的经验与教训，从历史走来的当代狂欢，形成的是一种中和的整生的审美生态自由。首先，它是从规范走向自由的。遵循生态规范在先，形成生态自由在后。狂欢，作为群体美生的活动，作为群体的生态写作，或约定俗成，为一定的审美制度所规约，所认可，或报请政府相关部门审批同意的，并在特定的时空遵照特定的规程进行的。也就是说，它是特许的并程序化展开的，因而是规范在其先并且在其中的。正是在这样的特定的框架里，特定的规约中，狂欢者摆脱了社会生态身份的束缚，抹平了社会生态位格的差异，从而平等的自由的释放生理的心理的激情，共同地活出自主自足自在自为的自由人格，整体地形成狂放不羁的任意挥洒的审美生态。显而易见，这种整生性自由，是规范特许的结果，是不出规范框架的结果。近代的审美生态自由，则是以冲决与否定社会的特别是自然的生态规范为目的的。也就是说，它是以否定生态规范来形成与发展生态自由的。狂欢，则是在规范中生发自由的。一者的自由是与规范统一的，另一者的自由是与规范对立的。

再者，它是与理性结合的感性自由。狂欢是迷幻的、迷狂的，似乎冲破了理性的规约，一任感性的横冲直撞，一任感性的高峰勃发。直实，它始终是理性内在的。狂欢者，始终明白这是一种文化制度特定的感性形式，是社会特许的仪式与游戏，是特定条件下和特定时空中特许的群体情绪释放与生理心理压力释放，是一种有时空限度和内涵限度的感性自由，它不能越过生态理性的底线，不能冲破生态规律，不能背离生态目的。它始终是一股有河堤框持的狂流，可以冲撞堤岸，但不会冲毁堤岸，更不会在堤岸之外泛滥。近代生态自由则不然，在其生发初期，它用工具理性控制自然理性，制约与征服自然理性，形成失去理性秩序的生态崇高。在其生发的中期，它走向了反规律反目的的感性生态自由，在否定生态理性与代替生态理性中，形成了感性自由化的生态荒诞。在其生发的后期，它用个体化的感性，解构了生态规律与生态目的，否决了生态联系，形成了无结构、无规律、无目的的生态虚幻与生态迷幻。近代生态自由，走的是一条感性化的生态自由之路，最终趋向的是生态自由的反面。狂欢形成的则是受生态理性保障的感性生态自由。这种生态自由，达成了感性生态自由的张力与理性生态自由的聚力的过程性统一，从本质上看，是一种中和的生态自由。这种中和性，再次确证了狂欢是一种整生性生态自由。近代的生态自由，最终走向了无结构、无关系、无系统的个体化感性生态自由，狂欢的生态自由，系统地指向某一特定的意义，系统地写作某一特定的意象，在仪式化和程式化中，整合了众者的感性自由，形成了万万一生的整生，形成了整生化的自由美生。

（三）狂欢书写生态平衡

狂欢的目的，最终实现的是感性与理性的平衡，最终生发的是非线性的生态和谐。

　　社会越发展，组织化、法制化、理性化、规程化程度越高，处在其中的人们，越发按照既定的规范运行，越发按照既定的秩序存在。理性的生活持续强化，感性的生存相应弱化。狂欢，作为感性化自由生存的方式，也就一定程度地消解了社会理性化管理与制度化运转所带来的刻板化度日和机械化生存的不自由，一定程度地释放了心理的压力，一定程度地实现了心灵的放松，以实现理性与感性的平衡、规范与自由的平衡，达成心理生态的平衡和生理生态的平和。

　　狂欢作为社会心理的释放方式，有一定的心理与生理的放纵性，形成了崇高乃至荒诞的生存样式，书写了相应的生态之美。然这种放纵心理与生理的崇高生态，是一种特设与特许的殊态，目的是为了使社会生态更好地复归和谐。可以说，狂欢书写的是崇高，乃至荒诞，甚或虚幻，然指向的是和谐。或者说，它是通过书写崇高与荒诞以创造和谐与优美的。归根结底，狂欢，书写的是非线性的和谐，非稳定的平衡，创造的是辩证形态的整生化美生。

　　所谓非线性的整生化美生，不是一种形态直贯到底的美生，而是各种审美生态各据生态位，组成美生的链环，且相互生发，逐位旋进的，生生不息的。狂欢，作为崇高与荒诞的审美生态，与和谐匹配，跟优雅对应，在相互转换与移位中，达成系统美生的非线性旋进，也就凸显了整生化的美生质。

　　狂欢，在审美生态系统中，已经成为一个普适性的美生范畴，它不仅存在于社会的审美生态中，也存在于精神的审美生态中，还存在于自然的审美生态中。自然中的狂欢，是一种数学的崇高和力学的崇高，即自然中数量巨大和力量强大的生态运动，诸如疾风骤雨、电闪雷鸣、山崩海啸等，一些破坏性极大的气象与地质灾害，也可视为自然生态的狂欢。自然中的狂欢生态，与平和生态对应，分别表征了崇高与怪诞、和谐与秀雅的审美生态。它有两种意义，适度、适量与适时的自然狂欢，是自然生态非线性环进的必须，是自然审美生态多样化旋升的必须。如果自然生态没有适度适量与适时的狂欢，只是一味的风和日丽，无法形成多样生态位动态平衡的超循环，无法显现自然审美生态的非线性整生，自然的系统美生当无法形成。超度、超量与违时的自然狂欢，是自然生态系统有序性濒临打破的预警，人类须从两个方面探究其因：一是检讨自身的行为，是否不合自然生态系统的规律与目的，二是分析天宇环境的影响，是否形成了地球生态系统的震荡，从而采取正确的对策，实现地球生态系统的动态平衡，让自然的狂欢回到合适的度与量，重新成为自然系统非线性美生的机制。

二、作秀

作秀，是非自然的生态，是生态反思和生态评判的对象。然在艺术创造的领域，作秀，则是人与生境潜能的非线性整生，是当代审美化生存的重要形式，是生态写作或曰美生写作的普遍性形态。整生，是美的规定。非线性整生，是生态艺术的本质规定。作秀，也就成了喜剧性的生态艺术形式，成了生态批判主义的写作样态。

（一）作秀是非线性整生

非线性整生，主要有两种形式，均贯穿了生态辩证法：一种是曲进旋升的整生，另一种是对非整生的否定显示的整生取向。作秀，显然属于后一种非线性整生。

作秀中的秀，作为潜能的实现形态，是非整生的，没有达到美生的境界，本身未直接具备美生的特质。作秀的作，是秀的表现形式，大致有自身的表现和他者的模拟性表现两种类型。表现非整生，是作秀的简约规定。表现非整生，是否定非整生，是潜趋暗指整生。这两个方面关联起来，也就成了非线性整生，也就有了生态写作的意味，也就有了写作生态艺术的旨趣。

自我作秀，是人们在生态活动中，以自身的言行作秀。这种行为，不合生态规律与目的，更不合整生的规律与目的，也就等于不合生态审美的规律与目的。作秀者这种非规律非目乃至反规律反目的之行为，有三种情形。第一种是历史否定式，作秀者不懂得自身的言行是非整生的乃至反整生的，从而正经八百地去实施，酿成了生态悲剧，最后被历史与现实所否定，确证了整生的合理性与必然性，显示了整生的趋向性。这就在实与虚的结合中，形成了非线性整生。第二种是非自觉自我否定式，作秀者不具备整生化美生的条件与修为，然缺乏自知之明，自以为是地进行所谓的审美化创造，结果事与愿违，暴露了自己的丑陋和愚笨，写出了非美生的作品。非自觉自我否定式作秀，是一种生态荒诞，是作秀性最强的生态写作，是生态闹剧性的写作，是蕴含着生态悲剧的生态喜剧性写作。第三种是自觉的自我否定式作秀。作秀者在生态写作中，意识到自身言行的非规律非目的性，意识到自身写作的非整生性，从而用睿智的言行，作秀的手段，调侃了自嘲了自身的非美性生态写作，显示了整生性写作的追求与趋向，有了生态喜剧的美生效应。

模拟性作秀，是人们特别是艺术表演者对非整生现象的表现与否定。作秀者通过机智、诙谐、夸张的语言、动作、表情，集中地模拟与表现无规律无目的生态，凸显其非美而装之为美、无美而强之为美的荒诞性，并予以否定。在这种表现与否定中，形成了与此相应的美生追求，生发了非线性整生的图景。在一周立波秀中，周立波喜剧性地模拟了各种非美生态，让电视机前的观众在笑中自省、笑中自信、笑中美生。

（二）作秀的喜剧性否定是非线性整生的机理

整生，是美生的大道。然这是一条非线性生发的大道。人类文化与人类文明出现之前，大自然在漫长而复杂的生态运动中，自发地形成了整生结构，自发地形成了生态系统的整生化运行，初现了世界的美生。初起的人类文化与人类文明，是对大自然生态运动的认识与遵循，凭此，人类的审美生态和于大自然的审美生态，生态系统有了自发性与自觉性初步统一的整生。基于非线性整生的规律，人类文化和人类文明没有沿着依生自然的路径继续前行，而是离开了与自然整生的大道，成为人类无知地、狂妄地凌驾于自然大道之上的小道、孤立之道。人类生态在与自然生态的分离与对抗中，历史地进入了崇高、荒诞与虚幻的区间。当代的生态文化与生态文明反思了人类此前的文化与文明，在历史的综合里，形成了自觉地与自然整生的崭新大道。人类要实际地走进这一大道，并非易事，必须含笑甚或既含泪又含笑地告别故道。作秀，历史地成了人们悲喜交加地啼笑兼具地告别故道走向新道的机制。故道，是一条脱离共生规范，特别是脱离整生规范的竞生之道，其起点性区间，为生态崇高，是一段超规律和超目的的工具理性蛮道；它继而穿越了生态荒诞的区间，那是一段反规律反目的反理性的怪道；它最后进入了生态虚幻的区间，那是一段无规律无目的的无理性的绝道。作秀，艺术地显现与否定了这一条生态蛮道、怪道与绝道，引导人们进入生态系统的整生之道，进入真正的自由美生之域。

作秀，直接否定的是各种非整生之事象，最终否定的是生发它的背离共生与整生之道的竞生文化与竞生文明，引发的是人类自觉的整生进程，让人在笑中沉思、笑中奋起，也就有着深邃的哲思之美，典雅的韵外之韵，跌宕起伏的非线性整生之道。

作秀，是哭着和笑着否定非整生的现象、文化与文明的。否定者是作秀者、作秀的观赏者，然最终的否定者是生态文化和生态文明。这样，作秀，作为一种生态写作，也就表征了一个时代对另一个时代悲喜交融的告别。

（三）作秀是非线性的自然写作

我曾定义生态艺术是非线性的自然化整生。作秀，作为生态艺术，除了上述非线性整生外，它的自然性整生，也是非线性的，从而有了较为完备的本质规定性。

作秀，有人为之秀的意味，有一个从人为之秀走向自然之秀的非线性规程。作秀，直接呈现的审美生态，除了非规律非目的，特别是非整生之外，还是非自然的。作秀的非自然习性，主要从三个方面表现出来。一是艺术表现的非自然性。作秀者的生态行为，是做作的、故意的、非自然而然的、非自在自为的，表演性的痕迹十分明显。二是艺术内涵的非自然性。作秀表达了非整生的事象，也就是一些失去了规律性和目的性的事象，显现了非本性非本真的事态，形成了非自然生态性。作秀显现的象后之象，更是非自然性的。人类与自然反复争夺生态本位、生态主位、生态主导和生态主旨，导致精神生态、社会生态、自然生态乃至整个生态系统的失常、失序与失构，形成了扭曲变形的丑态，颠倒错乱的怪态，离析破碎的散态，从而一步一步地离开了自然本性、自然本质、自然本态。三是自然事象的失常性。作秀，本来是人类的失律失范的行为，是人类领域的非审美生态，然这种行为，影响了自然事物和自然生态系统，使之失序失性失本，失去了自在自为的天然之态，有了无规律无目的之生态，形成了作秀之态。

作秀展现了非自然的生态，同时也就否定了它，并在否定中，显示了生态系统再度自然化的向性。这当是一种更高程度的自觉形态的自然化，是对生态系统自发性自然化的螺旋回归，从而显现了非线性自然化的总体规程。这就和非线性整生一样,形成了既有历史深度又有现实厚度还有未来向度的整生化美生蕴含。

(四)作秀是序态推进的公共写作

作秀,是近代以来生发的生态写作,是一种序态推进的公共写作。这种公共写作,是时代性的、人类性的,是人类文化和人类文明通过相应的审美场实施的。

在人态审美场中生发的作秀,其整体的艺术精神,是展现人的生态自由。人态审美场,是张扬主体自由的审美场,从文化时空上贯穿了前现代、现代、后现代。它的第一个形态是否定性的,形成于前现代,即以人的理性生态自由去取代和否定自然的生态自由,以人化自然的整生性或曰自然的人化性,取代和否定了自然的整生性与本真性,形成了生态崇高的公共写作风范。它的第二个形态在现代形成,是肯定性的,即肯定了人的感性生态对精神生态、社会生态、自然生态的控制与同化,写作出了反规律反目的反理性的生态悲剧。它的第三个形态在后现代形成,它是反思性的,即通过生态荒诞和生态虚幻的作秀文本,反思了人类生态自由的悖论性,这就形成了在反思中否定人类非整生化非自然化的生态自由,写出了生态喜剧。它的第四个形态,形成于当代,它是批判性的,即通过展现非整生非自然的事象,含笑告别人类作秀的时代,走向生态系统生秀的时代,形成了生态笑剧。当代生态笑剧型的作秀,显现了人的第二次觉醒,人的第二次解放。第一次解放,是从君权与神权中解放出来,是从他者的束缚中解放出来。这第二次解放,则是一种自我解放,是人从自我束缚中解放出来,从人的非自律中解放出来。人类以作秀的形式,在自嘲中完成这种解放,表征了人的睿智与自信,彰显了人的自觉与自慧。

作秀,作为一个终结近现代主体化审美历史,开启当下与未来生态化审美历史的整生论美学范畴,把生态崇高、生态悲剧、生态喜剧、生态笑剧等众多审美形态包容其中,并以生态自由一气贯穿,显示了悲中生笑的审美基调,有着丰富的审美整生性,成为生态写作的重要范型。

三、生秀

生秀是作秀的象外之象、象后之象,是作秀的审美向性与审美旨归。也就是说，生秀是天然整生的美态，是自然性与整生性融会的审美生态，是天然化的美生样态。它是紧接作秀形成的审美生态，是紧接作秀展开的生态写作形式。从作秀到生秀，虽仅一字之差，然却完成了生态写作范型的转换。这种转换，表征了生态写作趣味的时代变迁。生秀的审美生态，有着从素雅经由文雅走向天雅的规程，从而与自然美生的目标构成了对应性。

（一）素雅

素雅，是素质天然的审美生态，是一种不见作秀痕迹的审美生态与美生样态。"清水出芙蓉，天然去雕饰"，成为素雅的典型表达。

雅者，正也，宗也，大道也，主流也。素雅，是一种本然的主流审美生态。它是四个方面美生特征的融会。一是整生性。素雅的审美生态，循生态之正道和主道而自成。这生态主道与正道，就是共生之道，特别是整生之道。素雅生态有如此内质，也就表征了生态系统的生发规律与目的，尽管其一派清秀，也毕现天地大美之生态。二是中和性。中和之道，也是一种自然大道，天地正道。《礼记》云："中也者，天下之大本也；和也者，天下之达道也。致中和，天地位焉，万物育焉。"① 雅，无疑成了中和生态，素雅，更是秉承生态中和之道而本性自现。三是自然性。天道自成，自然，是生态大道的运行法则与态势。《老子·25章》说："人法地，地法天，天法道，道法自然"。素雅，美虽正而自成，美虽秀而自长，不靠作秀，不假人为，如刘勰《文心雕龙·原道》所说："云霞雕色，有逾画工之妙；草木贲华，无待锦匠之奇。夫岂外饰，盖自然耳。"四是自成性。素雅，是一种本然之美的自发，是超然神韵的自现，深得生秀之真谛。上述四者融为一体，构成了素雅自循大道和自生大秀的本质规定性。

素雅，成为生秀的第一个位格，成为自然美生的第一种形态，成为生态写作进入自然写作的起点环节，有着历史和逻辑统一的规程性。审美生态告别作秀，进入生秀，第一步当是回归自然，回归原生态，进而展开新的超循环规程。素雅，作为原生态的自然，本原性的生秀，也就自然而然地成了作秀的非自然写作，向生秀的自然化写作转换的形态。

---

① 《礼记·中庸》，《十三经注疏》，中华书局1980年影印本，第1625页。

素，是一种原生态，雅，是一种整生态；素雅，成了原生态写作与整生态写作的融合。生态写作进入自然写作的高级阶段，素雅生态的形成，当是一个标志。在作秀的生态写作阶段，素雅生态受损最重。在生态文明尚处初级阶段的当下，以顺其自然的态度，让人类生态和自然生态恢复本态与常态，恢复生态系统的有机联系与大道循环，同步地恢复生态系统的自然性与整生性，普遍地重生素雅生态，有着历史的必然性和现实的必须性。这种特定时期的自然无为性，也是自然写作素雅生态的题中之意，是以人的无为实现大自然之自为的生态写作。可以说，在重生素雅之秀的时期，自然写作者，主要是生态系统本身。或者讲，重生素雅之秀，主要应是大自然回归本性和抒发本性的自写作。

当然，素雅归于生秀，成为这一生态写作范型的第一个范畴，也就有着普适性。它会在生态写作的全部区域中呈现，特别会在书面形态的生态写作中呈现。这是因为书面形态的生态写作，于其他形式的生态写作，有着引领的作用，有着示范的意义。徐治平教授近期的生态散文，就有着素雅的趣味与追求。他2012年在漓江出版社推出的《面朝大海——北部湾生态笔记》，就素雅地写出了在北部湾生发的植物、动物本然的审美生态，彰显了它们自身的审美价值。在他的笔下，这些植物与动物，美在自身活泼泼的生态，美在自身的形姿，美在自身的特性，美在自身的情韵，不假于他者。徐老师总是白描出它们的习性与天性，显现出它们的自在、自为与自然，笔端流露着对它们的尊重、关切与挚爱。杨朔也是我年轻时很喜爱的散文家，他的名篇《荔枝蜜》等，拟人式写物，卒章处显志，表征了那个时代人化自然的理想与趣味，难免抹有几丝作秀的痕迹。徐老师在写这些自然物时，已经不是一种人化它们的态度，而是一种"我见青山多妩媚，料青山见我应如是"的共通与平等、对话与交流、相融与相化。人与物实现了一种自然态的同一，一种自为性的共生。这显示了生态文明时代道法自然的艺术理想。徐老师走笔行文，自自在在，轻轻松松，如云逸绿梢，水转青山，当与这种以自然为美、天性为雅的趣味相关。有了这种趣味，写出来的物象、情象、意象、韵象，才可能是生态的、素雅的。有了这种素雅的艺术写作为前导，人类素雅的行为写作自会随其后，生态系统的素雅化的自写作当能实现。

本真的生存，天然的生存，自在的生存，构成社会生态领域的素雅。当自然生态的素雅、艺术生态的素雅、社会生态的素雅走向合一，整个生态系统呈现出素雅写作的整体风貌，也就完成了从作秀到生秀的生态写作范型的转换。

（二）文雅

文雅，跟俗野相对，是素雅的发展。生文雅之秀，是天人合一的生态写作。孔子说："质胜文则野，文胜质则史。文质彬彬，然后君子。"[①] 这当是对文雅的经典解释。文雅，作为生态写作形式，是生态自然写作与生态文明写作的统一，是生态自然性、整生性与生态人文性、科技性的融会，是生态本质与生态文明的中和生长。

素雅是文雅的出发点。生态文明在与生态系统的相互生发中，进入社会生态与自然生态以及艺术生态，与其协同生长，中和发展，可成文雅之写作。这样，生态系统的自然性与整生性审美生发，既是依其本性的，又是合乎人的生态尺度与生态审美尺度的，从而在天的尺度和人的尺度的一致中，实现了生态系统本然的素雅，向生态文明化的"本性修为状"文雅发展。

人类文明在与生态系统的作用中，转型为生态文明，生态系统接受生态文明的影响，肯定了、强化了、优化了自身的自然本性与整生本性，增加了与之相适共长的生态人文性与生态科技性，形成了更高规律性与更高目的性的中和生发。凭此，生态系统原本天然的素雅，也就走向了天然与人文、本性与科技融会的文雅。

文雅可发展出优雅和典雅的位格，体现出生态系统的生态自然性与生态文明性耦合共进的轨迹，显现出生态文明性内在于生态自然性的写作规范，合乎生秀的整体写作要求。优雅，显示了事物自自然然地、洒洒脱脱地、舒舒展展地且富生态节拍和艺术韵律的生态，这是一种非线性有序的生态。它的含蓄、从容、舒展，表征了生态自然性、生态整一性、生态诗律性、生态文明性中和的意蕴。典雅，是系统整生性、生态自然性和生态文明性顶端融会的审美生态。它作为上述三者的结晶，是多维的以万生一。凭此，它又是以一含万的，以独特的审美资质，显现了时代的、民族的、人类的、自然的生态审美文明的至高品质、核心品质和尊贵品质，显现了物种的、生态的、自然的、人文的、

[①] 张燕婴译注：《论语》，中华书局2006年版，第78页。

科技的整生规律与目的,成为典范的文雅生态。

文雅,是生态自然和生态文明通力合写的作品。在这种合作中,生态文明隐入生态自然,"随风潜入夜,润物细无声",在无为中实现有为,进而使有为成为生态的自为,以超越纯自在的纯自为的生秀,文雅的审美生态,也就有可能走向天雅的审美生态,标志了生秀之写作,从自发经由自觉再到自然的螺旋式飞跃。

(三) 天雅

自然孕育了文明,文明改变了自然,进而产生了忤逆母亲的行为,激发了双方的矛盾。文明在反思中,实现了自身的转型,形成了生态文明,达成了与自然的协调发展。当生态文明发展到自然化的阶段,引导生态文化、生态社会、生态人类进入自然,形成大自然的生态系统,与此相应,生态写作也就进入了自然写作的阶段,也就可以写出天雅的审美生态。

中国古代美学,十分推崇天生之美,在以天生为贵中,透视出天雅的清纯清逸的趣味。李白说:"我师此义不师古,古来万事贵天生。何必要,公孙大娘浑脱舞。"[①] 作者以自然的趣味,超越模仿,率真地写出事物的本性,在以天合天中,写出天雅的作品。

生态文明的自然化,是形成自然化生态系统的关键。自然化的生态文明,是以地球、天宇、自然的生发规律和生发目的为最高准则的生态文明,是认知、尊重、服从这一最高准则,以此引导、规约和形成人类活动的生态文明,是通过人类自觉自然的活动,促使地球、天宇、自然更合整生规律与目的的生态文明。显而易见,生态文明的自然化,走了一个超循环的规程。只有走完这一个规程,生态文明才可能自然化,才可能使生态文化、生态社会、生态人类自然化,并使之成为大自然生态系统的有机位格,参与最大的整生化运行。这种整生化运行,才是真正自然化的整生运行。这种运行,本身是一种系统化的自然写作,从总体上写出了天雅的审美生态。参与这种运行的各位格,包括自然生态化了的文化、社会、人类乃至宇宙中的其他智慧物种,写

[①] 李白:《草书歌行》,詹锳主编:《李白全集校注汇释集译》(三),百花文艺出版社1996年版,第1237页。此诗前人皆以其为伪作,郭沫若辨其为真作,此处从郭说。

出了自身的天雅，协同地写出了他者的天雅，共同地写出了整体的天雅，最终完成宇宙形态的天雅美生场的创造。处在这一美生场中的个体，既是天雅的写作者，又是自然之秀的天雅化作品。它们都是以万生一的，又是以一生万的，还是万万一生的，更是一一旋生的，从而有着最为完备的大自然整生性和非线性整生性，占尽了生态艺术的本质规定性，抵达生态写作的极致，成为生态写作的极品。

从作秀到生秀，在一字之差中，判明了两种时代范型的生态写作。作人类自由之秀，经由了写作生态丑、生态荒诞、生态虚幻，形成了生态崇高、生态悲剧、生态喜剧的灰色与黑色的作品，最后在人类的深刻反思与智慧的自嘲中，结束了人为化的生态写作时代，走进了自然化的生态写作时代。生世界生态文明之秀，从恢复生态之素雅的自然写作开始，经由生态文明与生态自然协同的生文雅之秀，最后走向生态文明自然化的天态写作，以生大自然生态系统的天雅之秀，抵达生态写作质与量的巅峰。

在以采集、狩猎、农耕为主的古代，人类协同自然，写出了生态和谐；近代工业化以来，人类威逼大自然，将其置于轭下，谱写了本身的生态自由；当下特别是以后，人类进入大自然，写出了生态文明的天雅之美，写出了系统整生的辩证和谐，写出了大自然的天态美生。生态写作，也是在历史与逻辑的统一中超循环推进的。生态写作带着美生文明圈系统运生的成果，一次又一次地反哺回馈首位环节，递进地形成了审美创造的效应：恢复世界的整生，发展世界的绿色美生，推进世界的绿色艺术化美生，直至形成地球和宇宙的自然美生。可以说，生态写作，处于美生文明圈的拐点，力道最为强劲，是其超循环运生的关键点，是其旋向自然美生的集成性机制。

美生文明圈的环节设置，是历史化与逻辑化统一的，是不能缺位、不能增位、不能错位、不能换位的，显示了高度的有序性和整一性。世界整生是美生本体的形成点，绿色阅读是美生本体的增值点，生态批评是美生本体自律生发的推动点，美生研究是美生本体自觉生发的导引点，生态写作是美生本体自然生发的创造点，这就形成了以自然美生为系统向性的美生本体的增长运动，彰显了整生论美学的审美生态本体论特质。

第八章
自然美生

　　美生，是审美的本体，是审美的意义，是审美的作用，是审美的价值，是审美的目的。美生文明的圈增环长，集大成为自然美生，也就成了自然美生的机理与机制，成了自然美生的生发规律以及价值增长、目的实现之方式。也就是说，美生文明圈的超循环，以自然美生为系统向性，形成了审美本体的生长运动，审美价值的增值运动，审美目的的实现活动。在这三位一体的整生性运动中，整生论美学形成了审美生态本体论、价值论、目的论的系统本质，提升出生态艺术哲学的整一化内涵，铿锵有力地走向了生态美学的前端。

　　生态写作处在美生文明圈三位一体运动的高端位格，它把各位格递进发展的价值，即圈增环长的美，一并写进了自然美生这一皇皇巨著。自然美生螺旋地回到了世界整生，实现了审美价值的环进，显现了整生论美学逻辑系统的理想性超循环生发。

　　自然美生，指自然化的审美生发。它是最高的美生质度，达成了天态的审美生成、审美生存、审美生长；它是最广的美生域度，整个地球与天宇成为审美生发的地盘；它是最高美生质度和最广美生域度与最长美生时度的统一，天态美生在整个自然界形成，在整个宇宙生长，在整个自然通史中生发。凭此，自然美生成了整生论美学逻辑环链的极点,成了宇宙生发的最高目的,成了世界本体。

自然美生,在美生文明三位一体的圈增环长中生发,在地球和宇宙的时空中可持续展开,升华了整生论美学宏阔幽眇玄奥的理论境界。

第一节 美生价值的圈增环长

审美价值的整生化,指它的超循环生发与实现。它以文学活动、艺术活动特别是生态艺术活动的圈进旋升为载体,实现绿化、美化人生与世界的审美价值目的,实现审美价值生态的滚雪球般繁衍与天雅化发展。美生文明的圈增环长,作为审美价值的生发形式,是通过文学活动、艺术活动、生态艺术活动的递进性超循环实现的,并最终汇成自然美生的。文学、艺术、生态艺术活动,均起于世界,均把生发的美生文明成果归于世界,它们的超循环,也就成了美生文明价值圈的分形,成了美生文明圈增环长的具体形态。

一、审美价值生发与实现的超循环模型

超循环由艾根首先提出,他指的是大分子循环地自复制,所构成的重叠性与耦合性拓展。[①] 我认为,圈行系统中的各部分以及整体,产生周期性的变化与旋升,叫超循环。环态结构,是超循环的前提;周期性变化,是超循环的效应;圈进旋升,是超循环的模型;立体圈进旋升,是复杂性超循环格局。[②] 艺术历程的超循环是复杂的:生态艺术孕育出纯粹艺术,纯粹艺术向生态艺术反哺,其绵延无尽的历史时空性,与逻辑时空性,以及生境、环境的时空性耦合,达成了纵横网态的圈进旋升,其审美价值也就同时实现了历史和逻辑统一的超循环整生。艺术的超循环整生,是审美价值超循环整生的机制,是美生得

---

① 〔德〕艾根著,曾国屏等译:《超循环论》,上海译文出版社1990年版,第16页。
② 袁鼎生、李枭鹰、欧以克著:《生态视域中的特色学科建设与发展》,广西师范大学出版社2008年版,第21页。

以圈增环长的机理。

审美价值的生发，或曰美生的圈增环长，与文学艺术活动圈的生发同一，并体现在后者时空的拓展方面。当文学艺术活动圈拓展至整个生态圈，拓展到整个地球和宇宙，实现双方的重合，实现了自然美生，审美价值也就有了最高的形成与最终的实现。

审美价值形成于文本，通过审美者向世界生发。这是审美价值生发的简要图式。自然天成的生态艺术，是人类最早的审美文本；走向独立的艺术，提供了精雅的审美文本；重回生态的亚艺术和泛艺术，形成了普泛的审美文本；普泛艺术走向生态艺术特别是走向天生艺术，有了天雅的审美文本。艺术凭借其生态性、纯粹性、普泛性、天雅性的历时态生发，也就最终成了普遍意义上的天态审美文本，成了一般审美价值的生发基点。与此相应，读者也一步一步地天雅化，成了天态艺术人生。由"文本"和"读者"构成的审美活动，也自然而然地成了由自然艺术人生和自然艺术世界对生的天雅化、整生化艺术活动。审美价值由艺术活动生发，美生随艺术活动圈增环长，最后长成自然美生，也就有了一般性的意义与普适性的规范。

由人与世界对生的文学艺术的审美活动，又美化与绿化了人与世界，在不断的回环往复中，达成人与世界的自然化美生，形成了审美价值超循环生发的模型。美生的圈增环长，就存于这个模型中，与这个模型同发展。

（一）文学活动圈审美价值超循环的雏形

文学，是艺术家属中的大哥，不少艺术形态以文学为基础生发。论述文学价值的理论，在艺术领域甚或审美领域有普适性。孔子说诗有"兴观群怨"的功能，能生发审美、认识、教育、批判的价值。曹丕说"文章乃经国之大业，不朽之盛事"[①]，突出了文学的政治责任和社会意义。现代以来的文学教科书，说文学的社会作用，不外乎三大方面：认识作用、教育作用、美感作用，总称为审美教育作用。

这些看法，多是从社会学的角度来看文学价值的，价值实现的终点是人，

---

① 曹丕：《典论·论文》，见郭绍虞主编：《中国历代文论选》第一册，上海古籍出版社 1979 年版，第 159 页。

是社会。这些有意义的观点，有着文学是人学的烙印，有着历史的局限性。文学价值，或曰一般的审美价值，应该在人与世界之间对生，应该从社会延展到自然，向整个世界生成与实现，使人处其间的大自然呈现美生和发展美生，方有终极性意义。

爱布拉姆斯提出的文学活动模型，或许能给文学价值乃至一般的审美价值的探索，提供一些启发。他指出：世界、作家、作品、读者四大元素，双向往复，形成整体的文学活动格局。这一很有生态意识的文学运生观，不仅揭示了文学活动的生发格局与运行规程，还打破了文学活动的自洽性与封闭性，显示了世界作为文学活动的本源性与归属性意义，显现了文学活动自律和他律结合的生发机制与生态循环规律。柏拉图的理式论，划出了一个艺术活动圈。他认为，理式世界投影出现实世界，再而投影出艺术世界，人们通过逐级审美，可以抵达理式世界。这就形成了一个始于理式又归于理式的艺术活动生发圈，在美学史上具有原型的意义。老子关于宇宙和万物"周行而不殆"的论述[①]，提供了文学与艺术活动循环运行的理式。马克思主义文艺学，关于文学源于生活，高于生活，改造生活，美化生活的看法，有着文学活动超循环生发的意向，显示了生态辩证法的意义。

参考、借鉴、中和与升华上述世界、艺术、文学循环活动的模型，我们可以探求出文学价值的超循环生发路径。世界是文学审美价值的源头，它流变为作家创造的作品，为读者接受后，回馈与反哺世界，提升了审美价值源，生发下一轮的超越性循环。这就形成了文学价值乃至一般审美价值简要的运生模型，显示了发展美生的价值运动宗旨。复杂的审美价值的运生模型可在它的基础上完备与深化，以更明确地形成自然美生的价值发展向性与价值提升目标。

（二）纯粹艺术活动圈中的审美价值超循环

艺术的种类，可简要地区分为纯粹艺术和生态艺术。纯粹艺术，是生态艺术发展到一定阶段的产物。在它之前，有经由人类审美选择而生的天成艺术，以及与劳动和原始宗教文化结合的生存艺术。它出现后，既独立发展，又与天成、生存、生活艺术等相生互发，使生态艺术改变了生长格局，这就共成了耦

[①] 饶尚宽译注：《老子》，中华书局2006年版，第63页。

合并进的艺术系统。

纯粹艺术的回馈，使生态艺术步入中和发展的境界。研究前者的活动规律，于后者的生发以及艺术系统的进步，也就很有意义。

我给定的纯粹艺术生态圈，由审美性世界、艺术家、艺术品、接受者、艺术人生、艺术性世界构成。这和爱布拉姆斯的文学活动图式有些相似，但生态关系有差异，运生格局有变化。他揭示了文学活动各要素的双向交流关系。我认为，这种对生促进了纯粹艺术的生态规程，即以审美性世界为起点，依次再造各环节，回升至艺术性世界，构成周进旋升的超循环，进而生发出生态艺术活动。这是我跟爱布拉姆斯的观点，在审美运生格局上的同又不同之处，即循环运动与超循环运动的差异。只有超循环运动，才能揭示艺术活动的逻辑生态与历史生态统一运转的价值规律，才能揭示纯粹艺术活动走向生态艺术活动的机理与机制，才能揭示艺术生态与社会生态、自然生态对生相化与融合，系统地走向生态艺术世界和生态艺术审美世界，臻于自然美生的价值旨归。这种艺术整生规律和自然美生的价值趋向，离开纯粹艺术活动的超循环，是无法形成的。

1. 纯粹艺术活动圈的超循环

纯粹艺术活动生态圈的各位格，有着生态结构的序性。它们是依次而生的，各有其位，各得其所。诸者既不能缺位，也不能错位，还不能越位，形成生态环链，构成一个活体。审美性的世界，处在纯粹艺术活动生态圈的起始性位格，同时，它又是终点性位格，还是下一轮运行的起点性位格。也就是说，它是起点、终点、新起点的统一，是超循环的关键性生态位。艺术家是审美性的世界造就的，是审美性的世界生发的，处于第二个位格。艺术家首先是一个审美者，是审美性的世界给了他审美的感官、感受，给了他审美的意识与能力，将他造就为一个优异的审美者和造美者。艺术品生成于艺术家，处在第三个位格。它是艺术家审美感受和审美意识的形象显现与升华。它既是艺术家直接创造的，也是审美性的世界通过艺术家创造的。接受者是艺术品造就的，处在第四个位格。有了艺术品，才有接受者的美感。艺术性人生是艺术创造者和艺术接受者的延伸与综合，是艺术美感的效应，是它促成的艺术化存在与实践的人生，处在第五个位格。艺术性人生融入审美性世界，成为后者的一部分，并促进后者的审美发展,使审美性世界提高了审美含量,增加了审美数量,提升了审美质量,向着生态艺术性世界发展,成为艺术活动的第六个位格,即终点性位格。这终点性位格和起点性位格是重而不合的,是垂直线上的两个点。正是这垂直线上之点的重而不合性,区别了超循环与循环。这六个位格的依次生发,依次造就,形成了螺旋上升的纯粹艺术活动圈。

纯粹艺术活动圈的运行,受审美价值生发规律的规约,生发了美化人与世界的价值效应。

审美性世界,集纯粹艺术活动的元点和终点以及新起点于一体,是不断增殖的审美价值始基。审美性世界,是自然史和人类社会史的结晶,是自然、文化、社会共生的,是"以万生一"的。同时,它又是"以一生万"的,序态地生发出艺术家、艺术品、欣赏者、艺术性人生的环节,最后九九归一,又回到自身,形成自身的审美价值的增殖。它是审美价值生发者和聚合者的统一,成为持续增长的审美价值源。泰戈尔说:"艺术的功用,便在于建设人的实在世界——真与美的活生生的世界。"[①] 他精确地揭示了艺术的价值目的。而这一目的,是通过艺术活动圈的良性运行实现的。

艺术家是审美价值的提升者,他作为审美者和造美者,是向生态艺术性世界发展的审美性世界造就的。这两者的统一,使艺术家的审美理想与造美能力,既源于又超越审美性世界,成为艺术活动的价值生长性环节与价值生长性机制。

艺术品是艺术家审美意识、审美理想、审美能力与现实世界的对生性显现,是纯粹艺术活动增长性价值的物态化,自然排在价值生长性环节之后。

接受者是提升后的审美价值的实现者。艺术品是一种潜在的价值,有着向接受者实现的内在需要和必然趋势。接受者在美感中升华,作为艺术活动的价值实现环节,顺理成章,自然而然地排在价值形成性环节之后。

艺术人生是艺术审美价值的实现效应,是艺术活动审美价值的确证与审美价值的延伸。欣赏者和艺术家感受和创作艺术品,在情怡性悦和志畅神舒中,

---

① 梁国钊主编:《诺贝尔奖获得者论科学思想、科学方法与科学精神》,中国科学技术出版社2001年版,第355页。

领悟了、深化了艺术规律，提升了审美与造美的欲求与能力，自然而然地趋向艺术性生存，形成了生态化的艺术创造环节。艺术性人生融入并美化了世界，推进世界的艺术化与生态化的统合发展，再次延伸了艺术活动的价值链，形成了集大成的价值环。纯粹艺术活动圈走环行，各个生态位依次展开，艺术审美价值的元点，经由生长点、生成点、实现点、拓展点，最后向元点凝聚。纯粹艺术活动生态圈，也就成了审美价值生发圈。

纯粹艺术活动的环行周走，使审美价值的圈态生发，成为一个再现性与表现性统一的再造性过程。审美性的世界，再造了艺术家的美感世界与艺术素质；艺术家再造了艺术世界；艺术世界，以审美同化的机制，再造了接受者的审美心理世界与审美素质结构；接受者的审美心理世界与审美素质结构，通过神韵的外显与行为的外化，再造出艺术性人生；艺术性人生融进并参与再造向艺术化和生态化统合发展的审美性世界；这就使纯粹艺术活动过程，在历史与逻辑统一中，成为持续的审美价值再造的超循环过程。

纯粹艺术活动的各环节，都是不同的美生形态，其超循环生发，也就形成了美生的圈增环长。凭此，纯粹艺术活动的美生价值，也就实现了过程性生发与终极性大成的统一，个体性生发与系统性生发的结合。圈中的各位格，都有了美生价值的持续生成，持续生长，持续实现，持续满足，彰显了自身美生化存在的意义、作用与目的。它们生生不息的圈增环长，一次又一次地促进了世界的美生、自然的美生，形成了对世界和自然的集约化的审美整生作用，构成了系统化的美生价值。他们个体化的美生价值实现越好，增长越快，就越能在集约中生发更多更好的系统美生价值。与此同理，纯粹艺术活动圈过程性的美生价值越能递进性生发，终极性美生价值的总和性也就越佳。当世界美生和自然美生，从纯粹艺术活动美生价值圈的终点位格，转换为新的起点位格时，系统性终极性美生价值，也就提升了促进了个体性过程性美生价值的生发。如此互为因果，回环往复，完全意义上的自然美生理想终会实现。

2. 纯粹艺术活动美生价值圈超循环的机理

我对艾根发现的超循环的科学规律，做了升华，力求增加普适性，使之成为具有普适意义的哲学范畴，再而将其转换为整生论美学的定律，分形为各种具体的审美规律。

超循环的基础是循环。循环运动显示圈行的轨迹。当然，圈行有规则和不规则之分。规则的圈行是按一定的比例、尺度、节奏重复运动构成。不规则的圈行是一种复杂性的圈行。它在有序跟无序的统一中实现非线性有序；它在平衡与非平衡的结合中走向动态平衡；它在稳定性与变化性的适宜中形成动态稳定性。正是后一种显示生态辩证法的不规则圈行，合乎了超循环的本质规定。

周期性的渐变，是超循环的本质要求。生态结构的每一次圈走，各生态位和整体较之前一次圈行，如果在"似又不似"的框架内，形成了递进性的渐变，也就有了顺向超循环的表征。"似又不似"是超循环结构周期性变化的特性。这种周期性变化，有走向衰减和走向发展两种向性，显示了系统"增熵"和"减熵"的运行格局。增熵的超循环，使生态系统在周期性变化中，走向递减性的渐变，即逐步地走向衰落、沉寂与消失；减熵的超循环，是生态系统在周期性变化中，形成递进性的渐变，沉稳地中和地走向发展与提升。前者是逆向的超循环，后者是顺向的超循环。审美价值的生发，美生的圈增环长，追求的凭借的是艺术活动顺向的超循环。

纯粹艺术活动生态圈的超循环，其"似又不似"的中和性，主要通过递进性的审美价值再造，以实现各位格美生的增殖表现出来。再现，偏于"似"，形成循环；表现，偏于"不似"，形成超越性；两者统一，形成再造，也就达成了超循环的中和需要，合乎了超循环的递进性渐变的规范，满足了美生逐位稳态发展的需要。

在纯粹艺术活动的超循环中，后一个生态位较之前一个生态位，当下周期的生态位较之前一周期相应的生态位，都是一种中和性的再造，都是一种中和性的"似又不似"，都是一种美生的稳态增长。这就说明：它的价值超循环的机理和美生圈增环长的缘由是动态中和。

动态中和，是一种生态辩证法。它通过对生与共生等机制生成。这是一种互为因果、双向往复的对生。在一个圈行单元里，每一个环节都在对生中共成。像再造接受者，增其美生度，就主要由美感经验和艺术品的对生完成的。美感经验和艺术形象一起，对生出审美表象，以同化审美者，提高其美生质。又如艺术品，也是艺术家和接受者审美意识的结晶，是两者在对生中再造的结果。具体说来，是两者审美意识的对生，形成作家的创作心理，物态化为艺术品。再如艺术家，也是艺术品和审美化的世界对生而再造的。逐位持续的对生性中和，所形成的再造，所形成的美生重塑，使纯粹艺术活动的审美价值超循环，按照生态辩证法给出的规范，生生不息地运行，实现美生持续不断地圈增环长。

（三）生态艺术活动圈中的审美价值超循环

纯粹艺术活动的超循环，其连锁式的审美价值再造与美生增殖，集大成于人与世界对应的生态审美化再造与美生增殖。这两种再造的审美价值效应与美生增殖效应，可拓展和提升为世界的生态艺术化涌现，和人的生态艺术化生长，可跃升为世界更大范围的美生。这就为生态艺术活动的生发，准备了相应的条件。可以说，生态艺术活动的超循环，在纯粹艺术活动的超循环中，潜生暗长，最后呱呱坠地，是那样的水到渠成和顺理成章。在人类艺术发展的长河中，生态艺术和纯粹艺术轮换地成为对方的母体，进而耦合发展。这种现象，离开生态辩证法，是难以解释清楚的。可以说，普泛化的生态艺术，运生出的精雅的纯粹艺术，是其审美价值的历史性结晶。精雅的纯粹艺术活动圈的超循环，运生出博雅的进而天雅的生态艺术，同样是其审美价值历史性生发的确证。

1. 生态艺术活动圈的生发格局

生态艺术活动的超循环格局，较之纯粹艺术活动的超循环格局，发生了变化。其结构生态是这样的：起点位格，没有变，还是世界，或者说是生态艺术性世界的整体生成和系统构建活动，第次展开的位格是生态艺术的欣赏活动、批评活动、研究活动、创造活动，最后环回到了生态艺术世界的发展性再生与再建。这同样是一个生态艺术审美价值逐位再造，最后结晶于世界相应再造与美生增殖的过程。第一个位格，形成了世界再造的生态艺术价值、价值规律和价值形态，相应地构成了世界的美生增殖。第二个位格中的生态艺术欣赏，在接受文本价值和价值规律中，生发了新的美生价值欲求。第三个位格中的生态艺术批评，对新的生态艺术价值心理，进行分析、肯定、弘扬与提升。第四个位格中的生态艺术研究，对新的价值心理规律和美生欲求机制进行探究，对新的生态艺术价值的创造规律和美生机理进行探索。第五个位格中的生态艺术创造，是再造新的生态艺术，形成新的美生样态。第六个位格是新的生态艺术价值与美生样态汇入世界，形成新的价值结构，推进世界的生态艺术文本化，即使世界逐步成为一个生态艺术的大文本，提升自然美生的质度与量度。

在生态艺术活动圈里，各位格有着亦此亦彼的身份，形成辩证生态，构成生态艺术审美的独特现象。起点位格，既是生态世界，又是生态艺术文本，达成了艺术的源泉和艺术本体的统一。纯粹艺术从原先独立存在的空间里走出来，与科学、文化、实践、日常生活结合，成为生态艺术，向整个生态世界覆盖，实现了生态现象与艺术现象的统一，形成了生态价值与审美价值的融通。世界与文本，在纯粹艺术生态圈里，是两个独立的位格，到了生态艺术圈里，却成了亦此亦彼的一个位格，即艺术欣赏对象和艺术再造基础的结合。西方学者谈到大众文化时，也指出它模糊了艺术与生活的界限，构成了日常生活审美化。出现这种情形，当也跟纯粹艺术价值运动的超循环有关。在这种超循环中，纯粹艺术的再造价值不断集大成地回馈世界，使之生态艺术化。也就是说，生态世界的艺术化，是艺术世界的生态化促发的，是艺术世界的生态化推进的。纯粹艺术的审美价值生发规程是艺术世界生态化，生态艺术的审美价值的生发规程是生态世界艺术化，后者承接前者而生，集合了两种审美价值的生发规程，形成了一体两面性，规约了生态艺术圈各位格审美价值亦此亦彼的生发性。

其他位格，复合的成分更多。在欣赏活动中，审美者是批评者、研究者、创造者的复合；在批评活动中，批评家集欣赏者、研究者、创造者的身份于一体；在研究活动中，理论家同时是审美者、评美者，造美者；在创造活动中，理论家、鉴赏家、批评家也都同时成了艺术家，他们或创造纯粹艺术，或创造行为艺术，或创造环境艺术，或创造其他的生态艺术，以增强和提升生态世界的艺术审美性，力求使生态世界成为一个生态艺术化的文本系统，力求使生态世界普遍地走向美生。这种种复合，都不外乎生态活动者与艺术活动者的耦合，都不外乎生态价值与审美价值的统一。审美价值与生态价值统一，是其价值发展和价值实现的形式。

生态世界中，处处都美，时时都美，时时处处都是生态艺术性的文本，全面地实现生态性和艺术性的耦合；人类社会里，人人都是审美者，并时时处处都在审美中，都在生态活动和艺术活动的结合中；这种亦此亦彼的辩证生态，是生态艺术活动的理想,也是生态艺术活动圈审美价值运生的前提、过程与效应,也是美生圈增环长的见证。这种辩证中和,使生态艺术活动结构圈耦合了纯粹艺术活动结构圈,实现了博雅的审美价值和精雅的审美价值的辩证发展,揭示了生态艺术审美价值摆脱普泛化,走向博雅化乃至天雅化发展的真谛,揭示了美生质与量耦合的圈增环长规律,揭示了自然美生质与量同步展开的机理。

生态艺术的审美价值,在圈态结构的超循环中,逐位逐圈地增殖,最后汇入人与世界对应的增绿与增美中,直至出现全绿全美的人生与世界,形成绿化和美化统一的艺术人生和艺术世界,形成绿色的自然美生。这一最终、最大、最高审美价值的实现,以艺术活动的整生化运行为前提,或者说,是整生化艺术活动圈审美价值超循环运生的积淀所致,是相应的美生日积月累的圈增环长所致。

2. 整生化艺术活动圈审美价值的超循环

生态艺术活动圈,从最早的天成艺术活动圈,走向生存艺术活动圈和生活艺术活动圈,抵达完备的生态艺术活动圈,趋向天生艺术活动圈,构成了圈圈相连的不断整生化的超循环历程,持续地生发出相应的审美价值与美生成果,最后汇聚成最高最大的整生化审美价值的实现,即系统地形成自然美生。

天成艺术活动,是人类艺术活动的起源形态之一,是人类生态艺术活动的第一个位格。这时的艺术文本,是大自然中的艺术,像"日月叠璧,以垂丽天之象;山川焕绮,以铺理地之形"[1],就不是人类创造的,而是自然天成的。卡尔松说:"自然环境在不被人类触及的范围之内具有重要的肯定美学特征:比如它是优美的、精巧的、紧凑的、统一的和整齐的,而不是丑陋的、粗鄙的、松散的、分裂的和凌乱的。简而言之,所有原始自然本质上在审美上是有价值的。"[2] 这种原始自然的美态,被人类选择后,成为艺术文本,成为欣赏对象,形成艺术活动。天成艺术活动,是人类以欣赏活动为主体和载体的系统起源的艺术活动,其他形态的艺术活动,诸如艺术批评活动、研究活动、创造

---

[1] 周振甫译注:《文心雕龙选译》,中华书局1980年版,第19页。
[2] 〔加〕艾伦·卡尔松著,杨平译:《环境美学》,四川人民出版社2006年版,第109页。

活动以及艺术世界的生成与生发活动，都包含在欣赏活动中。或者说，欣赏就是评价、就是研究、就是创造，就是艺术世界的生发。选择，作为艺术欣赏的机制，同时也是艺术批评、艺术研究、艺术创造、艺术世界生发的机制。选择，是天成艺术活动的生发规律；欣赏，是天成艺术活动的系统形态。换句话说，最早的艺术欣赏，不仅是人的欣赏潜能的单项性实现，而且是人的艺术欣赏、批评、研究、创造潜能和生发艺术世界潜能的系统性实现，是人的各种艺术活动潜能和整体的艺术活动潜能的系统性实现。正因为这样，天成艺术活动生态圈，也就内在于欣赏活动中，没有来得及展开。它虽然没有展开，但包含了艺术活动各位格的要素与基因，有着生长出艺术活动循环圈的价值生发潜能与价值实现要求。正因为有了这一审美价值生发潜能与审美价值实现要求，它才成为人类艺术活动的发源形态之一。

有了天成艺术活动的基础和神话艺术的范型，原始人类形成了生存艺术活动圈。它是生存活动与艺术活动的统一，主要是生产劳动、原始宗教魔法活动与艺术活动的结合。这是一种艺术依从依存生存目的、服务与服从生存活动的生态艺术活动。它形成了依存性艺术世界，初显了依存性艺术的欣赏、批评、研究、创造环节的雏形，初成了生存艺术活动圈价值生态的超循环，有了依存性美生的圈增环长。

艺术从服务生存中解脱出来，形成了纯粹艺术。纯粹艺术一边独立发展，一边回馈生活，螺旋地回归以往的生态。这就出现了艺术活动与生态活动结合，开始了生态艺术活动的新纪元。较之以往的生态艺术活动，它有三个特征。一是艺术活动脱离了对生存的依附，生态活动脱离了对神的依附，两者的质都有了历史性的提升，并形成了高端的统一。二是它们的生态地位是平等的，是耦合并生的关系，形成了共生性生活艺术活动。生态艺术活动从此走向了生态性与审美性的中和发展之路。三是生态艺术性世界的生成、欣赏、批评、研究、创造，逐位推移，发展成圈，有了超循环的生态审美价值生发运动，有了美生位格的相应运转。在诸种生态位中，生态艺术的理论研究活动，和生态艺术性世界的生成活动这两个生态位是较难形成的。一旦这两个生态位生成了，整体的圈进环升和美生的相应生发，自当不成问题。像侗族，形成了生活的艺术化、艺术的生活化，形成了生活艺术活动圈。他们有："饭养身子歌养心"的生态艺术理论①，他们是"生活在艺术化节日中的民族"，"生活在舞蹈中的民族"，"生活在歌海中的民族"②，形成了生活艺术场域，也就有了生活艺术化的世界。有了这两个环节的牵引，他们的生活艺术活动的渐趋博雅的审美价值生发，也就成圈态旋升了，向既美且绿的人生与世界对应生成了，相应的自然美生也在潜增暗长中。

生活场域是生态场域的一角，生活艺术活动和之前的生存艺术活动，都不是完整的生态艺术活动。它们是完整的生态艺术活动的构成要素。完整的生态艺术活动，生成于艺术场域和生态场域的完全复合。它是艺术活动向生态活动的全域拓展，实现艺术活动与各种生态活动结合，达成真善益宜绿智美整生的艺术活动。它是本质完备实现的生态艺术活动。它在艺术活动生态化中初成，在生态活动艺术化中发展，在这两者的耦合并进中完善。如果说，生活艺术活动，形成了生态性与审美性的共生态中和，那它则走向了生态性与审美性的整生态中和。

艺术审美生态化，表现为艺术活动向生态场域的逐层拓展与生发。这种生发，是"艺术审美的规律与价值"跟"生态规律与价值"的统合化和整生化。真、善、益、宜的生态价值依次生发与累积的程序与图式，决定了纯审美艺术活动首先向科技生态场域生发，使艺术审美的规律与价值与科技之真的规律与价值相生互长，统合为一，形成科技生态艺术活动。

文化趋善。离真失善，循真成善，善以真为前提，文化以科技为基础发展。艺术活动经由科技场域，与文化场域结合，所生成的文化生态艺术活动，也就有了艺术的美与生态的真善统合、美的价值与真善的价值并进的整生性。

实践生益。人类的功利实践活动，循真向善成益。益有真善内涵，方能生美。纯审美艺术活动以科技、文化场域为中介，走向实践场域，进而形成的当是艺术的美与生态的真善益相生互发、艺术美的价值与真善益的生态价值统合并进的实践生态艺术活动。

日常生存求宜。美真善益成就宜。日常生存艺术活动，作为艺术活动经由

---

① 朱慧珍、张泽忠等著：《诗意的生存——侗族生态文化审美论纲》，民族出版社 2005 年版，第 10 页。

② 黄秉生等著：《民族生态审美学》，民族出版社 2004 年版，第 6 页。

科技、文化、实践场域向日常生存场域的生发物，有了艺术的美质与生态的真善益宜之质的整生，以及真善美益宜的价值整生所形成的系统质，有了生态艺术活动完整的本质规定性。

艺术活动逐层走向生态场域，实现了生态艺术活动审美价值量与审美价值质的整体生成。这是因为生态场域的审美化，特别是艺术审美化，是审美价值博雅化的实现形式，是审美价值质与量并进的实现形式。

艺术审美生态化，多维立体地展开，构成生态艺术活动的规律系统：艺术对象与生态对象的统一，形成生态艺术、生态艺术性和谐、生态艺术性生境；艺术主体与生存主体结合，成为生态艺术审美者，构成生态艺术性审美人生；艺术审美关系与生态关系合一，形成生态艺术性审美关系；艺术审美自由和生态自由融会，形成超越审美时空局限、审美距离局限、审美疲劳局限的生态艺术审美自由；艺术感受与生态感受贯通，形成悦生美感。这种种相互关联的生态艺术活动规律，都基于艺术审美生态化的定律，都是它的逻辑分化，从而一起构成了生态艺术活动全面生成的根由与依据。也就是说，这种种生态艺术活动的规律，统一于艺术审美生态化的定律，构成了生态艺术活动的历史生成图景与逻辑生成态势。

艺术审美生态化，是艺术活动向生态活动的完整生成，所生发的整生性生态艺术活动，突出了艺术活动的生态性；生态活动艺术化，则是生态活动向艺术活动的完整生成，所生成的整生性生态艺术活动，彰显了生态活动的艺术性；两者一体两面地耦合并进，实现了艺术活动的生态性与生态活动的艺术性的辩证中和，形成了本质规定性系统发展的整生化生态艺术活动。整生化生态艺术活动的价值指向，是对应地造就了生态艺术人生和生态艺术世界，形成了两相匹配的美生。这两者耦合，第次回旋地展开生态艺术世界的生成、欣赏、批评、研究、创造，形成了整生化的生态艺术活动圈，其审美价值的生发与美生的增长也就持续地走向了超循环。这种超循环的价值目标，是人生与世界对应地递进地走向既绿且美的艺术化，直至人与世界携手步入天态艺术化，实现自然美生。这将是审美价值的终极性实现，这将是自然美生的最高呈现。

至此，我们可以对审美价值的超循环生发与实现的模型，做一个更简约的塑造：绿美世界——绿色阅读——生态批评——绿美研究——绿色艺术人生——绿色艺术世界，如此回环往复，抵达天态艺术人生和天态艺术世界的耦合生发，形成自然美生。这一价值结构的运生，与整生论美学的逻辑体系的运行是对应的。后者的逻辑生发模型：世界整生——绿色阅读——生态批评——美生研究——生态写作——自然美生，与前者的价值生发模型有着一致性。逻辑生发模型包含了价值生发模型，价值生发模型分形了逻辑生发模型。

3. 天生艺术活动圈审美价值的超循环

整生化生态艺术活动出现后，在艺术化与生态化的持续对生并进中，走向天态境界，形成天生艺术活动圈。这一艺术活动圈，是审美价值整生化运生与实现的理想形式，是实现自然美生的形式。

天生艺术活动圈，是艺术活动的生态化和生态活动的艺术化走向极致后的顶端统合，即形成了天态中和。这种中和，在量与质两个方面，都超越了前述生态性与审美性的整生态中和。或者说，它是这种整生态中和发展到极致的状态。

天态，是生态活动最高的质态和最大的量态，也是艺术活动最高的质态和最大的量态。它们的统合，构成天生艺术活动圈，达成自然美生。

不管是纯粹艺术，还是生态艺术，它们的最高质态，均是自然的境界，即天然的境界，是达到"浓后之淡"、"繁后之简"、"无法而后至法"的"天"境，是自然美生的状态。庄子主张："既雕既琢，复归于朴"[1]，"朴素而天下莫能与之争美"[2]。袁枚说："诗宜朴不宜巧，然必须大巧之朴；诗宜淡不宜浓，然必须浓后之淡。"[3] 他们均指出了质朴自在的天然，是艺术的大美，是艺术从自律走向自然的一种超越。他们特别强调了纯粹艺术创造的天然，既超越人为，也超越自在的自然，达成自然生态与人类生态的天然中和，在人与天之间，生发以天合天的天然，形成至美的世界，形成自然的美生。这也见出，在生态艺术的天生化历程中，纯粹艺术起着示范与引领的作用。有了这种引领，生态艺术天生化所形成的自然美生，才可能是质高量巨的。

与质的天化同步，纯粹艺术从独立存在的领域，走向整生化的生态场域，

---

[1] 《庄子·山木》，北京出版社 2006 年版，第 299 页。
[2] 《庄子·天道》，北京出版社 2006 年版，第 251 页。
[3] 袁枚：《随园诗话·卷五》（上），人民文学出版社 1982 年版，第 150 页。

形成生态艺术，发展了量态；生态艺术走向整个生态领域和生态系统，则形成了量的天态。在质的天化和量的天化的耦合并进中，生态艺术逐步生发了成为天生艺术的审美性条件，有了拓展与提升自然美生的潜能。

生态质与量的天生化也如此。它依乎本性、实现潜能的本真形态，即合生态系统的规律与目的而自由自在发展的天然状态，是最高的质态；它覆盖整个存在领域，走向整个地球空间的状态，特别是趋向宇宙空间的形态，是量的天态。在这种质的天化和量的天化的耦合并进中，生态艺术逐步生发了成为天生艺术的生态性条件。上述审美性条件和生态性条件的对生并成，天生艺术生焉，自然美生成焉。

天生艺术，在以天合天中生成。它是艺术的质与量和生态的质与量对应天化的大成境界，是三重天质与天量耦合（即生态的天质与天量耦合、艺术的天质与天量耦合、生态的天质天量与艺术的天质天量耦合），相生互发，齐头并进，同臻天然之顶端的形态。上述各方面的天态，形成了天生艺术本质规定的各个侧面，只有它们的耦合并进，齐趋顶峰，才形成其完整的本质规定性。天生艺术深刻地体现了艺术生态化与生态艺术化在耦合并进中齐趋天然的规律，即生态艺术天然化的规律，成为艺术发展的理想形态，成为自然美生的机理。

生态艺术生态质与量和艺术质与量耦合并生和谐共进的天态发展，还基于纯粹艺术活动的超循环。纯粹艺术的独立发展，和向生态场域的发展，都呈质与量耦合并进的超循环。纯粹艺术两种超循环的整体发展成果，都通过艺术活动生态化的机制，化入了生态艺术活动场域。它超越人为的自然与自在的自然，在两种自然的中和里，或曰以天合天里走向天然的发展模式，融入并提升了生态艺术活动的超循环范型，使其有了生发自然美生的修为。纯粹艺术的"虽由人作，宛如天开"，"不是天然，胜似天然"，引领了生态艺术真、善、益、宜、绿、智、美整生的天然，推进了生态艺术的天生化进程。凭借现代和未来科技的支撑，依靠现代和未来生态文明的基础，它们将共同超越在地球场域的自然环旋，走向天宇场域的天然环升，并在对生耦合中，形成艺术系统最高境界的天生化超循环，形成宇宙化的自然美生。

艺术活动的天生化超循环运行，促使人与世界在走向全绿全美的对应性生成后，再而走向大绿大美的对应性生成，最后走向至绿至美的对应性生成。这就达到了审美价值的最高境界的博雅化乃至天雅化生成与实现，可望实现自然美生的终极目的。

审视人类艺术进程，未曾展开的天成艺术活动，经由依生性生存艺术活动的超循环，形成纯粹艺术活动的超循环，走向与纯粹艺术共生的生活艺术活动的超循环，抵达真善益宜绿智美整生的生态艺术活动的超循环；这种整生化的超循环在纯粹艺术活动引领下，共臻天生化超循环，共成艺术系统随宇宙膨胀的天生化超循环；天生化超循环螺旋地回归了天成艺术活动的状态，构成了艺术发展历史的超循环，显示了艺术的大整生规律，显示了自然美生的根由与至理。

艺术的大整生，在包括人类社会在内的自然历史时空中逻辑化地进行，它在走向至美至大、至博至雅的历程中，不断地被人与世界创生，又不断地创生人与世界，当它走向至高至大的天雅境界时，也就把整个人类与世界，变成了自身，把自身变成了自然美生，审美价值达成了终极性实现。

艺术活动的运生，形成了与生境、环境、背景的运生多圈复合的模型，形成了从天成艺术活动至天生艺术活动多圈旋进的模型，特别是形成了多圈复合后的多圈旋进模型，有着纵横整生性，构成了立体网态旋升的艺术活动发展范式。这一艺术活动的发展范式，体现与承载了审美价值的发展范式，显现了自然美生的形成规程与发展图景。

二、审美价值耦合化超循环模型

审美价值圈的超循环，基于艺术活动圈的超循环。艺术活动圈的超循环，在于它的起点和终点都是世界，能够把每一次圈升环长的审美价值和美生成果集结于终点，转换为更高的起点，持续地实现圈升环长，持续地促成自然美生。

艺术活动圈还是全方位开放的。这种开放以对生的方式，实现生态艺术活动圈与生态文化圈、生态文明圈、地球生态圈、宇宙生态圈的耦合旋进，实现审美价值的内聚与外扩，构成了审美价值耦合化的超循环整生模型，构成了自然美生圈增环长的模型。或者说，审美价值耦合化超循环的模型，就是自然美生圈增环长的模型。

（一）生态艺术活动圈耦合生态文化圈的价值运生

生态文化圈由生态科学、生态技术、生态伦理、生态经济、生态旅游、生态政治、生态宗教、生态美学、生态哲学等众多要素构成，形成了周走环长的运动，增殖着生态真、生态善、生态美、生态益、生态宜、生态绿、生态智的价值结构。它作为生态艺术最贴身的环境，套在生态艺术活动圈之外，形成了信息、物质、能量的交换，形成了相互同化的运动。形成了双圈耦合同运的格局。正是在这种双圈耦合的对生中，生态文化圈持续增殖的生态真、生态善、生态美、生态益、生态宜、生态绿、生态智的价值，源源不断地进入了生态艺术圈，转换为生态艺术圈审美价值的增长，促其超循环。生态艺术圈增长了的生态审美价值，反哺与回馈了生态文化圈，使其绿增美长。这样，持续绿化与美化的生态文化圈，就成了生态艺术活动圈审美价值的生发与实现形式，成了自然美生的增殖成分。被同化了的生态文化圈，就成了生态艺术活动圈审美价值超循环增长的一个层次，一种形态，同时也成了自然美生圈增环长的一个层次，一种形态。这两种增长是一并完成的，并成正比展开的。

（二）生态艺术活动圈进而耦合生态文明圈的价值运生

生态文明在生态文化的基础上生成，是更为全面的生态发展的成果，是更为系统的人类进步的结晶，是更为高端的社会美好的标志。作为系统化的人类、社会、生态的创造物，归根到底，它是人类与世界、社会与自然、精神与物质的对生物，是大自然进化的里程碑。只有这样看，它才是整生化的生态大真、生态大善、生态大美、生态大益、生态大宜、生态大绿、生态大智的价值结构，才是包含并超越了人类诉求的价值系统。生态文明圈主要由制度的生态文明与行为的生态文明、物质的生态文明与精神的生态文明、生境的生态文明和环境的生态文明，依序周走环升构成。生态艺术活动圈经由生态文化圈，与生态文明圈对生耦合，吸纳了生态文明圈的价值，丰盈与提升了审美价值，增长了审美价值的整生性与超循环性。与此同时，持续整生的审美价值汇入了生态文明圈，使之更绿更美。更绿更美的生态文明圈，同样成了生态艺术活动圈审美价值整生化的形式，同样成了它超循环运生的新层次和新规程，同样成了自然美生圈增环长的新层次和新规程。

（三）生态艺术活动圈再而耦合地球生态圈的价值运生

生态文明既生成于人类生态，也生成于社会生态，还生成于人与世界、社会与自然的生态关系与生态结构中。这样，生态文明圈，也就和文化生态圈一起，成了生态艺术活动圈耦合地球生态圈的中介。

地球生态圈由自然生态圈、文明生态圈、社会生态圈的耦合旋进构成。其中文明生态圈，由自然生态圈和社会生态圈对生而出后，成为调适社会生态和自然生态的机制，实现三者动态平衡的系统发展。人类文明，在相应的自然生态和社会生态的对生中，从采集与狩猎文明始，走过了农耕文明、工业文明，进入了生态文明，形成了序进的历史发展生态，耦合了自然生态和社会生态的同式运转，形成了简约的人类出现后的地球生态史。艺术生态圈经由生态文明圈，与地球生态圈耦合旋升，融其生态规律性和生态目的性，拓展了审美价值源，丰厚了审美价值超循环的资基，强化了审美价值超循环的原动力，提升了审美价值超循环生发的品位。与此同时，它将此前生发与积淀的审美价值，连同新从地球生态圈获取的审美价值，一并融入地球生态圈，使其更绿更美地生发。更绿更美的地球生态，也就成了艺术生态圈审美价值实现的新样态。地球生态圈更绿更美地超循环生态，也就成了艺术活动的审美价值旋出的更高质态和更广域态，成了自然美生圈增环长的更高质态和更广域态。自然美生的进程，有两个里程碑。地球生态的自然美生化，是第一个里程碑。这个里程碑，还是自然美生通向第二个里程碑，抵达天宇美生的驿站。走过这两个里程碑，自然美生也就有了宇宙化的格局，实现了最高目标。

（四）生态艺术活动圈集大成地耦合宇宙生态圈的价值运生

宇宙生态圈的运行模型，可以理解为天地人耦合旋升的格局。在大爆炸中生发的宇宙生态，当形成爆炸——膨胀——收缩——爆炸的超循环整生态。在天宇生态、人类生态、地球生态构成的宇宙生态中，人类生态是天宇生态和地球生态共生的。人类的生态发展到一定时候，认知了天宇生态、地球生态、自身生态特别是宇宙整生态的规律与目的，可以通过自身生态，协调地球生态和天宇生态的中和运行，特别是协调宇宙生态的中和运行，使宇宙合规律合目的地运生，从自发的超循环整生，走向自觉合于自发的超循环整生，宇宙将呈现出更加美轮美奂的整生态，将形成真善益宜绿智美的大和的价值生态。

宇宙整生圈在与生态艺术整生圈的对生中，其真善益宜绿智美走向大和的价值生态，进入了后者的审美价值结构，使其超循环的底蕴更深，中气更足，后劲更强。与此相应，生态艺术整生圈，与宇宙整生圈对生同运，审美价值向后者生发，自然美生向后者实现，其质域和量域也就走向了极致的拓展。

生态艺术活动圈，逐级耦合生态文化圈、生态文明圈、地球生态圈和宇宙生态圈，在一体联动的复合式超循环中，使后者走向既绿且美的生态艺术化，成为审美价值和自然美生的连锁式生发与实现形态。这就在审美价值耦合式超循环整生的模型中，显现了自然美生圈增环长的机理。也就是说，审美价值耦合式超循环，是自然美生逐级抵达极点的路径。

三、审美价值整生化的传播机制

审美价值的逐级整生化与自然美生关系紧密。从整生论美学的角度看，归根结底，审美价值就是美生价值，审美价值和美生价值一体两面运转，同步地汇成价值结构的终端：自然美生。自然美生也就同时成了美生价值最大化的形态和审美价值整生化的形态。可以说审美价值整生化的程度越高，越能促成和促进自然美生。传播，成为审美价值整生化的机制，也就推进了自然美生。

传播，是艺术活动生发的模式。艺术活动的生发与传播有着同一性。一部艺术发展史，是一部艺术的创造、接受、批评、研究、传播的历史。艺术的创造者、接受者、批评者、研究者、传播者是五位一体的，这就奠定了传播作为审美价值整生化的基础。

（一）传播是审美价值整生化的基础

传播，提供了审美价值整生化的平台与通道。这是一个审美价值共创、共赏、共享、共振、共鸣的平台。

艺术活动审美价值的生发，是以审美接受为中介的。这种接受是广义的，以审美欣赏的接受为主，还包括与审美批评、审美研究、审美创造相结合的接受。这种种接受，都是生发审美价值的形式。审美价值的生发效应，除了决定于价值源——文本的审美品质之外，还决定于接受的质与量。传播，提供了审美价值共创、共赏、共享、共振、共鸣的平台与通道，让更多的人在同一时空内，共赏与同赏一个作品，在相互影响中，更好地接受文本的绿化与美化，转而创造绿化与美化的世界，这就拓展与扩大了审美价值效应，促其走向整生化。

传播让更多的人于同一时空里，欣赏同一艺术文本，形成了审美场的价值共生效应。公共审美场使处身其中者，在共赏与共享的基础上，形成了审美共创、共振、共鸣的机制，提升了审美价值的整生效应。凭借说书场、歌墟、剧场等传播平台，众多观赏者在同一时空里，与艺术表演者形成了互动共创，激发了表演者的审美创造潜能，提高了他的审美创造素质，提升了他所创造的文本的审美价值，生发了多元审美价值的整合效应。钟敬文先生说，"刘三姐是歌墟的女儿"。这就显示了在歌墟的传播中，艺术家与接受者共生并进的审美价值功能。此外，传播形成的公共审美场，使观赏者相互感染，使审美接受、审美批评、审美研究、审美创造在场中贯通流转，强化了审美的同感、共振与共鸣，形成了美感的整生性，生发了浓郁的整生性审美氛围。这就使处身其间的所有审美者均强化了美感效应。

传播使公共审美场以一生万，形成无限增殖的子态审美场，形成无限发散的审美价值效应，促进了审美价值的整生化。电视传播等现代媒介，把公共审美场的艺术活动，通过卫星技术，转播至全国各地和世界各地，形成审美活动的无限增殖，造就审美价值的无限衍生。这种整生化美生，可望最后促成与促进自然美生。

（二）传播的发展与审美价值的整生化同步

艺术文本和艺术活动的传播形式与传播效应同步发展，递进地推动了审美价值的整生化生成与实现，最终形成自然美生的效能。

1. 表演与出版的传统式传播和审美价值的以一生多

表演与出版，是传统式传播的主要形式。单个文本，应接受者的需求，在不同的时空，以表演和出版的方式不断复制，实现了文本的以一生多，同时也就形成了更多的接受者，形成了更多的艺术活动，实现了审美价值的衍生。

传统传播以一生多的审美价值增殖过程，进而关联了以多生一的经典审美价值的生发过程。表演与出版的复制率，是与审美者的接受率成正比的，一般来说，也是与文本的审美质成正比的，是与审美者、表演者、创作者对文本审美价值的共生成正比的。这样，传播与经典也就有了互为因果的关系。龚丽娟的博士论文《民族艺术经典的生发——以刘三姐与阿诗玛为例》，辟专章论述了两部南方少数民族艺术作品在传播中成为经典的规律。传播成就经典，也就进一步提升了文本的审美价值。

千百年来，表演与出版的传统传播，通过以一生多的文本复制形式，参与了选择、肯定与培育艺术经典的工作，成为艺术经典重要的生发机制。经典形成后，表演与出版的复制率更高，传播域更广，审美活动与审美价值相应地实现了以一生万，同步地走向了整生。这种整生效应，转换为生态写作，最终汇入自然美生之中。

2. 音响与影像的现代式传播和审美价值的以一生万

在古人写桂林的诗里，有这样的句子："若为化得身千亿，散上峰头望故乡"。《西游记》中的孙悟空，扯一把汗毛嚼碎，一口吹去，顿时化出无数的孙悟空。这种以一生万的衍生，艺术经典借助传统传播，已臻实现。而在以广播、电影、电视为媒介的现代传播中，一般的艺术文本、接受者、艺术活动均可同步地走向以一生万，均可使审美价值呈几何级数增长。现代传播使艺术活动审美价值的实现，普遍地走向了整生化，这就使自然美生有了更为宽广的路径。

3. 数字化当代传播与审美价值的万万一生

网络技术出现后，信息化时代正向我们走来。网络的全球化展开，信息高速公路的无国界畅通，卫星通讯的全球覆盖，数字化传输的形成，使得艺术文本和艺术活动的传播，实现了万万一生的整生化。全球任何一位上网者，都可以经由一定的规程，阅读各网站的艺术文本，都可以把自己的作品挂上网，供全世界的上网者阅读。全世界已有的艺术文本，都可以通过数字化处理，存于网上，供任何人欣赏，生发无数的审美活动，无限地生成审美价值。也就是说，任何作品，均在网上"一"态存在，即形成了万万一生的关系，供无数上网者点击，即刻便可以一生万，达成审美活动和审美价值的整生化。

各种传播在当代交叉，更加推进了审美活动和审美价值的整生化。这种价值效应，汇成整生化写作，生发为自然美生。也就是说，传播生发与强化的美生价值效应，是通过生态写作的价值创生环节，向自然美生形成的。

第二节 地球美生

　　审美整生的最高形态与质态，是自然美生。地球是自然形成的生态系统，它的美生成了自然美生的重要形式，也是走向天宇美生的阶梯。进入自然美生行列的地球美生，是地球全美的高端形态，是地球全美历史发展的成果。地球美生在地球全美中演进，地球全美在地球美生中前行。地球全美和地球美生是耦合发展的，它们有着互文性。鉴于此，论述地球美生的规程，应时时结合地球全美的步履。

　　加拿大环境美学专家卡尔松说：人类活动未涉及的自然是全美的。其言外之意是，人类的活动，影响了自然完备的审美性。他所讲的自然，当主要指地球自然。就目前来说：人类对天宇自然的影响，特别是对太阳系以外的天宇自然的影响，应该是微不足道的。卡尔松的自然全美论，表征了生态整体观，可引发出辩证整生观。地球全美的生态轨迹，是非线性的，会有一个从自发性出发，经由自律性发展、自足性转换，最后走向自觉性提升、自慧性超越、自然性旋回的超循环过程。

　　不同时代和不同质构的地球全美，显示了地球美生的序态发展。这种发展与审美场的发展同步，与审美场逻辑生态的运动关联，更与美生场的运转耦合。地球全美的最高形态，即地球的自然美生，可以说是美生场的逻辑生态起于世界整生归于自然美生的超循环运动促成的，美生场逻辑生态的终端环节，部分地等同于地球的自然美生。

一、自发性地球全美

　　地球自发式全美，在生态超循环运行中形成。宇宙可分层次，沧海一粟的地球，分属其不同的系统与结构。地球生态的超循环生发，也就有了更多的逐级增长的整体规定性。它以太阳系的超循环运生为前提,以银河系的超循环运生为背景,以宇宙的超循环生发为基座。

地球源于时空始态时的大爆炸,成于其后宇宙膨胀中的收缩(这是我的一个猜想)①。其美的生发历程以生命出现为界,分为两大阶段。生命出现之前的地球,在宇宙的有序生发中,形成了圆球形的整体和谐构架,跟相关天体构成了协同的宇宙生态子系统,跟所分形的宇宙形成了自相似性,这就有了整生态的审美性,有了地球全美的雏形。地球在宇宙的运动中,自身形成了相应的数学的、物理的、化学的运动,经由沧海良田的地壳变化和冰暖轮回的气象更替,构成了自身结构的超循环有序性,有了整生之美,有了地球全美的构架,有了自然美生的框图。这种非生物形态的整生之美,是生发与耦合地球生物之美的基元,是系统生长的地球全美的载体。

南宁有一个养生场所,名叫元之源,其意是涵养生命的元气。但我觉得可以将其普适化,形成一般意义,构成哲理蕴含。地球元生命,在地球、太阳系、宇宙提供的系统化生态条件所组成的生境中萌生。作为"元之源"的原始生境,对原始生命的孕生,有着以万生一的整生性。这就破解了是"蛋生鸡"还是"鸡生蛋"的元生命产生难题。原始生命产生后,在对生境与环境的适应中生发,在生与死的转换中进化,构成了简约的超循环。这种超循环与生境和环境一起,组生了新的地球全美,即生态性地球全美,形成了简约的地球美生。

原始生命以一生万地演进,生命支系持续分化繁衍,生命谱系网态展开。生命谱系与相应的生境与环境对生,在生死中更替演化,圈进旋升,生发了生态系统。生态系统在适应生境与环境中,自身的生态规律与目的和地球生境以及天宇环境的生态规律与目的,走向统一。这样,各生态系统以及整体生态系统,与地球生境和天宇环境,实现了耦合联动的超循环。这种耦合联动的超循

---

① 这是我的一个猜想:张力与聚力在时空元点的大爆炸中同时形成,张力使宇宙膨胀,聚力使膨胀中的物质聚合收缩,成为实态,并推展虚空,显示出聚力随张力生发的宇宙生态。当大爆炸产生的张力减弱,宇宙走向收缩,各实态聚合,虚态压缩,当宇宙收缩到极限,成为一个高密度的实态,再产生大爆炸。宇宙在这种以一生万的膨胀、收万为一的爆炸所形成的超循环中,构成最大时空尺度的整生,成为一切整生的前提与背景。限于学科背景,我自己无法证实这一猜想,供大智大慧者批评。

环,是生态系统依生地球生境和天宇环境的结果,并实现了地球的整生。地球的整生,实现了地球生态的规律性、目的性、有序性的统一,实现了自发性地球全美。这表现在两个方面:一是地球生态系统所有部分的"各美其美",汇成个性化的地球全美;二是"各美其美"走向"美美与共"(费孝通语)的中和,显出整生性的地球全美,形成了纯自然的地球美生,或曰元自然的地球美生。

二、自律性地球全美

人类生态的出现,使地球生态的进化彰显了非线性历程,地球全美将在历史的曲折中趋向更高形态,形成天生化地球美生。人类文明初显,其采集特别是狩猎的生态活动,形成了生命系统食物链的顶端,融入了由各生态位物种的序态运生形成的生态循环。这合乎生态系统的规律性与目的性,促进了地球生态美,初成了自发的地球全美走向自律的地球全美的转机,构成了人类生态依存自然生态的地球全美。这是人对自然依生性最强的地球全美。

人类形成了农耕文明,其生态活动在顺应自然规律的前提下,利用自然,改进自然,实现自身的生态目的。从总体看,这一时期,农耕文明性与自然生态性是和谐的,社会规律性与自然规律性是一致的,人类目的性与自然目的性是适应的,文化生态、文明生态、社会生态、自然生态达成了耦合环进,这就形成了人类生态依从自然生态的地球全美。这是一种自律的地球全美,也是一种依生性减弱竞生性暗孕的地球全美。

这种地球全美,因人类生态的自律汇入了自然生态的自律,构成了以自然生态为主导的自律,显示出依生性和谐的特质。凭借依生性和谐,这个时候的地球全美,还是自然全美,地球美生,也应是自然美生。它是自发态自然美生,向自觉态自然美生进步的开端,是自然美生螺旋式生发的节点。

三、自足性地球全美

进入工业文明,人的活动离弃了自律,出现了非生态与反生态性,背离了生态系统的规律性与目的性，原本和谐的地球全美生态，逐步地出现了生态崇高、生态悲剧、生态喜剧，地球全美已从自律形态走向了主体自足形态。这种形态的转换，形成了人类生态对自然生态的多维度损坏，动摇了地球生态系统超循环整生的根基。

——首先是地球生态屏障的损害。工业废气破坏了地球上空的臭氧层，损害了地球和天宇的生态间性，紫外线和其他宇宙射线穿过臭氧层空洞，直接照射地球，危及人类生态和其他物种生态的健康与安全。

——其次是地球生态基的损害。土壤、水、阳光、空气是地球生态存在和发展的基础。工业社会形成后，森林成片砍伐，草原过度放牧，造成水土流失，出现大面积的石漠化和沙漠化，出现了大河断流，湖泊干裂，生态基趋向脆弱，生境趋向恶劣，生态条件在丧失；空气、河流、海洋、耕地、食品的污染，危及生态安全。凡此种种，传出了地球生态基趋向坍塌的信息，地球生态系统的存活遭遇了威胁。

——还有是生态系统完整性的破坏。工业化带来的城市化，造就了大片大片的人造空间，割裂了生态系统。星罗棋布的水库，阻隔了生态环流。城市间相连的封闭的高速公路和高速铁路，像蜘蛛网一样罩在大地上，使原本完整的开放的生态系统，变成了一个一个的生态孤岛。非人类物种的生态足迹被控制在一个一个很小的区域内，同类之间，难以合规律合目的地交往与交配，繁衍与进化出现了危机，不同物种间的竞生与共生也失去了条件。生态系统的肢解与物种退化，从根上威胁了生态安全。

——再有是生态多样性的减少。近代以来，随着人类主体性的确立与强化，其他物种乃至其生境与环境，均成为人类价值追逐与目的实现的牺牲品。工业社会形成后，人类生产对物种栖息地以及物种生存环境的破坏加剧，物种灭绝的速度加快，生态多样性急剧减少，生态系统的稳定性与平衡性的机制受损。为了规模生产的需要，通过人工干预，大量发展单一物种，挤占了其他物种的生态空间，破坏了生态系统中物种类型、数量、比例的适度性与中和性，生态系统失去了超循环的机制，而走向退化。出于某种利益驱动，引进的某些物种，缺乏天敌控制，大量繁衍，妨害了其他物种的生存，也形成了物种的单一化。这就影响了生态系统的多样统一与动态平衡，增加了生态系统崩溃的危险性。

所有这些，损害了生态系统赖以生发的根基、条件、关系、环境，破坏了生态的完整性、系统性、多样性，造就了生态系统的失衡、失稳、失序、失构，造就了人的生态和其他物种生态特别是地球生态的失宜、失和、失统，造就了人的规律与目的和其他物种的规律与目的，特别是地球生态系统整体的规律与目的之间的对立与冲突，这就从根本上影响了地球生态的超循环运生。

在上述多维的生态破坏中，传统意义上的地球全美，即生态自律的地球全美被打破了，形成了人类生态自足的地球全美。这时的地球，成了人化的地球，成了人的本质力量对象化的地球，成了人类生态自足发展的地球，成了人类中心主义者眼中的全美的地球。或者说，地球全美成了人的全美。这是一种从崇高经由荒诞走向虚幻的人态地球全美，是以往自发、自律的生态性地球全美的转型。与之相应，这时的地球美生，趋向人态美生，离开了自然美生的根基与故道。

四、自觉性地球全美

历史的发展，生态的进化，呈现出非线性的轨迹，从生态自发形态的地球全美走向生态自觉形态的地球全美，不是线性的，须经由历史的反复，显示出螺旋的发展。这种发展，呈现出生态性地球全美经由人态性地球全美向生态性地球全美的恢复、发展、提升的轨迹。这是地球全美辩证整生形成的超循环轨迹。地球美生也有了相应的变化，划出了一条从元自然美生经由非自然美生，走向自然美生的路径。

（一）生态性地球全美的恢复

地球生态序的恢复，是人态地球全美向生态地球全美螺旋发展的机制。它基于人类生态观的转变，基于人类的生态自觉。在工业文明的背景下，人类形成了人本主义的价值观。这种观念，促进了社会系统的和谐与发展。但放大至自然界，则形成了上述灾难与教训。生态文明出现后，人类回归至自然儿子的生态位，恢复了和其他物种的兄弟姐妹关系，逐步地形成了生态本体观和自然整生观，促成了自然全美的生态化恢复与发展，促进了地球美生的自然化回归与提升。

　　伴随着生态文明的曙光,人类首先形成的是一种非平衡的生态自觉。生态自觉,可从两个方面考量:一是合生态规律性,二是合生态目的性。从人本价值观到生态本体观,标志了人类生态自觉性的逐步提升。人类反思地球的生态失序与失美,寻找生态危机的根源,将其归结为自身行为的不合规律性,并形成了相应的生态自觉:合自身、他者、整体的规律性,以实现自身的目的性。这种生态自觉是初步的:在合目的性方面,还立足于人本价值观,在合规律性方面,已趋于生态本体观,双方未达成历史的同步性;局部性的合目的,整体性的合规律,两者未走向耦合发展的平衡性。

　　出现非平衡的生态自觉,是一种历史的必然。促成历史转换的文化与文明,一般是亦此亦彼的。一方面,它总结与提升了此前时代的文化与文明,另一方面,它草创与开启了以后时代的文化与文明。文明与文化以这种形式转型,才会形成历史生态的进化性,逻辑生态的演化性。像王国维的《人间词话》,以"无我之境"总结了古代的客体论美学,以"有我之境"开启了近代的主体论美学,形成了终结以往开启未来的审美文化与审美文明。[①] 但丁也一样。恩格斯在《共产党宣言》意大利文版的序言中说:"封建的中世纪的终结和现代资本主义纪元的开端,是以一位大人物作标志的。这位人物就是意大利人但丁,它是中世纪的最后一位诗人,同时又是新时代的最初一位诗人。"[②] 他的《神曲》,以神人合一即但丁与上帝同生于天堂,升华了古代和谐的审美理想,以主体性的萌发与高扬,即人依靠自身的正义、智慧、爱情而不是凭借上帝的拯救与神合一,开启了近代自由的审美理想。非平衡的生态自觉,也具有承前启后性。它以合人类的目的性,提升了近代的主体生态自由理想,它以合整体的生态规律性,开启了现代的整体生态文明理想,成为自足性地球全美向自觉性地球全美转换的机制,成为地球美生的自然化螺旋回归的起点。这就同样具有了划时代的意义。

　　一般来说,文化和文明观念的变化,大都和其中的哲学观念的转型相关联

[①] 参见郭绍虞主编:《中国历代文论选》第 4 册,上海古籍出版社 1980 年版,第 371 页。
[②] 《马克思恩格斯选集》第 1 卷,人民出版社 1972 年版,第 249 页。

的，并以此为契机，实现整体的转换。像非平衡的生态自觉，和主体间性哲学有着同一性。主体间性哲学，以人与人之间的互为主体走向共生，终结了近代的主体哲学，以人与自然的互为主体走向共生，开启了当代的生态哲学。在这一哲学的启迪下，人类的文化与文明，走向协同的转型。基于此，非平衡的生态自觉，成为初始形态的生态文化和生态文明的共同特征，成为地球生态恢复与生态建设的基准，成为建设高于以往依生性地球全美的指南。

在合规律与合目的统一的生态自觉中，合规律是前提，合目的是结果。非平衡的生态自觉，尽管是一种不够充分与完整的生态自觉，于破损的地球生态系统的提升性修复，于生态性地球全美的发展性恢复，于地球美生的自然化回升，均发生了实际的效用。人类遵循整体的共生的规律，展开生态活动，其目的虽是为了自己生存的益、宜、美，然实际上产生了整体的效应，即促进了地球生态系统的序化与美化，有利生态性地球全美的恢复和自然性地球美生的回升。也就是说，在非平衡的生态自觉的规约下，人类活动所合共生规律，虽直接指向有利人类生存的竞生目的，然在一定程度上潜在地合乎了生态系统的共生目的，实现了地球生态系统的共生态复元，有利生发地球的共生态全美，形成相应的地球美生。

合规律与合目的是一种辩证耦合的关系，非平衡的生态自觉有着必然的历史生成性，也有着走向平衡的生长性。合规律是一种生态科学的自觉，合目的是一种生态伦理的自觉，整体的合规律合目的是一种生态哲学的自觉，系统中和地合规律合目的，是一种生态美学的自觉。非平衡生态自觉，有了生态科学的自觉，有着走向生态伦理自觉的趋势，更有着向生态哲学的自觉，特别是生态美学的自觉发展的广大空间。

工业文明虽使生态系统失序，地球全美变形，地球美生走样，但却为地球全美的生态性发展以及地球美生的自然化回升奠定了基础。工业文明所积累的巨大财富，所积累的多门类的专业知识，所加速的人脑进化，所普及的高等教育，使人类有足够的财力、人力、智力、德力发展更高综合性和整体性的生态科学与生态文化，促成工业文明向生态文明转换。有了这种转换，人类方有可能把握共生的整生的生态规律，实现真状的生态自觉；方能进而把握与追求共生的整生的生态目的，实现善状的生态自觉；方能形成共生的整生的生态效益，显示益状的生态自觉；方能形成共生的整生的生态效应，确证宜状的生态自觉；方能整合真状、善状、益状、宜状的生态自觉，生成智状的生态自觉；方能中和真状、善状、益状、宜状、智状的生态自觉，生成美状的生态自觉。当人类有了美状的生态自觉，生态地球全美当可以在恢复中发展，自然态地球美生当可以在回归中提升。

（二）地球全美的共生性发展

生态性地球全美的发展，基于平衡的生态自觉。如果说，非平衡的生态自觉，是一种真态的共生自觉与善态的竞生自觉的统一，是一种亦共生亦竞生的自觉，那平衡的生态自觉则是一种共生的自觉。后者在前者的基础上生发。真状、善状、益状、宜状、绿状、智状、美状的生态自觉，是依次生发与提升的，真状的生态自觉也就成了生态自觉系统的元点与基础，规约了其后生发的生态自觉的特征与水平。非平衡生态自觉系统中的真状自觉，是共生态的，它克服了整体合规律与局部合目的之间的不匹配，不平衡，依序形成共生性的善状、益状、宜状、绿状、智状、美状的生态自觉，实现了整体结构的平衡与并进，实现了生态自觉结构的跃升。在这一新的生态自觉结构里，不仅各部分是共生性的，而且以耦合共生的形式，组成了生态文化的共生性自觉和生态文明的共生性自觉。

在共生平台的生态文化自觉和生态文明自觉的导引下，将形成多维耦合共生的地球全美，以提升和超越纯自发形态的地球全美。

文化生态与自然生态耦合共生。上述生态文化的自觉，一方面使生态文化的建设有了共生性的尺度、标准与向性，可形成相应品质与内涵的生态文化。另一方面使人类活动，发现、维护、促进、发展地球自然系统的共生量、共生值、共生性、共生质、共生构。再一方面使共生态的文化和共生态的自然耦合并生共进，使地球全美趋向文化与自然自觉共生的平台。

文明生态耦合社会生态和自然生态，促进地球共生。生态文明的共生性自觉，规约了文化生态、文明生态、社会生态的共生化，促进了自然生态的共生化，推进了这四种生态的共生性耦合与并进，造就了地球自发与自觉统一的整体共生，并使地球在多维的真善益宜绿智的中和共生中，走向了系统的美态共生，发展了共生性地球全美的质值量度，并使地球美生的自然化回归，形成了超越性。

（三）地球全美的整生性提升

生态性地球全美的提升，基于生态自觉的深化。深化了的生态自觉，其结构从非平衡经由平衡走向了动态平衡，其平台从亦共生亦竞生经由共生走向了整生。非平衡、平衡、动态平衡是逐级发展的生态结构与生态关系，亦共生亦竞生、共生、整生是逐级深化与系统化的生态规律、生态目的、生态功能、生态效应、生态本质、生态本体。这样，生态自觉越发展，就越成了生态存在、生态建设、生态发展的范型，成了生态性地球全美与自然化地球美生的生发蓝图。

整生层次的生态自觉，首先使生态文化和生态文明形成整生的品质，进而促进社会生态和自然生态的整生化，最后使这四者一化、网化、旋升化，形成地球生态最高形态的整生化。整生化的地球生态，成了地球全美的发展形态，成了地球美生的自然化回升形态。这是因为整生，是最高层次的生态规律、生态目的、生态功能、生态效应、生态本质、生态本体的统一，即成了整生真、整生善、整生益、整生宜、整生绿、整生智、整生美依次生发、累积、环升的结构。整生美处在这一累积结构的顶端，是整生真、整生善、整生益、整生宜、整生绿、整生智的中和与发展，有了完备的系统的整生质，成为整生本体。整生美依次反哺回馈整生真、整生善、整生益、整生宜、整生绿、整生智，使它们均成了整生本体，均有了系统的整生质。凭此，走向整生平台的地球全美，也就有了多重的全美性，即：处在整生关系中的所有局部，均是美的，这是一种全美；所有局部都处在以一生万和以万生一的一态整生中，处在万万一生的网态整生中，处在一一旋生的环态整生中，成为多维整生的全美；地球整体在一化和网化的超循环中，形成了大整生的全美、系统整生的全美，永续整生的全美，形成了螺旋回归的自然化地球美生。

共生性生态自觉，生发的共生态地球全美，显示了人与自然对生并进的审美生发模型。整生性生态自觉，生发的整生态地球全美，显示了人类生态融入地球生态，达成网态超循环的审美整生模型。在这一模型里，人类生态圈从自然生态圈之外，进入自然生态圈之中，成为自然生态旋升圈的一个环进层次。也就是说，在自然生态圈内，人类生态的环进，与其他物种生态的环进，以及自然生境和自然环境的环进，实现了多维耦合与纵横关联，构成了网状旋升的大整生，生成了地球生态超循环的全美与美生。

共生平台与整生平台的地球全美,在审美品质上有如下异同。它们的整体及其部分,都呈生态和谐。前者主要是人与自然共生,所形成的共和之美,后者则是包括人类生态在内的各种生态,在自然生态圈内达成依生、竞生、共生、整生态的纵横对生,生发网态中和之美。它们的整体及其部分,都显动态平衡。前者主要是一种人与自然耦合并进的动态平衡,后者则通过自然生态圈内各种生态,在纵横双向的依生、竞生、共生、整生态对生中,达成稳定性与发展性的立体合成,实现网态环进的平衡。它们的整体和部分,都含生态序。前者包蕴的大都是看得见的以及若隐若现的生态序,后者包蕴的生态序,则是显态、亦显亦隐态、隐态的统一,确证了更深邃、更系统的生态自觉。显而易见,整生平台的地球全美包含并提升了共生平台的地球全美,将形成更深邃、更高级、更完备、更自觉的全美性。与此同时,地球美生的自然化回升,也将旋至以往未经到达的高点,进而旋向天态化的极点。

五、自然化地球美生

当自觉成为一种习性,也就天性化了、自然化了。从自觉到自然,有着必然性。人类的生态自觉也有着走向天态自然的趋向,并以此促成自然性地球全美,促成地球美生的自然化。自然性地球全美与地球美生的自然化更是耦合生发的,更是彼此促成与推进的。

(一)地球美生行程中的自然生发环节

地球全美和地球美生的生发,有两条基本的超循环路径:一条是从天成始,经由依生、竞生、共生、整生,抵达天生;另一条是从自发始,经由自律、自足、自觉,抵达自然。这两条路径有着相互包含性。地球全美和地球美生的天成,可谓之自发;地球全美和地球美生的自发,亦可称之天成;它们可以互换。地球全美和地球美生的依生态、竞生态、共生态与整生态,与其自律态、自足态、自觉态相对应,有着递进的互文性。地球全美与地球美生的自然态和天生态,是同一的,更可以互称。

这两条路线可从互含走向互证。地球全美和地球美生出自天成,才属自发;地球全美和地球美生递显依生、竞生、共生与整生态,才逐发生态自律、自足、自觉；地球全美和地球美生回到天生态，才算自然。反过来，地球全美和地球美生走向自然的历程，也逐个环节地确证了它们旋回天生的轨迹。从这种互证中，还可以看出：相对于自发，自律和自足，也可以视为自觉的雏形与曲折形态，是形成系统性和典范性自觉的前奏，自觉性的地球全美与地球美生，有一个漫长的历史建构和逻辑建构统一的时空。依生态的地球全美与地球美生，是自发的地球全美和地球美生向自觉的地球全美和地球美生转换，成为自觉的地球全美和地球美生的准备。竞生态的地球全美与地球美生，是自觉的地球全美与地球美生的曲折性探索。共生的地球全美与地球美生，是自觉的地球全美和地球美生的历史性反思后的综合，整生性地球全美与地球美生，是自觉的地球全美与地球美生的终结。整生的地球全美与地球美生，是完成了的自觉的地球全美与地球美生。

整生的地球全美与地球美生，作为自觉的地球全美与地球美生的最高阶段，向自发的地球全美与地球美生复归，在历史起点的上方，初成自然的地球全美，初成地球的自然美生。

自然的地球全美与地球美生，是一种天生的地球全美与地球美生，它是整生的自觉性和天成的自在性的统一，结晶了地球全美和地球美生发展的全部成果，成为地球全美的最高形态，成为完成了自然化回升的地球美生。

（二）地球生态的自然化

地球全美的自然化与地球美生的自然化同步展开，伴随着地球生态的天化进程。地球生态从天成态，经由人化态，进入天化态。地球全美的自然化、地球美生的自然化与地球生态的天化，达成了三维耦合的演进。或者说，地球生态的天化，是地球全美自然化的机制，是地球美生自然化的机理。

1. 人类生态的天化

人的自然化，主要指人类活动的合自然规律性与自然目的性。人的自然化，在新实践美学里，是一个关键性命题，和人类整生态的天化，有着相通性。[1]地球整生圈中的人类生态环，其整生态的系统性自觉，积淀、中和与提

---

[1] 参见季芳：《从生态实践到生态审美——实践美学的生态维度研究》，人民出版社2011年版，第23页。

升了天成态的自发、依生态的自律、竞生态的自足、共生态的初步性自觉,已经有了自然大道和自然整道的自觉性,显现了自然性的趋势。人类作为自然进化出来的智慧物种,不仅仅停留在生态自觉上,他还要实现自然与理想的统一,在自觉的基础上实现自慧。凭借自觉,展开自慧,人类在发现自然的基础上发展自然,在遵循自然的基础上创生自然,在顺应自然的基础上,超越自然。这是一种提高形态的人类生态的自然化。人类的自慧,所发展、创生的自然,虽然超越了自然,但未脱离自然,违背自然,而是自然基因的理想实现,是一种更像自然的天然。这是人类生态自然化的顶端形态——天化。

人类生态的天化,基于自身生命的天化。封孝伦教授的生命美学和生命哲学研究,均阐述了人的三重生命,即生物生命、精神生命、社会生命的本体性价值与意义。[①] 我认为,这三重生命都有整生性,进而形成了辩证生态:生物生命是基础,生物生命的优化,促进了精神生命的自觉与自慧,造就了社会生命的辉煌与永恒;慧态的精神生命和永态的社会生命,反哺与回馈生物生命,促进生物生命的持续优化与进化,构成了超循环整生;优化的生物生命代代繁衍,生生不息,显示出整生性,并生发和耦合了精神生命和社会生命的整生性,构成了人类生命系统网态旋升的大整生。

科学界有一种观点,说人类在五万年前就完成并停止了进化。这一认可度很高的看法,最近受到了挑战。事实证明:工业社会以来,人类生物生命的进化,非但没有停止,反而进化得更快、更优、更高。[②] 我认为,工业文明特别是生态文明,极大地激发与提升了人的本质与本质力量,造就了更为自觉与自慧的精神生命和社会生命,形成了对生物生命更优的反哺与回馈,这就使人类生命系统自觉、自慧的超循环整生,呈现出更快更好的态势。

工业文明多方面地促进了人类生命的自觉,生态文明整合与提升了这些自觉,形成了自觉性整生,进而形成了自慧性整生。人类生命自慧性的超循环整生,基于自觉性整生,又超越了自觉性整生,成为一种理想性整生。这种理想性整生,揭示了人类进化的新机制。人类为适应环境,改变自身,这是其进化

---

① 参见封孝伦:《人类生命系统中的美学》,安徽教育出版社1999年版,第89页。
② 参见林声:《人类还在进化吗》,《大自然探索》2011年第9期。

的显在机制。人类文明，激发其精神生命、社会生命的自觉与自慧，回馈生物生命，形成的生命系统超循环优化，是其进化的隐在机制。人类进化的文化文明条件，有着显著的人为性，然一旦进入生命系统，就成了一种自控制、自调节力量，显示出自在自为性，这就螺旋地回到了自然整生，形成了天态整生。

经由自觉、自慧、自然的天态整生，是人类生命整生螺旋发展的高点，生发了前端形态的自然整生的生命全美。这就有了社会全美乃至地球全美自然性建构的基点。

生命是生态的基础，是构成生态发展的主干。与此相应，人类生命成了人类生态生发的基础与主干。人类生命自觉、自慧、自然的天态整生，促成了人类生态的天化。

2. 社会生态的天化

人类生命的天化，拓展为人类生态的天化。人类生态的天化，首先扩现为社会生态的天化。人类天化的生态活动，创造了相应的文化生态和文明生态，中和为天化的社会生态，形成了地球生态圈走向天态整生的集约性机制。

3. 地球生态的天化

在地球生态圈中，各生态环纵横对生，形成了万万一生和一一旋生，实现了各局部和整体的整生化。生态圈的整生性联系，使得局部性变化，产生整生性效应。始于人类生命的天态进化，带动了人类生态、文化生态、文明生态、社会生态的连锁性天化，形成了对地球生态圈中其他物种环以及生境与环境以及背景的集约化影响，进而形成了各生态环纵横对生的天化运动，造就了地球生态圈网态旋升的天化。凭借这种天化，地球全美和地球美生将系统地走向自然生发。

（三）地球美生自然化旋升中的人类态度

地球全美生发和地球美生的旋升，有一条从自发经由自律、自足，形成初步的探索性的自觉，进而走向系统性的自觉，再而趋向自慧，最后抵达自然的路线。与此相应，地球全美和地球美生也就有了天成态、依生态、竞生态、共生态、整生态、自然态的生发谱系。整生态的地球全美和地球美生，因人类生态自发、自足、自律、自觉、自慧、自然的机制，将走向天生境界。由此可见，地球全美和地球美生对应的第次生发，除天成态外，其他形态的构成均与人类生态和人类态度相关。地球全美和地球美生耦合生发中的人类态度，主要由人类生态决定。

依生态地球全美和地球美生，是一种人类生态依从、依存、依同自然生态，所形成的地球全美和地球美生。这显示了人类合于自然的态度，初显了人类的生态自律性。竞生态的地球全美和地球美生，是一种人化自然形成的地球全美和地球美生，是一种人态的地球全美和地球美生，表现的是人类驾驭、改变、同化自然的态度，彰显的是人类的生态自主与自足在发展中走向悖论的过程。共生性地球全美与地球美生，是天人共成的地球全美与地球美生，表现的是人与自然平等共和的态度。整生性地球全美，是地球生态圈中的人类生态环与其他生态环纵横对生网态旋升的地球全美与地球美生，表现的是人类中和万物的态度。

整生性地球全美和地球美生的自然生发，彰显了人类以天生天的态度。天生态的人类，在与其他物种乃至生境和环境的对生中，促进了后者的天化，提升了自身的天化，使地球全美和地球美生趋向天态生发，是谓以天生天。以天生天，是一个十分复杂的系统工程。在生态自发、自足、自律、自觉、自慧中走向生态自然的人类，中和地把握与遵循自身进化、其他物种的进化、生境与环境进化的整生规律与目的，在理想地生发自身的天然生态中，理想地促发其他物种的天然生态，理想地促发生境与环境的天然生态，最后促成地球生态圈的天然旋升，达成天然化的地球全美与地球美生。

以天生天是以本然生本然。首先，是人类以本然生态，促发自身更高的本然生态，并促使他者与整体从本然生态中长生出更高的本然生态，进而提升自身的本然生态，如此周而复始，形成超循环的以天生天，实现地球全美和地球美生的持续天化。

地球全美和地球美生的持续天化，显示了天宇美生的向性。

（四）地球美生的非线性发展与美生场的超循环

地球全美和地球美生的非线性发展，与美生场逻辑结构的超循环形成了对应性。这种对应性是历时空展开的，表征了它们互为因果的持续对生性。

地球全美的每一种生态，或曰地球美生的每一种历史形态，都可以看做是相应审美场的逻辑结构即审美文化生态圈运行的结果。依生性地球全美与地球美生，基于古代审美场审美文化生态圈的天态运行，也就是说，后者超循环运行的终端，化成了前者。竞生性地球全美，基于近代审美场审美文化生态圈的人化运行，或者说，这种人化运行的每一次循环的成果，都在终端变成了和强化了人态的地球全美，都转换成了人态的地球美生。共生性地球全美与地球美生，成于现代审美场审美文化圈的生态化运行，凝聚了后者运行的全部成果，成为后者的价值生发形态。整生化和自然化地球全美，是地球美生的最高形态和理想形态，成于当代特别是未来的整生审美场的转换形态——美生场——的美生文明圈的超循环运行，后者的每一次环进，即从世界整生始，走向绿色阅读、生态批评、美生研究、生态写作，抵达自然美生，其终端环节都融入了地球的天态绿化与自然美化，都转换成了地球的整生化和自然化美生。

整生化和自然化的地球全美，或曰整生化和自然化的地球美生，有三方面的形成机理：一是地球审美生态起于天成，归于天生的超循环发展；二是与之对应生发的人类生态特别是人类审美场的持续推动；三是整生审美场的转换形态——美生场——的逻辑结构天化运行的终端，直接成为地球天然的审美生态，直接成了天化的地球美生。

在地球自然化美生的基础上，美生场的逻辑结构，持续地天化运行，不断地拓展与提升质域，其逻辑终端里呈现出绚丽浩瀚的自然美生全景：天宇审美生态，宇宙美生天构，宇宙美生天韵。

第三节　宇宙美生

审美生态观认为：宇宙生发运动，同时也是一个审美生态运动，两者呈耦合并进的格局。宇宙在时空奇点的大爆炸中膨胀，完成了最大系统的审美生态布局，敞开了宇宙生态审美场。

宇宙生态审美场，是最高形态的整生审美场，它转换为宇宙美生场后，其审美者，不仅仅是人类，还应该包括地球上的其他物种，更应该包括生存在天宇空间中的所有生命，特别是智慧生命，特别是智慧水平高出地球人类的物种。它的文本，是自然整生化的宇宙。

美生场覆盖地球之后，它的逻辑生态圈的终端环节——自然美生，将逐步趋向天宇形态的自然美生，最后将是整个宇宙形态的自然美生。

一、审美生态的宇宙布局

审美生态在大自然的生态运动中形成，既是大自然生态发展的结果，也是大自然生态发展的机制，同时也是大自然生态的理想化境界。随着美生场逻辑生态圈的天宇化运行，总有一天，自然美生终会走向天宇化，到那时，自然美生也就成了大自然的普遍生态。

（一）宇宙审美生态谱系

大自然的运动，形成了动态有序的宇宙时空结构，生发了动态平衡的宇宙时空关系，显示了超循环的整生态势，构成了宇宙全美的框架，为宇宙审美生态的系统形成提供了背景。大自然的无机运动，构成了宇宙审美生态的环境。大自然的有机运动，形成了宇宙审美生态的生境。宇宙审美生态，应该不是仅仅在地球起步，而是可以在宇宙各星系生发，最后共成大自然的审美整生，共成完全意义上的自然美生。

宇宙的系统生成，可以看做是一个总体的生态运动过程。当这种生态运动推进到一定阶段，形成了产生生命的系统条件，即构成了生命形成的生境，也就有了审美的先决要素。在生境中孕育的生命，有着美和审美的倾向性。这种倾向，可以看做是审美生态的苗头，是一种生态发展的本能。也就是说，审美生态的出现，是宇宙生态发展的必然，是宇宙生态走向更优发展的要求。审美生态，是系统初成的，即同时形成审美生命和美的生命以及审美生境。这种整体性的审美生态，可由植物生态和动物生态对生而成，也可在动物生态间对生而成，也可在人类生态与人类生境间对生而成，也可在类人生态和类人生境间对生而成，还可在超人类生态和超人类生境间对生而成，可望形成宇宙性的审美生态布局，生发自然美生。

在植物生态和动物生态间对生而成的审美生态，应该是宇宙生态运动中最早形成的审美生态。在自然界，虫媒化有一种越开越美的趋向。植物的花朵越大，越鲜艳，气味越芳香，汁液越清甜，就越能吸引昆虫的"审美性"关顾，就越能实现优质植株间的授粉。这种雏形的审美生态，显示了两个方面的对生：一是以昆虫为媒，所形成的同类优质雌雄植株间的美化性对生，二是昆虫和优质植株间的美化性对生。这两种对生，均形成了优化的审美生态，均促进了物种的优化和审美生态的优化。

在禽兽生态和植物生态之间形成的"审美性"对生，也形成了类似前述的审美生态。飞禽走兽喜欢吞食鲜艳硕大香甜的植物果实，并把果核排泄到更广的区域。这就拓展了优质的审美生态域。

在植物生态和动物生态之间，经由择食性的审美对生，形成审美生态，似乎是不可思议的，然确是宇宙的生态进化使然。在宇宙有序化生态运动的背景下，生态经验的积累，使动物生命的感官与植物优质特性之间，形成了稳定的对应性与选择性，这就形成了食择性与审美性统一的生态审美关系，生发了自然性的审美生态。

在动植物之间发生的食择性审美生态，隐汇着性择性审美生态的生发动因，包蕴着物种优化的生态规律与目的。这样，生态优化就成了宇宙审美发生学的规律。在同类动物之间，这一规律，主要包含在性择性审美生态中。按达尔文的说法，动物生殖时节，两性之间，常发生审美活动。这种性择性审美活动有着普遍性，所形成的审美生态，于生态发展，意义深远而重大。澳大利亚丛林中的精舍鸟，似乎从性择性审美，发展至审美性性择。性成熟的雄性精舍鸟，衔树枝筑巢，并用植物汁液涂抹内壁，一派光鲜明亮，还寻来粗长而漂亮的羽毛，插在门前，更显金碧辉煌。雄性筑的巢舍越美丽，门前聚集的雌性精舍鸟越多，越能成为"夫妻"。当门前的漂亮羽毛被别的雄性精舍鸟盗取后，雌性精舍鸟也就随之而去了。

这种审美性性择，使得基因优秀的雌雄得以结合，以产生更优异的后代，使得基因优秀的雌雄在生态审美的愉悦中结合，形成更理想的优生。这就丰盈与深化了审美生态的本质。同类动物间的审美性性择，是普遍而又多样的，并有一个共同的特征，即在依生的背景下，展开竞生，形成共生，指向整生。动物的审美性性择所生发的审美生态，基于性生理，起于性动力，这就形成了审美性依存、依从于性择性，形成了依生性审美生态基点。这种审美生态，呈现出各种程度不同的审美竞生。这种审美竞生，发生在同种群的雄性动物间，有角斗型的，有表演型的，其目的是争夺性伴侣。其优胜者，与可心的雌性同类，实现了审美性共生，形成了审美共生的成果——健美的后代，并显现了物种持续优化的审美整生趋向。

动物之间残酷的食择性竞生，也指向生态优化的规律与目的，也生发了审美生态的意义。在美国黄石国家森林公园里，有狼与羊的种群，在食择性竞生中，维系了动态平衡。后有好事者除掉狼群，发展羊群。结果羊群数量增多，过度啃食草木，造成生态衰退，羊群失去天敌，不用警觉而防袭，不用奔跑而逃生，心理与生理机能退化。后重新引进狼群，恢复了竞生格局。老弱病残之羊，成为狼食，未入狼口之羊，则更加机敏。非敏健之狼，难获食物，也被淘汰。这不仅促进了羊群与狼群的竞生性进化，也维系了生态系统的动态平衡，推进了审美生态。

地球审美生态的生发规程，应该有着普适性。在食择和性择中发展起来的审美生态，是在植物和动物种群中普遍形成的审美生态。它构成了人类审美生态的远因和前奏。或者说，在地球上，它结晶与进化出了人类审美生态。在宇宙其他有生命生发的星体上，类似植物和动物的审美生态，当可结晶与进化出类似人类生命甚或超越人类生命的审美生态。这就形成了宇宙审美生态谱系的广布式生发。随着星球间高级生命的审美往来，宇宙审美生态网络终会形成，自然审美整生终会实现，自然美生也就不仅仅是一种理想了。

（二）宇宙审美生态构想

早在数百年前，伽利略就提出了地球之外有生命存在的想法，一直激励着人们去探索，去证实。地球各地不断出现的飞碟现象，似乎在持续证实这种猜想。浩瀚的宇宙在150亿年前生发，地球在其100多亿岁后形成，进而进化出生命生态和审美生态，应该不是偶然的，也应该不是唯一的，还应该不是最早的。"2011年12月，科学家宣布'开普勒号'（太空望远镜——引者注）已发现了与母恒星之间的距离处在'可居住地带'以内的行星。所谓'可居住地带'是指恒星周围的一个环带，这里的行星或卫星与母恒星之间距离既不太远（因而太冷），也不太近（因而太热），从而使得行星与卫星表面可能存在液态水,因而也就可能让生命居住。"① 这一发现,可证实太阳系以外的星系,有形成生命的生境,从而为寻找地外生命,增添了一份信心。

我认为,可以有这样一种理论,宇宙运动是一种生态运动。宇宙的进化,形成了星球的生态背景;星系间的运动与联系,构成了星球的生态环境;星系的和谐运动及适宜联系,构成了星球的生境,生境孕发生命。科学家认为,行星环绕恒星,构成有序的和谐的星系运动,可生发生命。地球的生命生发,就是以太阳系有如上述的和谐环生运动为生境的,以银河系为生态环境的,以宇宙为生态背景的。睿智的中国古代哲学也指出,"和实生物,同则不继","致中和,天地位焉,万物育焉"。科学家指出,在太阳系里,地球和太阳以及别的行星的运行关系最协调,② 达到了"致中和"的地步,也就是进入了最好和最高的中和境界,从而孕发了生命。

按照分形理论,系统的各局部之间,各局部和整体之间,存在着"自相似性"。这种"自相似性",可以放大至整个自然界,形成宇宙哲学的品质。宇宙的一些星球,较之地球,有着共同的宇宙进化背景,有着相似的星系间的生态运动环境,有着相似的星系内的生态运动生境,即有着和诸多行星绕恒星和谐运动的格局,形成了系列化的"自相似性",形成了生发生命的系统性条件,就可能生发生命。宇宙内有无数的星系,应该有不少类似于太阳系的星态结构。在这些与太阳系相似结构与布局的星系中,一些星球上,应该有类似地球的生命进化与生态发展,乃至形成或低于地球或相似于地球甚或高于地球的审美生态。

基于以上分析,在宇宙星体的序态展开、自相似性的分置、和谐联系的框架内,应该有着生命形态和生态系统的疏朗布局和整生发展。这种整生发展,并不意味着这些不同星体上的生态,乃至审美生态,已经有了直接的生态交流,而是说它们在共同的宇宙生态运动的背景下,在相似星系间生态联系的环

---

① 梁宏军编译:《寻找地外生命》,《大自然探索》2012年第4期。
② 科学家说:"从太阳形成后剩下的一个薄薄的物质圆盘里,八颗行星诞生了,它们被太阳的引力所俘获,在各自的轨道上运行。其中有一颗行星因其所在的轨道,使之无论是跟太阳还是跟其余七个行星伙伴之间的关系都特别和谐。最终,生命在这颗行星上出现了。这颗行星就是我们的地球。"见汪琳编译:《太阳系六大谜》,《大自然探索》2009年第9期。

境中，在相似星际间和谐运动的生境里，有了自相似性的审美形态与审美进程。

由于星系和星体生发的时空差异性，宇宙中不同星体上的生命生态和审美生态应该存在着进化等级的差异性。可能一些星球还处在生境的营造阶段，一些星球还处在生命初成阶段，一些星球初成了多等级的生态系统，一些星球在多等级的生态系统中，进化出了智能生命，一些星球进而形成了智慧生命，一些星球生态进化的程度可能更高，出现了超越地球人类智慧的生命。与此相应，在这些星球上，也就出现了类动植物的审美生态，类高等级动物的审美生态，类人的审美生态，超人类的审美生态，这就形成了宇宙审美生态的有序布局。这种布局，应是跟宇宙的生发格局同一的。其原因在于，宇宙审美生态是在宇宙生态的发展中形成的，是宇宙生态发展的规律与目的使然。

(三) 宇宙审美生态的整生性趋向

宇宙审美生态当随宇宙生态发展而生发，自然而然地有了整生性。这里说的宇宙审美生态的整生性趋向，主要有三个方面。一是存在审美生态的星球，凭借宇宙生态背景、星系间的联系所形成的生态环境、星系内星球间相互联系形成的生境的相似性，有了形成审美共同性的条件，有了发生审美同生性的可能，即形成某些相同相似的审美现象的可能，这就生发了潜在的整生性。地球上，某些民族在没有相互影响的情况下，形成相同相似的审美现象，譬如诸多民族不约而同地形成再造世界的洪水神话，几近原型，几近母题，就是上述情形的缩影。在比较文学的平行研究理论中，也有将没有影响关系的各国文学进行比较，以发现世界文学的共同规律，以显现世界文学平行生发的整生性。将比较文学这种非影响性平行研究的模式，放大至宇宙的审美生态研究，应该是可能的和可行的。二是各星球上不同等级的审美生态，在逐级生发中，显示出历史整生性。这种审美进程的序化，在宇宙框架内的多维呈现，构成了普遍的审美整生性。三是人类审美生态、似人类审美生态、超人类审美生态的生态足迹，进入其他星球，构成实际的生态联系，形成审美交流，这就有了显态的审美生态的宇宙整生性。这种趋向，特别是后一种趋向，可使宇宙整体性的自然美生成为可能。

二、人类审美生态的天宇化趋势

人类审美生态走出地球，走向天宇，是理想，也是逐步形成的现实，显示了一种发展趋势，形成了美生场的拓展格局。人类的天宇审美，主要有三种形态：一是生态足迹进入天宇；二是审美视域天宇化；三是审美想象的天宇。

（一）人类生态足迹进入天宇

在牛郎织女的传说中，在嫦娥奔月的神话里，表达了人类生态足迹进入天宇的理想。人类到天宇中审美的理想，其走向实现，有宗教的神化方式，也有修道的仙化方式，还有宇宙航行的实在方式。前两者终成虚幻，后者在不断地成为现实。

人类从进入太空飞行始，其生态足迹已经进入了天宇。人类审美生态是随生态足迹拓展的。人类到达月球，其审美生态也就在近地天宇，即接近地球的天宇生发了。这是人类进入天宇的第一个生态足迹，随着宇宙科学的发展和航天技术的进步，人类将飞出太阳系，飞进银河系，飞至宇宙深处，甚至飞遍天宇，实现生态足迹的天宇化。凭此，人类审美生态遍及宇宙，在形成地球美生场之后，形成天宇美生场，形成最广场域的自然美生。

（二）人类的天宇审美视域

长期以来，人类凭借肉眼，仰观天宇，形成天宇审美视域。天文望远镜的出现与发展，特别是宇宙空间站的影像传输，使人类的天宇审美视域得到了极大的拓展。太空影像的全球数字化传播，形成了大众化的天宇审美视域。人在地球，眼观天宇，与太阳系、银河系的景观生态，乃至和宇宙整体的景观生态，形成审美关系，生发天宇审美场，甚或天宇美生场，将是一个逐步形成的现实，将是一种逐步拓展的自然美生。

（三）天宇审美创造

在生态足迹天宇化和审美视域天宇化的前提下，人类展开了以天宇为背景的生态审美创造，努力形成艺术化的天宇审美生态，生发艺术化的天宇审美场域。这种审美创造，有生态行为式的，有审美想象式的，有审美想象物态化的。

  在地外星球,进行生态行为式的审美创造,出于地外迁民的梦想。为躲避地球生态危机,人类千方百计寻找天宇生态空间。科学家提出了改造火星的方案,拟使之成为人类第二个诗意栖居的星球。他们认为,早年的火星,和同时的地球,有着相似的生境。地球孕育出了生命,火星则变冷,未向孕育生命的方向发展。科学家认为,运用人类活动使地球变暖的机理,人工干预火星,使之升温,并形成大气,进而自然融化凝固的二氧化碳,形成适应生命活动的条件,营造生态系统,构建审美生境,生发地外审美生态,以形成地外的自然美生。① 这种外星改造,构想虽然美好,然付诸实施,须慎之又慎。

  实在化地构建地外审美生境,与审美人生对应,构成天宇审美生态,目前仅是一种构想。这样,天宇审美想象,也就成了天宇审美创造的主要形式。人们依据仰望星空形成的审美表象,结合新媒体传输的各种科学观测的太空奇观,在脑海里再造出天宇审美意象,构成神游天宇的审美经历。这种生发想象性的天宇审美生态,不失为一种浪漫的天宇美生享受。

  艺术家想象的天宇审美生态,通过数字化的机制,再造为物态化的天宇生态艺术,进而通过数字化传播,构成艺术化的天宇审美生态。北京有一个798工厂,现已成为现代艺术中心。其中,有一个再造的宇宙大爆炸图景,人们游历其中,仿佛见证了宇宙的生发。它是这样构建的,艺术家用高速摄像机拍下了一个巨石爆破的过程,然后在大屏幕上慢放,形成宇宙在大爆炸中膨胀的格局。像《阿凡达》等数字化电影,所构建的天宇审美生态,奇幻而又逼真,仿佛把人们带进了天宇深处的美生场,体验到了天宇美生的奇趣。

三、审美生态的星际交流

  宇宙审美生态的布局,人类审美生态的天宇化走向,天外来客频访地球的迹象,显示了审美生态星际交流的态势,显示了生发宇宙审美整生的璀璨前

---

  ① "借鉴地球大气演化历史,科学家提出了'火星地球化'分两步走的计划:第一步是建设像地球寒武纪时期的大气世界,即二氧化碳世界,第二步是建设现代地球的大气世界,即氧世界。"徐永煊:《改造火星——一项"改天换地"的宏伟计划》,《大自然探索》2006年第9期。

景，显示了形成宇宙态自然美生的理想。

有关飞碟的传言，有关外星人抵达地球的传闻，透出了一种可能性的审美生态星际交流的信息。审美生态的星际交流应是双向和多方的，最后将是网络状的。人类的审美生态走出地球，与其他智慧星球上的审美生态交流，是一种形式；外星智慧生命到地球做客，与我们形成审美生态的平等对话，是另一种形式；诸多宇宙智慧生命聚于某一星球，生发审美生态交往，是别一种形式；星球间智慧生命审美生态交流的图景，以信息化的方式，在宇宙智慧星球间环流，将更是一种普遍的形式。形成了宇宙审美生态的广泛交流，宇宙美生场方可真正地形成，宇宙审美整生方会成为事实，自然美生方会遍及宇宙。

星际交流，如果是审美生态的交流，那将是宇宙的福音。它可避免不同星球间智慧生命的生态对立，消解生态矛盾，融化生态灾难，促使宇宙生态稳定地进化。审美生态的星际交流，可能在宇宙的其他星球上已经生发了，也可能在地球上曾经出现过。地球人不会闭关锁家，早已通过各种方式，发出了星际邀请函。当星际审美互访正式开始之前，我们应当形成一些基本的审美交往原则，供宇宙所有智慧生命共商，以达成共识，进而实现共守，以形成宇宙生态审美理性，形成宇宙生态审美秩序。

一是整生性原则。星际间的审美生态交往，应遵循宇宙生发的大道，符合宇宙整生的规律与目的，实现宇宙各物种的相生与共发，推进宇宙审美生态的系统生发，推进宇宙审美整生。宇宙审美整生原则，不是某一智慧星球生态目的和审美意志的宇宙性放大，而是宇宙整生规律与目的的审美化。它是宇宙的生态审美宪法，每个智慧星球都应该把它当作最高的原则，共同遵守，更不能把自身的审美制度凌驾其上，行使审美霸权，破坏宇宙审美大序。在审美整生性原则的框架下，星球间的审美交往，还应遵循审美共生性原则，即实施平等的审美交流，平和的审美对话，互补的审美对生，而不是搞单向的审美输出，单向的审美同化，更不是实施审美生态的侵入。在整生性和共生性原则的规约下，星球间的审美交往，还应推行竞生性原则，在广纳中保持、发展、更新自身的生态审美根性，形成别的星球无法代替的生态审美特色与优势，形成别的星球没有的生态审美品牌。如此这般，方可促进共生的互补，进而促进宇宙审美整生的多样统一、动态平衡、非线性有序。竞生与共生的审美原则，是包含在整生的原则之内的，各星球协同地实施宇宙整生原则和宇宙的审美整生原则，就可以创造出宇宙生态文明，特别是创造出宇宙的生态审美文明。有了这样的生态文明和生态审美文明的背景，宇宙天态审美场自会形成，自然美生，就可以在各星球实现，在整个宇宙实现。

二是生态位原则。宇宙各星球上的物种，有着生发时空的不同，有着进化程度的差异，然却没有高低贵贱之分，它们有着自己的生态位，不容别的星球的物种挤占与侵犯。不同星球上的智慧生命，可与它们形成审美交往关系，形成跨星球的审美生态，促进彼此的审美发展，并生发宇宙化的审美生态。电影《阿凡达》，表现了人类对其他星球的侵犯，破坏了宇宙生态位的有序性，最终被赶出该星球。这就表达了宇宙各星球的物种，各得其所，各安其位，友好交往，平等相待，维系宇宙审美生态秩序的理想。这也启示我们，开发其他星球，成为地球人的避难所、分流场和疏散地，是需要慎之又慎的。宇宙生态序的形成，长达 100 多亿年的时间，已经趋向缜密，往往牵一发而动全身。任何改变宇宙生态序和增加宇宙生态位的行为，都应该在把握它的整生规律与目的之后进行，否则将会引发宇宙生态系统的震荡。人类安于地球生态位，恢复和提升这一生态位，并据此和其他智慧星球友好交往，比盲目开发地外生态位，影响宇宙序，似乎更为稳妥一些。比如，假设我们改造了火星，使之成为人居之地，是否使地球生态条件缺失，沦为不毛之地呢。科学家告诫我们："如果把当今太阳系中的任何一块拿走，或者在太阳系中'添砖加瓦'，整个太阳系将立刻秩序大乱，地球生命也将随之灰飞烟灭。"[1] 作为智慧物种，人类应该吸取教训，不应该把破坏地球生态运行的行为，在其他星球上再重复一次。

三是超循环原则。各星球上的审美生态，在相互交往中，关联成环，形成宇宙化的审美生态圈，实现审美信息的全宇宙流转与逐位提升，真正形成宇宙美生场。在这个美生场里，读者是各星球不同进化等级的生命系列，文本是各星球的景观生态和全美的宇宙整体，形成的是全宇宙的自然美生。这种自然美生的形成，标志着审美本体、审美价值、审美目的协同地走向了顶端合一，成就了整生论美学最高的本质层面。

---

[1] 汪琳编译：《太阳系六大谜》，《大自然探索》2009 年第 9 期。

世界最早出现的是纯粹天然化的美生,经由包括人类在内的智慧生命的星球化和宇宙化美生,形成了生态文明化的大自然美生,形成了跟宇宙动态同一的美生场,展现了整生论美学历史化、逻辑化、理想化三位一体旋进的理论生态。

　　大自然美生的出现,预示了美生文明圈与自然整生圈的双螺旋运转,已达整生论美学的逻辑极点,已显天生论美学的元点,生态美学将在新的发展阶段,呈现更为天然的理论风景。

主要参考文献

恩格斯：《自然辩证法》，《马克思恩格斯选集》第 3 卷，人民出版社 1972 年版。

周来祥：《三论美是和谐》，山东大学出版社 2007 年版。

周来祥：《文艺美学》，人民文学出版社 2003 年版。

蒋孔阳：《美学新论》，人民文学出版社 1993 年版。

徐恒醇：《生态美学》，陕西人民教育出版社 2000 版。

曾繁仁：《生态美学导论》，商务印书馆 2010 年版。

曾繁仁：《生态存在论美学论稿》，吉林人民出版社 2003 年版。

曾繁仁、〔美〕阿诺德·伯林特主编：《全球视野中的生态美学与环境美学》，长春出版社 2011 年版。

鲁枢元：《生态批评的空间》，华东师范大学出版社 2006 年版。

鲁枢元：《生态文艺学》，陕西人民教育出版社 2000 年版。

曾永成：《文艺的绿色之思——文艺生态学引论》，人民文学出版社 2000 年版。

陈炎、赵玉、李琳：《儒、释、道的生态智慧与艺术诉求》，人民文学出版社 2012 年版。

陈望衡：《环境美学》，武汉大学出版社 2007 年版。

党圣元、刘瑞弘选编：《生态批评与生态美学》，中国社会科学出版社

2011年版。

封孝伦：《人类生命系统中的美学》，安徽教育出版社1999年版。

刘彦顺主编：《生态美学读本》，北京大学出版社2011年版。

李庆本主编：《国外生态美学读本》，长春出版社2009年版。

王诺：《欧美生态文学》，北京大学出版社2003年版。

周宪：《20世纪西方美学》，高等教育出版社2004年版。

张皓：《中国文艺生态思想研究》，武汉出版社，2002年版。

张华：《生态美学及其在当代中国的建构》，中华书局2006年版。

雷毅：《深层生态学研究》，清华大学出版社2001年版。

朱慧珍、张泽忠等著：《诗意的生存——侗族生态文化审美论纲》，民族出版社2005年版。

黄秉生：《壮族文化生态美》，广西师范大学出版社2011年版。

银建军：《生态美学研究》，中国广播电视出版社2005年版。

胡志红：《美学生态批评研究》，中国社会科学出版社2006年版。

彭锋：《完美的自然——当代环境美学的哲学基础》，北京大学出版社2005年版。

季芳：《从生态实践到生态审美——实践美学的生态维度研究》，人民出版社2011年版。

童天湘、林夏水主编：《新自然观》，中共中央党校出版社1998年版。

肖笃宁等编著：《景观生态学》，科学出版社2003年版。

郑师章等编著：《普通生态学——原理、方法和应用》，复旦大学出版社1994年版。

梁国钊主编：《诺贝尔奖获得者科学方法研究》，中国科学技术出版社2007年版。

〔英〕达尔文著：马君武译，《人类原始及类择》第9册，商务印书馆1930年版。

〔德〕马丁·海德格尔著，孙周兴译：《荷尔德林诗的阐释》，商务印书馆2000版。

〔美〕阿诺德·伯林特主编，刘悦笛等译：《环境与艺术：环境美学的多维视角》,重庆出版社 2006 年版。

〔美〕阿诺德·伯林特著,张敏、周雨译:《环境美学》,湖南科学技术出版社 2006 年版。

〔加〕艾伦·卡尔松著,陈李波译:《自然与景观》,湖南科学技术出版社 2006 年版。

〔加〕艾伦·卡尔松著,杨平译:《环境美学——关于自然、艺术与建筑的鉴赏》,四川人民出版社 2005 年版。

〔芬〕约·色帕玛著,武小西、张直译:《环境之美》,湖南科技出版社 2006 年版。

〔美〕丹尼斯·米都斯等著,李宝恒译:《增长的极限》,吉林人民出版社 1997 年版。

世界环境与发展委员会著,国家环保局外事办公室译:《我们共同的未来》,世界知识出版社 1989 年版。

〔美〕霍尔姆斯·罗尔斯特著,刘耳、叶平译:《哲学走向荒野》,吉林人民出版社 2000 年版。

〔美〕托马斯·库恩著,金吾伦、胡新和译:《科学革命的结构》,北京大学出版社 2003 年版。

〔德〕艾根著,曾国屏等译:《超循环论》,上海译文出版社 1990 年版。

〔美〕梭罗著,徐迟译:《瓦尔登湖》,上海译文出版社 2006 年版。

〔美〕利奥波德著,侯文慧译:《沙乡年鉴》,吉林人民出版社 1977 年版。

〔英〕怀特海著,何钦译:《科学与近代世界》,商务印书馆 1959 年版。

〔日〕秋道智弥等编著,范广融、尹绍亭译:《生态人类学》,云南大学出版社 2006 年版。

〔美〕马尔库塞著,李小兵译:《审美之维》,生活·读书·新知三联书店 1989 年版。

〔英〕戴维斯著,徐培译:《上帝与新物理学》,湖南科学技术出版社 1992 年版。

〔俄〕巴赫金著,佟景韩译:《巴赫金文论选》,中国社会科学出版社 1996 年版。

党圣元：《新世纪中国生态批评与生态美学的发展》，《中国社会科学院研究生院学报》2010年第3期。

曾繁仁：《生态美学：后现代语境下崭新的生态存在论美学观》，《陕西师范大学学报》2002年第3期。

曾繁仁：《当代生态文明视野中的生态美学观》，《文学评论》2005年第4期。

刘成纪：《从实践、生命走向生态——新时期中国美学的理论进程》，《陕西师范大学学报》2001年第2期。

杨春时：《主体间性是生态美学的基础》，《中国美学年鉴·2004》，河南人民出版社2007年版。

葛启进：《审美场论》，《四川大学学报》1991年第1期。

周来祥：《超越二元对立，创建辩证和谐》，《东岳论丛》2005年第10期。

周来祥：《论美学研究的对象》，《东岳论丛》1982年第2期。

刘恒健：《论生态美学的本源性——生态美学：一种新视域》，《陕西师范大学学报》2001年第2期。

聂振斌：《关于生态美学的思考》，《贵州师范大学学报》2004年第1期。

盖光：《生态审美的生态哲学基础》，《陕西师范大学学报》2011年第2期。

罗卫平：《国内生态美学研究中存在的几个问题》，《湘潭大学学报》2005年第2期。

朱立元：《我们为什么需要生态文艺学》，《社会观察》2002年增刊。

刘成纪：《生态美学的理论危机与再造途径》，《陕西师范大学学报》2011年第2期。

梁宏军编译：《寻找地外生命》，《大自然探索》2012年第4期。

汪琳编译：《太阳系六大谜》，《大自然探索》2009年第9期。

Buell Lawrence, *The Environmental Imagination: Thoreau, Nature Writing, and the Formation of American Culture*, Cambridge, Ma: Harvard University Press, 2001.

后 记

这本整生论美学，以审美生态观的当下形态——审美整生观——为指导，研究美生场的生成与运动，探求美生文明的自然化进程，促进生态美学的升级。

当写到美和生态美的本质时，我碰到了三个难题。一是如何在承接中超越以往自身的观点。二是如何统合美和生态美的本质规定性。因为我有一个追求，使这本书既可归入生态美学，又能视为基础美学。三是如何使这种规定性走向简洁与明确，在理论具体中生发普适性和通约性。在阅读和研究美学史时，我发现，凡是有影响的美的本质观，都是十分简约与明晰的。仅从西方美学史一路数来，无不如此：美是和谐，美是善，美是理式，美是纯形式，美是高贵，美是合适，美是崇高，美是太一，美是上帝，美是自由，美是关系。黑格尔的美是理念的感性显现，稍稍长一点，也只有九个字。也许是日思夜想所致，形成了灵感。2011年2月的一个早上，我像往常一样，沿着相思湖边的小道，去办公室写作。时值寒假，鸟鸣翠枝，鱼游清波，校园格外闲雅，我的身心也很轻松。突然之间，脑海里像划过一道电光火石，跳出了四个大字：美是整生。这就一揽子解决了上述三个问题。

美是整生的观念形成后，我接着形成了整生成就美生，整生就是美生的看法。从整生中生发出来的美，成了整生的审美表征，完成了从生态哲学范畴向生态美学范畴的转换。整生审美场也相应地成为理论核心，贯穿于各章中，显现为理论系统超循环运生的主线。

2011年12月写就初稿,至2012年7月中旬,我基本完成了全书的梳理与修改,发现用美生场作为元范畴,更能实现理论系统的整生性。一天晚上,我和黄秉生教授、龚丽娟博士参加朋友聚会,散步回校。我谈了更换本书元范畴的想法,并说了三个理由。其一是整生审美场已臻生态审美场的高点,有两种趋向,一是盛极而衰,我的生态美学研究也就可能到此终结了,一是盛极而转,那我的探索可能还会洞开一个新的理论境界,有继续发展的学术空间。其二是美生出自整生,美生场从整生审美场转换而来,承接了从审美场向生态审美场发展的一切成果,并在生态审美方式论向审美生态本体论、价值论、目的论的转换中,包含了审美场、生态审美场的全部意义,但又不止于审美场和生态审美场的内涵,可以生长出更为丰实的逻辑系统,更能对应整生论美学的理论框图。其三是生态审美场虽由我提出,整生审美场也是我首先使用,然均属于审美场。我虽对审美场有不同于别人的系统论证,做出了系统创新的努力,但范畴毕竟不是我首创的。美生范畴则不然,我早在《社会科学家》2001年第5期发表的《人类美学的三大范式》一文中,就首次从当代审美理想的角度做了论述,其后又不断生发它的理论意义,使之成了生态美学十分重要的范畴,以其为基础形成美生场,则既有原创性,还能包容审美场,符合科学范畴递进性生发的原则。况且,我在《广西民族大学学报》(哲学社会科学版)2007年第3期发表的《生态人类学的整体对象》的文章中,提出并论证整体生态场时,形成了整生场的概念,有了跟美生场相应的生态哲学范畴。也就是说,美生场有逻辑前提,可以从整生场推导而出。秉生兄肯定了我在创新方面的不懈追求。丽娟则调皮地说:这样好,审美场是抱领来的,您把他养得白白胖胖的,说不定哪朝一日他跑去找亲生父母了,岂不亏哉。她虽然是一句玩笑话,却点出了原始创新在自主创新系统中无与伦比的本源性价值,揭示了集成创新、消化吸收再创新以及系统创新均根于原始创新的规律。作为学者,应以原始创新为最高目标,应在其他形式的自主创新的基础上,努力实现原始创新的追求。

重新确定与论证了元范畴之后,我将其分形于逻辑系统的各层次和各环节之中,展现了新的理论生态。这种"长大成人"后,再"改头换面",于我来说，已经不仅一次。《超循环：生态方法论》草成时，书名是《生态辩证法》，也是在修改时，将网络生态辩证法这一元范畴，进一步提炼与升华为超循环，再而使其统贯全书各章节，形成更为整生的理论系统。这种"换心术"，虽然做起来辛苦，然能焕发理论系统的生机与活力，提升整体的学术平台，形成新的逻辑生态，是值得大胆一试与放手一搏的。

在宇宙整生的背景下，美生，是生命经由健生与乐生所趋向的目的与目标，是生命从依生经由竞生与共生走向整生的结果与必然，其来路与去途均无穷无尽。整生与美生同一，整生场与美生场同构，这是不争的事实。宇宙是一个生生不息的整生场，正是在与整生场的结伴而行中，美生场有了全时空的生发性，整生论美学凭此拓展了自身的本质规定。大自然衍生出有机生命后，在宇宙美生场里，第次生发出生态系统的美生场，智慧生态系统的美生场，智慧生态系统的自然化美生场，美生场也就形成了螺旋的上升，整生论美学的理论场域，也就实现了与大自然时空发展的同构。这也说明，美生，不是某个物种的专利，而是人类与其他物种共享的大自然整生的成果：生命出现之前，有宇宙自发整生显示的审美生态；人类形成之前，有其他生物和生物系统的审美生态，甚至有地外智慧生物和智慧生物系统的审美生态；人类出现之后，其审美生态融入地球生态系统的审美生态，进而与宇宙生态系统的审美生态融合，共成自然美生，共成宇宙生发的最高目的，共成整生论美学的逻辑终结。整生论美学在研究人类审美生态的生发中，将其他物种乃至地外物种的审美生态以及这些物种的环境生态与背景生态融通为一，实现了最高形态的审美整生研究，力图解开美生的系统生发之谜，探求美生的地球自然化和宇宙自然化之路。美生场的自然化，敞开了整生论美学生生不息的理论场域。

整生论美学是人类美学历史发展的结晶，其本质规定有着系统生成性。从审美生态的视角看，古代美学揭示了自然生态生发人类生态，人类生态依从、依存、依同自然生态的规程与规律，显现了依生平台的美生，可以看做是依生论美学。近代美学，表征了人类生态在与自然生态的竞争中，力求驾驭、主导、同化后者的历程，形成了竞生平台的美生，无疑是一种竞生论美学。现代美学，主张人类生态与自然生态平等相生与耦合并进，创生了共生平台的美生，显然是一种共生论美学。当代美学，要求人类生态融入自然生态，实现生态系统的超循环生发，有了整生格局的美生，成为一种整生论美学。依生论美学、竞生论美学、共生论美学依次走来，带着相应的美生质，共同走进了整生论美学，共同生发了自然美生，共同成就了整生论美学。整生论美学在当代形成，也就不是凭空而来了，而是有着逻辑发展的集大成意义，有着历史中和的必然性。

以美生场为纲，统领理论系统的全局后，整生论美学也就以新的面貌，形成了对生态美学的逻辑承续、转换与升华，其理论品格，超过了我原先的期许，情不自禁地高兴了好一会。稍作休整之后，我又开始了另一本书的思考，力求环接整生论美学的逻辑极点，形成新的理论开拓。

我的学习与研究，得到了诸多学术前辈的扶持和同道的帮助，形成了很好的生态环境。像蒋兴仁、唐涛、张育春、邓德滔、贺祥麟、林焕平、黄海澄、周来祥等先生，是我不同时期的恩师，他们的教诲，没齿难忘。陆贵山教授是我博士论文的答辩委员会主席，当时得到他很多指导与帮助，这次又承蒙他为拙著作序，特向先生致敬和致谢。龚丽娟博士转换了本书的注释形式，查证了引文，增补了注解，并为我校对了另一部书稿《审美的生态向性》，其工作量远远超出了一个学术助手的要求，特向她致以谢意，也向中国社科院的党圣元教授、商务印书馆的丁波先生和金寒芽女士等表达谢忱。本书定稿前，为集思广益，秉生兄为我主持了一个讨论会，丽娟副教授操办了会务，参加研讨会的主要是自治区人文社科重点研究基地"生态审美与民族文艺学中心"的同道，他们是张泽忠、王尔勃、李启军、吕瑞荣教授，以及翟鹏玉、刘长荣博士和博士生胡牧，还有广西民族大学文学院美学专业一、二年级的硕士生，感谢他们的关心、支持与鼓励。他们提出的意见与建议，启迪了我的思考。在这样一个和谐友爱的学术集体里工作，我感到幸运和温暖。特别是基地负责人黄秉生教授以他的宽厚仁和，拢住了大家的心，形成了友好的学术生境，使同仁们的生态美学成果走向集约，有了整体性影响。区内外一些同行对我们的学科发展感到惊讶，我总是告诉他们，这里自然生态好，学术生态更好。

早在 2005 年，黄秉生教授与我商定，由我进行生态美学的理论与方法探索，他邀一群年轻学者做广西世居少数民族的文化生态美研究，形成呼应之势与并进之态，实现学理研究和应用研究的结合，努力创造整体特色与系统优势。《生态艺术哲学》、《超循环：生态方法论》的出版和这本《整生论美学》的杀青，算是向他这位"员外"交差（我戏称这位大家爱戴的基地主任为"员外"，即文化文明财主）。他领衔的民族生态美学的研究成果更丰，壮族、侗族文化生态美研究的专著相继出版，几位学者研究壮族艺术的博士论文也送交了出版社，仫佬族、毛南族文艺生态研究的专著也形成了初稿。"嘤嘤其鸣，求其友声"，我们希望用这些初步的研究成果，和国内外的同行交流与对话，共同推进生态文明的民族化、全球化与审美化三位一体的建设。

袁鼎生

2012 年 11 月 8 日

于广西民族大学二坡友于间